写真でトライ
自家用電気設備の定期点検
(改訂2版)

関東電気保安協会 監修
河野忠男・森田 潔 共著

Ohmsha

本書を発行するにあたって，内容に誤りのないようできる限りの注意を払いましたが，本書の内容を適用した結果生じたこと，また，適用できなかった結果について，著者，出版社とも一切の責任を負いませんのでご了承ください．

本書は，「著作権法」によって，著作権等の権利が保護されている著作物です．本書の複製権・翻訳権・上映権・譲渡権・公衆送信権（送信可能化権を含む）は著作権者が保有しています．本書の全部または一部につき，無断で転載，複写複製，電子的装置への入力等をされると，著作権等の権利侵害となる場合があります．また，代行業者等の第三者によるスキャンやデジタル化は，たとえ個人や家庭内での利用であっても著作権法上認められておりませんので，ご注意ください．

本書の無断複写は，著作権法上の制限事項を除き，禁じられています．本書の複写複製を希望される場合は，そのつど事前に下記へ連絡して許諾を得てください．

出版者著作権管理機構
（電話 03-5244-5088，FAX 03-5244-5089，e-mail：info@jcopy.or.jp）

JCOPY ＜出版者著作権管理機構 委託出版物＞

はじめに

　現代の社会において，電気は空気や水と同じように，なくてはならない大切なエネルギーとして利用されています．

　このように，社会インフラとして大切な電気ですが，メンテナンスを怠れば電気設備の事故や故障によって停電を引き起こし，電気火災や感電事故が発生してしまいます．

　特に，高圧で電気の供給を受ける高圧自家用の設備では，自構内の電気事故によって電力会社の配電線を停電させる，いわゆる波及停電事故を引き起こすことがあるので，自家用電気設備の保守・点検は欠かすことができません．

　電気事業法では，高圧自家用の設備を自家用電気工作物として定義し，「電気主任技術者の選任」，「保安規程の作成・届出・遵守」，「電気設備技術基準への適合」を義務づけ，自主的に電気保安を行うよう定めています．

　電気主任技術者をはじめとする電気保安技術者は，高圧受電設備に事故や故障が起こらないように，保安規程に記載してある「巡視・点検および検査」，「運転または操作」，「災害その他非常時の措置および連絡体制」，「保安についての記録」などの項目に沿って日常点検や定期点検などを行い，電気設備の保全に努めなければなりません．

　日常点検は，電気設備を使用している状態（活線）で異常の有無をチェックする点検ですが，定期点検は電気設備を停電させ，測定器や試験器によって絶縁抵抗の測定や保護装置の動作試験などを行うとともに，機器や配線の詳細な点検および清掃などを実施するもので，人間でいえば定期健康診断ともいうべきものです．

　本書は，定期点検時に必要な試験器，点検用具，工具の種類と使い方，作業を安全に実施するための保護具，防具，標識類の種類および使用方法，点検前の事前打合せ（TBM），停電・復電操作，定期点検で行われる各種の作業について約600枚の写真を用い，電気技術者の教本として使えるよう平易に解説してあります．

　電気設備の事故により，突然の停電，波及事故などを起こさないためにも定期点検は欠かせません．電気設備の保安を確保するために，本書を活用していただくようお願いする次第です．

　平成24年5月

関東電気保安協会
専務理事　深山　英房

写真でトライ 自家用電気設備の定期点検（改訂2版）
目　　次

第1章　高圧受電設備の仕組み

高圧受電設備の概要…………………………………………………………………………2
　高圧受電設備………………………………………………………………………………2
　高圧受電設備の形態別分類………………………………………………………………2
　受電用主遮断装置の保護方式による高圧受電設備の分類……………………………5
　標準的な高圧受電設備の構成と機器の役割……………………………………………5
　保守・点検の種類と目的…………………………………………………………………10

第2章　定期点検に使用する試験器と安全用具

定期点検の実施と注意点……………………………………………………………………18
定期点検に必要な試験器・点検用具・工具………………………………………………20
　試験用電源（発電機）……………………………………………………………………20
　絶縁抵抗計…………………………………………………………………………………22
　接地抵抗計…………………………………………………………………………………24
　保護継電器試験器…………………………………………………………………………26
　絶縁耐力試験器……………………………………………………………………………29
　回路計（テスタ）…………………………………………………………………………32
　工具・照明器具類…………………………………………………………………………34
感電防止のための絶縁用保護具・防具・標識板…………………………………………36
　電気安全帽…………………………………………………………………………………36
　電気用（低圧）ゴム手袋…………………………………………………………………38
　電気用（高圧）ゴム手袋…………………………………………………………………40
　電気用（高圧）ゴム長靴…………………………………………………………………42
　防具・ゴムシート…………………………………………………………………………44
　短絡接地器具・放電棒……………………………………………………………………46
　検電器・充電標示器………………………………………………………………………48
　標識板・区画ロープ………………………………………………………………………50
　絶縁用保護具の着用………………………………………………………………………52
　安全用具の種類・使用目的・使用範囲…………………………………………………54

第3章　定期点検の実務

- 高圧受電設備の定期点検実施手順 ·· 56
- 事前打合せ ·· 58
  - 受電設備の確認と設置者との打ち合わせ ·· 58
  - ツールボックスミーティング（TBM） ·· 60
- 停電操作と停電の確認 ·· 62
  - キュービクル・受電室建屋の点検 ··· 62
  - 低圧開閉器の開放 ·· 64
  - 受電用遮断器の開放 ··· 66
  - 受電用断路器の開放 ··· 67
  - 区分開閉器の開放（地中引込方式） ·· 68
  - 区分開閉器の開放（架空引込方式） ·· 70
  - 区分開閉器を地絡継電器試験ボタンにより動作させた後に遮断器を開放 ······· 76
  - 充電標示器の取り付け ·· 78
  - 検電器による停電確認 ·· 80
  - 残留電荷の放電 ·· 82
  - 短絡接地器具の取り付け ··· 84
  - 作業区域への標識，ロープ，投入禁止札の取り付け ···································· 86
  - やってはならない危険な作業 ·· 88
- 定期点検の実施 ·· 90
  - 機器の清掃 ··· 90
  - ケーブル端末の点検 ··· 94
  - 断路器の点検 ··· 96
  - 遮断器の点検 ··· 98
  - 避雷器の点検 ··· 100
  - 高圧交流負荷開閉器の点検 ··· 102
  - 高圧カットアウト，ヒューズの点検 ·· 104
  - 計器用変成器の点検 ··· 106
  - 油入変圧器の点検 ·· 108
  - 高圧進相用コンデンサの点検 ·· 110
  - 母線などの点検 ·· 112
  - 低圧側配線の点検 ·· 114
  - 受配電盤の点検 ·· 116
  - 地絡方向継電器の動作特性試験 ··· 118
  - 過電流継電器の動作特性試験 ·· 122
  - 遮断器の動作試験（電流引外しの場合） ··· 132
  - 変圧器油の絶縁破壊電圧試験 ·· 136
  - 変圧器油の酸価度測定 ·· 138
  - 電圧計の校正試験 ·· 140
  - 電流計の校正試験 ·· 142
  - 接地抵抗測定 ··· 144
  - 高圧絶縁抵抗測定 ·· 146
  - 低圧絶縁抵抗測定 ·· 148

点検作業の終了確認 ···150
　残材の整理 ···150
　人員の点呼 ···151
　短絡接地器具の取り外し ···152
　工具類の員数確認 ···154
復電操作 ···156
　区分開閉器（PAS）の投入 ···156
　受電用断路器の投入 ···158
　受電用遮断器の投入 ···160
　低圧開閉器の投入 ···162
　やってはならない危険な作業 ·······································164
臨時点検 ···172
　地震後の点検作業 ···172
　台風後の点検作業 ···174
　おもな機器の文字記号 ···176

第4章　非常用電源設備の点検

非常用電源設備 ···178
　非常用予備発電設備 ···178
　蓄電池設備 ···180
　非常用予備発電設備の点検 ···182
　蓄電池設備の点検 ···183
　非常用自家発電設備の6か月・1年点検 ······························184
　蓄電池設備の点検と測定 ···190

第5章　点検結果の記録

点検結果の記録 ···200
　点検結果の記載内容 ···200
　試験成績書の記入例 ···204
　点検結果総括表の記入例 ···205
　観察点検成績表（受・配電設備）の記入例 ···························206
　接地抵抗試験成績表の記入例 ·······································208
　高圧関係絶縁抵抗試験成績表の記入例 ·······························209
　低圧関係絶縁抵抗試験成績表の記入例 ·······························210
　地絡方向継電器試験成績表（67G）の記入例 ·························211
　地絡継電器試験成績表（51G）の記入例 ·····························212
　過電流継電器試験成績表（51）の記入例 ·····························213
　絶縁油試験成績表の記入例 ···214
　指示計器校正試験成績表の記入例 ···································215
　経済産業省　原子力安全・保安院　産業保安監督部の所在地と連絡先 ···216
技術資料 ···217

第1章

高圧受電設備の仕組み

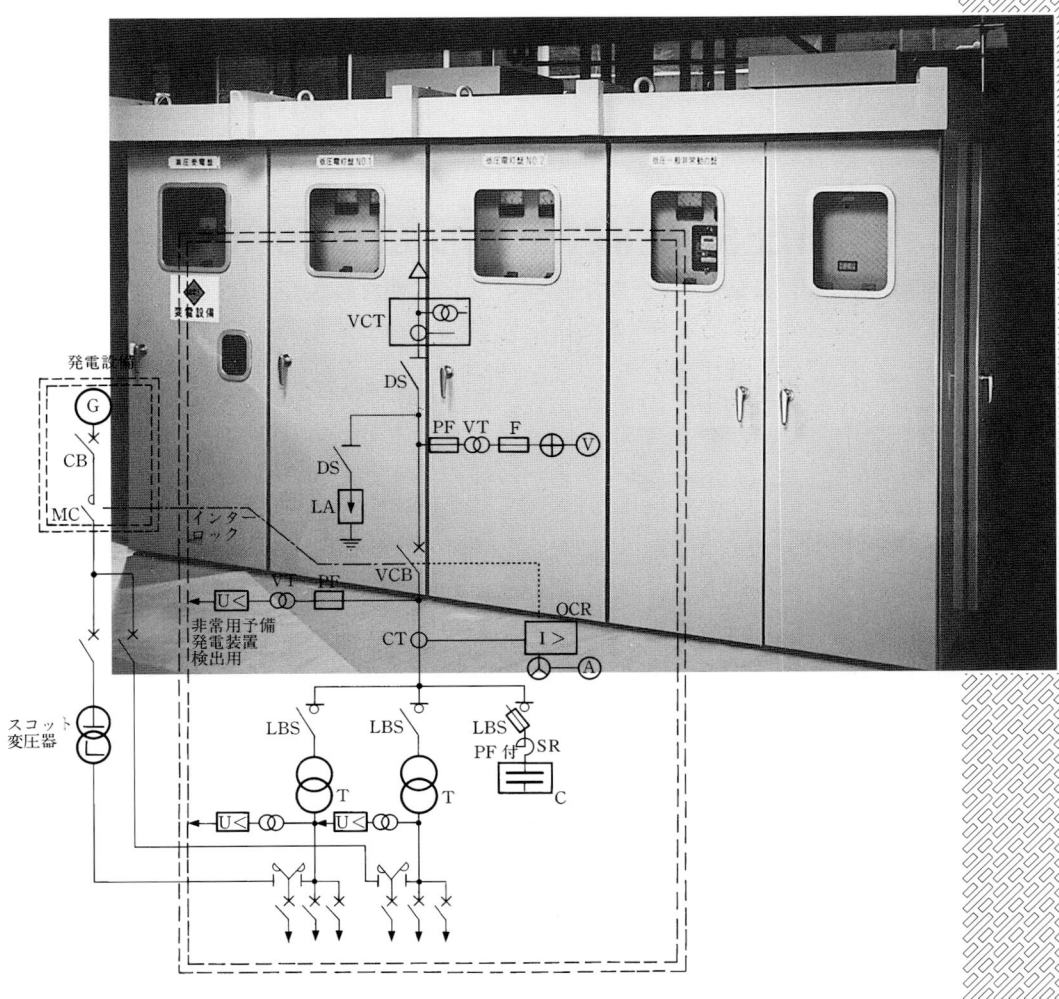

高圧受電設備の概要

高圧受電設備

　高圧受電設備とは，一般送配電事業者等の高圧配電線から高圧の電気をそのまま引き込んで使用するもので，高圧で受電する電気設備はすべて自家用電気工作物（図1-1-1）として，原子力安全・保安院 産業保安監督部（216ページ参照）に届け出て使用している．

　自家用電気工作物は，そのほとんどが6 600Vで受電し，この電圧を100Vや200Vの低圧の電気に変成して使用することになるが，高圧の電気を低圧の電気に変成して送り出す設備を「高圧受電設備」といい，普通50～2 000kW程度の設備の電力需要に対応している．

```
電気工作物 ─┬─ 一般用電気工作物
            └─ 事業用電気工作物 ─┬─ 電気事業用電気工作物※
                                 └─ 自家用電気工作物 ─┬─ 特別高圧自家用電気工作物
                                                      └─ 高圧自家用電気工作物
```

※電気事業用電気工作物とは，発電，送電，一般送配電および特定送配電の各事業の用に供する電気工作物をいう．

図1-1-1　電気工作物の種類

高圧受電設備の形態別分類

　高圧受電設備を形態別に分類すると，開放形（組立式）とキュービクル式に分類することができる．

（1）　開放形高圧受電設備
　開放形高圧受電設備（写真1-1-1）は，フレームパイプなどに断路器や遮断器，計器用変

写真1-1-1
開放形高圧受電設備

成器，碍子，高圧母線などを取り付け，変圧器，高圧進相用コンデンサなどの高圧機器を，屋内の受電室または屋外に設置するものである．新規に設置する最近の高圧受電設備は，キュービクル式高圧受電設備が多くなっている．

（a）開放形高圧受電設備の特徴

開放形高圧受電設備には，次のような特徴がある．
① 機器や配線が直接目視できるので，日常の点検が容易である．
② 配電盤や変圧器などの交換，増設が容易に行える．
③ キュービクル式に比べて設置面積を多く必要とする．
④ 高圧充電部が露出していることが多く，点検時などに危険を生じやすい．
⑤ 据付工事，配線工事などを現地で行うため，工期が長くかかる．
⑥ 屋外の場合，腐食性ガスや塩害の影響を受けやすい．

（b）開放形高圧受電設備の種類

開放形高圧受電設備は，設置場所により屋内式と屋外式とに分類することができる．また屋外式は，地上設置，屋上設置，柱上設置などに分類することができる．

① 屋内式
　高圧受電設備を建物の屋内に設置する方式

② 屋外地上式
　高圧受電設備を屋外の地表上に設置して柵などで周囲を囲った方式

③ 屋上式
　高圧受電設備を屋上に設置して柵などで周囲を囲った方式

④ 柱上式
　高圧受電設備を屋外において木柱，鉄柱，コンクリート柱を用いるH柱などに設置する方式（柱上式は，保守・点検が不便なため特別な場合のみ設置可能である）

（c）開放形高圧受電設備設置上の留意事項

開放形高圧受電設備の施設は，次の点に留意することが大切である．
① 湿気や水気が少なく，雨漏りしないようにすること．また，洪水，津波，高潮，台風などによって容易に電源が使用不能にならないようにすること．
② 受電室にあっては，不燃材料で造った壁，柱，床および天井で区画され，かつ甲種防火戸または乙種防火戸を設けたものであること．
③ 鳥獣類が侵入しない構造とすること．
④ 雨雪が吹き込まない構造とすること．
⑤ 高圧受電室の保守・点検のために図1-1-2に示す以上の保有距離をとること．
⑥ 爆発性ガス，可燃性ガスまたは腐食性ガ

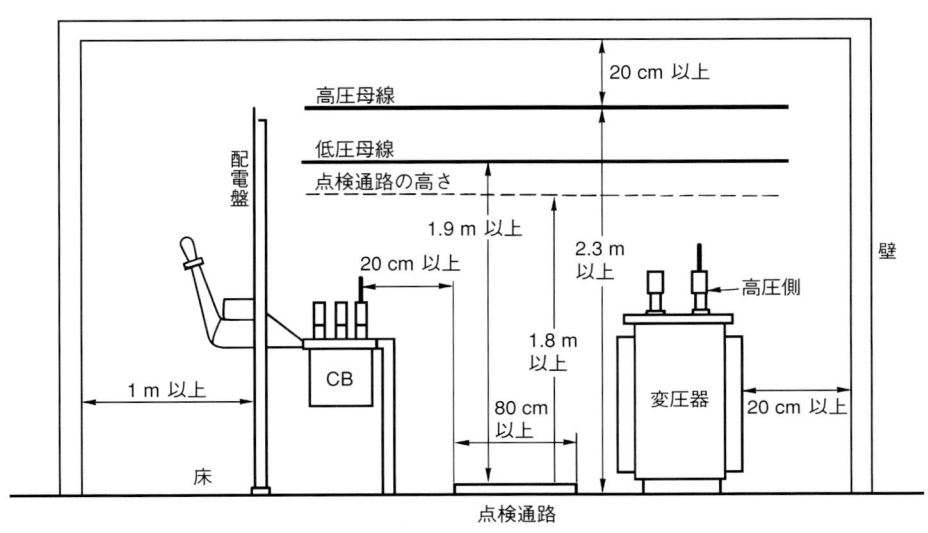

図1-1-2　受電室内の保有距離

写真1-1-2　キュービクル式高圧受電設備

ス，液体または粉じんの多い場所には設置しないこと．

⑦　機器の搬入が容易な構造とすること．

(2) キュービクル式高圧受電設備

キュービクル式高圧受電設備は，配電盤，遮断器，変圧器，高圧母線，碍子類など，高圧受電設備を構成する機器一式を金属製の箱に収めたもの（写真1-1-2）で，日本工業規格（JIS C 4620）では「高圧の受電設備として使用する機器一式を金属箱内に収めたもの」と定義され，公称電圧6 600V，系統短絡電流12.5kA，設備容量4 000kVA以下のものを規定している．

(a) キュービクル式高圧受電設備の特徴
① 充電部が，金属製の箱に収められているため，感電事故や機器の故障による事故が少なく安全性が高い．
② 小形で専用の部屋を必要としないことから，地下室，屋上，屋外など，どこにでも簡単に設置できる．
③ 開放形に比べて管理された工場で生産されるので信頼性が高く，工期も短くできる．
④ 機器の構成が簡素化されたものが多く，保守・点検が容易である．

(b) キュービクル式高圧受電設備の種類
(ア) 設置場所による区分
① 屋内用：屋内に設置するもの
② 屋外用：屋外，屋上に設置するもの
(イ) 規格による区分
① JISキュービクル
　JIS C 4620「キュービクル式高圧受電設備」に適合するキュービクル
② 認定・推奨キュービクル
　(社)日本電気協会の定める規格であり，「認定キュービクル」は消防用設備等の非常電源として使用できる「キュービクル式非常電源専用受電設備」の認定制度で，「消防告示基準」に適合したキュービクルであることが表示されている．
③ その他のキュービクル
　①，②以外の金属箱に収めた閉鎖形キュービクル．

(c) キュービクル式高圧受電設備設置上の留意点

キュービクルの設置に当たっては，次の点に留意する必要がある．
① キュービクルと周囲の保有距離は，図1-1-3のとおりとすること．
② 屋外に設置する場合は，地盤が弱い所，排水の悪い所は避けること．
③ 基礎や高低圧ケーブルの引出口などから鳥獣（ねずみ，へび，鳥など）が侵入しないようにすること．

高圧受電設備の概要

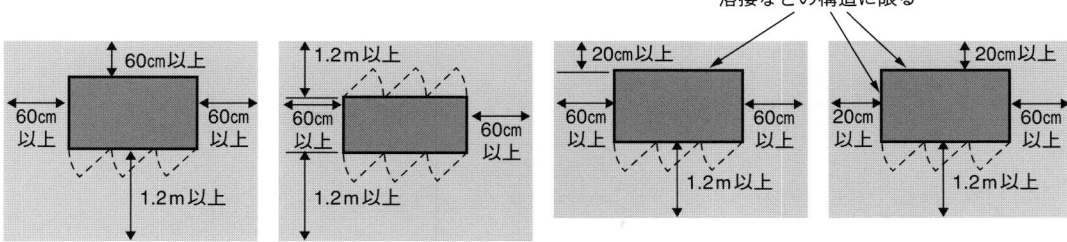

図1-1-3　キュービクルの標準スペース

④　地震などが起こった場合にも十分耐える強度を持ったアンカボルトで確実に固定すること．

⑤　公衆が容易に触れるおそれのある場所に設置する場合には，周囲に柵などを設けること．

受電用主遮断装置の保護方式による高圧受電設備の分類

高圧受電設備は，主遮断装置の遮断方式によりCB形とPF-S形に分けられ，表1-1-1のように分類される．

①　CB形（図1-1-4(a)）
主遮断装置に遮断器と継電器（過電流継電器および地絡継電器）を組み合わせた方式

②　PF-S形（図1-1-4(b)）
過電流や短絡に対しては高圧限流ヒューズが遮断し，地絡に対しては地絡継電器と組み合わせた高圧交流負荷開閉器が動作する方式

表1-1-1　JISによるキュービクルの種類

形式	屋内外・保守形態の別		受電設備容量	主遮断装置
PF-S形	屋内用	前後面保守形	300kVA以下	●高圧限流ヒューズ(PF)と高圧交流負荷開閉器(LBS)とを組み合わせて用いる形式をいう．
		前面保守形(薄形)		
	屋外用	前後面保守形		
		前面保守形(薄形)		
CB形	屋内用	前後面保守形	4 000kVA以下	●遮断器(CB)を用いる形式をいう．
		前面保守形(薄形)		
	屋外用	前後面保守形		
		前面保守形(薄形)		

標準的な高圧受電設備の構成と機器の役割

高圧受電設備は，図1-1-5に示すような機器により構成されており，図1-1-6に示す単線結線図で表せる．これらの機器の機能について，CB形高圧受電設備を例に説明する．

①　高圧引込線
電力会社の高圧配電線から自家用電気設備の受電点に至る電路をいい，架空引込みと地中引込みの2種類がある．

②　架空引込線による引込み
電力会社の架空配電線から架空引込みをする場合には，自家用電気設備の構内に引込用の電柱（引込第1号柱）を建てるなどして第1支持点とすることが多く行われている．電力会社との責任分界点は，引込線と自家用側の引込口配線との接続点とすることが一般的である．

③　地中引込線による引込み
電力会社の地中配電線から引込む場合には，自家用設備の構内に高圧キャビネット（供給用配電箱）を設置することが一般的に行われている．電力会社との保安上の責任分界点は，自家

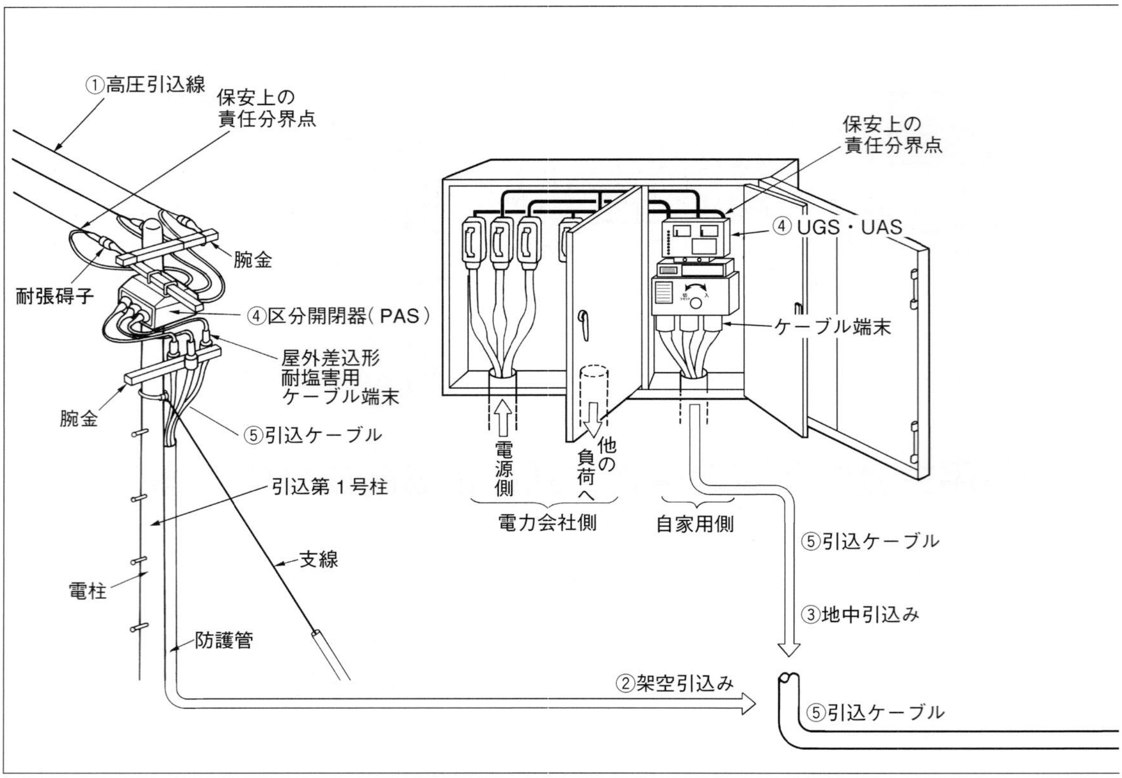

第1章 高圧受電設備の仕組み

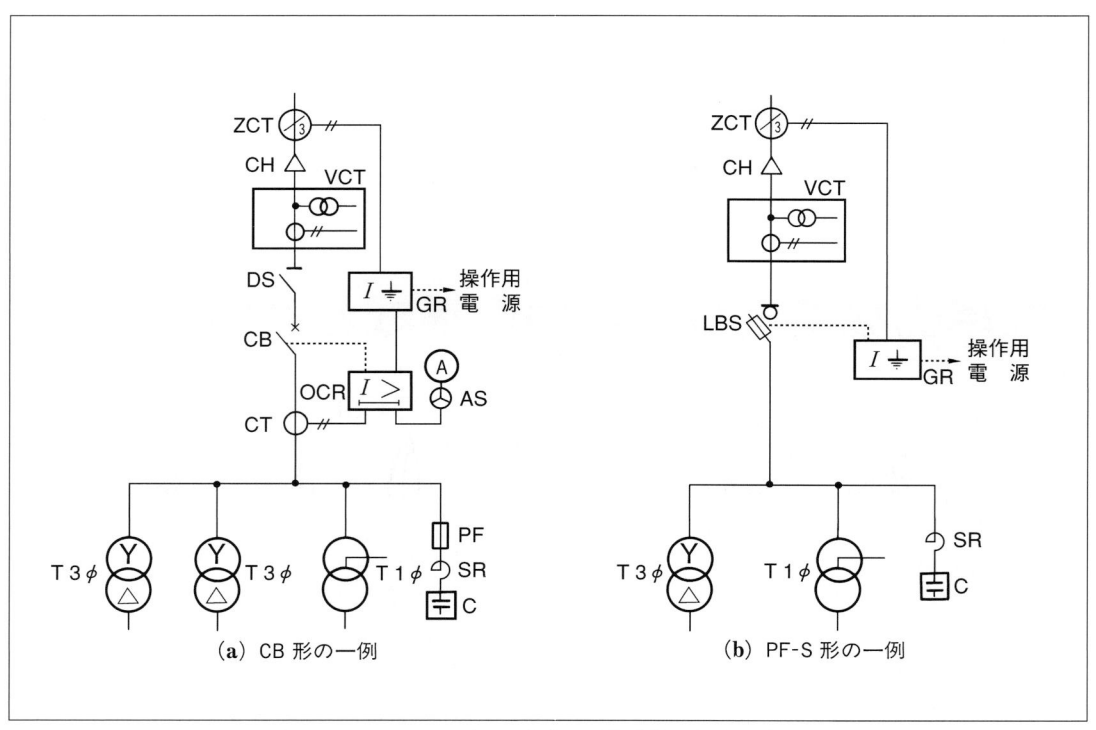

図1-1-4 キュービクル式高圧受電設備の単線結線図例

高圧受電設備の概要

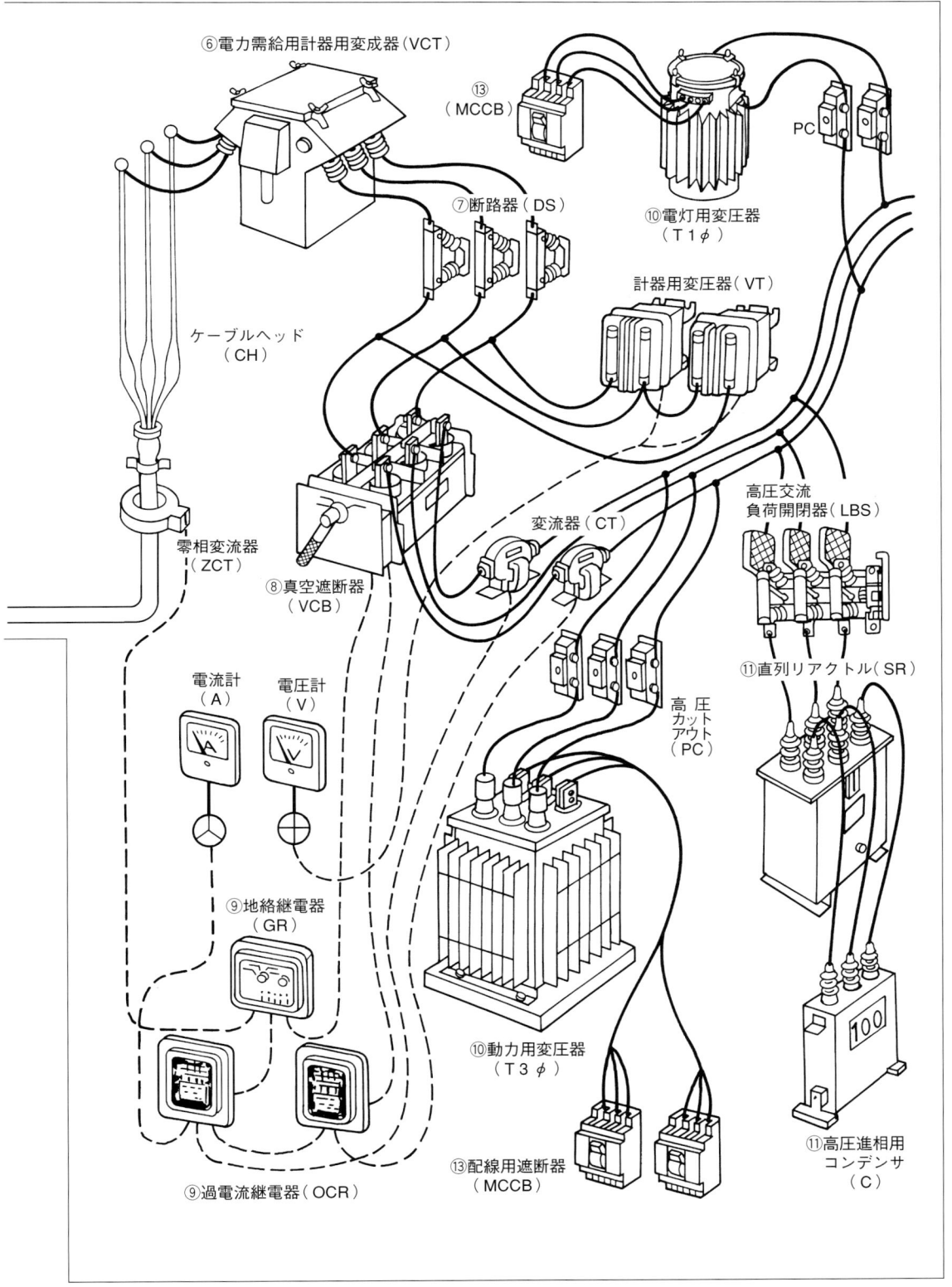

図1-1-5　高圧受電設備の機器構成

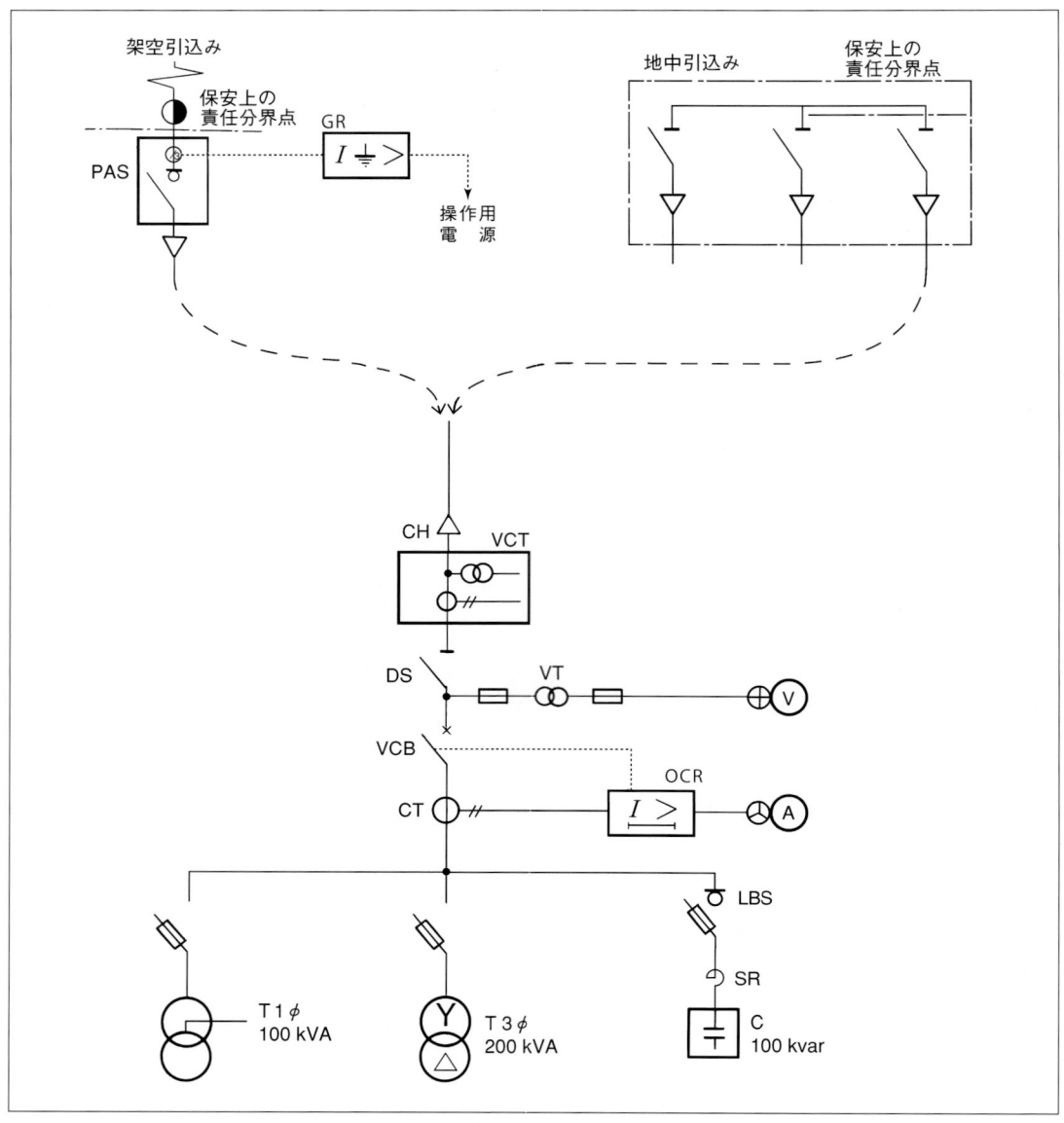

図1-1-6　図1-1-5の単線結線図

用側の区分開閉器の電源側端子となる．

④　区分開閉器

区分開閉器は，電力会社の配電線と自家用受電設備の電路を区分けするための開閉器で，架空引込みの場合は引込第1号柱に，地中引込みの場合は高圧キャビネット内のそれぞれ責任分界点に近い箇所に設置する．高圧引込ケーブル事故を配電線に波及させないようにGR付PAS（地絡継電器付柱上高圧気中負荷開閉器）やUGS（地絡継電器付地中線用高圧ガス負荷開閉器）を設置する．

⑤　高圧引込ケーブル

区分開閉器から受電設備までは，一般に高圧ケーブルを使用する．高圧ケーブルは，絶縁性能の優れた架橋ポリエチレンを絶縁物として使用し，ビニルで外装した単心ケーブル3本をより合わせたCVTケーブルが多く使われている．

⑥　電力需給用計器用変成器

使用電力量を測定するため，電力会社は電力需給用計器用変成器（VCT）を取り付ける．VCT

は，回路の高電圧，大電流を低電圧，小電流に変換して電力会社の取引用計量器（Wh）を駆動させる働きを持っている．

⑦ 断路器

断路器（DS）は，停電作業などの際に開路しておく装置で，負荷電流を遮断することができないので，必ず受電用遮断器を切った後に開閉操作をする必要がある．

⑧ 主遮断装置

主遮断装置は，自家用電気設備に事故があったときに自家用側と電力会社の配電線を切り離す装置で，CB形は遮断器をいい，PF-S形は高圧限流ヒューズと高圧交流負荷開閉器を組み合わせた装置をいう．

⑨ 保護継電器

小容量のCB形高圧受電設備では，地絡継電器（GR）および過電流継電器（OCR）が使われている．

地絡継電器は，零相変流器（ZCT）で検出した高圧側の地絡電流が一定の値以上に達したときに遮断器を動作させる．地絡継電器には，方向性のない一般形のものと地絡電流の方向を検出する機能を備えた地絡方向継電器（DGR）があり，方向性のあるものは自構内の地絡事故の場合だけ動作するもので，自構内の高圧電路のこう長が長く，対地静電容量の大きい場合に用いられる．

過電流継電器は，変流器（CT）で低圧の小電流に変換した電流が一定の値以上になったときに遮断器を動作させる装置である．動作特性は，反限時特性および瞬時特性を持っており，短絡などの大電流では瞬時に動作し，数倍程度までの過電流では動作まで時間がかかるように設定されている．誘導円板形と静止形とがあり，静止形が多く使われている．

中・大規模の高圧受電設備では，上記のほかに不足電圧継電器などが使用されている．

⑩ 変圧器

変圧器（T）は，電力会社の配電線により供給される6 600Vの高圧電気を，電灯用の100／200Vや動力用の200Vなど使用設備の使用電圧である低圧電気に変換する最も主要な機器である．高圧受電設備に使用される変圧器は，油入自冷式のものが多く使用されるが，屋内設置のもので難燃化対策の必要から油を使用しないモールド形変圧器が使用されるようになってきた．

⑪ 高圧進相用コンデンサおよび直列リアクトル

高圧進相用コンデンサ（C）は，電路で発生する遅れ力率の無効電力を減少させ，力率を改善する働きを持っている．

電力会社では，電気料金の力率割引制度を設けているので，高圧進相用コンデンサを設置して力率を改善することで電気料金の割引の適用を受けることができる．

直列リアクトル（SR）は，高圧進相用コンデンサの電源側に直列に接続して使用するもので，近年増加している高調波の影響による高圧進相用コンデンサへの高調波電流の流入を抑制するとともに，コンデンサへの突入電流の抑制にも効果がある．

高調波の抑制については，「高圧又は特別高圧で受電する需要家の高調波抑制対策ガイドライン」が制定されており，高圧受電設備の場合は「施設する高調波発生機器の等価容量の合計が50kVAを超過する場合，特定需要家として高調波抑制対策を講じなければならない」と規定している．

⑫ 避雷器

避雷器（LA）は，高圧電路が雷などのサージによる異常電圧を回避するため，異常電圧による電流を大地へ流して電路の絶縁物を保護する働きを持っている．電気設備技術基準の解釈では，500kW以上の受電設備の架空引込口および引出口に避雷器の設置を義務づけているが，500kW未満の設備であっても，襲雷頻度の高い地域では避雷器を設置することが望まれる．最近では，区分開閉器（PAS）に内蔵されているものが多く採用されている．

⑬ 低圧配電盤

低圧配電盤は，電圧計，電流計および配線用遮断器（MCCB），開閉器（KS）類で構成され，配線用遮断器などから低圧配線を引き出して各使用設備の分電盤などへ電気を送っている．

⑭ 接地端子

高圧受電設備では，高圧機器の外箱の保護接

地としてのA種接地工事，低圧系統の高圧電路との混触防止のためのB種接地工事，低圧機器の外箱や変成器の二次側電路に施すD種接地工事など，系統接地や機器の保護接地を行っている．

平成23年10月からは，ビルの鉄骨などを利用して建物全体の接地を接続し，等電位にする等電位ボンディングも使用できるようになった．

保守・点検の種類と目的

自家用電気設備を安全に使用するために，電気事業法では，自家用電気設備の設置者に対して自主保安体制を確立し，経済産業大臣に届け出るよう定めている．

自主保安体制の中心をなすものが保安規程であるが，これは保安管理を行うための手順書である．保安規程の目的は，電気保安を確保するための基準を定めるものであり，電気主任技術者はこの目的を達成するための推進者である．

保安管理は，
① 電気設備の保安を確保して感電，火災，波及事故などの重大事故を未然に防止する．
② 事故が発生した場合は，その影響を最小限にとどめ，速やかに復旧する．
③ 電気設備の劣化診断などを行い，予防保全に努める．
を目的としている．

保安規程には，自家用電気工作物の工事，維持および運用に関する保安のための巡視，点検および検査に関する項目について具体的に定めることとしている．

点検には，日常点検，定期点検，精密点検，臨時点検，竣工時の検査がある．

（1）日常点検

日常点検は，通常どおり電気設備を使用している状態で，主として携帯用測定器で測定したり，点検者の視覚，聴覚，嗅覚，触覚など五感を使って電気設備や機器の異常の有無を判定する点検である．電気主任技術者を外部委託している事業場の場合は，委託先の電気主任技術者による月次点検を実施することになっている．

（2）定期点検

定期点検は，1年に1回程度の周期で行う点検で，日常点検で行う点検内容のほかに，原則として電気設備を停止させて接地抵抗測定，絶縁抵抗測定，保護継電装置の動作試験などを測定器具を使用して行うとともに，活線状態では点検できないような高圧充電部の緩み，たわみ，注油，清掃などを実施するものである．

（3）精密点検

精密点検は，2～6年程度の周期で行う点検で，電気設備を停止させて油入変圧器や油遮断器に入っている絶縁油の点検・試験，主要機器の分解点検，保護継電装置の動作特性試験，計器の校正など，必要に応じてより精密に行う点検である．

（4）臨時点検

臨時点検は，電気設備に故障が生じた場合または故障が生じるおそれがある場合などに，その箇所の点検，測定および試験を行い，故障の原因を究明するとともに，必要に応じて応急措置を行うものである．

（5）竣工時の検査

電気設備の新増設工事が完成して電気設備を使用する前に，仕様書，設計図と照合するとともに，電気設備の技術基準，高圧受電設備規程，内線規程などの基準や規程類に照らし合わせ，電気設備を安全に使用できるかを検査する．また，機器類の施工状態や絶縁耐力試験など，必要な電気設備の機能をチェックする．

高圧受電設備は，JIS C 0617の図記号（シンボル）を使って単線結線図で表される．

図1-1-7，図1-1-8に，キュービクル式高圧受電設備の図記号に対応した機器を示す．

表1-1-2に，電気設備の点検チェックリストを示す．点検種別欄の○印は，点検時に行わなければならない点検項目である．

キュービクル式高圧受電設備

キュービクル式高圧受電設備

高圧気中負荷開閉器
（GR 付 PAS）

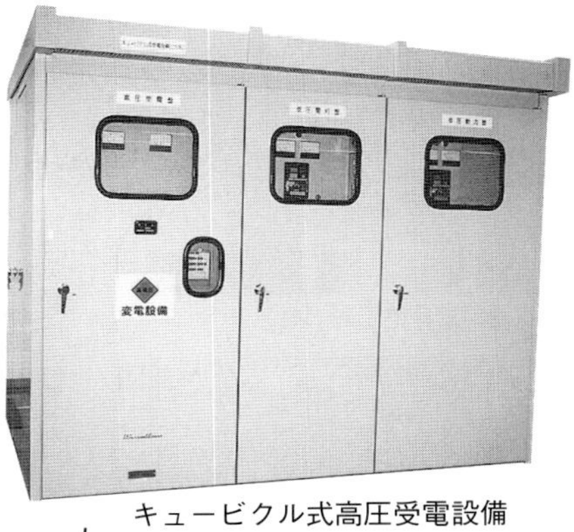

スコット変圧器（T）

引込第1号柱によるケーブル引込み

避雷器（LA）

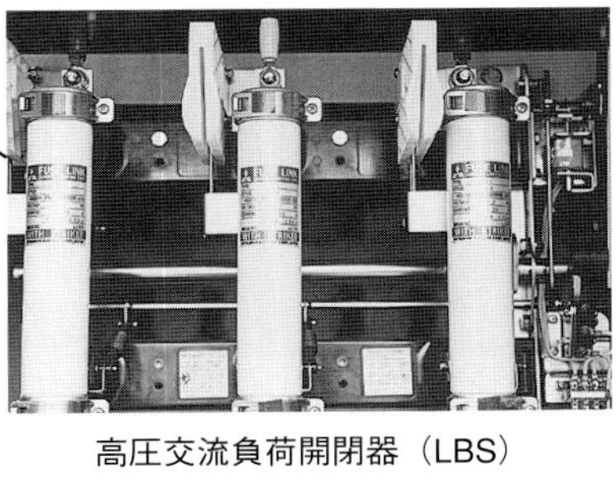

高圧交流負荷開閉器（LBS）

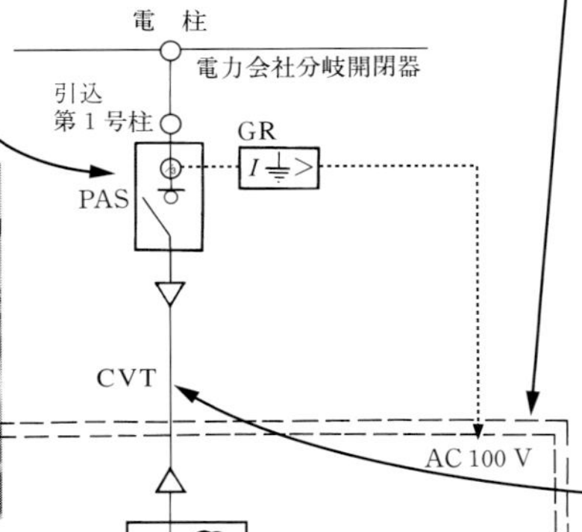

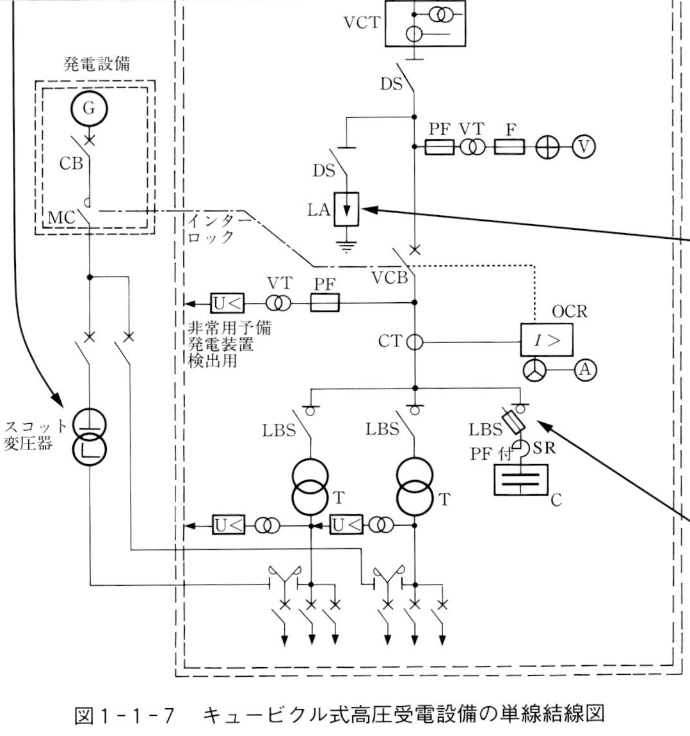

図1-1-7　キュービクル式高圧受電設備の単線結線図

第1章 高圧受電設備の仕組み

キュービクル式高圧受電設備

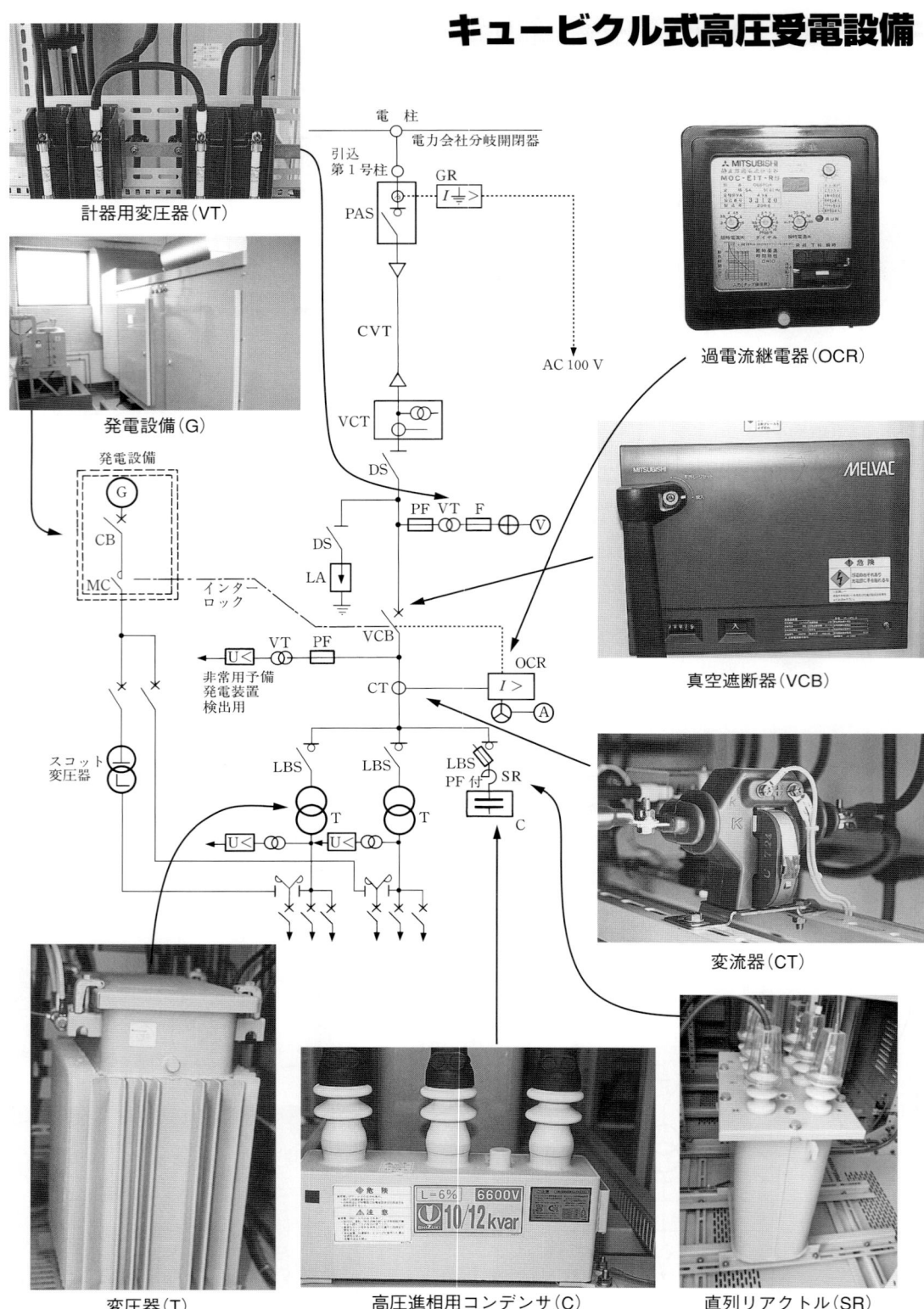

図1-1-8 キュービクル式高圧受電設備の単線結線図

表1-1-2　電気設備の点検チェックリスト

点検対象	点検箇所	点検項目	点検内容	竣工時点検	月次点検	定期点検	精密点検
引込関係	引込線路	架空電線	電線太さ，径間，損傷，たるみ，他物接触，他物との離隔，地上高	○	○	○	○
		ケーブル端末	損傷，亀裂，汚損，トラッキング痕，シュリンクバック有無，他物接触	○	○	○	○
		ケーブル本体	損傷，他物接触	○	○	○	○
		吊架線	損傷，腐食，たるみ，外れ，支持点間隔	○	○	○	○
		防護管	損傷，発錆，地上高，金属体の接地	○	○	○	○
		マンホールハンドホール	損傷，浸水，ケーブル外装の損傷，ふたの破損	○		○	○
		標識など	標石，標柱，埋設標識シート	○	○	○	○
		電柱	傾斜，倒壊，損傷，腐朽，他物との離隔，足場ボルトの有無および位置	○	○	○	○
		腕金類	損傷，腐食，亀裂，汚損，折損，脱落，他物接触	○	○	○	○
		碍子類	破損，ひび割れ，バインド外れ	○	○	○	○
		支線	損傷，緩み，腐食	○	○	○	○
		接地線	腐食，断線，外れ，接続部の状態	○	○	○	○
		測定・試験	絶縁抵抗，接地抵抗	○		○	○
	高圧負荷開閉器	外箱	損傷，腐食，亀裂，汚損，操作紐の異常	○	○	○	○
		碍子・口出部	損傷，亀裂，汚損，折損，脱落，他物接触	○	○	○	○
		制御装置	損傷，変形，汚損，外箱の施錠，接続箇所の過熱変色	○	○	○	○
		制御配線	損傷，過熱痕の有無，断線，外れ	○	○	○	○
		接地線	腐食，断線，外れ，接続部の状態，接地抵抗	○	○	○	○
		測定・試験	動作，動作特性，トリップコイル絶縁抵抗，連動動作，絶縁抵抗，接地抵抗	○		○	○
	高圧キャビネット	外箱	損傷，腐食，変形，亀裂，汚損，結露，施錠，行先名称	○	○	○	○
		ディスコン	破損，損傷，異音，異臭，汚損，過熱痕，緩み，接触子の接触状態	○	○	○	○
		UGS※	破損，損傷，異音，異臭，汚損，過熱痕，緩み	○	○	○	○
		制御装置	損傷，変形，汚損，外箱の施錠，接続箇所の過熱変色	○	○	○	○
		接地線	腐食，断線，外れ，接続部の状態	○	○	○	○
		測定・試験	接地抵抗，※UGS継電器は保護継電器を準用	○		○	○

第1章　高圧受電設備の仕組み

点検対象	点検箇所	点検項目	点検内容	点検種別			
				竣工時点検	月次点検	定期点検	精密点検
受電設備・配電設備	高圧受配電設備	運転状況	周囲の状況，異音，異臭，雨雪浸入，小動物侵入口	○	○	○	○
		受電所キュービクル	損傷，腐食，亀裂，汚損，折損，脱落，他物接触	○	○	○	○
		入口・柵	施錠，柵の状況	○	○	○	○
		その他	消火器，整頓状況，危険標識・表示の状態	○	○	○	○
	計器用変成器（VCT, VT, CT, ZCT）	外　箱	損傷，腐食，亀裂，汚損，折損，脱落，他物接触	○	○	○	○
		本　体	損傷，汚損，亀裂，トラッキング痕	○		○	○
		配線および接続部	緩み，外れ，過熱痕	○		○	○
		ヒューズ	汚損，損傷，緩み，過熱痕，溶断の有無	○		○	○
		接地線	腐食，断線，外れ，接続部の状態	○		○	○
		測定・試験	絶縁抵抗，接地抵抗	○			○
	避雷器	本体	損傷，亀裂，汚損，脱落	○	○	○	○
		配線および接続部	緩み，外れ，過熱痕	○		○	○
		接地線	腐食，断線，外れ，接続部の状態	○		○	○
		測定・試験	絶縁抵抗，接地抵抗，漏れ電流	○		○	○
	断路器	本　体	損傷，汚損，亀裂，トラッキング痕	○	○	○	○
		配線および接続部	緩み，外れ，過熱痕	○		○	○
		接地線	腐食，断線，外れ，接続部の状態	○		○	○
		測定・試験	絶縁抵抗，接地抵抗，操作確認	○		○	○
	負荷開閉器	本　体	損傷，汚損，亀裂，トラッキング痕	○	○	○	○
		配線および接続部	緩み，外れ，過熱痕	○		○	○
		操作機構部	損傷，汚損，亀裂，トラッキング痕，注油状態	○		○	○
		高圧ヒューズ	汚損，損傷，緩み，過熱痕，溶断の有無	○		○	○
		接地線	腐食，断線，外れ，接続部の状態	○		○	○
		測定・試験	絶縁抵抗，接地抵抗，連動動作	○		○	○
	遮断器	運転状況	異音，異臭	○	○	○	○
		配線および接続部	緩み，外れ，過熱痕	○		○	○
		本　体	油量，ガス圧力，真空度，接触子の状態	○	○	○	○
		操作機構部	損傷，汚損，亀裂，トラッキング痕，注油状態	○		○	○
		接地線	腐食，断線，外れ，接続部の状態	○	○	○	○
		測定・試験	絶縁抵抗，接地抵抗，連動動作，油試験	○		○	○

点検対象	点検箇所	点検項目	点検内容	点検種別			
				竣工時点検	月次点検	定期点検	精密点検
受電設備・配電設備	高圧カットアウト（PCS）	本体	損傷，亀裂，汚損，折損，脱落	○	○	○	○
		配線および接続部	緩み，外れ，過熱痕	○	○	○	○
		高圧ヒューズ	汚損，損傷，緩み，過熱痕，溶断の有無	○	○	○	○
		接地線	腐食，断線，外れ，接続部の状態	○	○	○	○
		測定・試験	絶縁抵抗，接地抵抗	○		○	○
	変圧器	本体	変形，損傷，亀裂，汚損，折損，脱落	○	○	○	○
			吸湿防止剤の変色			○	○
		配線および接続部	緩み，外れ，過熱痕	○	○	○	○
		接地線	腐食，断線，外れ，接続部の状態	○	○	○	○
		測定・試験	絶縁抵抗，接地抵抗，連動動作	○		○	○
		PCB	PCBの有無，使用・保管の表示	○	○	○	○
	高圧進相用コンデンサ	本体	変形，損傷，亀裂，汚損，折損，脱落，膨らみ，漏油	○	○	○	○
		配線および接続部	緩み，外れ，過熱痕	○	○	○	○
		接地線	腐食，断線，外れ，接続部の状態	○	○	○	○
		測定・試験	絶縁抵抗，接地抵抗，静電容量	○		○	○
		PCB	PCBの有無，使用・保管の表示	○	○	○	○
	直列リアクトル	本体	変形，損傷，亀裂，汚損，折損，脱落，漏油	○	○	○	○
		配線および接続部	緩み，外れ，過熱痕	○	○	○	○
		接地線	腐食，断線，外れ，接続部の状態	○	○	○	○
		測定・試験	絶縁抵抗，接地抵抗	○		○	○
		PCB	PCBの有無，使用・保管の表示	○	○	○	○
	高圧母線など	本体	変形，損傷，亀裂，汚損，折損，脱落	○	○	○	○
		配線および接続部	緩み，外れ，過熱痕	○	○	○	○
		支持物	変形，損傷，亀裂，汚損，折損，脱落	○	○	○	○
		測定・試験	絶縁抵抗，接地抵抗	○		○	○
受・配電盤	指示計器表示装置	本体	変形，損傷，亀裂，汚損，脱落	○	○	○	○
		端子部	緩み，外れ，過熱痕	○	○	○	○
		測定・試験	計器校正・動作表示，絶縁抵抗，接地抵抗	○		○	○
	保護継電器	本体	異音，異臭，損傷，汚損，整定値	○	○	○	○
		配線および接続部	緩み，外れ，過熱痕	○	○	○	○
		測定・試験	動作，動作特性，絶縁抵抗，接地抵抗	○		○	○

点検対象	点検箇所	点検項目	点検内容	竣工時点検	月次点検	定期点検	精密点検
受・配電盤	接地端子盤	接地線	腐食, 断線, 外れ, 接続部の状態	○	○	○	○
		端子部	緩み, 外れ, 過熱痕	○	○	○	○
		測定・試験	接地抵抗	○		○	○
	開閉器 遮断器	本体	損傷, 腐食, 亀裂, 汚損, トラッキング痕	○	○	○	○
		端子部	緩み, 外れ, 過熱痕	○	○	○	○
		測定・試験	動作連動, 開極・閉極時間, 絶縁抵抗, 接地抵抗	○		○	○
負荷設備	低圧機器	運転状況	異音, 異臭, 過熱状態	○	○	○	○
		本体	変形, 損傷, 汚損	○	○	○	○
		配線および接続部	緩み, 外れ, 過熱痕	○	○	○	○
		接地線	緩み, 外れ, 接続部の状態	○	○	○	○
		測定・試験	負荷電流, 漏れ電流, 絶縁抵抗, 接地抵抗	○		○	○
	開閉器	運転状況	異音, 異臭, 過熱状態, 負荷電流, 漏れ電流	○	○	○	○
		本体	変形, 損傷, 汚損	○	○	○	○
		配線および接続部	緩み, 外れ, 過熱痕	○	○	○	○
	配線用遮断器 漏電遮断器	運転状況	異音, 異臭, 過熱状態	○	○	○	○
		本体	変形, 損傷, 汚損	○	○	○	○
		配線および接続部	緩み, 外れ, 過熱痕	○	○	○	○
		測定・試験	動作, 動作特性, 絶縁抵抗, 負荷電流, 漏れ電流	○		○	○
	接地端子	接地線	腐食, 断線, 外れ, 接続部の状態	○	○	○	○
		端子および接続部	緩み, 外れ, 過熱痕	○	○	○	○
		測定・試験	接地抵抗	○		○	○

第2章

定期点検に使用する試験器と安全用具

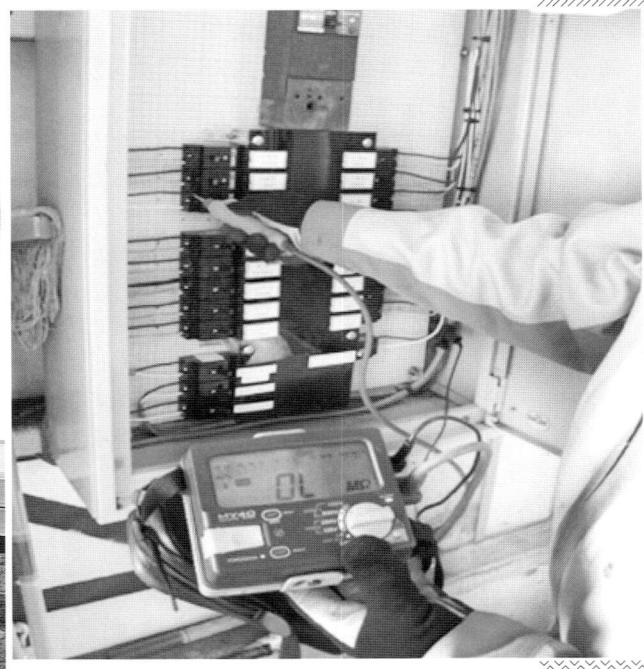

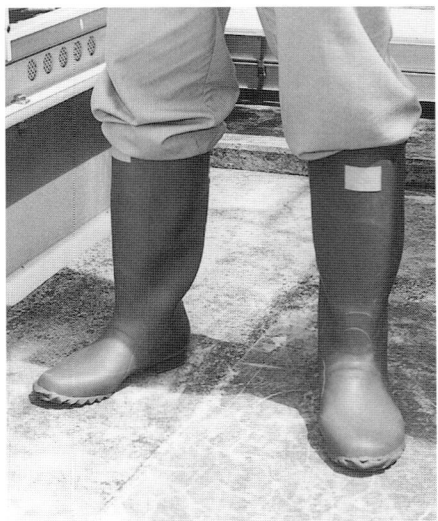

定期点検の実施と注意点

　一般送配電事業者から受電した高圧の電気は，高圧受電設備で低圧の電気に変換して動力設備や電灯・コンセント設備に電気を供給するため，故障が発生するとその及ぼす影響は大きい．また，波及事故となった場合は，自構内だけでなく他の需要設備にも多大の迷惑を及ぼすことになる．

　これらの故障や事故を未然に防止するため，電気主任技術者を中心として，新増設に伴う竣工検査や既存設備の日常点検，定期点検などの保守・管理が行われ，保安確保の努力がなされている．万一，故障が発生した場合には，故障の原因となる電気工作物を早急に見つけ，適切な応急措置を施して一刻も早く復旧することが求められる．

　ここでは，定期点検で使われる試験器類や絶縁用保護具・防具類，TBM について述べる．

1．試験器・点検用具・工具

　電気工作物の故障を未然に防止するため，主要機器の定期的な劣化診断や電気使用合理化のためのデータ収集など，さまざまな保守・管理がなされる．これら保安作業には，各種の試験装置が使用されるが，作業目的に合ったものを選択する必要がある．

　この項では，高圧受電設備の定期点検を行ううえで必要な試験器・点検用具・工具について，使用目的別に種類，機能，用途などを写真で紹介する．

2．絶縁用保護具・防具・危険標識

　高圧受電設備の点検作業を行うに当たっては，労働安全衛生法などの法律によって安全用具の使用基準，管理基準が定められている．

　感電事故の原因を分析すると，①作業に適した安全用具が使用されなかった，②安全用具が不足していた，③安全用具の使用方法がわからなかった，というものが多く見受けられる．これらは，安全用具の重要性，必要性を認識してはいるものの，作業現場の環境条件や作業内容などに適した安全用具が使用されなかったり，作業者への教育がなされていなかったりして，安全用具に対する関心の低さが原因となっている．

　労働安全衛生法第20条では，「事業者は電気等による危険を防止するために必要な措置を講じなければならない」，さらに同法第26条では，「労働者は第20条の規定に基づき講ずる措置に応じて，必要な事項を守らなければならない」とされ，事業者および労働者に遵守義務を課している．また労働安全衛生法では，事業者に対しては完全な性能を有する安全用具を購入・配備することと常に良好な状態を保持することを義務づけ，労働者に対しては装着，着用することを義務づけている．

　この項では，高圧受電設備の定期点検を行ううえで，感電防止のために必要と思われる絶縁用保護具・防具・危険標識について，種類，使用目的，使用範囲，使用上の注意事項などを写真で紹介する．

3．事前打合せ

　高圧受電設備の定期点検は，複数の人員で作業を行うため，作業者の安全や災害防止には特に留意する必要がある．このため，現場において作業者が集まり，作業責任者を中心に話し合いや打ち合わせ（TBM：Tool Box Meeting)を行う．

　TBM では，停電と送電時間，電気設備の概要，作業内容・作業範囲，人員配置と作業分担，作業手順，服装・安全用具の点検，測定器具と工具の点検，操作時の呼称と復唱，検電の実施，停電範囲，危険箇所の予知，短絡接地器具の取付箇所，思いつき作業の禁止，開閉器の現状・復帰，分担作業終了後の報告と現場確認，立会者との相互確認などを周知徹底させる．

　この項では，TBM の一般的な例を写真で紹介する．

4．定期点検の実施

高圧受電設備の定期点検では，事業場内を全停電して，日常点検では実施できない部分を目視による観察点検，試験装置などを用いて行う試験・点検を実施する．定期点検を実施するに当たっての一般的な事項を以下に列記する．

① 点検実施者は，事前に作業内容，作業予定，作業時間など，綿密に打ち合わせを行う．
② 電気設備や機器の構造をよく理解し，現場の実情を把握する．
③ 常に安全に対して自覚し，自己の経験を過信しない．
④ 作業時間は十分に余裕をとり，常に周到な準備をして行動する．
⑤ 思いつき作業は絶対に行わない．
⑥ 万一事故が発生した場合にも，あわてずに行動できるよう努める．
⑦ 安全用具などは，「安全用具の使用基準」に従って使用する．
⑧ 送電または停電する場合は，綿密な打ち合わせを行ってから実施する．
⑨ 電路に触れるときには，必ず検電器で検電し，無電圧であることを確認する．また，作業を中断して再開するときにも，必ず再度検電を行う．金属箱内の点検時には，検電器で金属箱面に電位のないことを確認する．
⑩ 2名以上の人員で作業を行う場合は作業責任者を定めるとともに，作業責任者は所定の腕章を着用する．
⑪ 高圧活線近接作業を行う場合は，絶縁用保護具・防具を使用する．
⑫ 物体の落下および飛来，機械の回転・移動など，作業まわりの安全に注意する．
⑬ 作業を進めるうえで不安全動作となるような施設がある場合には，安全対策を講じたうえで作業を進めるか，作業を保留する措置をとる．
⑭ 電気設備を停電して作業を行うので，停電時間，復電時間および停電範囲の周知徹底を図る．
⑮ 作業前に，試験器，工具，絶縁用保護具・防具などの員数および損傷の有無を確認する．異常がある場合は，直ちに補修するか取り替える．作業終了後は，員数の確認を行う．
⑯ 作業責任者は，作業者の配置と作業内容，作業方法，作業手順，作業時間，充電部と停電範囲，送電時間，検電，短絡接地器具の取り付け，安全用具の装着などについて周知徹底する．
⑰ 作業責任者は，作業の安全を確保するため，原則として機器の操作などは行わず，常に作業者の安全を監視し，作業方法について適切な指示を与えながら任務を遂行する．
⑱ 作業者は作業責任者の指示に従うとともに，作業内容を十分に理解し，決められた作業手順により安全に作業を行う．
⑲ 作業現場には，作業者以外の公衆が立ち入らないよう必要に応じてロープで区画し，「立入禁止」の標識板を取り付ける．また，誤操作を防止するため，遮断器や開閉器などには「投入禁止」，「短絡接地中」などの標識板を取り付ける．
⑳ 充電部には，充電標示器や「充電中」の標識板を取り付ける．
㉑ 高圧電路を開放したときは，必ず残留電荷を放電する．
㉒ 作業終了に当たっては，点検作業の対象となった設備を作業前の状態に戻し，復電可能な態勢になったことを確認する．
㉓ 復電するときには，作業者全員が感電の危険のある位置を離れたこと，短絡接地器具を取り外したことなど，安全を十分に確認したうえで通電する．

精密点検は，日常点検や定期点検などの記録を参考にし，2～6年程度の周期で機器などの分解点検を行うとともに，試験器を用いて機能試験や調整を行う．また臨時点検は，日常点検や定期点検などの記録によって事故が発生するおそれがある場合，電気事故が発生した場合，台風，地震，雷などの被害にあった場合に試験器を用いて機器の機能試験や調整を行う．

定期点検に必要な 試験器・点検用具・工具

試験用電源（発電機）

地絡継電器や過電流継電器などの各種継電器の動作特性試験を実施する場合，試験用電源として，通常は発電機が使用されている．また試験用電源は，保護継電器試験の内容によって発電機の容量を選定する必要がある．

〔発電機容量の選定例〕

過電流継電器のタップが5Aに整定されていて500％の動作時間を測定（動作特性試験）するときは，

$5[A] \times 5(500[\%]) = 25[A]$

$25[A] \times 100[V] = 2.5[kVA]$

となり，単相3kVAの発電機を選定することになる．

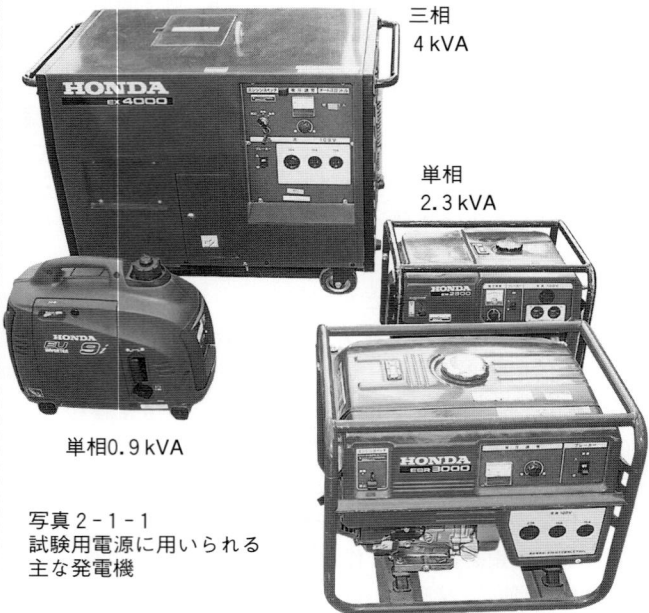

写真2-1-1 試験用電源に用いられる主な発電機

保護継電器の動作特性試験は重要な試験であり，発電機の容量が不足している場合は，測定値の誤差が大きくなることがある．正確な判定値が得られる無ひずみ発電機を利用することが望ましい．

写真2-1-2 無ひずみ発電機

発電機を使用する場合に注意しなければならないことは，発電機の機種によってはひずみ電流波形が発生し，試験結果の判定値に影響を及ぼすことがある．特に，静止形過電流継電器の動作特性試験の際には，誘導円板形過電流継電器の限時特性が異なるので，十分に注意する必要がある．

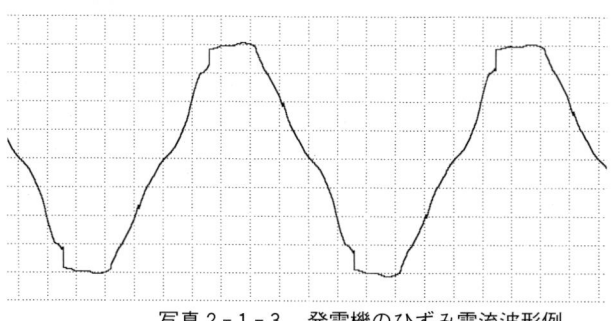

写真2-1-3 発電機のひずみ電流波形例

試験用電源（発電機）

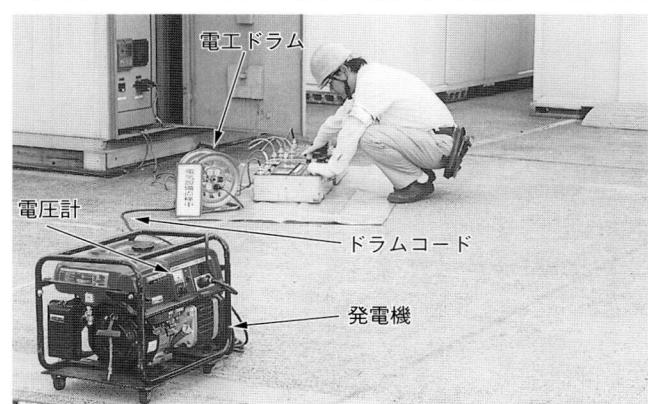

写真2-1-4　発電機と保護継電器試験器の接続例

発電機を運転させた後，発電機本体に取り付けられている電圧計により電圧が発生していることを確認する．確認後，発電機本体のコンセントにドラムコードのプラグを差し込む．保護継電器試験器の電源は，電工ドラムについているコンセントに差し込んでから試験を行う．

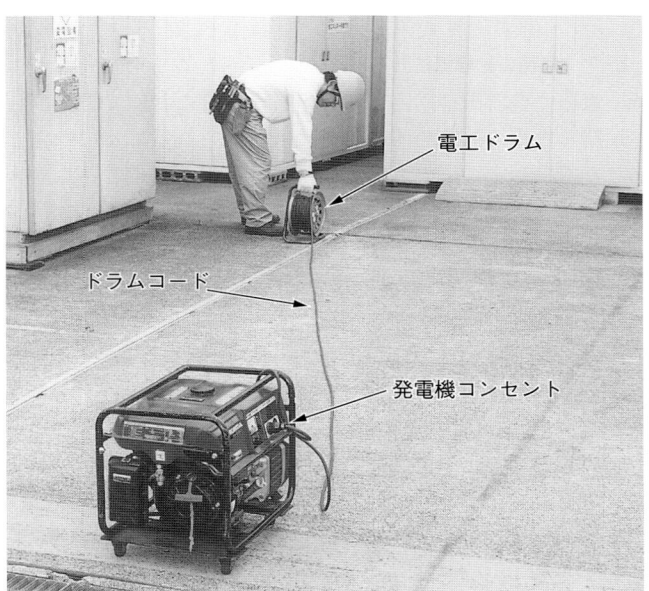

写真2-1-5　発電機と電工ドラムの設置例

発電機を運転すると，騒音により試験時に行う作業責任者と作業者の呼称・復唱が聞き取りにくくなるため，できるだけ試験実施場所から発電機を隔離して設置する．

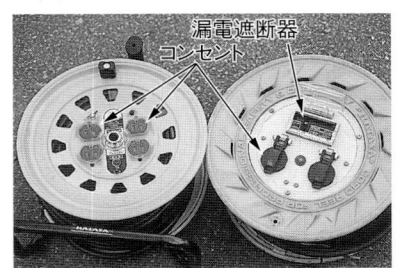

汎用形電工ドラム（左）と漏電遮断器付電工ドラム

写真2-1-6　無ひずみ発電機を使用した試験例

電源ひずみの影響を受ける保護継電器試験の場合は，ひずみ波形を正弦波形に補正する無ひずみ発電機を使用する．

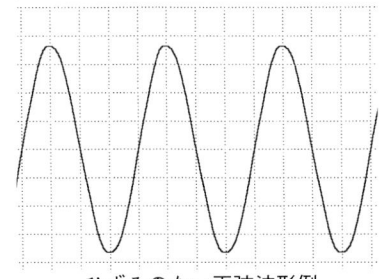

ひずみのない正弦波形例

絶縁抵抗計

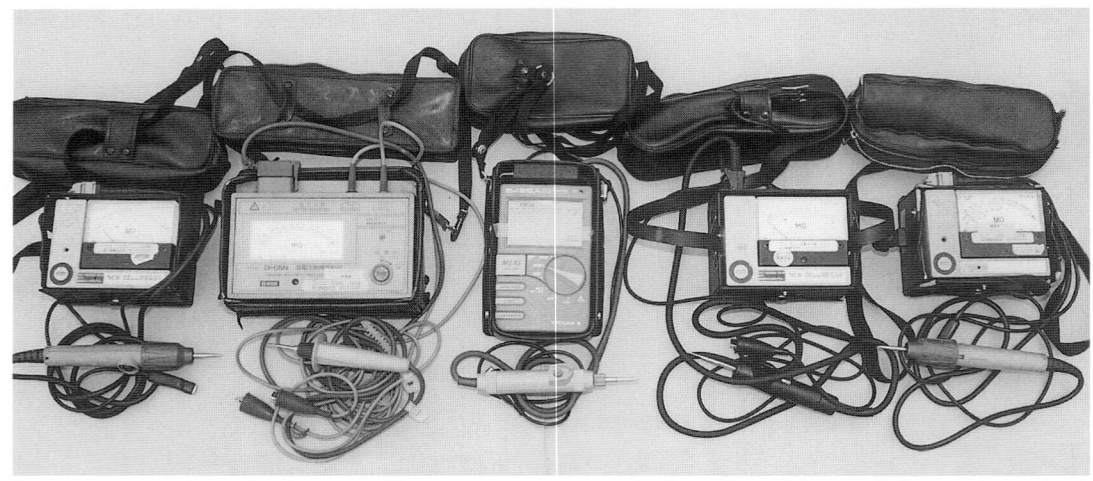

写真 2-1-7　各種の絶縁抵抗計

絶縁抵抗計（メガ）は，電気設備の高低圧電路や機器内部回路の絶縁抵抗が良好な状態で維持されているかを測定するのに使用する．また，地絡・短絡の故障箇所の調査にも用いられる．

絶縁抵抗計は，測定回路の使用電圧に応じた定格測定電圧のものを使用することが望ましい．

高圧配線や機器の測定には，一般的に定格電圧1 000V，5 000Vの絶縁抵抗計が使用される．最近は，より精度を高めるため，6 kV系統の電気設備では定格電圧5 000V，10 000V（「高圧受電設備規程」に規定）の高圧絶縁抵抗計を使用することが多くなっている．

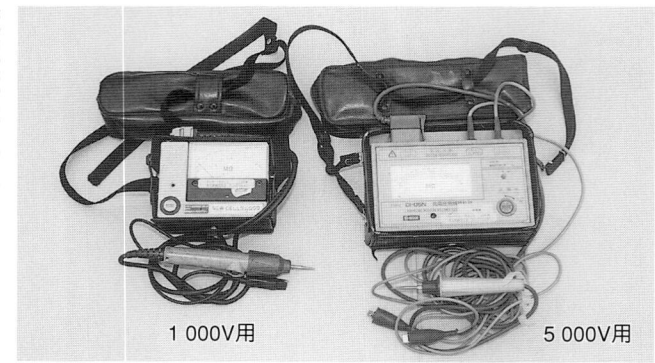

写真 2-1-8　1 000Vおよび5 000V高圧絶縁抵抗計

低圧設備の配線や配線用遮断器などの機器の絶縁抵抗測定に使用する500Vアナログ式絶縁抵抗計およびディジタル式絶縁抵抗計を示す．

測定電圧によっては，125V，250V，500Vの低圧絶縁抵抗計を使用して測定する．

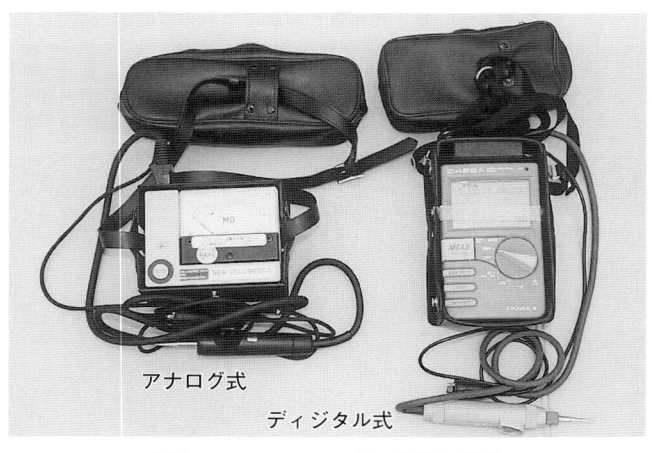

写真 2-1-9　500V低圧絶縁抵抗計

絶縁抵抗計

高圧設備の絶縁抵抗を測定する際に注意しなければならない点は，最初に充電電流が流れる（通常は約1分間）ので，安定するまでに時間がかかることである．

測定は，電路に並列に接続された全機器を開放して行うが，機器個々の測定を行うことは困難であることから，一般には，三相一括により対地間で測定を行う．測定の結果，絶縁抵抗の判定基準値以下の場合は，各機器について再度測定を行う．

〔測定上の注意点〕

① 測定値は，目盛が安定してから読み取る．

② L（電路側）端子のプローブを充電部に接触させるときは，高圧ゴム手袋を着用する．

③ E（接地側）端子は，機器や電路の接地端子に確実に接続する．

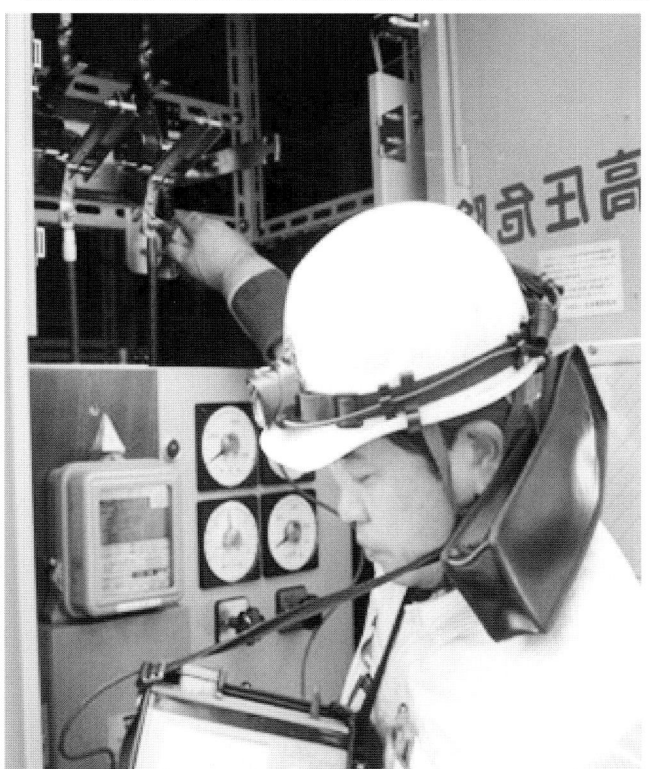

写真2-1-10 高圧電路の三相一括絶縁抵抗測定例

低圧電路の配線や分電盤内の配線用遮断器負荷側などの絶縁抵抗を測定する場合に注意しなければならないことは，最近は，OA化やFA化の進展により，サージアブソーバなどを内蔵した機器が多くなっていることから，使用電圧にあった絶縁抵抗計を選定することが大切である．

一般に，低圧電路の配線や機器の測定では，定格電圧500Vの絶縁抵抗計を，200Vの電路や機器の測定では定格電圧250Vの絶縁抵抗計を，150V以下の電灯回路，制御回路の測定では定格電圧100Vの絶縁抵抗計をそれぞれ使用する．

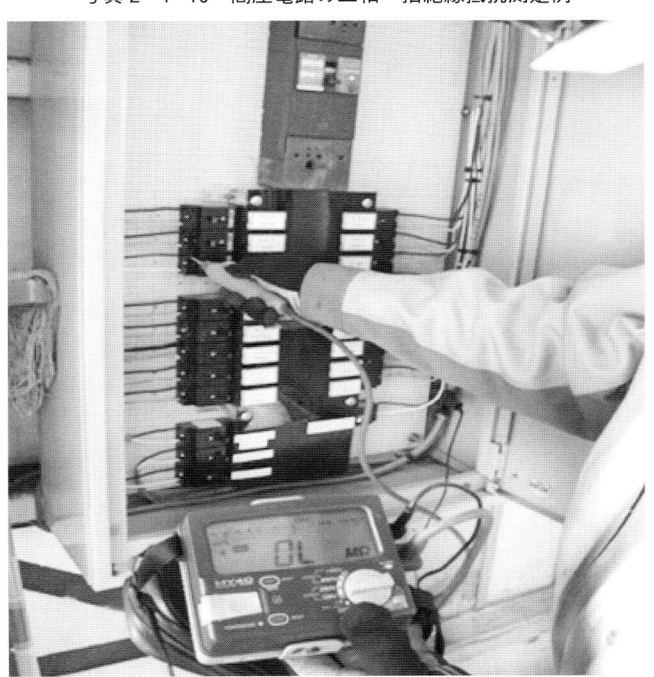

写真2-1-11 低圧電路の絶縁抵抗測定例

接地抵抗計

接地抵抗計は，電気設備に施された各種接地工事の抵抗値が，電気設備技術基準に規定されている値以下であり，接地の目的を果たしているかを確認するための測定器である．

JIS C 1304では，電池を内蔵した電位差計式および電圧降下式の携帯用接地抵抗計について規定されている．使用目的によって，電池式自動接地抵抗計，大地比抵抗計，簡易接地抵抗計が用いられる．

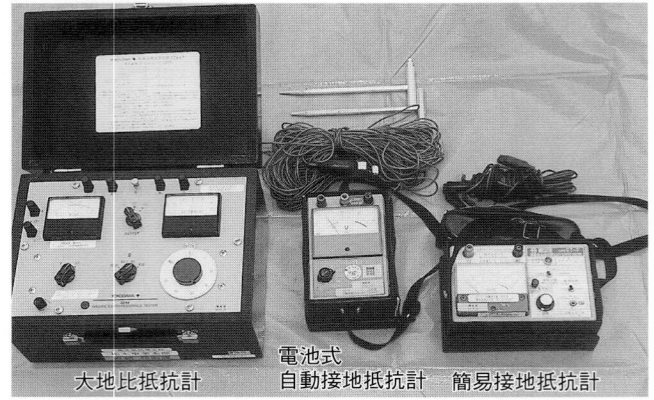
写真2-1-12 各種の接地抵抗計

取り扱いが簡単な電池式（電位差計式）自動接地抵抗計を示す．

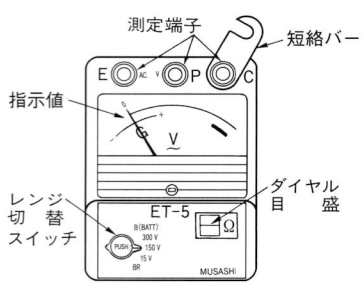

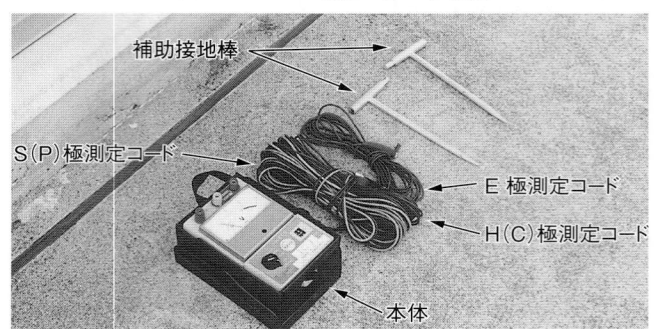
写真2-1-13 電池式自動接地抵抗計

電池式自動接地抵抗計の測定手順

① 被測定接地極Eと補助接地極S(P)，H(C)の間隔をほぼ一直線上にし，それぞれ10m以上の間隔をあける．

② 補助接地極S(P)，H(C)を十分に地面に打ち込んだ後，接地抵抗計の測定端子と接地極，補助接地極を測定コードで接続する．

③ 切替レンジを「電池B」の位置にしてバッテリーチェックを行う．押しボタンを押して指針が正常範囲にあることを確認する．

④ 切替レンジを電圧Vの位置にし，地電圧を測定する．地電圧が大きい場合は，原因を調査する．

⑤ 切替レンジを接地抵抗の位置にし，ダイヤルを調整して指示値が零のときの接地抵抗値を読む．

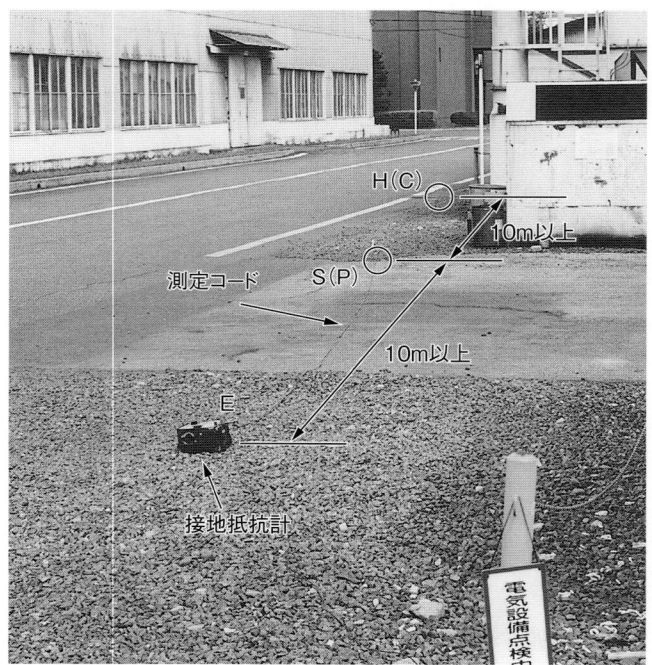
写真2-1-14 電池式自動接地抵抗計による測定例

接地抵抗計

被測定接地極Eと補助接地極S(P), H(C)が, 接地端子盤の中にあらかじめ設けられている場合は, 接地抵抗計のE, S(P), H(C)端子に接続された測定コードを, 接地端子盤のそれぞれの極に接続して測定する.

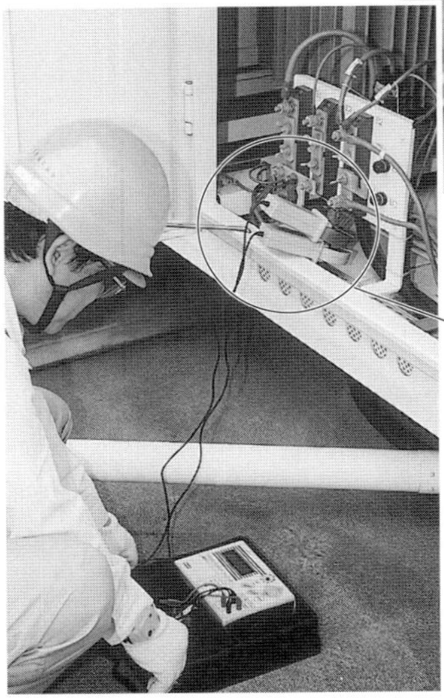

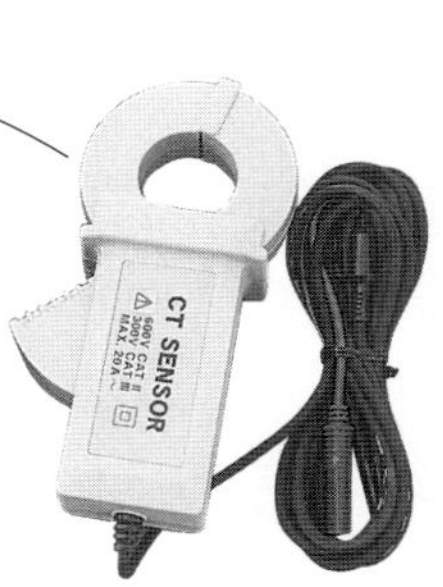

接地端子盤は補助接地極S(P), H(C)を10m間隔で打ち込みできない市街地のビルなどに取り付けられている.

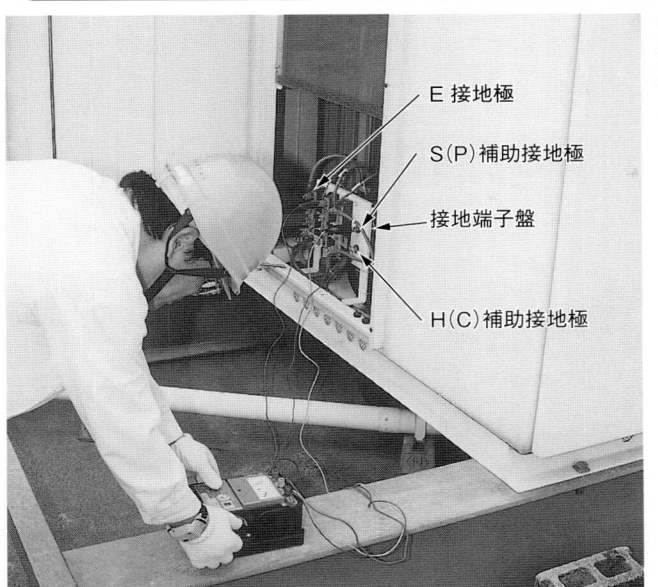

写真2-1-15 接地端子盤を使った接地抵抗測定例

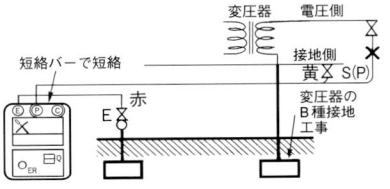

2極法（簡易法）の測定法

D種接地工事は, 低圧機器などの保護用接地であるが, 屋内に設置されることが多いため補助接地極S(P), H(C)を打ち込むことが困難である.

簡易な測定として, 変圧器二次側にB種接地工事が施されていることを利用する. 補助接地極S(P), H(C)端子を短絡してB種接地の端子に接続し, E端子を被測定用接地端子に接続して測定する方法がある. この方法で測定した値は, B種接地抵抗値との和となるので, 接地抵抗値はB種接地抵抗値を減じた値となる.

写真2-1-16
電池式自動接地抵抗計を使った接地抵抗測定例

クランプ式接地抵抗計は, CT（変流器）により接地抵抗値が測定できるもので, 接地線を取り外したり補助接地極を打ち込む必要がなく, ケーブルをクランプ部ではさむだけで接地抵抗値が測定できる.

写真2-1-17
クランプ式接地抵抗計による接地抵抗測定例

クランプ部の外観

保護継電器試験器

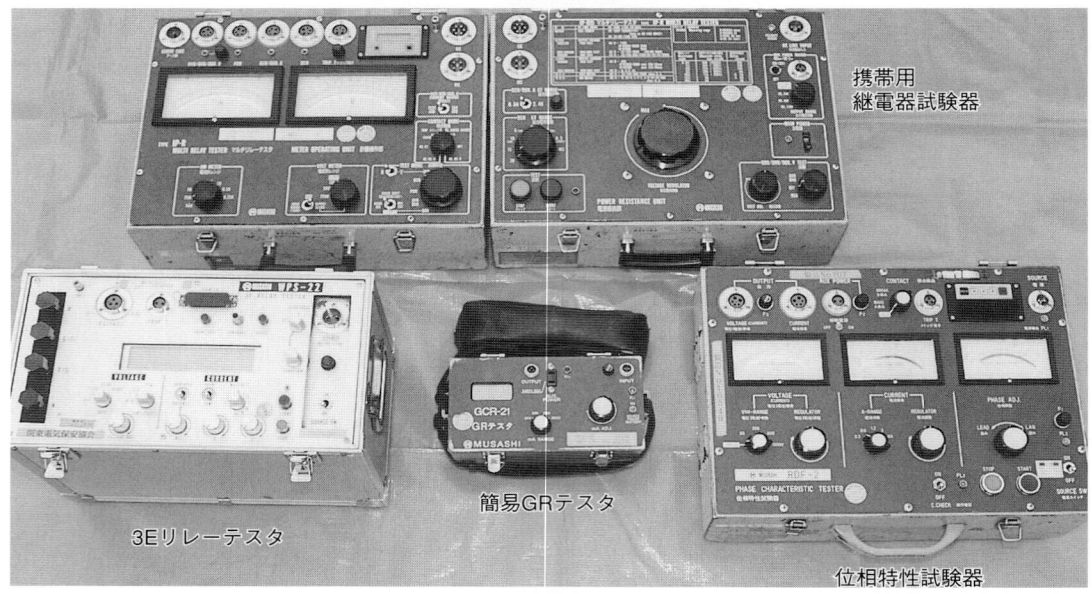

写真2-1-18　保護継電器試験器

自家用設備の構内で短絡，地絡，過負荷などの事故が発生したときには，事故点に最も近い電源側の遮断器を遮断する必要がある．そのためには，各機器や線路ごとに保護継電器を取り付けて保護範囲をカバーするほか，保護継電器相互の保護協調が正しく行われるような継電器の選定と整定が必要である．

定期点検時には，保護継電器の整定の確認，動作特性試験を行うために保護継電器試験器を使用する．

外部電源に電圧変動や波形ひずみなどがあると，保護継電器試験器の電圧・電流出力にも影響を与え，試験データが正確にとれない場合がある．

無ひずみ式試験器は，波形発生器を内蔵しているため，外部電源の影響を受けない．外部電源の状態が悪いときでも精密な試験電圧や試験電流を出力できる．

無ひずみ式試験器は，主に特別高圧受電の保護継電器やコージェネレーション用複合継電器などの試験を行う際に使用される．

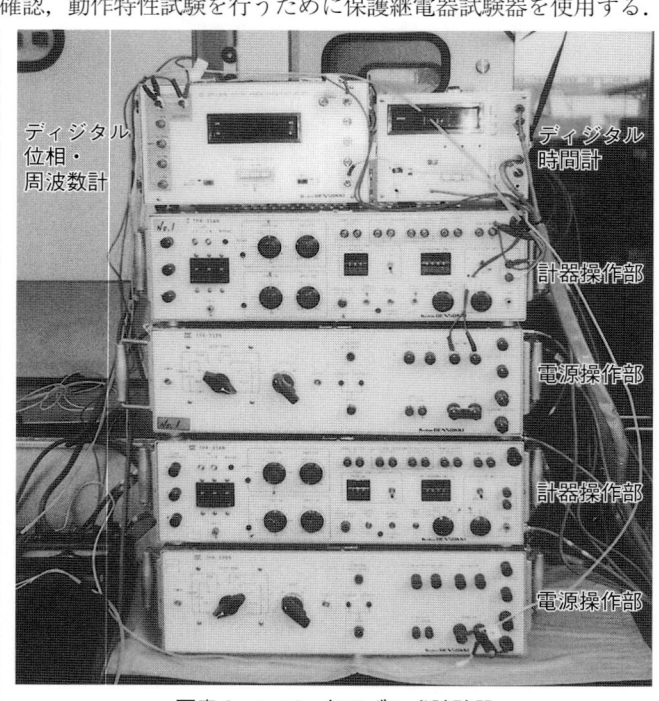

写真2-1-19　無ひずみ式試験器

保護継電器試験器　（つづく）

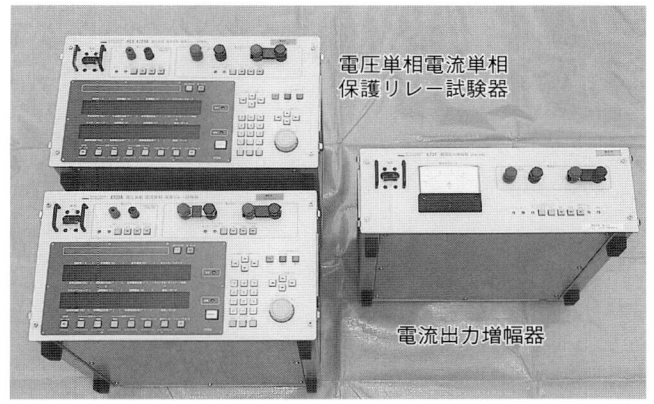

写真2-1-20　多機能形無ひずみ式試験器

多機能形無ひずみ式試験器は，軽量，操作が容易，多機能と多くの特長を有している．またこの試験器は，距離継電器，過電流継電器，地絡方向継電器，比率差動継電器，表示線継電器などのすべての試験に対応できる．

写真2-1-21
特別高圧・高圧受電盤の保護継電器例

写真2-1-22　高圧受電盤の保護継電器例

特別高圧受電盤および高圧受電盤に設置された各種の保護継電器．保護継電器試験に当たっては，個々の継電器の特性に適した試験器を選定する必要がある．特別高圧で受電している保護継電器試験では，無ひずみ式試験器を使用することが望ましい．

特別高圧受電盤に取り付けられている継電器には，過電流継電器，地絡過電流継電器，地絡方向継電器，過電圧継電器，不足電圧継電器，地絡過電圧継電器，比率差動継電器，母線保護継電器，表示線継電器，三相電力平衡継電器，位相比較継電器，電圧調整継電器，界磁喪失継電器，逆相過電流継電器，逆電力継電器，周波数継電器がある．

高圧受電盤の保護継電器は，特殊な場合を除いて5種類を組み合わせて設置されている．継電器試験器は，持ち運びが容易で取り扱いの簡単な保護継電器試験器（電源部，操作部のあるもの）を使用する．

高圧受電盤に取り付けられている継電器には，過電流継電器，地絡継電器，過電圧継電器，不足電圧継電器，地絡過電圧継電器がある．

（つづき）保護継電器試験器

高圧キャビネットに設置された地絡方向継電器付地中線用高圧ガス負荷開閉器（UGS）の保護継電器試験は，軽量で持ち運びが容易な位相特性試験器を使用する．

高圧キャビネットの内部

高圧受電盤に設置された過電流継電器の動作特性試験は，保護継電器試験器で実施する．

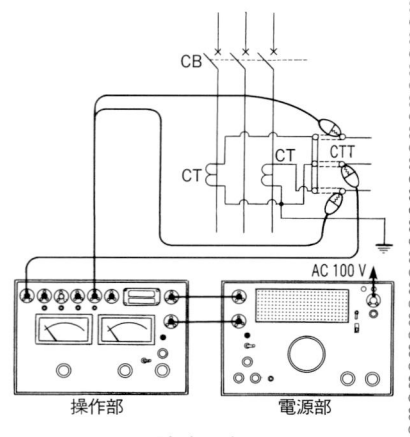

試験回路

写真2-1-23　UGSの保護継電器試験

写真2-1-24　過電流継電器の動作特性試験

絶縁耐力試験器　（つづく）

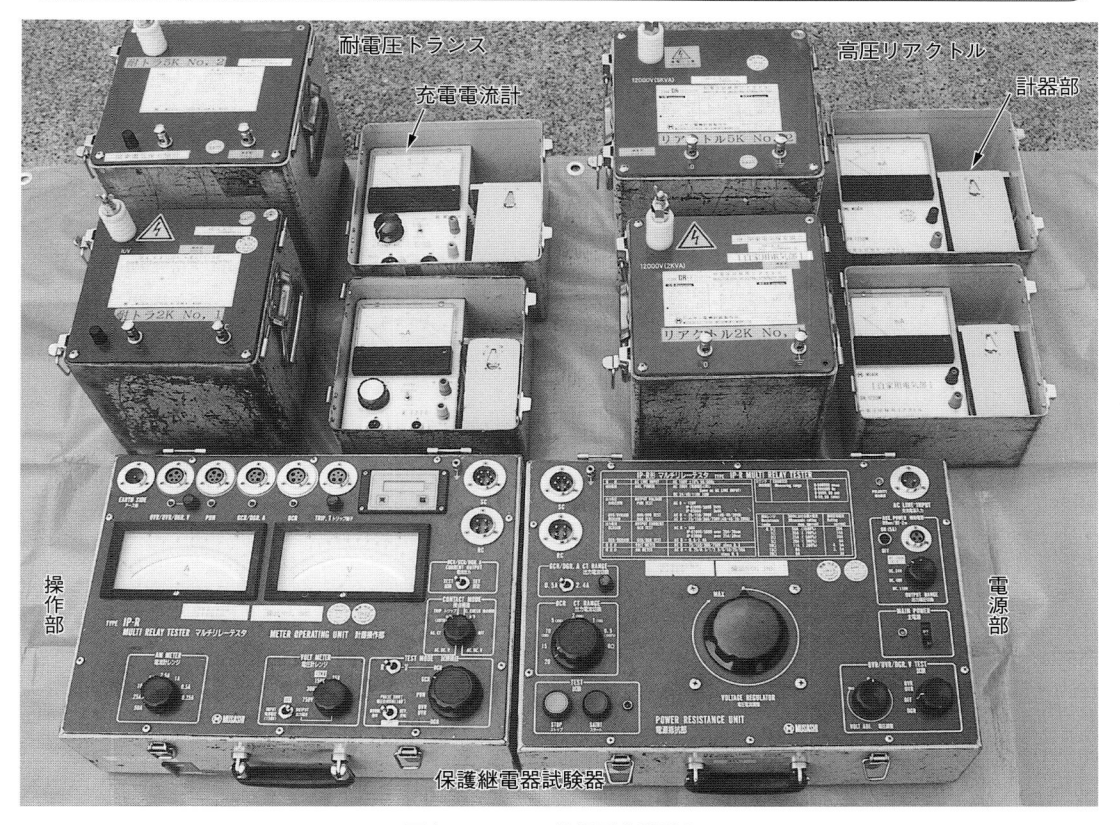

写真 2-1-25　絶縁耐力試験器

　絶縁耐力試験は，受電設備が竣工したときに行う試験で，耐電圧トランスと保護継電器試験器を組み合わせて行う．電力ケーブルや発電機，電動機など，対地静電容量による充電電流が大きい場合，大容量の試験装置が必要となるが，高圧リアクトルを利用することにより，試験器の使用範囲を拡大して試験が行われる．

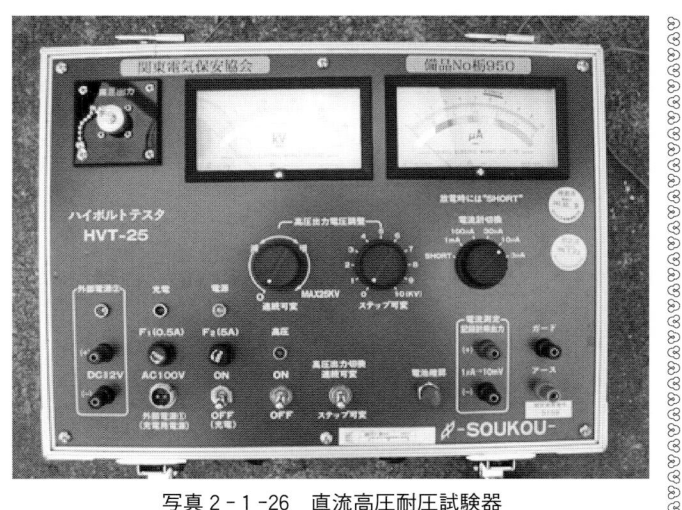

写真 2-1-26　直流高圧耐圧試験器

　こう長の長い高圧ケーブルの絶縁耐力試験は充電電流が大きくなるので，交流電圧による試験を行う場合は試験装置が大容量となり，現場での試験は困難となる．このような場合，電技の解釈第15, 16条では直流電圧によって絶縁耐力試験を行ってもよいことになっている．直流電圧による試験は，直流高圧耐圧試験器を使用する．

（つづき）絶縁耐力試験器

　交流絶縁耐力試験は，保護継電器試験器と耐電圧トランスとを組み合わせた試験装置により実施するのが一般的である．絶縁耐力試験は受電設備に高電圧を印加することから，試験を行う施設には区画ロープを張り，危険標識などを取り付けて周囲に人が近づかないよう安全対策を講ずるほか，試験中は監視を行う．

　交流絶縁耐力試験の電圧は，電路の最大使用電圧の1.5倍の試験電圧を電路と大地との間に連続して10分間印加したときに耐えることと電技の解釈第15条で定められている．

　公称電圧が6 600Vの高圧受電設備は，最大使用電圧が6 900Vであるから，

　　$6\,900[V] \times 1.5 = 10\,350[V]$

が試験電圧となる．

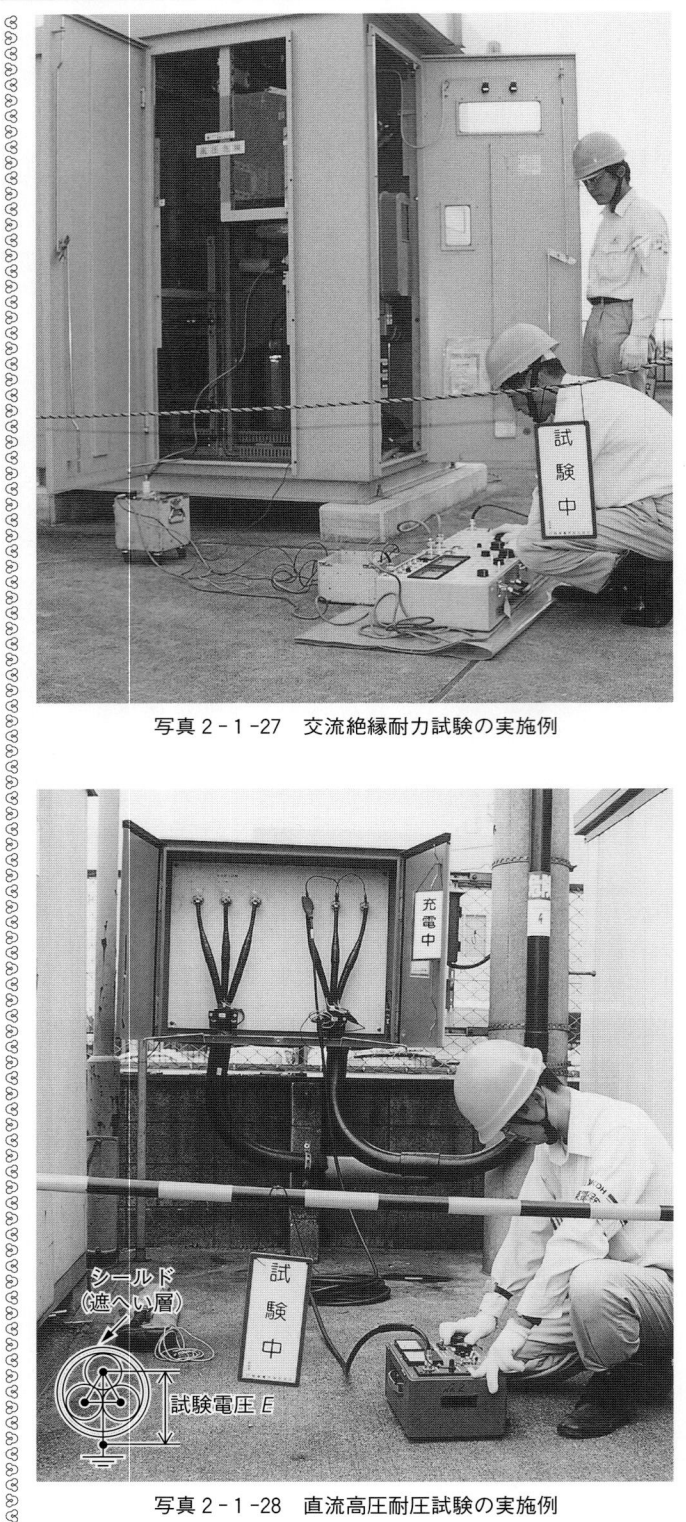

写真 2-1-27　交流絶縁耐力試験の実施例

　こう長の長い高圧ケーブルや発電機，電動機などの回転機は，対地静電容量による充電電流が大きくなることから，直流耐圧試験によって絶縁耐力を確認できることが電技の解釈第15，16条で認められている．

　ケーブルの直流耐圧試験は，交流絶縁耐力試験の2倍の電圧（上記の計算値の2倍，すなわち20 700V）を連続して10分間印加したときに耐えることと定められている．

　心線ごとに遮へい層のある3心ケーブルの場合，図のような方法で実施する．

　回転機の直流耐圧試験は，交流絶縁耐力試験の1.6倍の電圧を連続して10分間印加したときに耐えることと定められている．

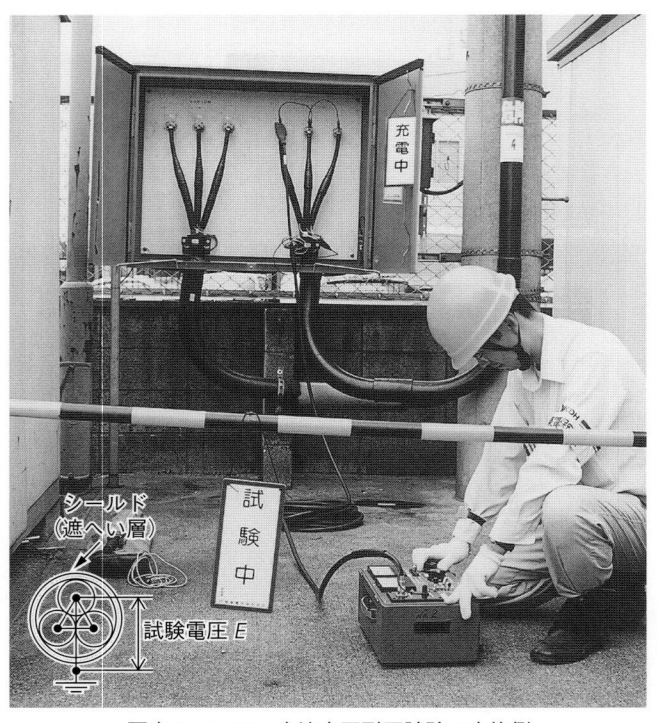

写真 2-1-28　直流高圧耐圧試験の実施例

絶縁耐力試験器

絶縁耐力試験の被試験物の対象となる高圧受電設備の内部を示す．高圧引込ケーブルのこう長が長い（静電容量が大きい）場合には高圧リアクトルなどを使用し，一括して絶縁耐力試験器で電圧を印加する．

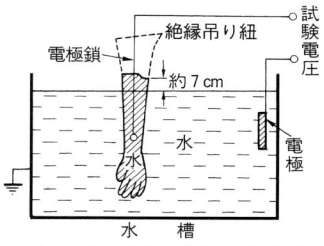

写真2-1-29　高圧受電設備の内部

高圧ゴム手袋の絶縁耐力試験

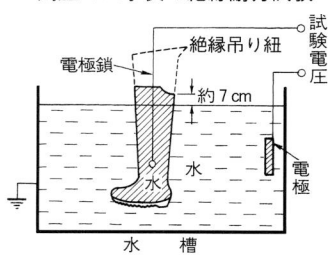

高圧ゴム長靴の絶縁耐力試験

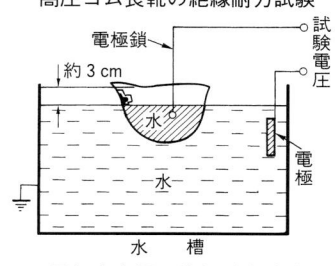

電気安全帽の絶縁耐力試験

絶縁用保護具・防具の絶縁耐力試験（労働安全衛生規則第351条）には，耐電圧試験器と活線防具試験用水槽を組み合わせて使用する．活線防具試験用水槽に試料（電気安全帽，電気用ゴム手袋，電気用ゴム長靴など）を入れるときは，試料を損傷させないように注意する．

なお，定期自主検査は，6カ月以内に1回行う．

写真2-1-30　活線防具試験用水槽

回路計（テスタ）

　回路計は一般にテスタと呼ばれ，可動コイル形アナログ式回路計では抵抗や整流器，レンジ切替スイッチ，電池などが内蔵されており，電圧，電流，抵抗などが測定できる廉価な測定器である．ディジタル式回路計は，半導体の進歩により著しい発展を遂げ，アナログ式回路計に比べて高性能，多機能，取り扱いが容易など，多くの特長がある．

アナログ式回路計の測定手順
① 回路計を水平に置き，指針の零位調整をする．
② リード線のプラグを測定端子に差し込んで接続する．
③ レンジ切替スイッチで測定対象のレンジを選ぶ．
④ 抵抗測定のときは，測定前に零Ω調整を行う．
⑤ 指針の振れを読み取る．
⑥ 測定が終了したら，レンジ切替スイッチをOFFにしておく．

ディジタル式回路計の測定上の注意点
① 測定前に，レンジ切替スイッチのスイッチ位置を確認する．
② 測定値を読み取るときには，レンジ切替スイッチの表示を必ず確認する．
③ 電池の消耗に注意する．
④ テレビ付近で測定するときは，外部雑音に注意する．

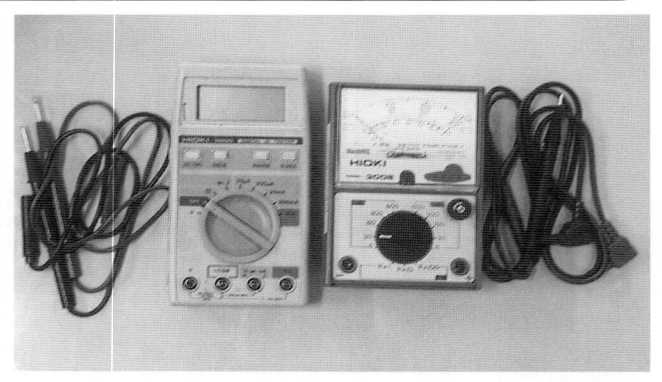

写真2-1-31　アナログ式回路計（右）とディジタル式回路計

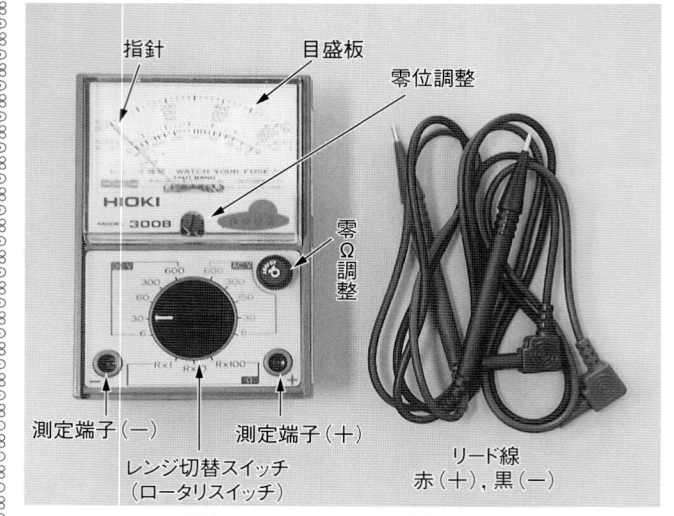

写真2-1-32　アナログ式回路計

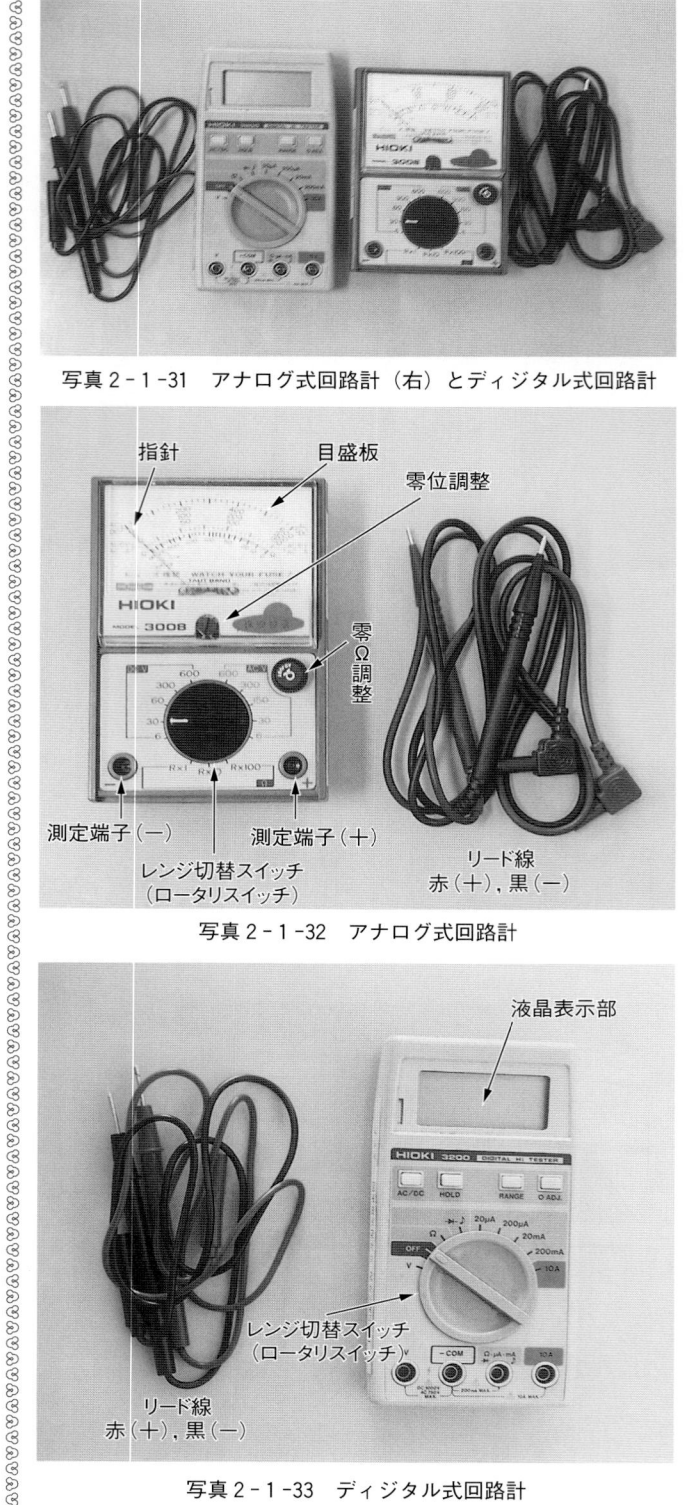

写真2-1-33　ディジタル式回路計

回路計（テスタ）

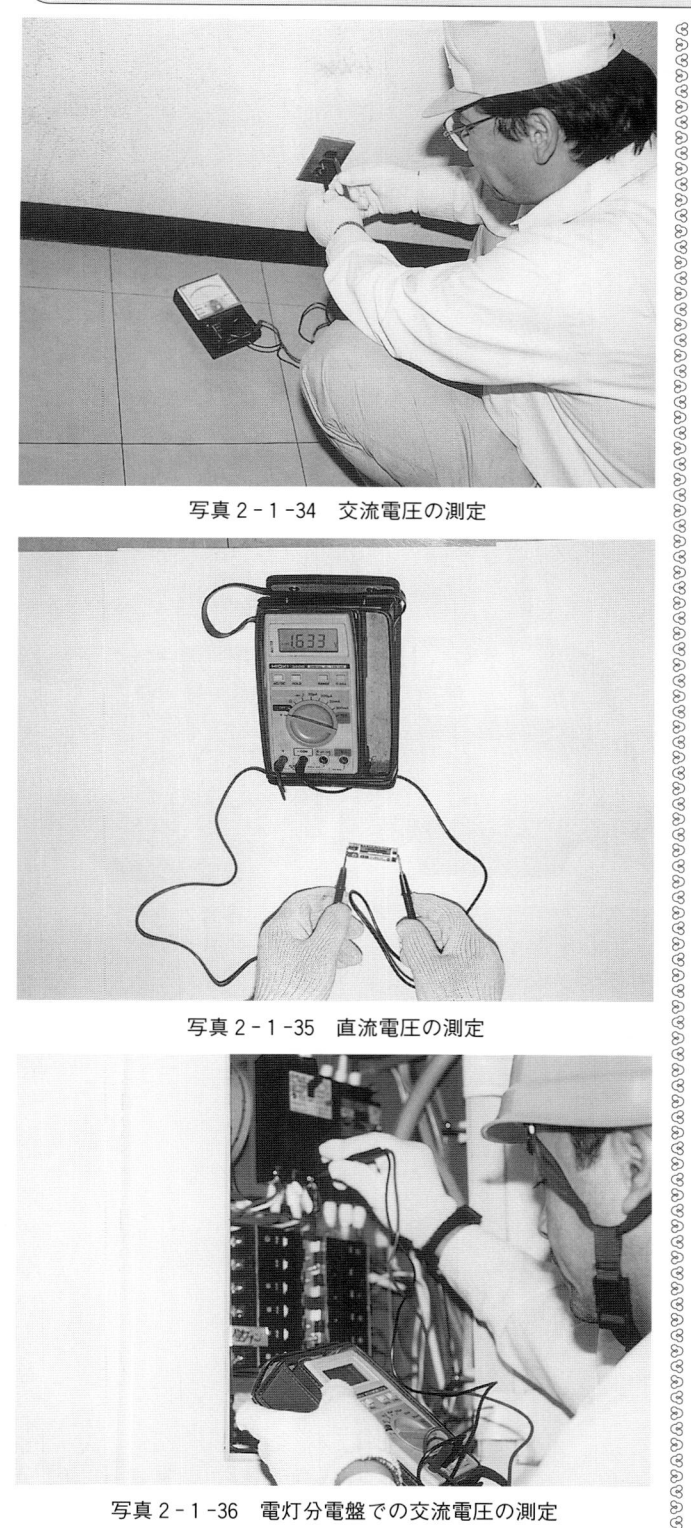

写真2-1-34 交流電圧の測定

アナログ式回路計により，コンセントで交流電圧の測定を行っているところである．

交流電圧の値は，回路計に内蔵された整流器で直流に変換して指示している．可動コイル形計器の動作は平均値であるため，実効値で指示するように目盛ってある．

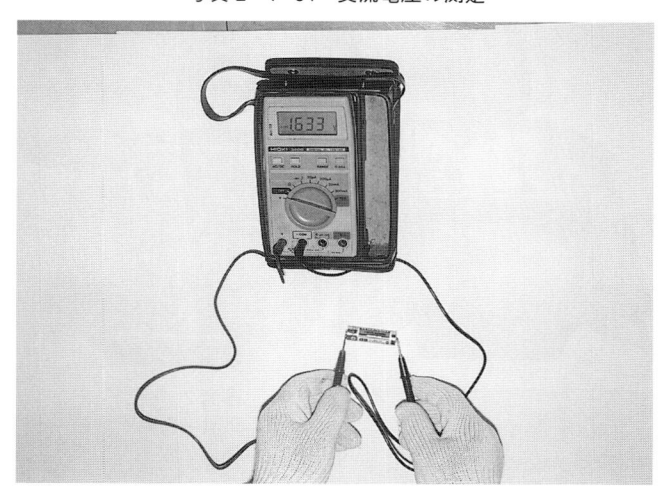

写真2-1-35 直流電圧の測定

ディジタル式回路計により，乾電池の直流電圧の測定を行う前に，極性（＋，－）を確かめてから測定する．

ディジタル式回路計は，A-D変換器によりアナログ量をディジタル量に変換して液晶表示部で表示する．ディジタル式の指示計器は，直流電圧計が基本となっている．

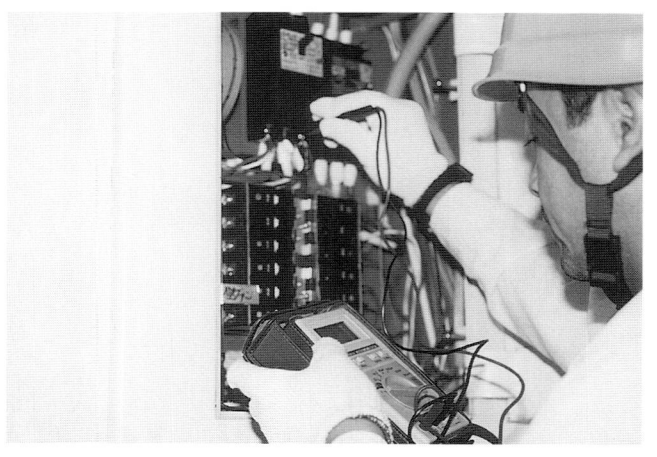

写真2-1-36 電灯分電盤での交流電圧の測定

ディジタル式回路計により，電灯分電盤で交流電圧を測定しているところである．回路計の主な表示は，

- 🔊：導通テスト時は，ブザー音が鳴ることを示す．
- ⚠：注意記号で，説明書をよく読んで許容値を超えないことが大切である．
- ⊷：ダイオードのテストレンジで，順・逆方向の電圧降下を示す．
- ⚡：高電圧で感電の注意を示す（赤色で表示）．

工具・照明器具類

作業を行う際には，腰工具を使用する．工具は，使用前に必ず点検し，不完全なものは絶対に使用しない．工具は，用途にあったものを選んで使用し，作業終了後は工具の数量を必ず確認する．

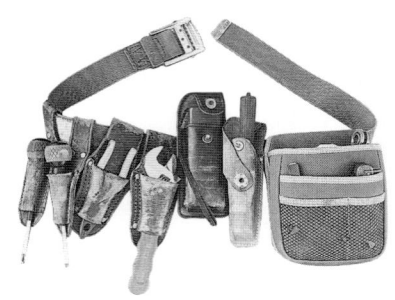

写真2-1-37　点検作業に使用する主な手提用工具

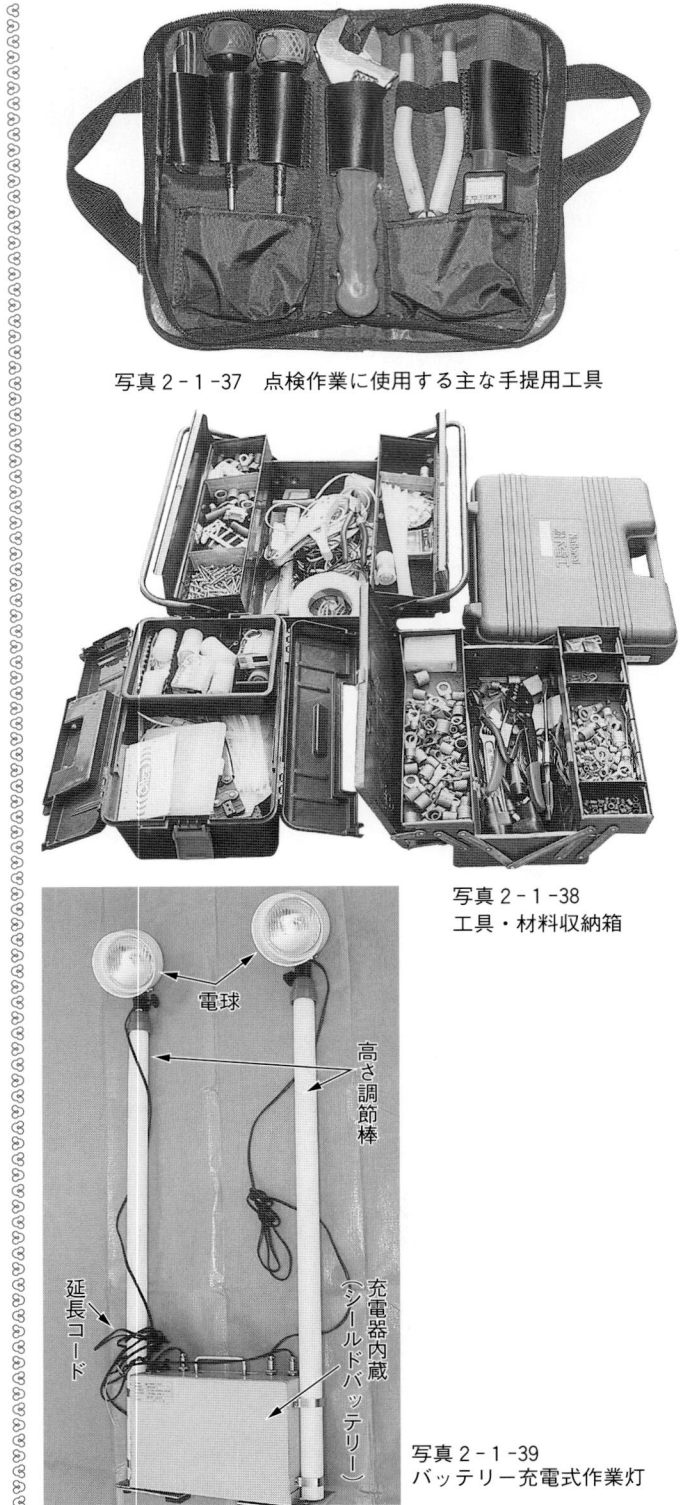

腰工具

工具・材料収納箱は一定の場所に置き，作業している周囲に工具や圧着端子類が散乱しないようにする．工具箱から出した工具は，必ず返却して確認する．チェック表を作成して活用することにより，忘れ物を防止することができる．

写真2-1-38
工具・材料収納箱

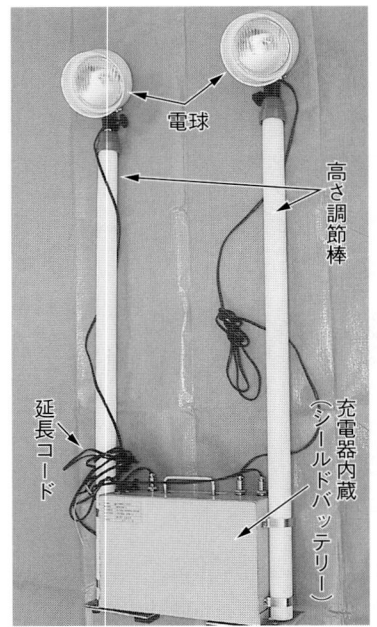

屋内に設置したキュービクル式高圧受電設備や開放形高圧受電設備は，全停電にして定期点検を行うので，照明設備が必要となる．写真はバッテリー充電式作業灯で，充電することで数時間（最長10時間）使用できるものを選定する．

　　　　　［特　長］
- 強力ライト
  使用電球：10W，15W，27W
- 長時間照明
  3～10時間
- 軽量
  4 kg，5 kg，11 kg
- 無騒音
- 二酸化炭素が出ない．

写真2-1-39
バッテリー充電式作業灯

工具・照明器具類

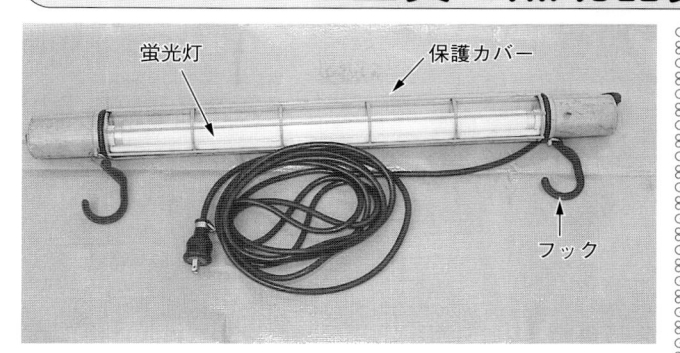

局部的に照明が必要な作業場所には，簡単に取り付けられる簡易蛍光灯を使用する．

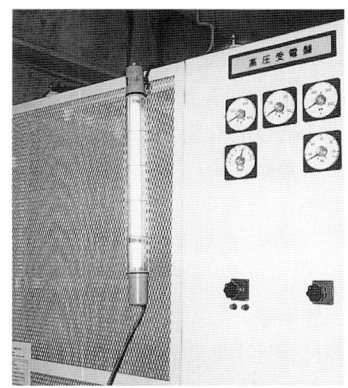

写真2-1-40　簡易蛍光灯

簡易蛍光灯の使用例

作業をする通路や足場などの安全を確保するために照明を必要とする場合は，省エネルギー形照明器具で照らす．

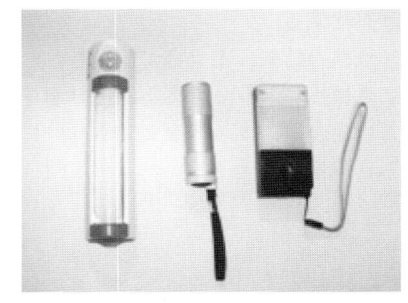

写真2-1-41　省エネルギー形照明器具の使用例

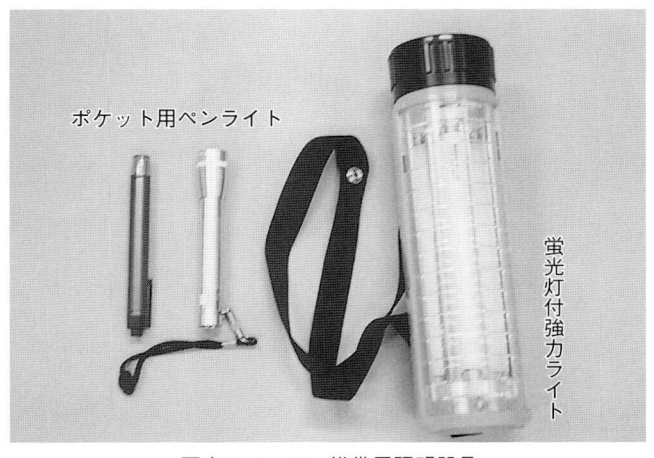

携帯用LED照明器具

高圧機器の内部点検や低圧分電盤内部などを局部的に照らす場合に使用する．

写真2-1-42　携帯用照明器具

携帯用照明器具の使用例

感電防止のための 絶縁用保護具・防具・標識板

電気安全帽

電気安全帽は，主として頭部からの感電防止，落下物および墜落などによる機械的な衝撃から頭部を守るために着帽する．

労働安全衛生規則第342，343条では，「高圧の充電電路に接近し，充電電路に対して頭上距離が30cm以内又は躯側距離若しくは足下距離が60cm以内に接近することにより，感電の危険が生ずるおそれがあるときは，電気安全帽を着用する」と規定されている．

着帽前には，帽体にひび割れ，傷，汚れなどがないことを目視により点検する．

点検の結果，不具合が発見されたときは良品と取り替える．汚れがひどい場合は，ウエスなどできれいにふき取る．

写真2-2-1　電気安全帽の外観

写真2-2-2　帽体のひび割れ，傷，汚れなどの点検

帽体内部の紐のまくれ，剥離などがないことを目視により点検する．

点検の結果，使用に支障をきたす場合は，良品と取り替える．

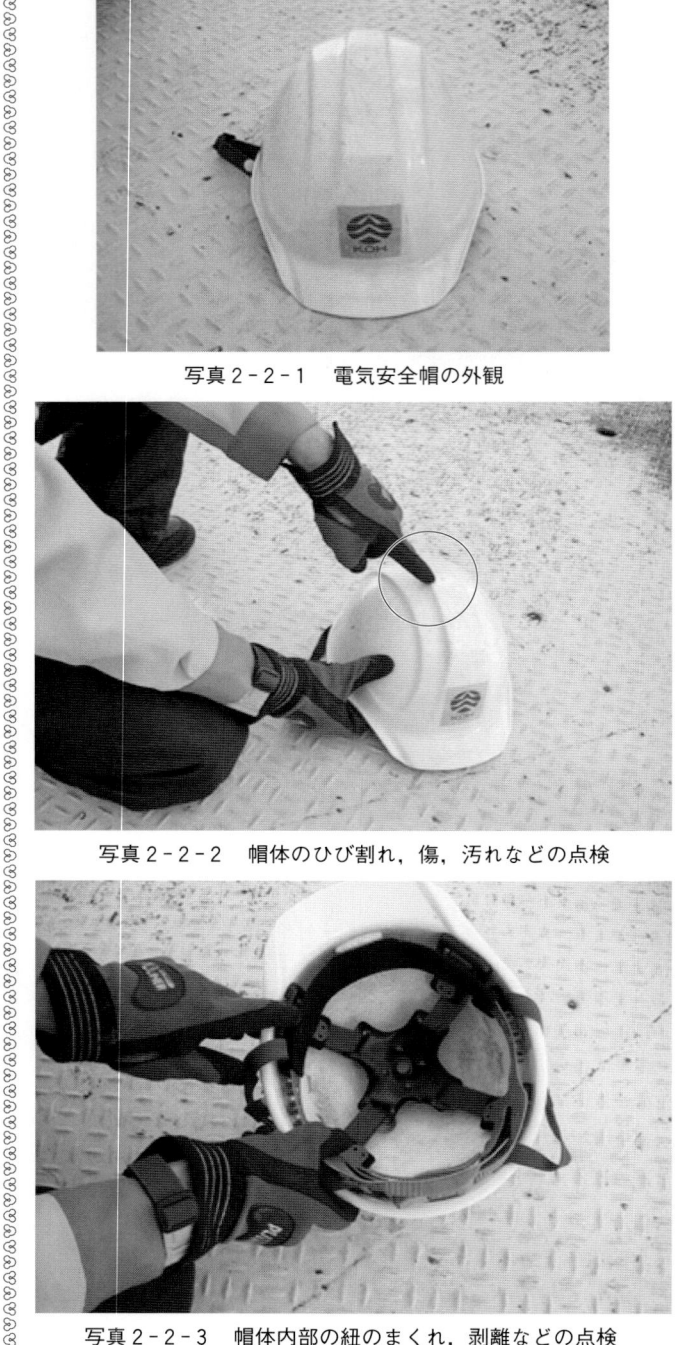

写真2-2-3　帽体内部の紐のまくれ，剥離などの点検

電気安全帽

帽体内部には，衝撃吸収ライナが装備されているため，帽体内部とヘッドバンドとのすき間を5mm以上となるように調整する．

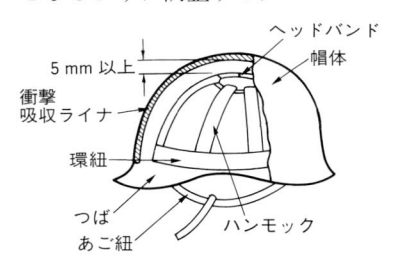

電気安全帽の名称

写真2-2-4　衝撃吸収ライナの調整

着帽時には，帽体を頭にしっかりとかぶせるとともに，あご紐のロックがかかっていることを確認する．あご紐のロックが緩んでいると，電気安全帽の役目を果たさなくなり，安全の確保の妨げになる．

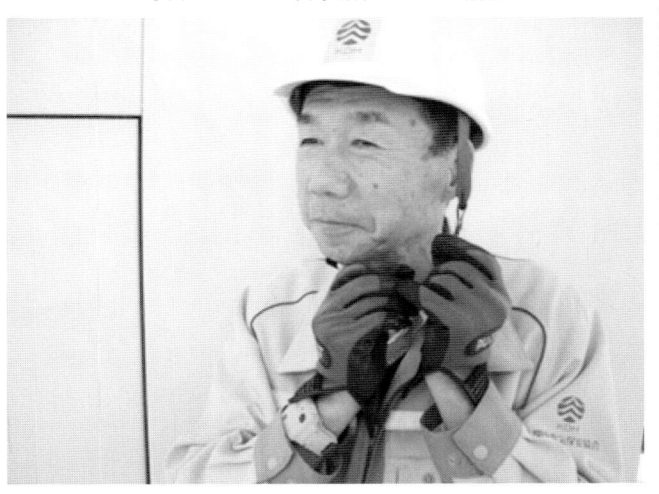

写真2-2-5　あご紐のロックの確認

帽体がはずれないよう，あご紐を完全に締める．

労働安全衛生規則第351条では，6カ月以内ごとに1回，定期的にその性能について自主検査を行わなければならないことが定められている．

電気安全帽の耐電圧試験は，試験電圧10 000Vを1分間印加する．

外観点検，耐電圧試験で異常がなければ「検査済証」を貼る．

写真2-2-6　帽体の着帽

電気用（低圧）ゴム手袋

　低圧ゴム手袋は，低圧作業中に手の部分からの感電防止のために着用する．

　労働安全衛生規則第347条によると，低圧の充電電路の点検作業を行う場合，低圧ゴム手袋を着用することとなっている．

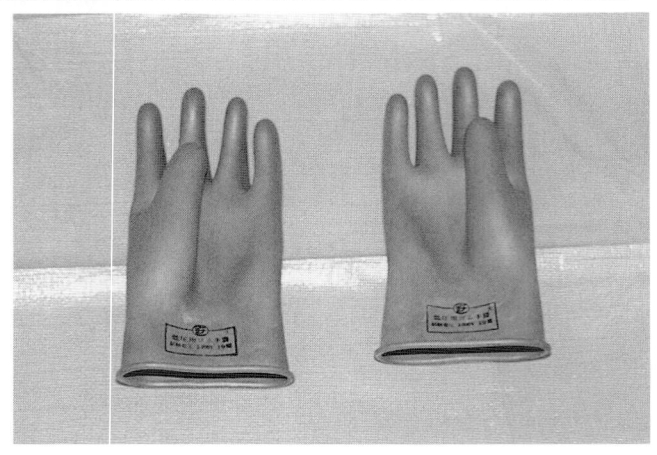

写真2-2-7　低圧ゴム手袋の外観

　作業前には，ピンホールや破れがないことを目視により必ず点検する．点検の結果，ピンホールや破れがあると感電することがあるので，良品の低圧ゴム手袋と交換する．

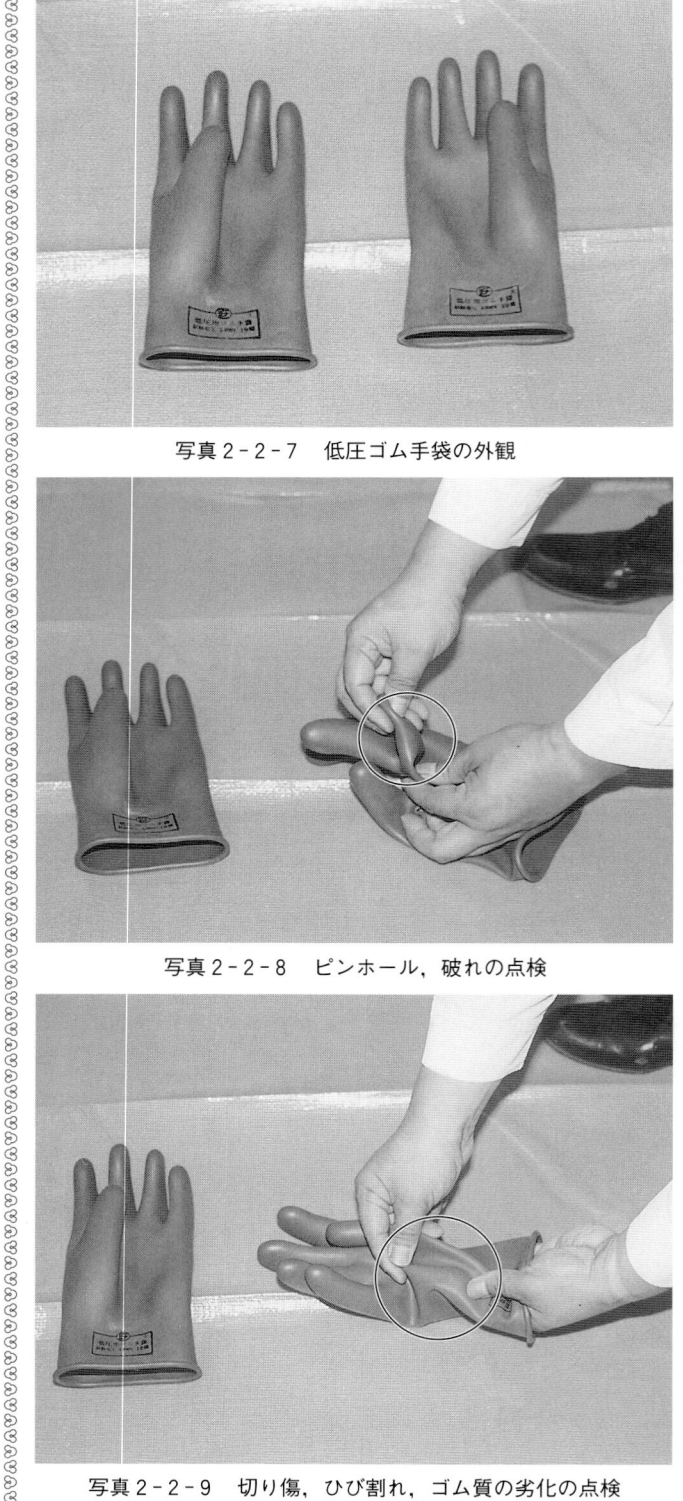

写真2-2-8　ピンホール，破れの点検

　切り傷やひび割れ，ゴム質の劣化がないことを目視により必ず点検する．点検の結果，切り傷やひび割れ，ゴム質の劣化があると感電することがあるので，良品の低圧ゴム手袋と交換する．

　低圧ゴム手袋を着用して作業が困難なときには，近接の範囲を停電させて行う．
　低圧ゴム手袋を着用して実施がしにくい点検記録の記入などの場合には，充電部より十分離れた場所で行うようにする．

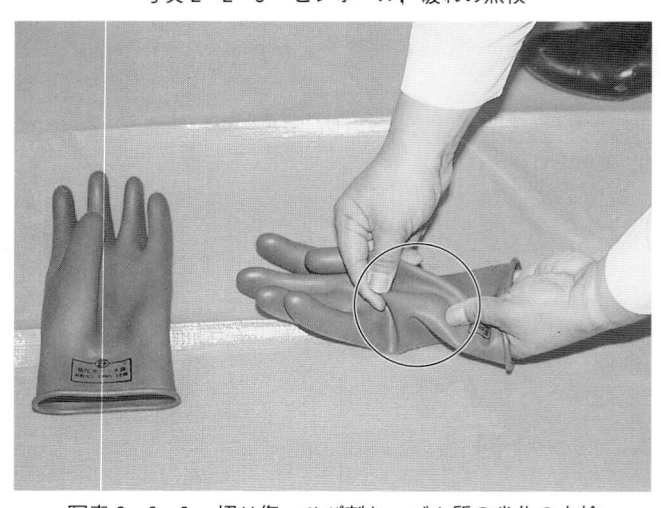

写真2-2-9　切り傷，ひび割れ，ゴム質の劣化の点検

電気用(低圧)ゴム手袋

ピンホールや破れ，切り傷，ひび割れ，ゴム質の劣化の点検以外に，低圧ゴム手袋から空気が漏れていないことを空気テストにより確認を行う．最初に，低圧ゴム手袋を袖口から巻き込んでいく．

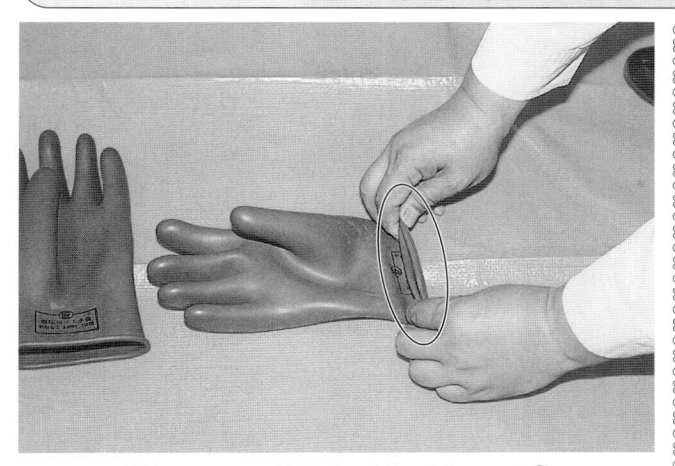

写真 2-2-10　低圧ゴム手袋の空気テスト①

低圧ゴム手袋を巻き込んでいくと指先が膨らむので，空気が漏れていないことを確認する．

低圧ゴム手袋に空気が入っていなければ空気テストの意味がないので，十分に空気を入れる．

点検の結果，空気が漏れているようであれば，良品の低圧ゴム手袋に交換する．

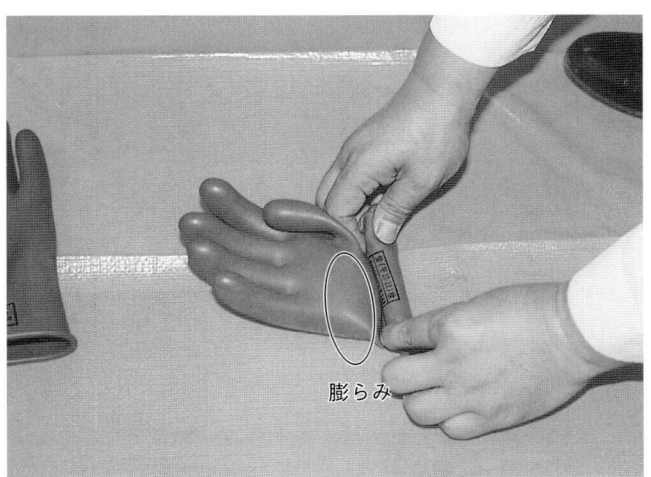

膨らみ

写真 2-2-11　低圧ゴム手袋の空気テスト②

低圧開閉器などの操作は，低圧ゴム手袋を着用して行う場合もある．

通常は，作業手袋を着用して操作を行う．なお，低圧充電部に触れるおそれがある場合は，低圧ゴム手袋を着用する（労働安全衛生規則第347条）．

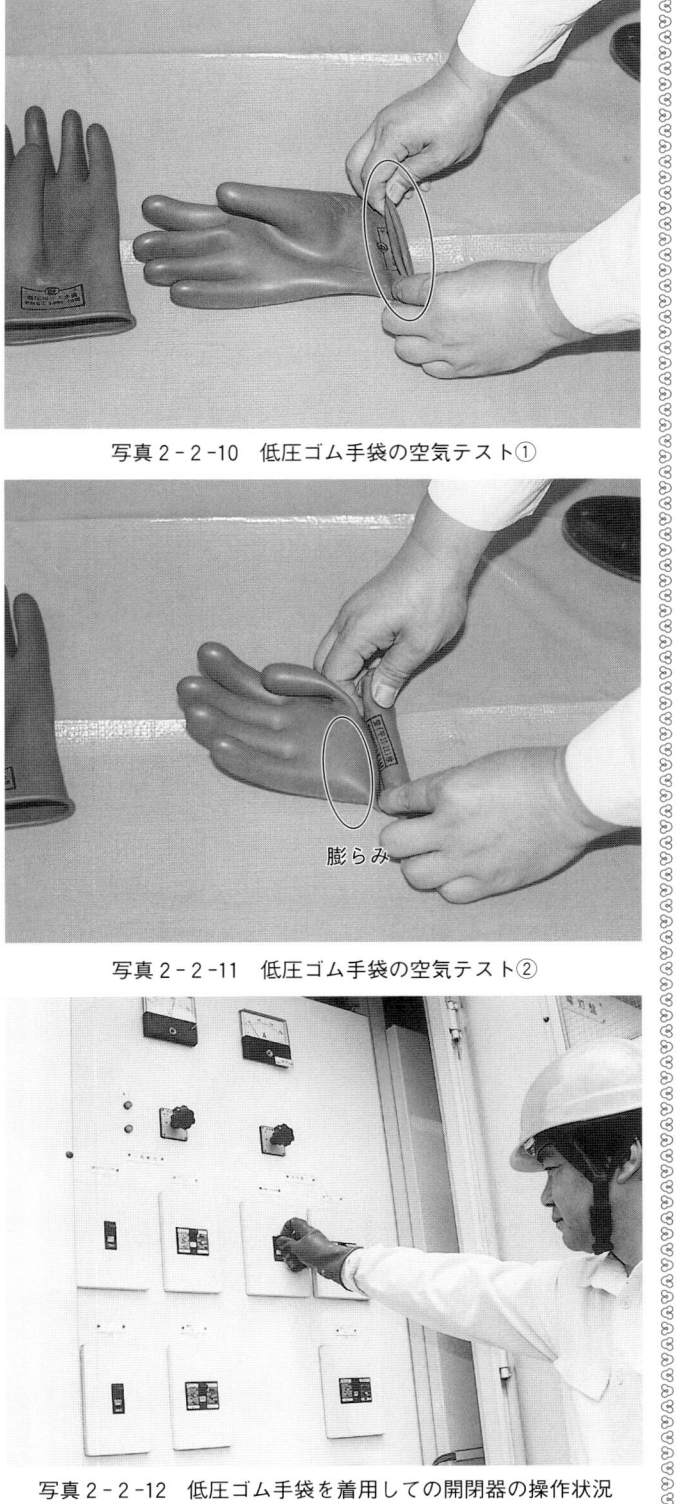

写真 2-2-12　低圧ゴム手袋を着用しての開閉器の操作状況

電気用（高圧）ゴム手袋

高圧ゴム手袋は，高圧作業中に手の部分からの感電防止のために着用する．

高圧ゴム手袋は，低圧ゴム手袋に比較して素材に厚みがあり，袖口が長くなっている．また保護手袋は，低圧手袋と大きさが似ているので，間違って使用しないよう注意する．

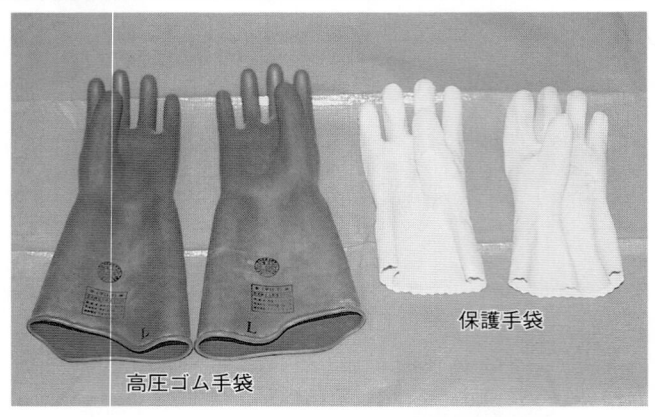

写真2-2-13　高圧ゴム手袋と保護手袋の外観

作業前には，切り傷やひび割れ，ピンホール，破れ，ゴム質の劣化がないことを目視により点検する．点検の結果，不具合を発見したときは，良品の高圧ゴム手袋と交換する．

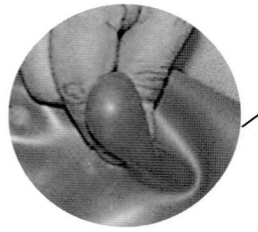

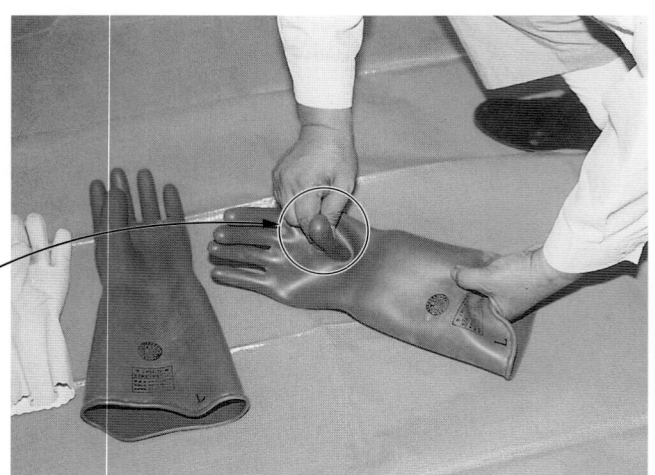

写真2-2-14　切り傷，ひび割れ，ピンホールなどの点検

切り傷やひび割れ，ピンホール，破れ，ゴム質の劣化の点検以外に，高圧ゴム手袋から空気が漏れていないことを空気テストにより確認を行う．空気テストは，最初に高圧ゴム手袋を袖口から巻き込んでいく．

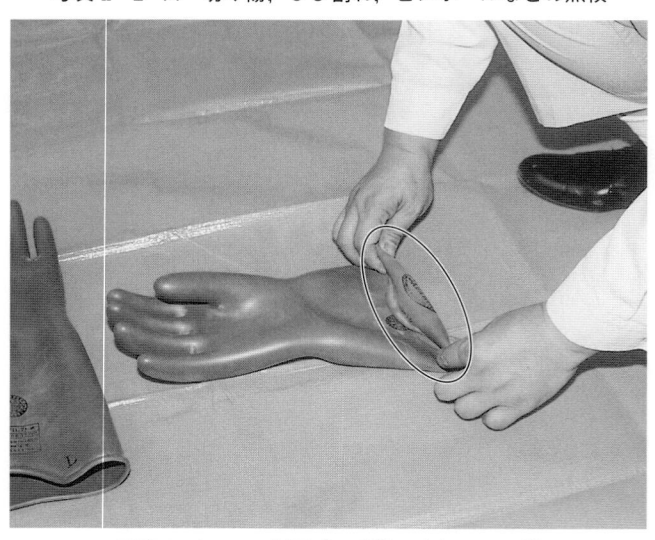

労働安全衛生規則第342，343条によると，高圧充電部に接近して作業を行うときは，高圧ゴム手袋を着用することとなっている．

高圧接近とは，充電部に対して頭上30cm以内，躯側・足下60cm以内の立体範囲をいう．

写真2-2-15　高圧ゴム手袋の空気テスト①

電気用（高圧）ゴム手袋

高圧ゴム手袋を巻き込んでいくと指先が膨らむので，空気が漏れていないことを確認する．

高圧ゴム手袋に空気が入っていなければ空気テストの意味がないので，十分に空気を入れる．

点検の結果，空気が漏れているようであれば，良品の高圧ゴム手袋に交換する．

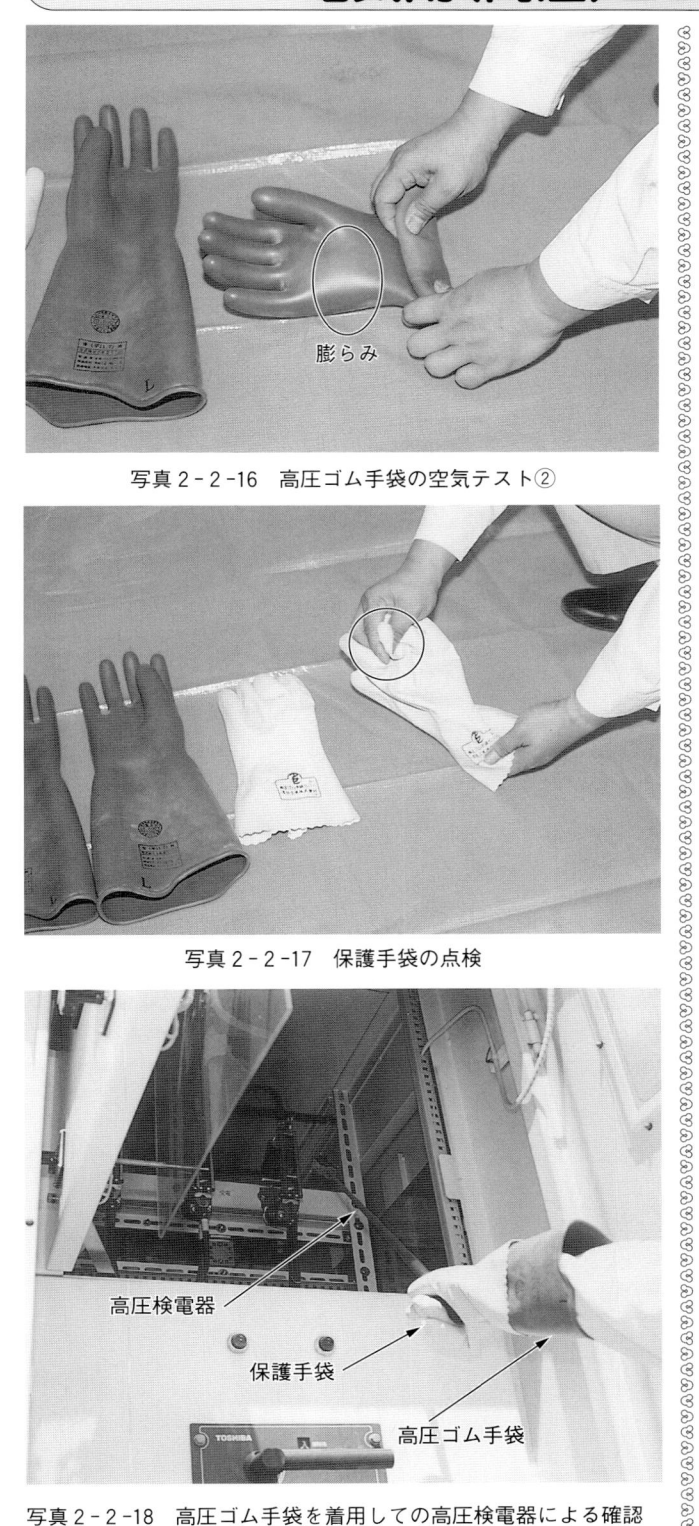

写真2-2-16　高圧ゴム手袋の空気テスト②

高圧ゴム手袋の損傷を防止するため，保護手袋を着用する．保護手袋は，高圧ゴム手袋の損傷を防止するため外側に着用する．高圧ゴム手袋の目視点検の後，保護手袋の劣化状態を点検する．

点検の結果，不具合を発見したときは，良品の保護手袋と交換する．

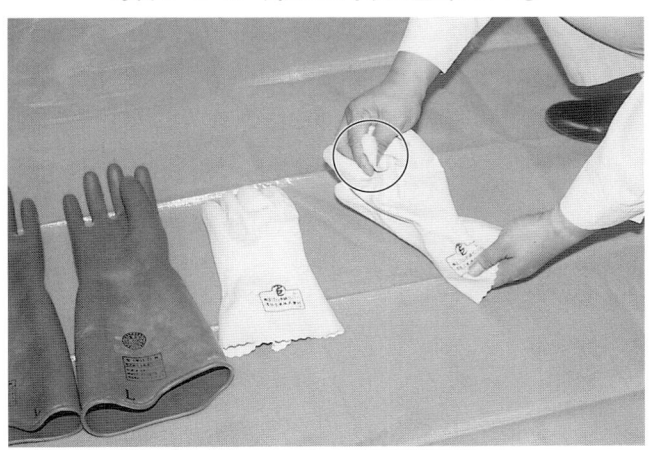

写真2-2-17　保護手袋の点検

高圧検電器により高圧開閉器の充電状態を確認するときは，高圧ゴム手袋および保護手袋を着用してから行う．

［高圧ゴム手袋の着用例］
- 充電中の断路器を断路器操作用フック棒（以下，フック棒という）で操作するとき
- 高圧検電器を使用するとき
- 短絡接地器具および充電標示器の取り付け，取り外しをするとき
- ピラーディスコンスイッチを操作するとき
- 屋外で区分開閉器の操作用引き紐の操作を行うとき

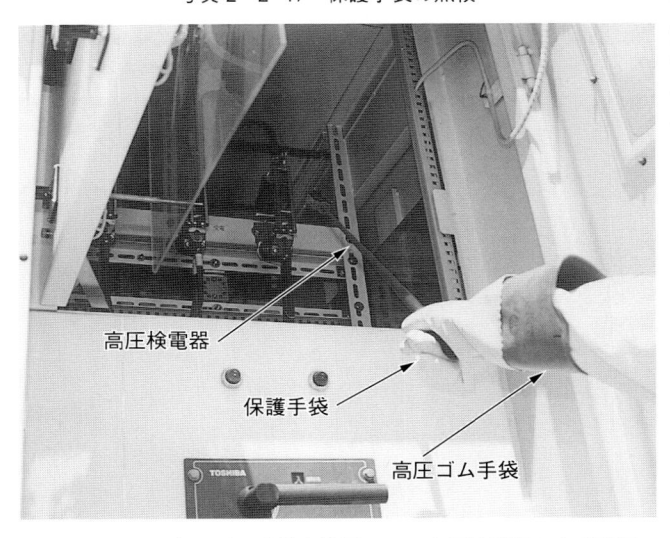

写真2-2-18　高圧ゴム手袋を着用しての高圧検電器による確認

電気用（高圧）ゴム長靴

　高圧ゴム長靴は，作業時に足場が通電経路になることを遮断するために着用する．

　労働安全衛生規則第342，343条によると，高圧充電部に膝の下および足が接近して作業を行うときは，高圧ゴム長靴を着用することとなっている．

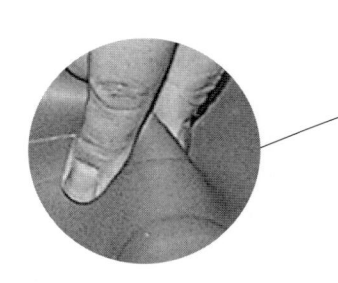

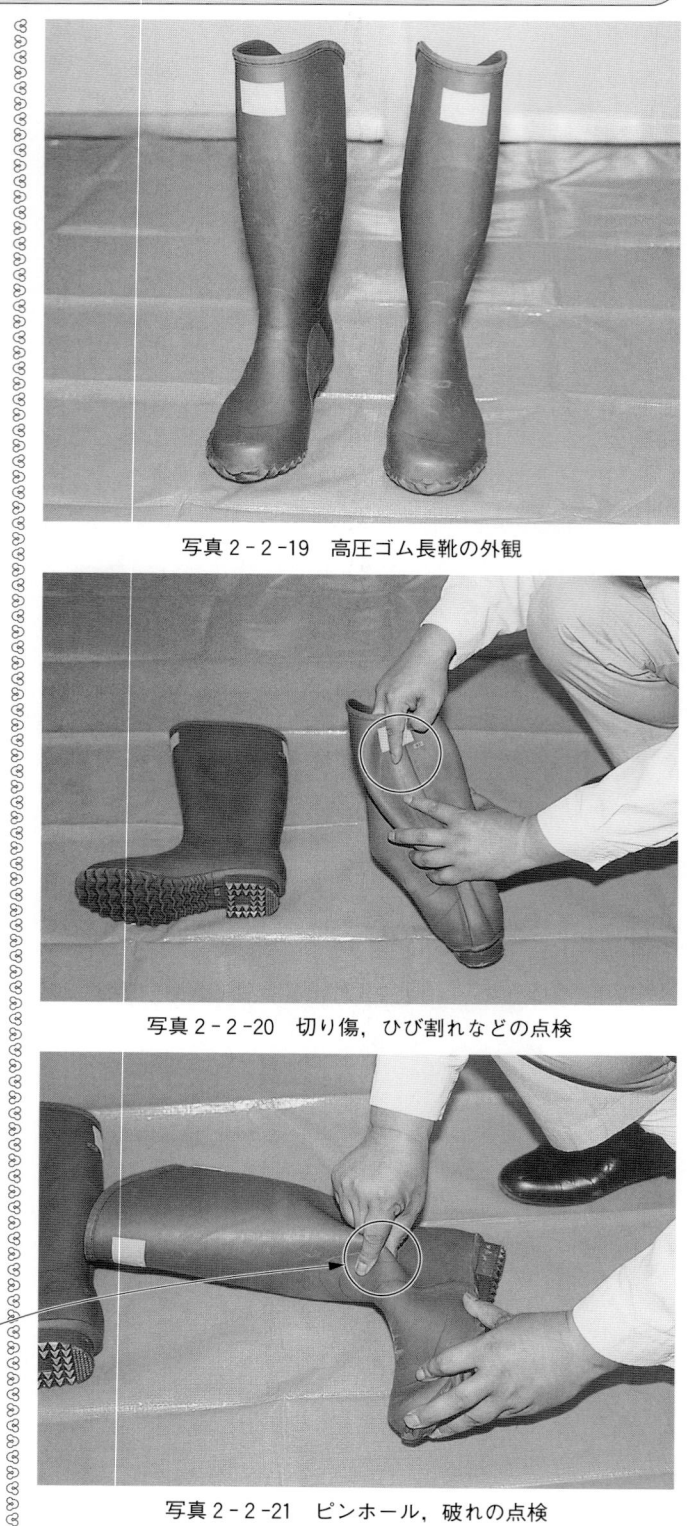

写真2-2-19　高圧ゴム長靴の外観

　作業前には，切り傷やひび割れなどがないことを目視により点検する．点検の結果，切り傷やひび割れを発見したときは，良品の高圧ゴム長靴と交換する．

　使用形態や天候などにより劣化する場合があるので，着用後の手入れを綿密に行う．

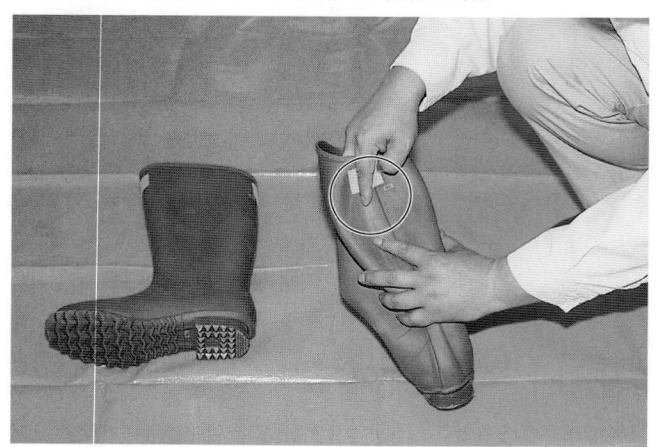

写真2-2-20　切り傷，ひび割れなどの点検

　ピンホールや破れがないことを目視により点検する．点検の結果，ピンホールや破れを発見したときは，良品の高圧ゴム長靴と交換する．

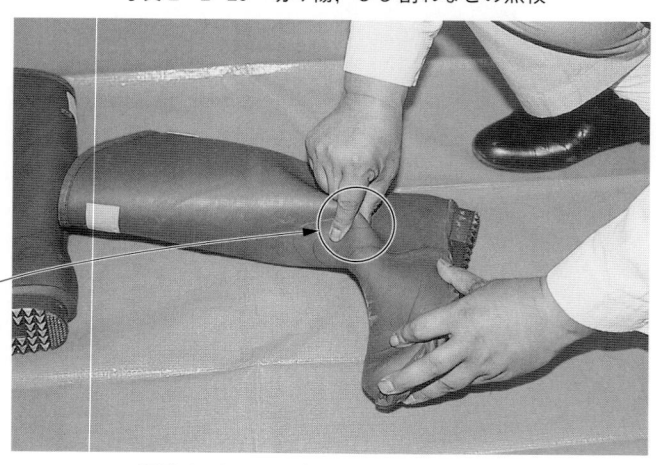

写真2-2-21　ピンホール，破れの点検

絶縁用保護具・防具・標識板

電気用(高圧)ゴム長靴

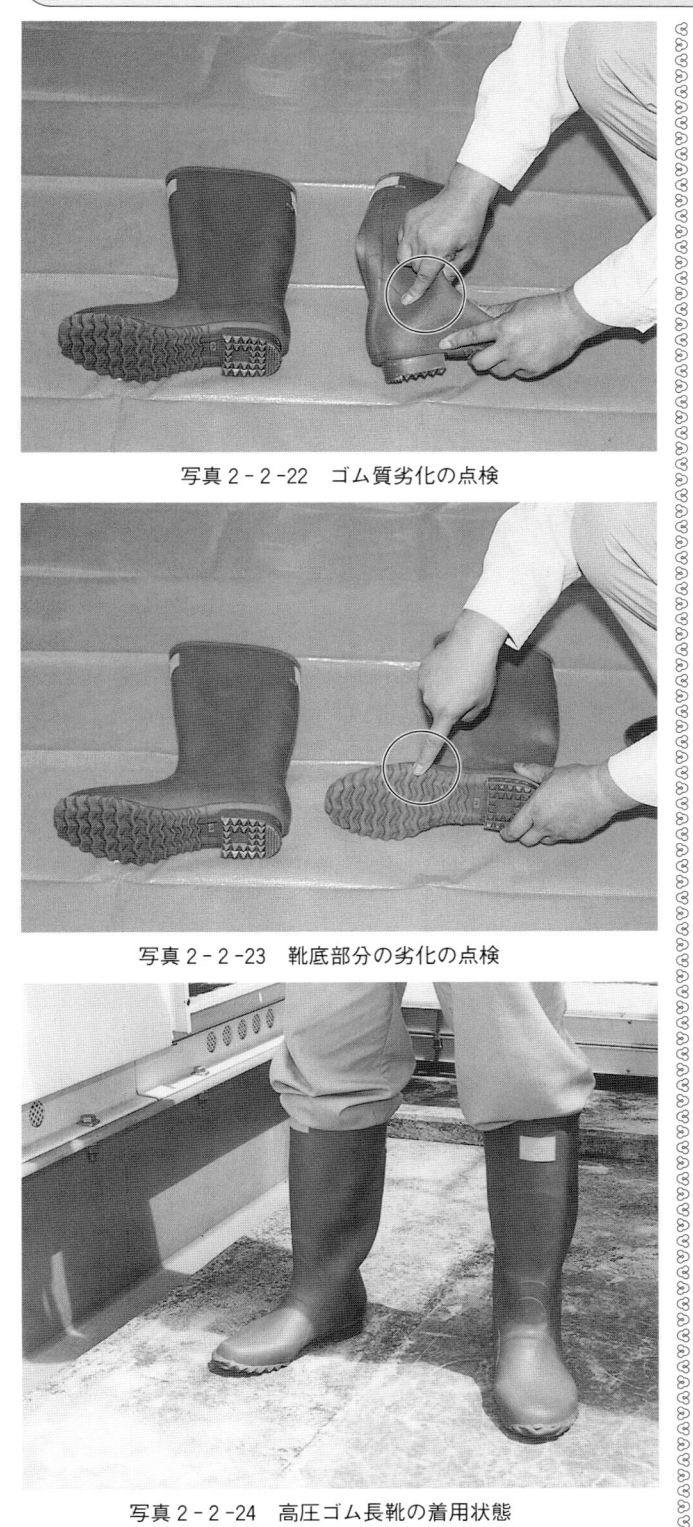

写真 2-2-22 ゴム質劣化の点検

ゴム質の劣化がないことを目視により点検する．

点検の結果，ゴム質の劣化が著しい場合は，良品の高圧ゴム長靴と交換する．

特に，高圧ゴム長靴を収納するときには，測定器や工具などの下積みとならないよう，損傷防止に注意して収納箱に入れる．

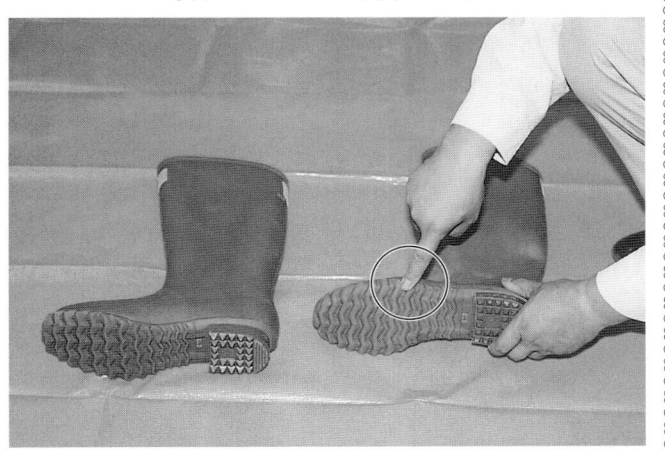

写真 2-2-23 靴底部分の劣化の点検

高圧ゴム長靴の靴底部分に劣化がないことを目視により点検する．

点検の結果，靴底部分の劣化を発見したときは，良品の高圧ゴム長靴と交換する．

現場で使用した後は，損傷しないよう定められた場所に置いておく．

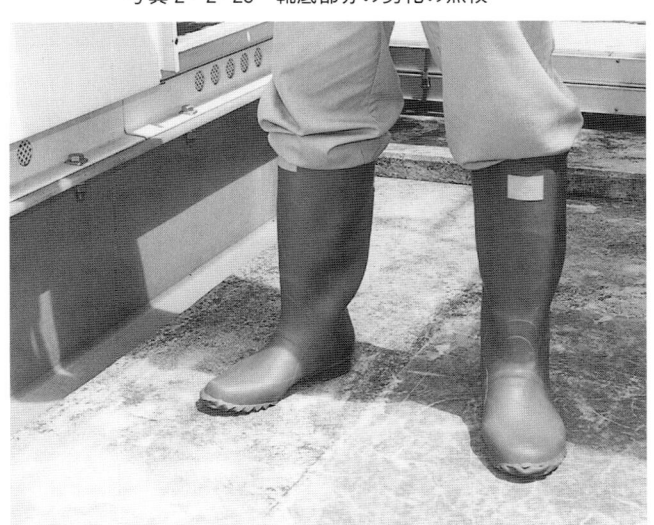

写真 2-2-24 高圧ゴム長靴の着用状態

高圧ゴム長靴を着用した状態で，作業ズボンの裾は高圧ゴム長靴の中に入れる．

［高圧ゴム長靴の着用例］
● ピラーディスコンスイッチを操作するとき
● 高圧ゴム手袋を着用しての作業で，床面に著しい水気があるとき
● 高圧引込柱のPASを操作するとき

防具・ゴムシート

フロシキシートは，高圧母線や高圧充電部を防護して作業者と電気的に隔離し，感電の防止を図るために使用する．

労働安全衛生規則第342,343条によると，高圧充電部に接近して作業を行うときは，感電を防止するために充電部分を防護することとなっている．

[フロシキシートの取付例]
●充電中の計器用変成器（VCT）に接近して作業を行うとき

フロシキシートに湿気，じんあいなどが付着していないことを目視により点検する．

点検の結果，著しく絶縁が低下している場合は，良品と交換する．

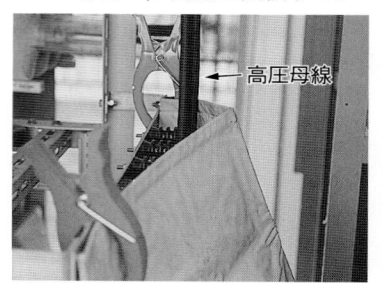

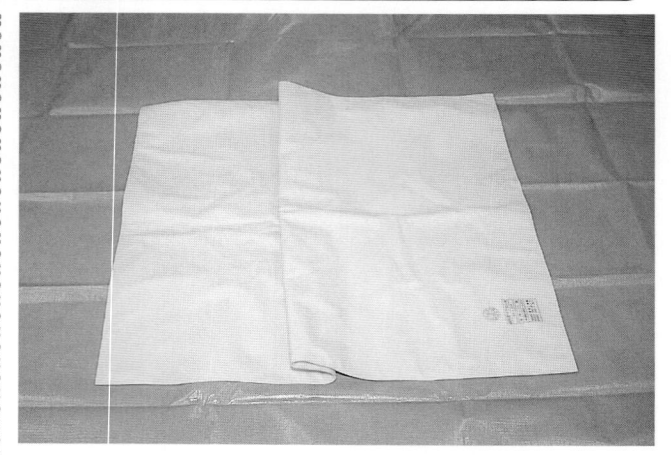

写真2-2-25 フロシキシートの外観

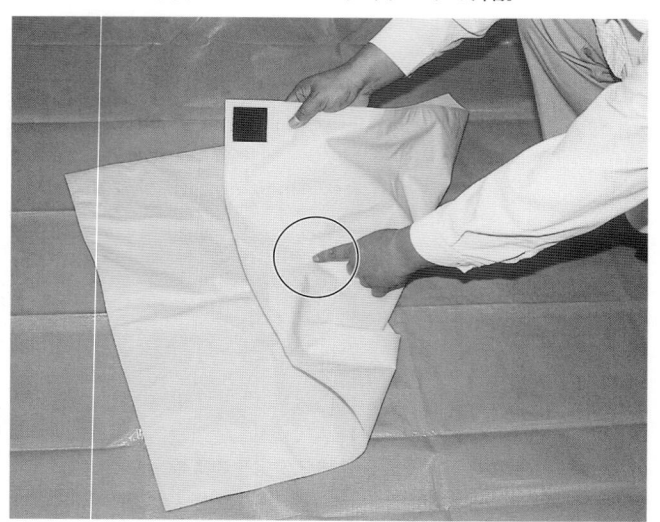

写真2-2-26 湿気，じんあい付着の点検

フロシキシートの使用例

防護シートは，高圧充電部を防護して作業者と電気的に隔離し，感電の防止を図るために使用する．

労働安全衛生規則第342,343条によると，高圧充電部に接近して作業を行うときは，感電を防止するために充電部分を防護することとなっている．

[防護シートの取付例]
充電中の機器に接近して作業を行う場合に，フロシキシートが使用しにくいとき

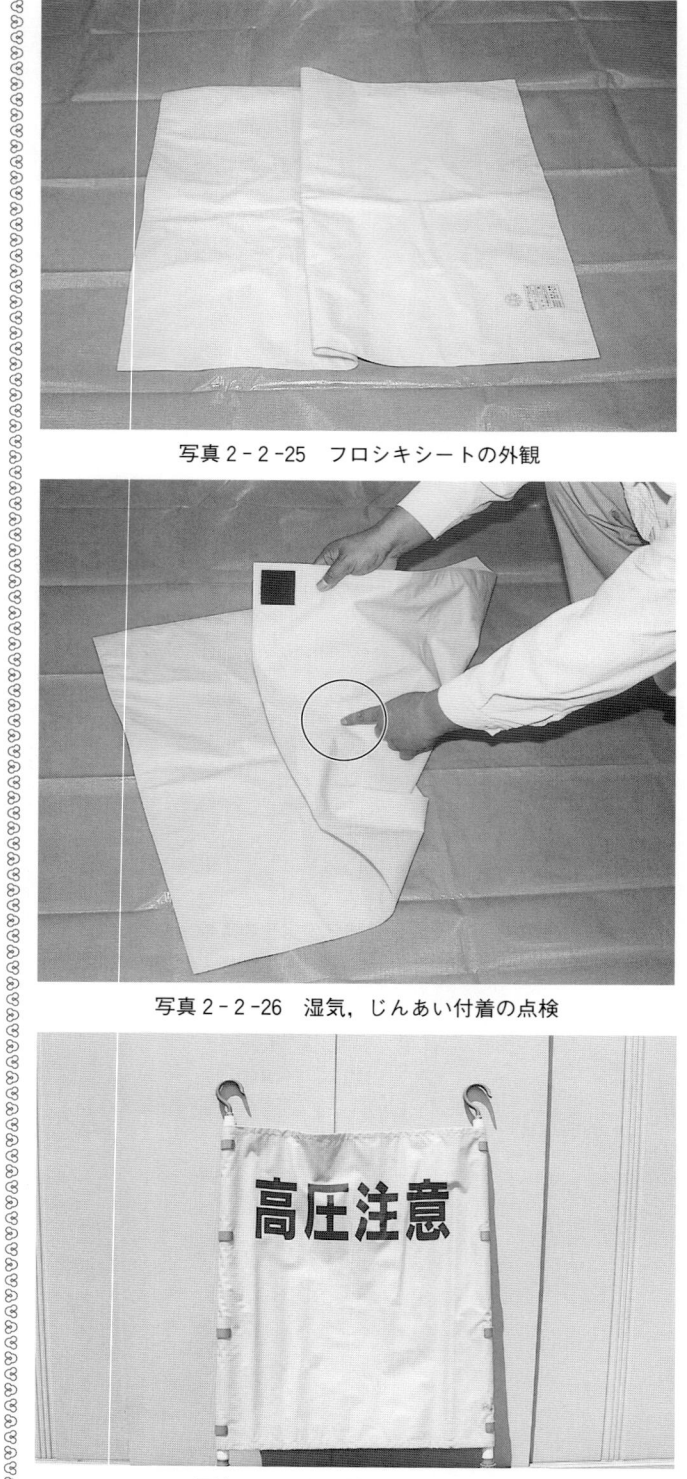

写真2-2-27 防護シートの外観

防具・ゴムシート

防護シートに湿気，じんあいなどが付着していないことを目視により点検する．

点検の結果，著しく絶縁が低下している場合は，良品と交換する．

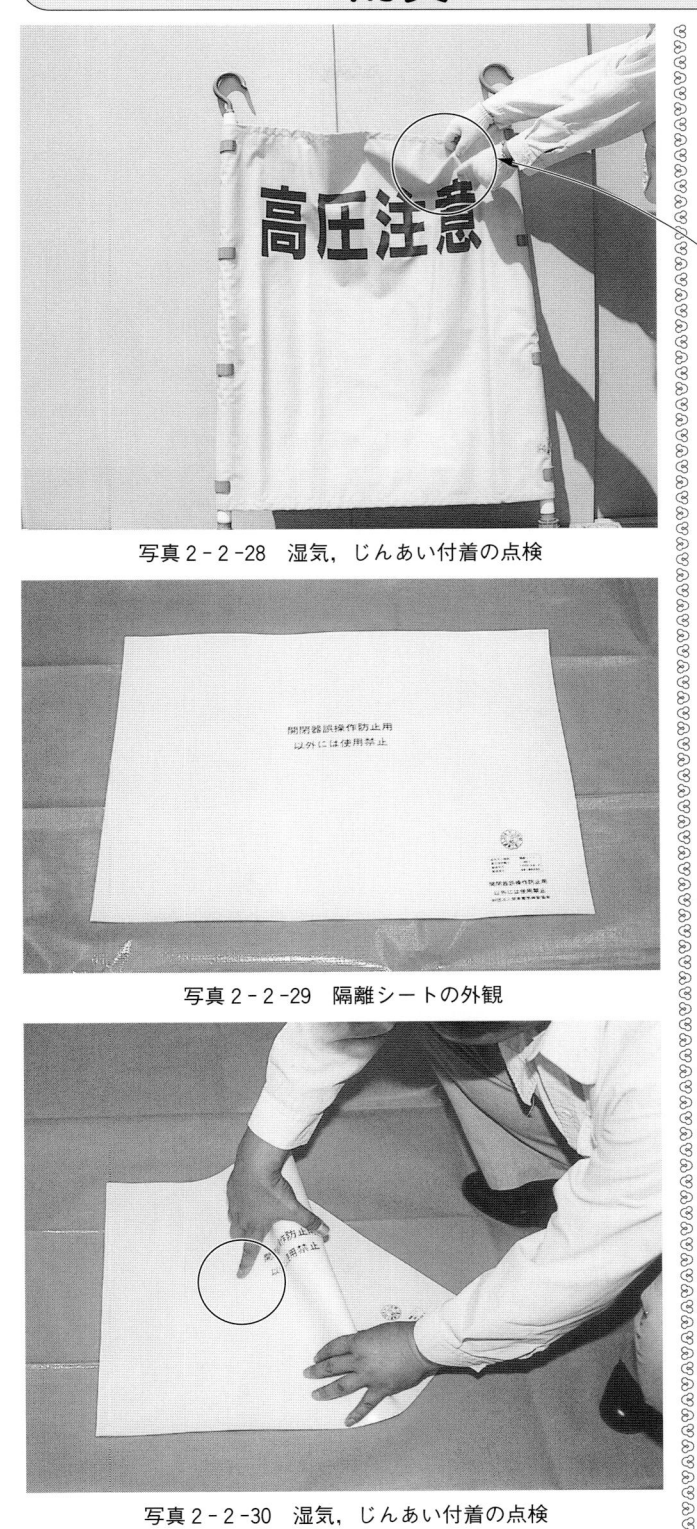

写真 2-2-28　湿気，じんあい付着の点検

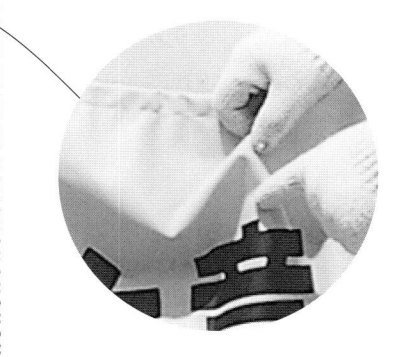

隔離シートは，断路器，高圧交流負荷開閉器などの電源側が充電されている場合，誤投入による危険を防止するため，断路器や高圧交流負荷開閉器の固定接触子と可動接触子との間に挿入する．

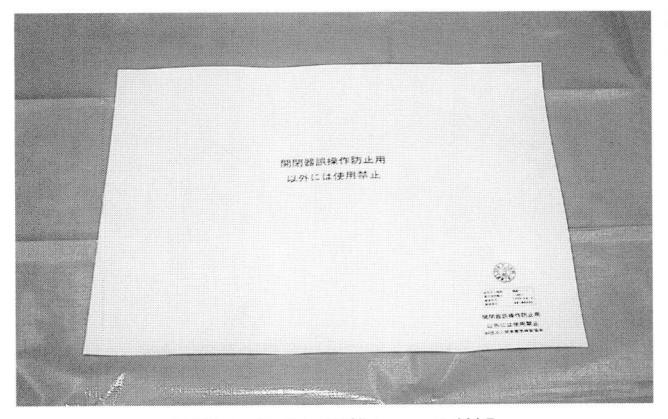

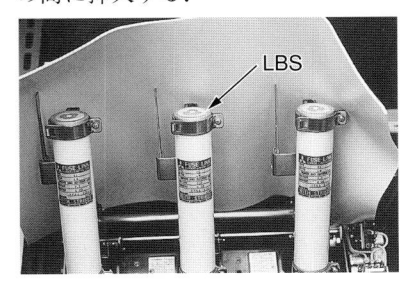

写真 2-2-29　隔離シートの外観

隔離シートの使用例

隔離シートに湿気，じんあいなどが付着していないことを目視により点検する．

点検の結果，著しく絶縁が低下している場合は，良品と交換する．

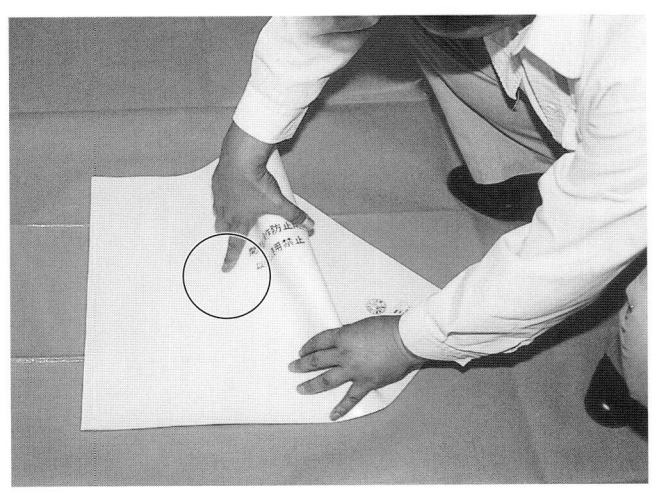

写真 2-2-30　湿気，じんあい付着の点検

短絡接地器具・放電棒

短絡接地器具は，停電させた電路などに取り付けるもので，誤通電，他の電路との混触，他の電路からの誘導などによって充電されることを防止するために使用する．

労働安全衛生規則第339条によると，高圧電路の全部または一部を停電して作業を行う場合，誤通電，混触などを防止するために短絡接地器具を用いることとなっている．

短絡接地器具は，1本の接地線と接地金具，3本の短絡線と短絡金具とで構成されている．作業前には，接地線，短絡線の断線の有無，接地線と接地金具および短絡線と短絡金具との接続状態，絶縁体のひび割れなどを目視により点検する．

点検の結果，補修できるものは補修し，絶縁体については良品と交換する．

開放した断路器一次側端子に，短絡金具を確実に取り付け，標識板をよく見える箇所に必ずかけておく．

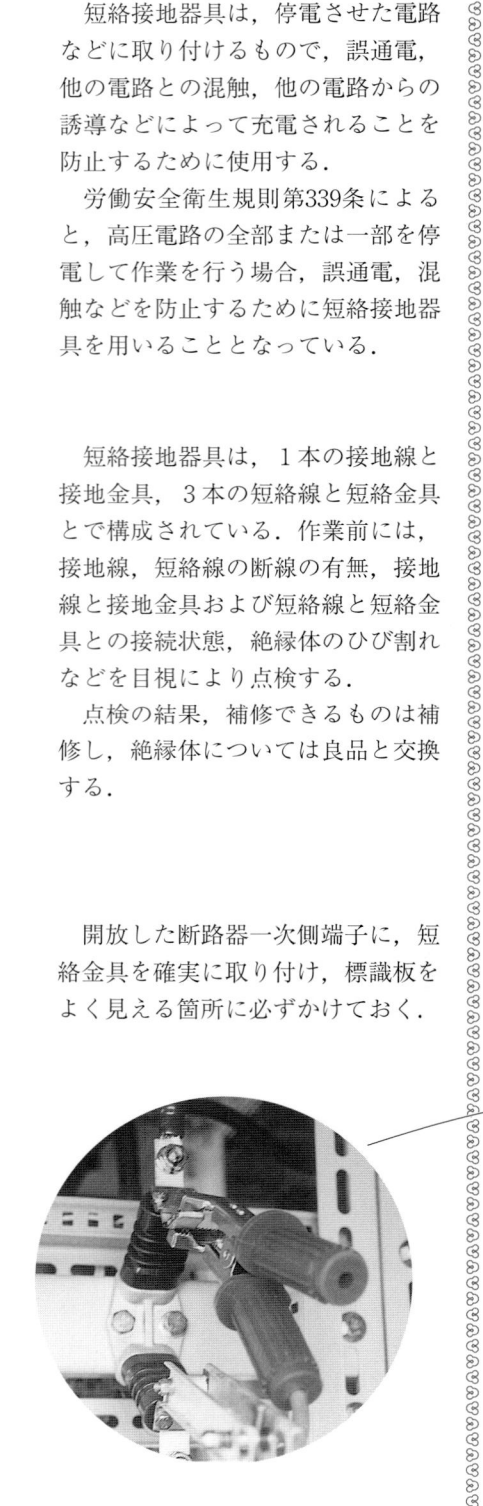

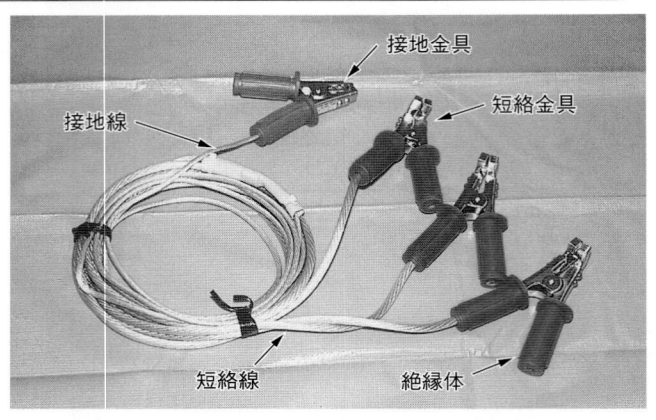

写真2-2-31　短絡接地器具の外観

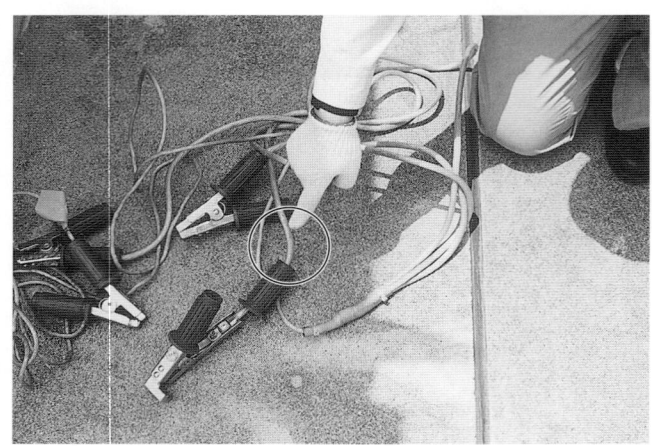

写真2-2-32　短絡接地器具の各部の点検

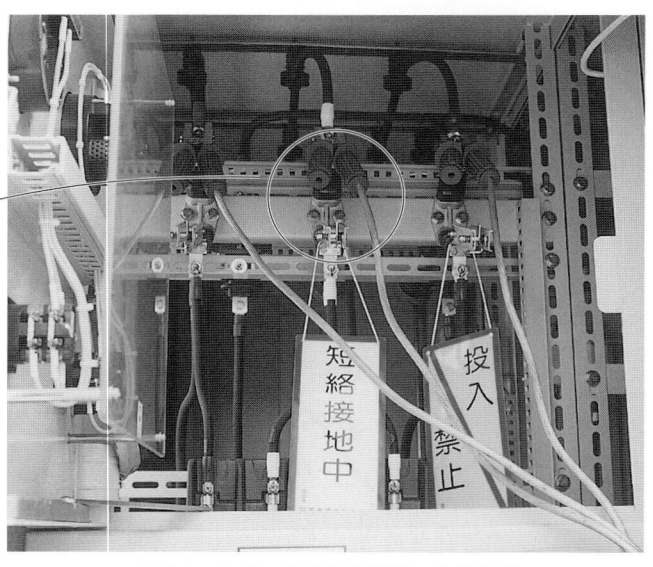

写真2-2-33　短絡接地器具の取付状態

絶縁用保護具・防具・標識板

短絡接地器具・放電棒

放電棒は，停電した電路の残留電荷を安全，かつ確実に放電させ，感電事故を防止するために使用する．

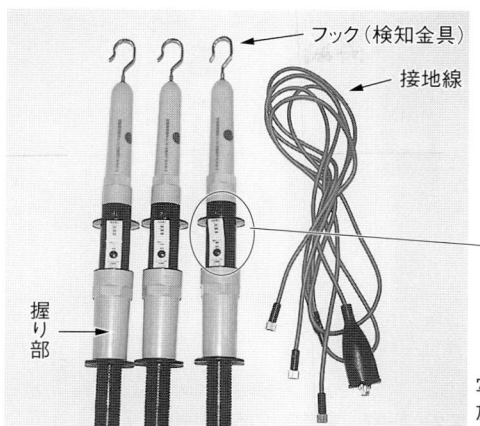

写真 2-2-34　放電棒の外観

接地線の断線の有無，放電棒と接地線との接続状態，絶縁体のひび割れなどを目視により点検する．
　交直両用形高低圧検電器を使用して残留電荷の有無を確認する．残留電荷がある場合，高低圧検電器の DC（オレンジ色）検出回路が動作するとともに音声で警報を発するので，3相とも同時に放電させる．

写真 2-2-35　放電棒の各部の点検

断路器一次側に放電棒を取り付けて放電している状態．
　取り付けは接地側から行い，高圧ゴム手袋を着用する．

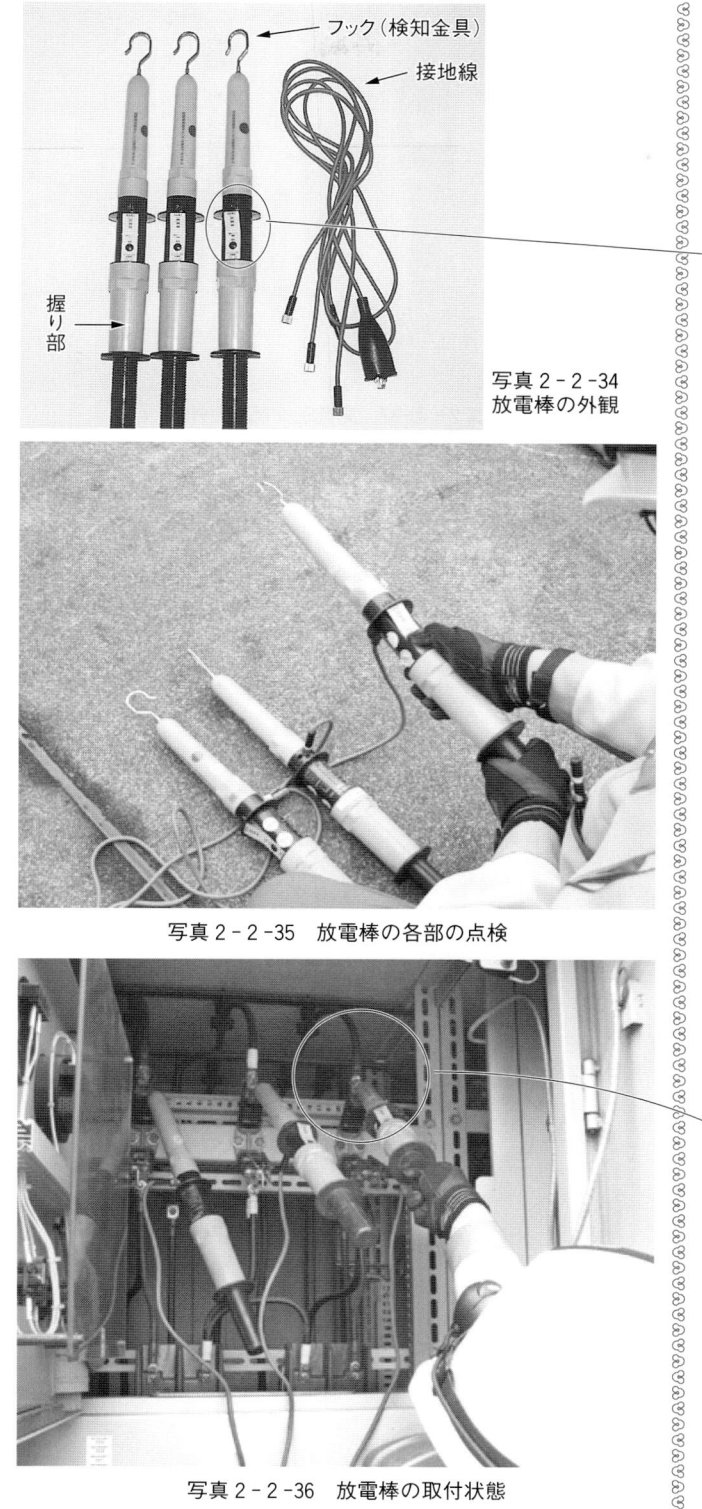

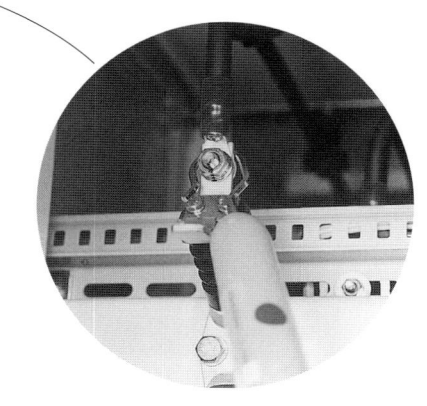

写真 2-2-36　放電棒の取付状態

検電器・充電標示器

低圧検電器（写真右）および高圧検電器は，低高圧の機器や設備，電路などの充電の有無を確かめるために使用する重要なものである．

リストアラームは，腕時計のように手首に巻き付け，充電部に近づくと警報音を発するものである．

リストアラームの外観

音響発光式高低圧検電器は，手で握る絶縁部が伸びるようになっている．検出表示部，絶縁部の破損やひび割れ，電池の消耗，発音状態，発光状態などを五感により点検する．

検出表示部

高圧検電器，低圧検電器，直流検電器は，使用前に必ず検電器チェッカにより正常に動作するかの性能検査を行う．

検電器チェッカの外観

接地線　交直両用形高低圧検電器　音響発光式高低圧検電器　電子式低圧検電器

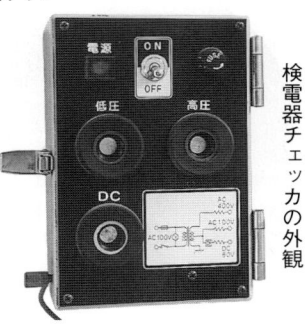

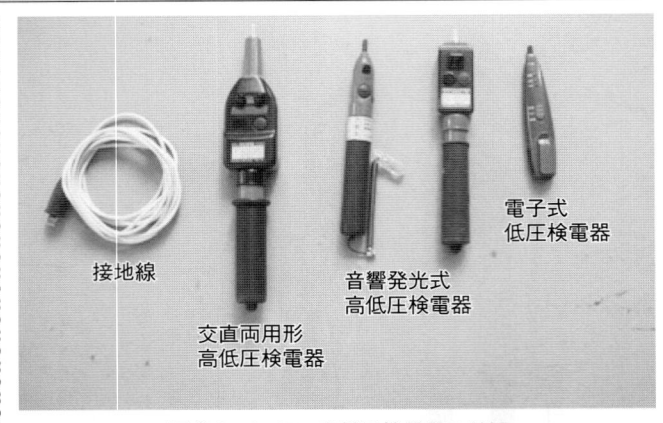

写真2-2-37　高低圧検電器の外観

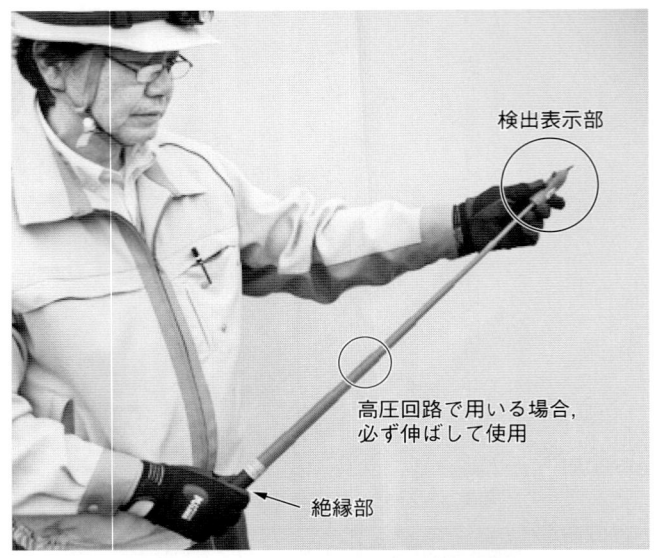

検出表示部
高圧回路で用いる場合，必ず伸ばして使用
絶縁部

写真2-2-38　高圧検電器の各部の点検

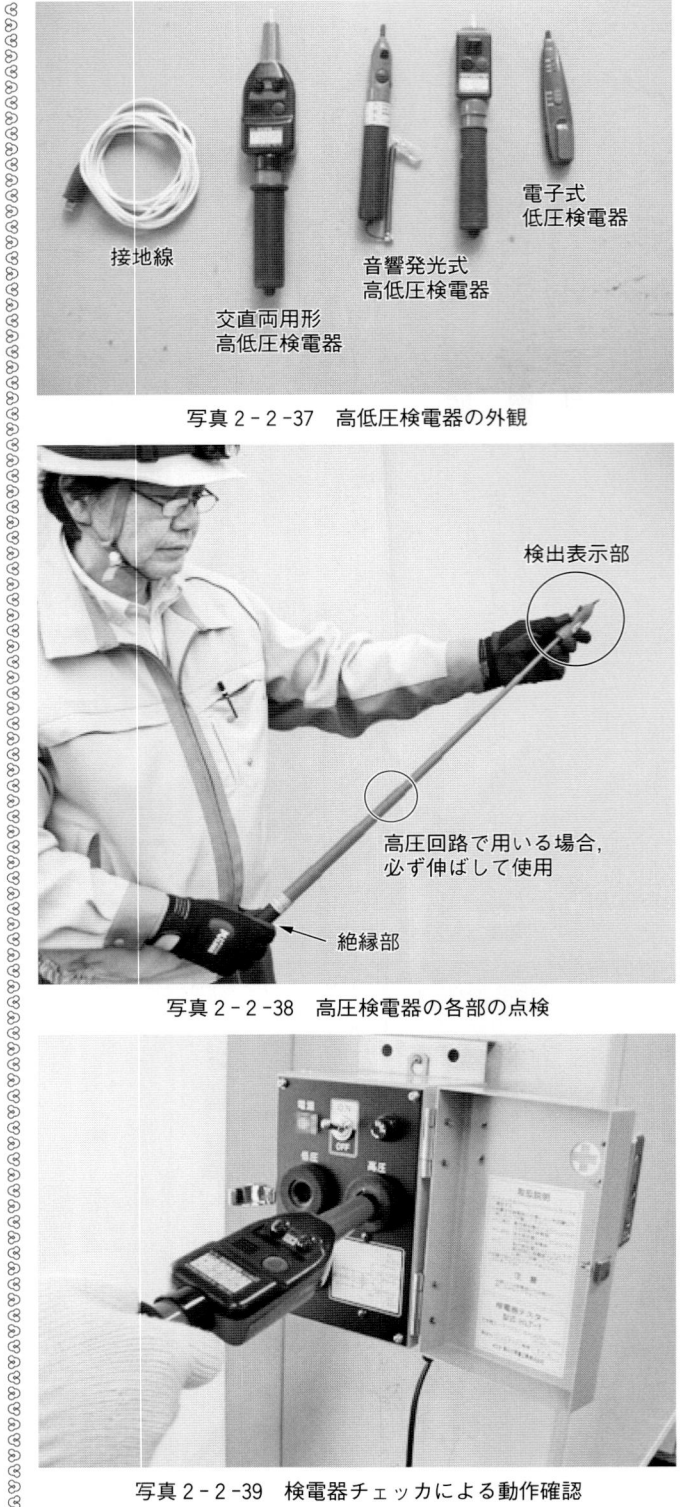

写真2-2-39　検電器チェッカによる動作確認

検電器・充電標示器

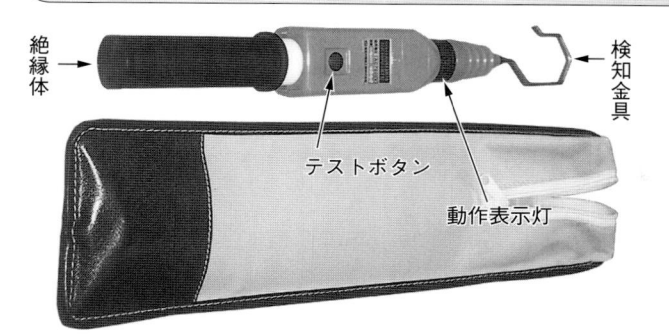

写真2-2-40 充電標示器の外観

(絶縁体、テストボタン、動作表示灯、検知金具)

充電標示器は，高圧の機器や設備，電路などの充電している部分に装着すると発光するとともに，「充電中です」と音声を断続的に発するもので，電路の一部を停電して作業を行う場合，充電部分に装着することで作業者の誤接触による感電の防止を図るために使用する．

充電標示器の動作表示灯，絶縁体の破損やひび割れ，電池の消耗，発音状態，発光状態などを五感により点検する．

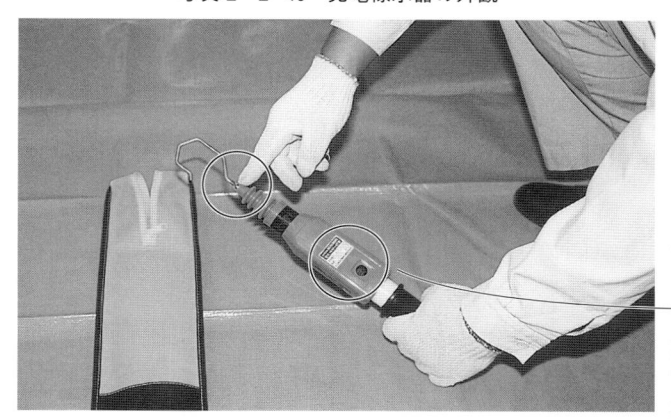

写真2-2-41 充電標示器の各部の点検

充電されている電力需給用計器用変成器(VCT)の高圧リード線に充電標示器を取り付けた状態．

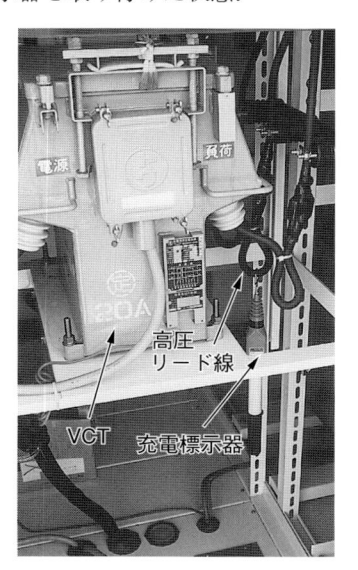

写真2-2-42 充電標示器の取付状態

標識板・区画ロープ

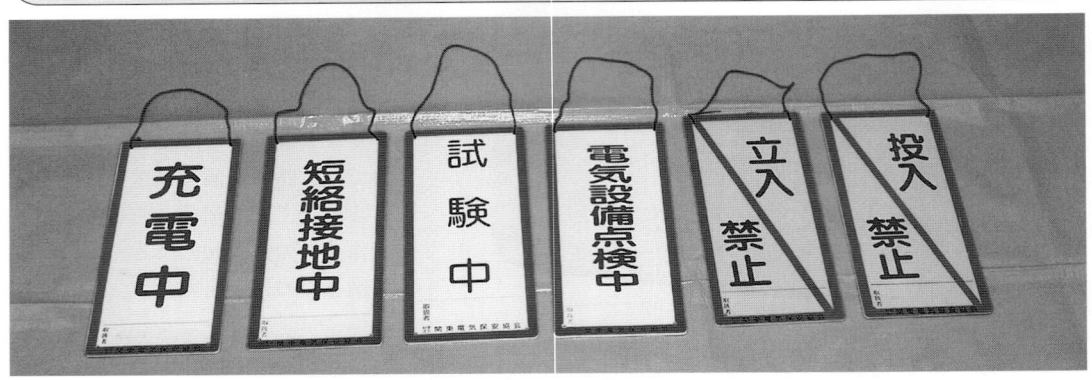

写真2-2-43 各種の標識板

標識板は，電気設備の点検作業状況を作業者や公衆に知らせ，注意を喚起するために使用する．充電中，短絡接地中，立入禁止など，数種類の標識板がある．

電気設備の点検を行っている際，作業者や公衆に感電のおそれがある場所には，「電気設備点検中」や「立入禁止」などの標識板を見やすい箇所に表示しておく．

労働安全衛生規則第339，345条によると，作業中の変電室，危険区画などにおいては，災害を防止するため危険標識を使用することとなっている．

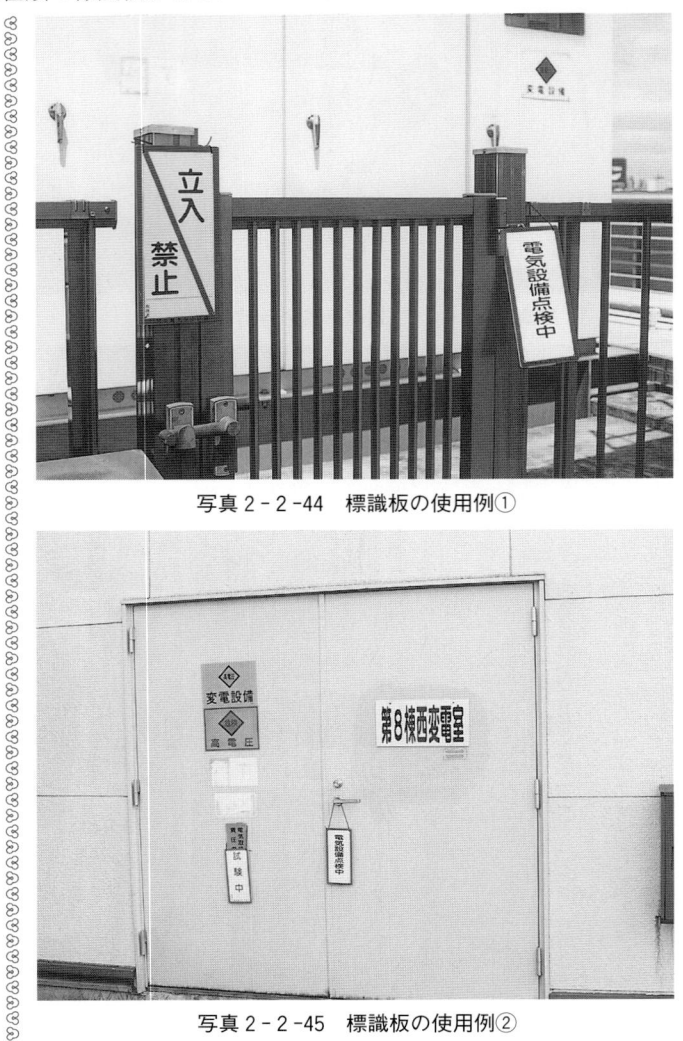

写真2-2-44 標識板の使用例①

点検作業中の変電室などの入口の扉には，「電気設備点検中」や「試験中」などの標識板を見やすい箇所に表示しておく．

施設内で行っている作業状況を表示し，作業者および公衆に注意を喚起するために使用する．

写真2-2-45 標識板の使用例②

標識板・区画ロープ

断路器や高圧交流負荷開閉器などに短絡接地器具を取り付けた箇所には，「投入禁止」や「短絡接地中」などの標識板を表示しておく．

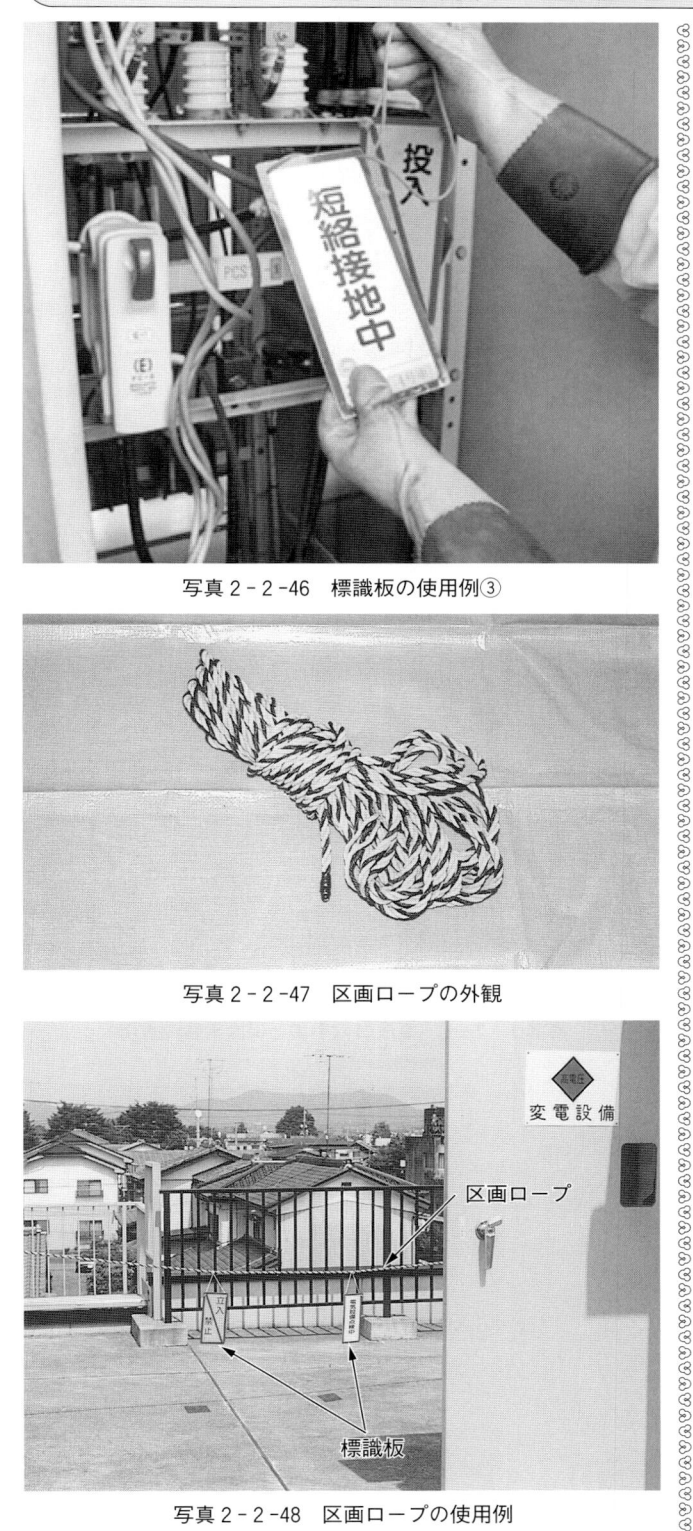

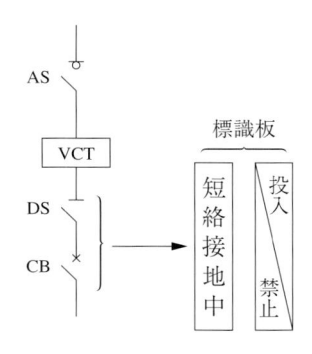

写真2-2-46 標識板の使用例③

区画ロープは，作業範囲や危険範囲などの区画表示をする場合に使用する．

労働安全衛生規則第345，540，543条によると，充電電路に対して接近限界距離を保つには，見やすい箇所に区画ロープを設けることとなっている．

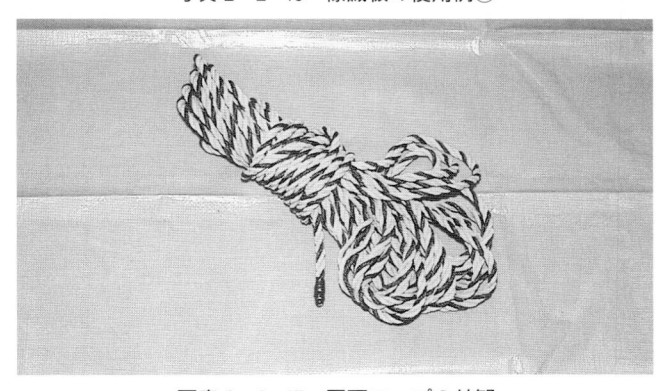

写真2-2-47 区画ロープの外観

屋上キュービクルの点検中で，作業範囲に区画ロープを張り巡らせ，標識板を表示した状態．

［区画ロープの使用例］
● 充電範囲と停電範囲の区画表示をするとき
● 作業中の範囲を区画表示するとき

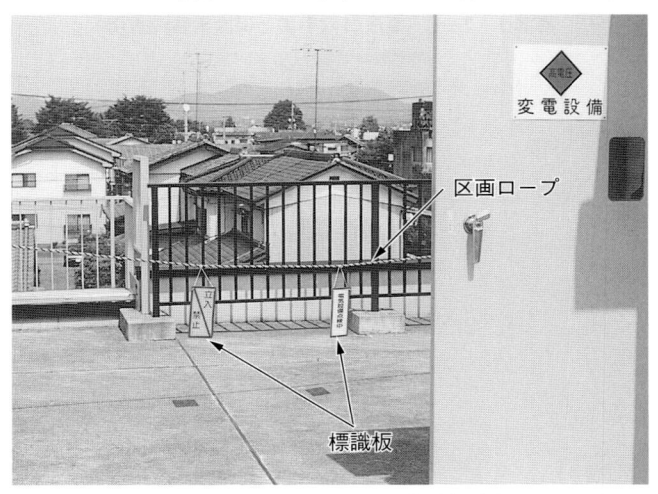

写真2-2-48 区画ロープの使用例

絶縁用保護具の着用

　低圧設備の点検作業中は，手の部分からの感電を防止するため，低圧ゴム手袋を着用しなければならない（労働安全衛生規則第347条）．

　　［低圧ゴム手袋の使用例］
- 接続部の緩みの増し締め
- ヒューズの取り換え
- 示温テープの貼り付け

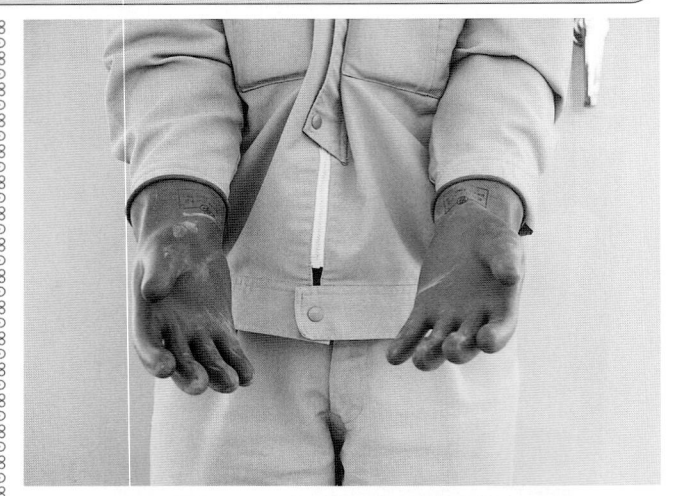

写真2-2-49　低圧ゴム手袋の着用

　高圧設備の点検作業中は，手の部分からの感電を防止するため，高圧ゴム手袋を着用しなければならない．また保護手袋は，高圧ゴム手袋の損傷を防止するために着用しなければならない（労働安全衛生規則第342，343条）．

　　［高圧ゴム手袋の使用例］
- 充電中の断路器をフック棒で操作するとき
- 高圧検電器を使用するとき
- ピラーディスコンスイッチを操作するとき

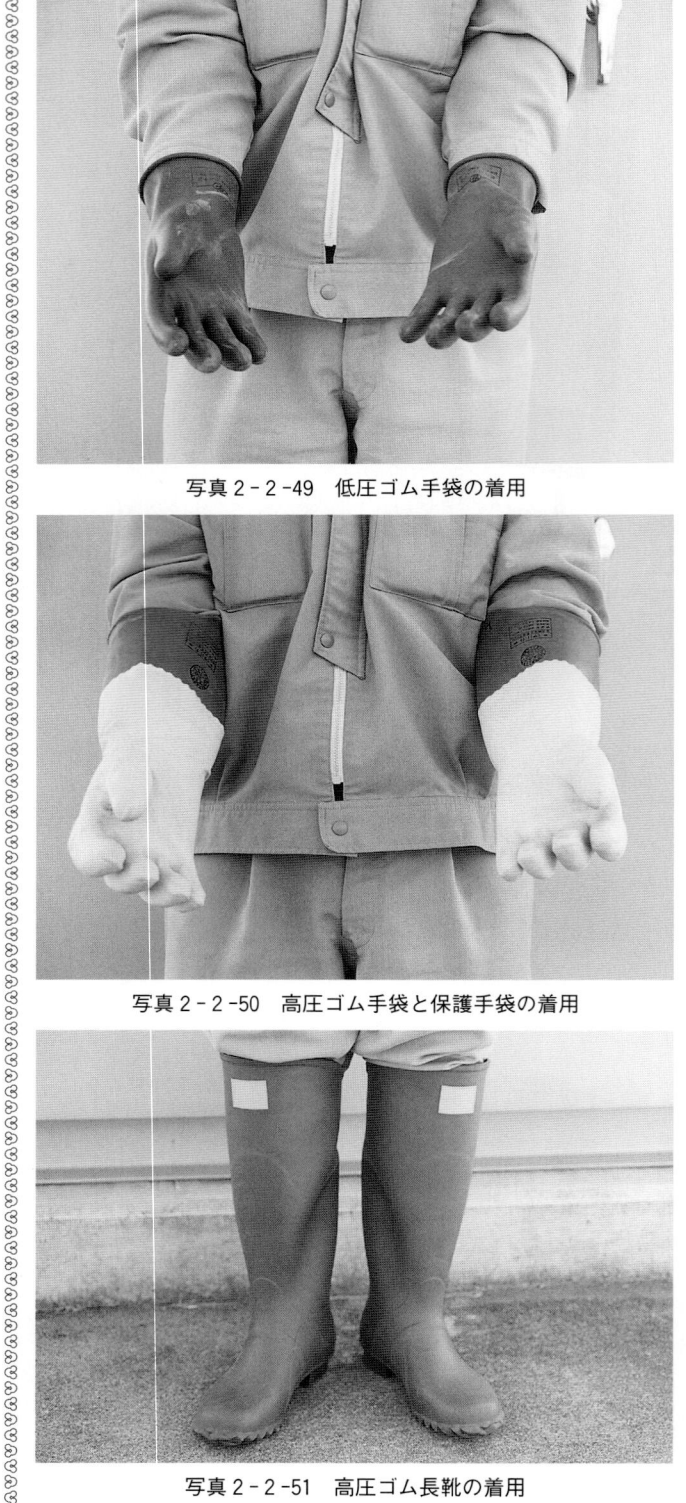

写真2-2-50　高圧ゴム手袋と保護手袋の着用

　高圧設備の点検作業中は，足場が通電経路になることを遮断するため，高圧ゴム長靴を着用しなければならない（労働安全衛生規則第342，343条）．

　　［高圧ゴム長靴の使用例］
- ピラーディスコンスイッチを操作するとき
- 高圧ゴム手袋を着用しての作業で，床面に著しい水気があるとき
- 竣工検査時の絶縁耐力試験で，印加電圧の確認を検電器で実施するとき

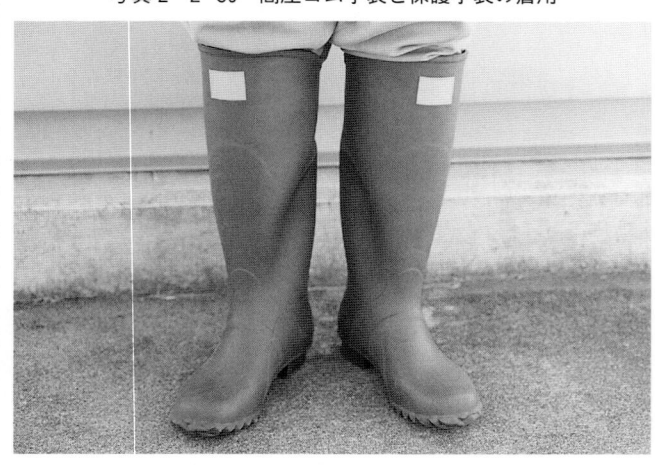

写真2-2-51　高圧ゴム長靴の着用

絶縁用保護具の着用

写真 2-2-52
絶縁衣の着用

写真 2-2-53
アーク防止面，防護衣の着用

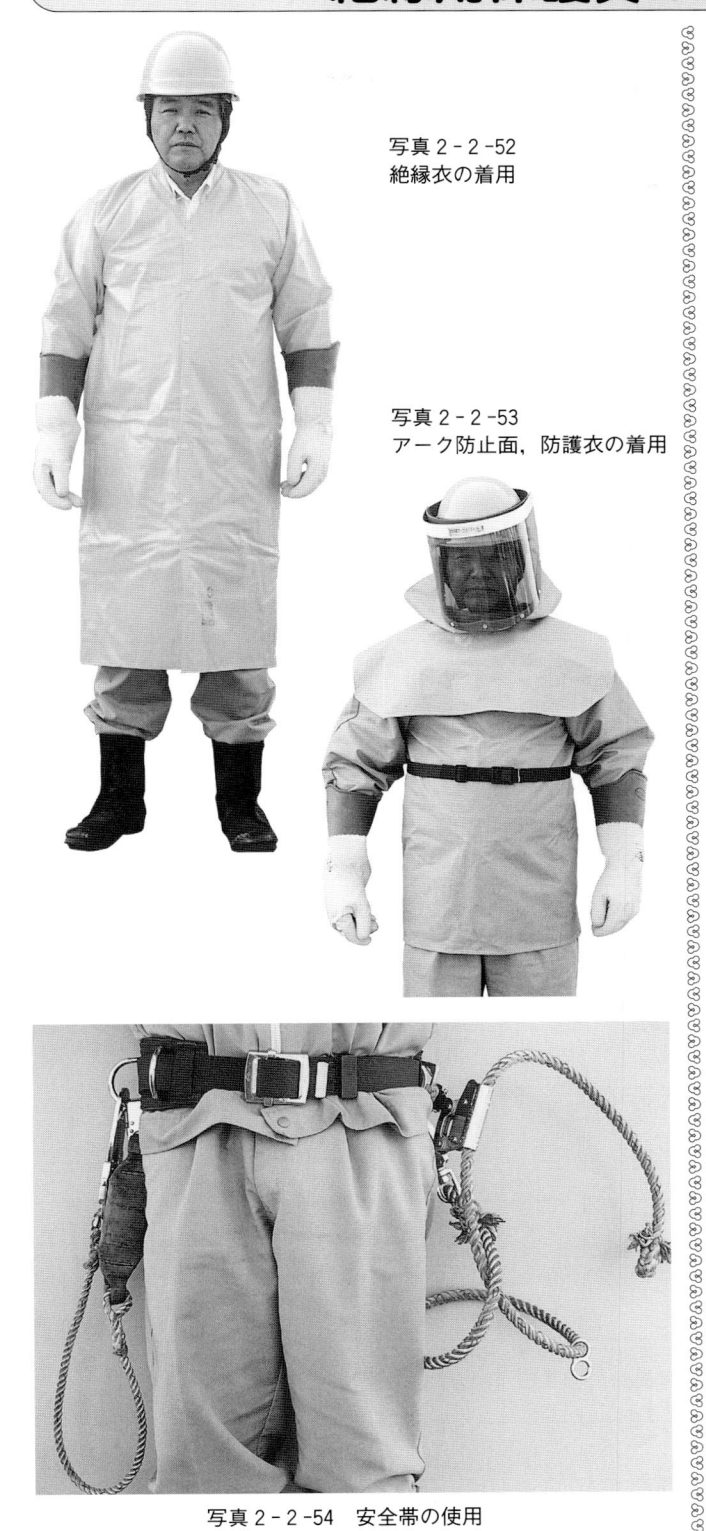

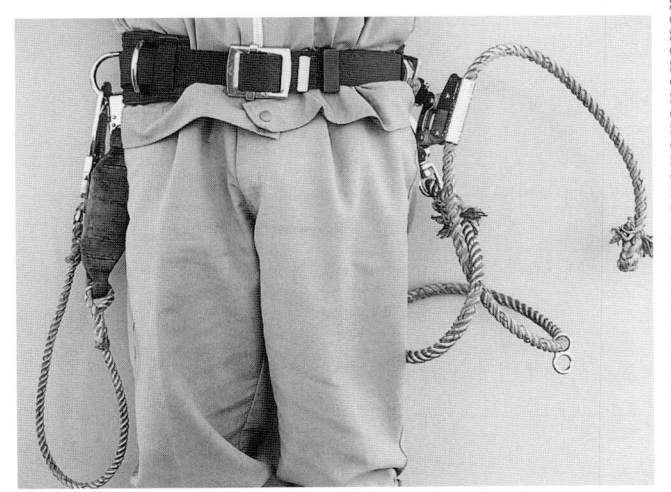

写真 2-2-54　安全帯の使用

点検作業中は，肩から脚の部分までの感電を防止するため，絶縁衣を着用しなければならない（労働安全衛生規則第342，343条）．

［絶縁衣の使用例］
● 高圧充電部に接近して防護用のシートを取り付けるとき

開閉器や断路器を投入・開放する際には，アークによって火傷などの災害を受けないようにアーク防止面（防災面）および防護衣を着用する．

［アーク防止面，防護衣の使用例］
● ピラーディスコンスイッチを操作するとき（高圧ゴム手袋，高圧ゴム長靴を併用する）

点検作業中に高所作業などを行うに当たっては，身体を安全に保持するとともに墜落を防止するため，安全帯を使用しなければならない（労働安全衛生規則第518，520条）．

安全帯は，1カ月に1回点検を実施する．

［安全帯の使用例］
● 引込用分岐開閉器，柱上区分開閉器の操作のために高所作業を行うとき

安全用具の種類・使用目的・使用範囲

保護具：保護具は，作業者が直接身につけて使用するもので，電気安全帽（ヘルメット），高圧ゴム手袋，高圧ゴム長靴，絶縁衣などがある．

品　名	使　用　目　的	使　用　範　囲
電気安全帽（ヘルメット）	主として頭部を電気的，機械的衝撃から守るために着帽する．	充電部に頭部が接近して作業を行う場合．
低圧ゴム手袋	作業中，手の部分からの感電防止のために着用する．	低圧充電部に触れるおそれのある作業を行う場合．
高圧ゴム手袋	作業中，手の部分からの感電防止のために着用する．	高圧充電部に近接して作業を行う場合．
絶縁衣	作業中，胸，肩，背中および上腕部からの感電防止のために着用する．	活線作業および活線近接作業を行う場合．
高圧ゴム長靴	作業中，足場が通電経路になることを遮断するために着用する．	電気用ゴム手袋に準じて着用する．
アーク防止面	開閉器操作時にアークによる火傷災害を防止するために着用する．	ピラーディスコン，ディスコン操作を行う場合．

防具：防具は，電気設備の充電部などに取り付けて使用することにより，作業者の感電防止を図るもので，絶縁管や絶縁シートなどがある．

品　名	使　用　目　的	使　用　範　囲
絶縁管	架空電線路の本線に装着して防護し，作業者や機材などと電気的に離隔して感電防止，短絡・地絡防止を図るために装着する．	電気設備点検・作業のみでなく，建築，建設作業などでも使用する．
絶縁シート	電路の充電部（断路器，遮断器，変圧器，コンデンサ，縁回し線など）に覆いかけて，作業中誤って感電しないように装着する．	充電中の電路に近接して作業を行う場合，電線接続部，碍子部，充電露出部分に使用する．
絶縁カバー	電線路の碍子部などの充電部を防護し，作業者や機材などと電気的に離隔して感電防止，短絡・地絡防止を図るために装着する．	充電中の電路に近接して作業を行う場合，電線接続部，碍子部，充電露出部分に使用する．

検電器：検電器は，電路が停電状態であるか，充電状態であるかを確認するもので，低圧用，高圧用，低高圧用，交流用，直流用などがある．

品　名	使　用　目　的	使　用　範　囲
低圧検電器	低圧使用設備の機械器具，低圧電路の充電の有無を確認するために使用する．	低圧電路に使用する．
高圧検電器	高圧使用設備の機械器具，高圧電路の充電の有無を確認するために使用する．	高圧電路に使用する．
充電標示器	高圧電路が充電中であることを常時警報音により注意喚起する検電器の応用製品．	充電中または停電作業中の高圧電路に使用する．

その他の安全用具：その他の安全用具には，標識用具（区画ロープ，標識板），短絡接地器具，断路器操作用フック棒，安全帯などがある．

品　名	使　用　目　的	使　用　範　囲
区画ロープ	作業範囲，危険範囲の区画表示に使用する．	区画ロープにより区画する範囲を設定する．特に，公衆の立ち入りを防止する場合に使用する．
標識板	施設の状況表示，危険立入禁止表示として関係者や公衆に注意喚起するために使用する．	「充電中」，「投入禁止」，「点検中」，「危険・立入禁止」，「短絡接地中」などの標識板を使用目的に応じて使用する．
短絡接地器具	停電させた電路などに取り付け，誤通電，活線の電路との混触，他電路からの誘導などによって起こる災害を防止するために使用する．	高圧電路の全部または一部を停電して作業を行う場合の停電部分に使用する．
断路器操作用フック棒	断路器などを開閉する際に使用する．	断路器，屋内用高圧交流負荷開閉器（LBS），電力ヒューズなどの開閉操作時に使用する．
安全帯	電柱上などの高所作業を行うに当たって，身体を安全に保持して墜落を防止するために使用する．	柱上開閉器操作時などに使用する．

第3章

定期点検の実務

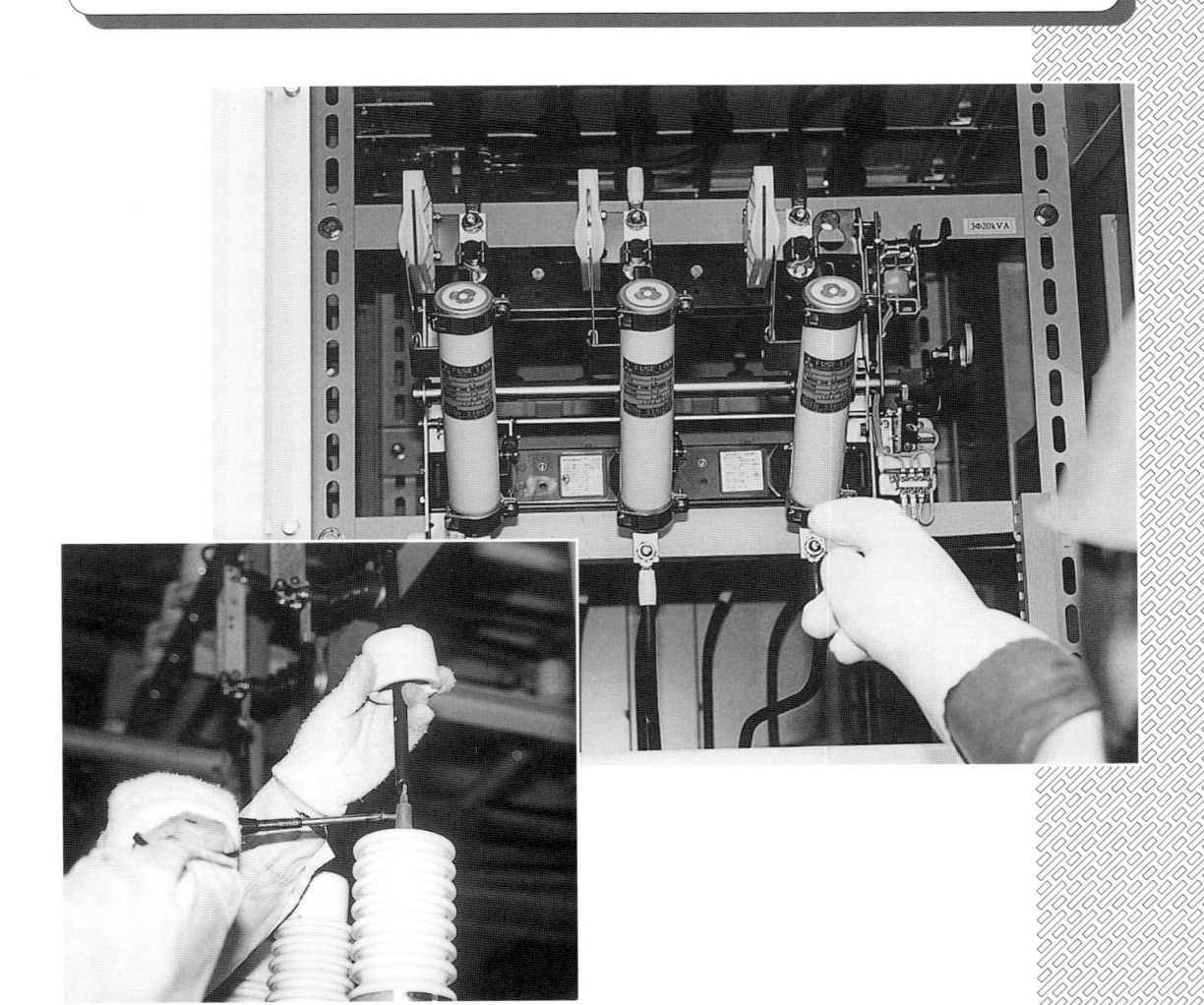

高圧受電設備の定期点検実施手順

安全用具の確認（36～53ページ）
① 保護具・防具など安全用具の外観上の点検を行い，異常のないことを確認する．
② 検電器が正常に動作することを検電器チェッカなどで確認する．

⬇

作業前の打ち合わせ（TBM）（58～61ページ）
① 作業責任者を定める　　　　　　　② 作業の方法および手順の打ち合わせ
③ 作業時間および停電時間の打ち合わせ　④ 停電範囲および充電部分の打ち合わせ
⑤ 作業環境，その他の打ち合わせ

⬇

建屋の点検（62～63ページ）

⬇

停電操作（64～79ページ）
① 低圧開閉器の開放　　② 受電用遮断器の開放　　③ 受電用断路器の開放
④ 区分開閉器の開放　　⑤ 充電標示器の取り付け

⬇

検電および残留電荷の放電（80～83ページ）
① 検電を行う場合は，保護具として高圧ゴム手袋を着用する．
② 検電は，三相とも無電圧であることを確認する．

⬇

短絡接地器具の取り付けおよび区画ロープの設置，標識板などの取り付け（84～87ページ）

⬇

定期点検作業（90～149ページ）57ページを参照

⬇

短絡接地器具・標識板などの取り外し（152～153ページ）

⬇

復電操作（156～163ページ）

定期点検作業（90〜149ページ）

高圧受電設備の清掃および機器などの点検

- 機器の清掃（90〜93ページ）
- ケーブル端末の点検（94〜95ページ）
- 断路器の点検（96〜97ページ）
- 遮断器の点検（98〜99ページ）
- 避雷器の点検（100〜101ページ）
- 高圧交流負荷開閉器の点検（102〜103ページ）
- 高圧カットアウト，ヒューズの点検（104〜105ページ）
- 計器用変成器の点検（106〜107ページ）
- 油入変圧器の点検（108〜109ページ）
- 高圧進相用コンデンサの点検（110〜111ページ）
- 母線などの点検（112〜113ページ）
- 低圧側配線・受配電盤の点検（114〜117ページ）

測定・試験

- 地絡方向継電器の動作特性試験（118〜121ページ）
- 過電流継電器の動作特性試験（122〜131ページ）
- 遮断器の動作試験（132〜135ページ）
- 変圧器油の絶縁破壊電圧試験，酸価度測定（136〜139ページ）
- 電圧計・電流計の校正試験（140〜143ページ）
- 接地抵抗測定（144〜145ページ）
- 高圧絶縁抵抗測定（146〜147ページ）
- 低圧絶縁抵抗測定（148〜149ページ）

- あとかたづけ（150〜155ページ）
- 非常用電源設備の点検（184〜197ページ）

事前打合せ

受電設備の確認と設置者との打ち合わせ

地中引込みの場合は，高圧キャビネット（責任分界点，UGS），架空引込みの場合は引込第1号柱（責任分界点，PAS）の設置場所を，作業関係者全員で確認する．

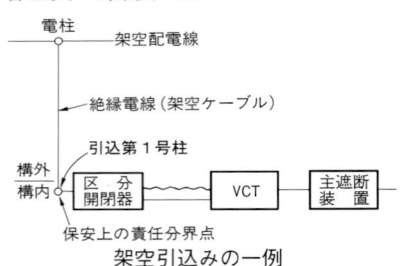

架空引込みの一例

屋外キュービクル式高圧受電設備および受電室の設置場所を，作業者全員で確認する．

受電室内

電気主任技術者とともに，保安規程（電気設備の保安を確保するために定める規定）に基づく定期点検の作業内容を確認する．なお，停電したときに支障をきたすコンピュータや復帰を必要とする設備がないかを確認し，これらに伴う処置や対策を事前に講じておく．

写真3-1-1 責任分界点の設置場所の確認

写真3-1-2 キュービクル式高圧受電設備の設置場所の確認

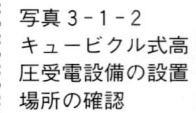

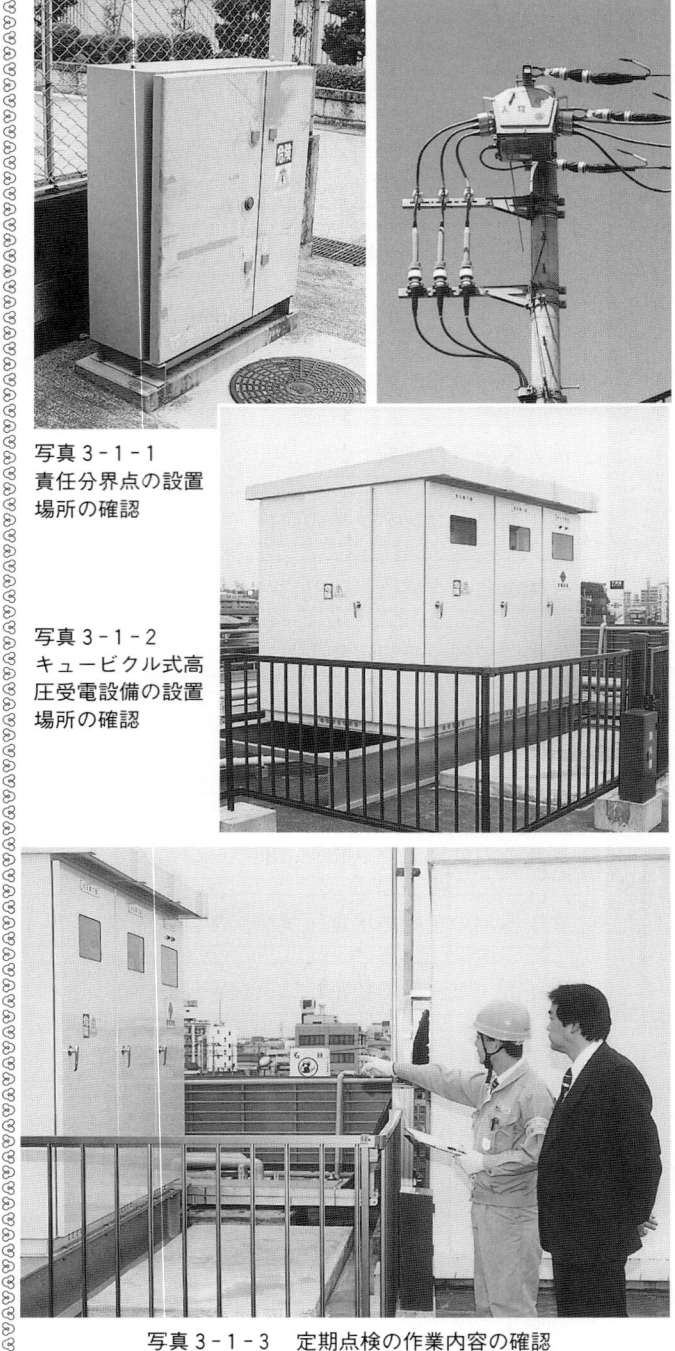

写真3-1-3 定期点検の作業内容の確認

受電設備の確認と設置者との打ち合わせ

電気主任技術者とともに，定期点検の作業開始時間および所要時間，その他について確認する．

〔確認事項〕
- 停電範囲および作業時間の連絡
- 使用設備の停電準備が完了しているか．特に，コンピュータ，エレベータ，冷凍機，冷凍庫などに留意する．
- 消防機関に通報しないよう連絡がとられているか．
- 警備保障会社への連絡はとられているか．
- 送電する場合，支障をきたすものはないか．

定期点検作業の確認を行った後，作業に必要な鍵を受け取る．鍵は，紛失しないこと．

〔鍵の借用例〕
- キュービクル式高圧受電設備入口の扉およびフェンス
- 各分電盤
- ポンプ室
- エレベータ室
- 高圧キャビネット
- 受電室入口扉

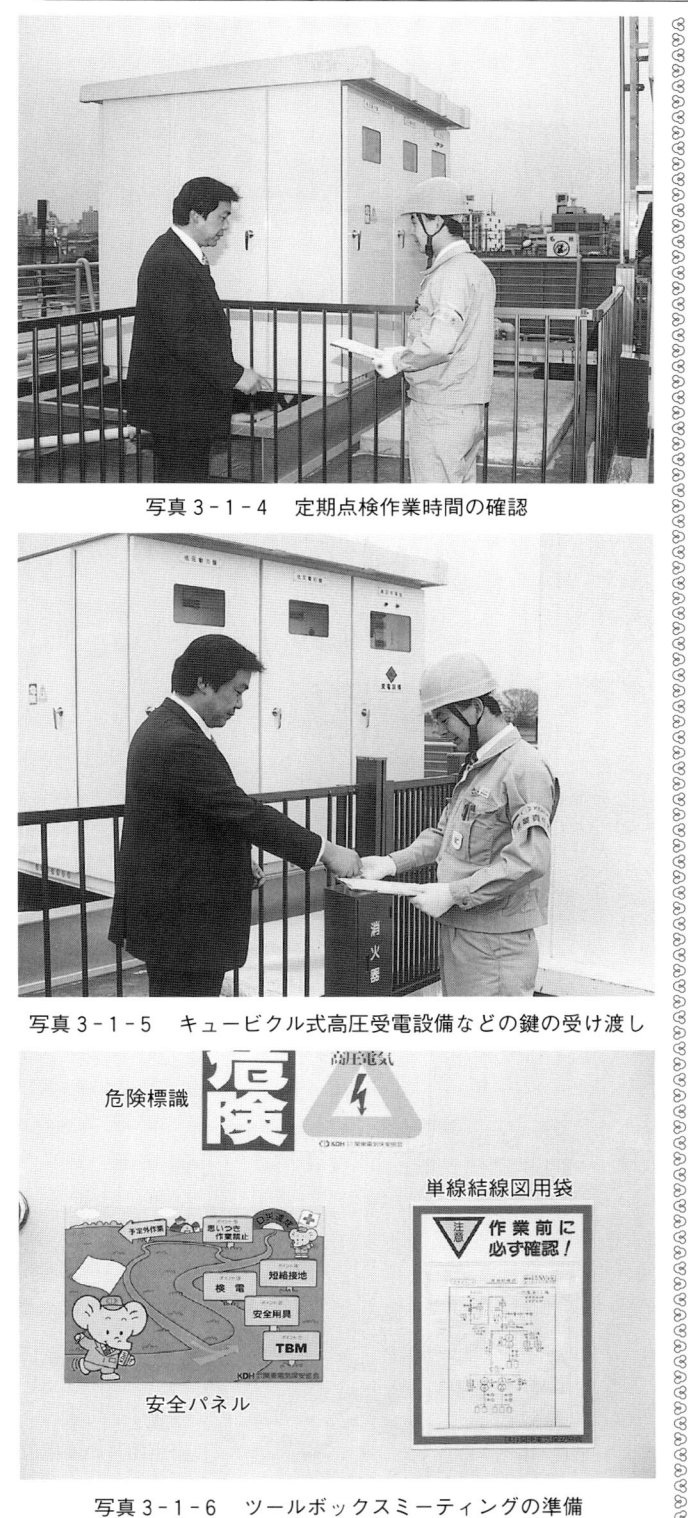

写真 3-1-4 定期点検作業時間の確認

写真 3-1-5 キュービクル式高圧受電設備などの鍵の受け渡し

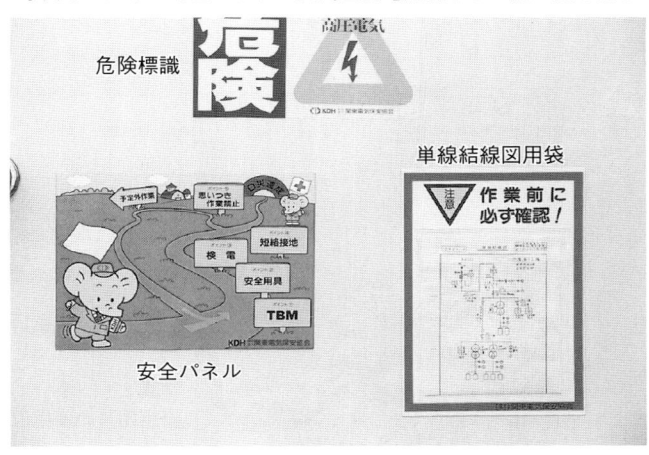

写真 3-1-6 ツールボックスミーティングの準備

キュービクル式高圧受電設備の前面に安全パネルおよび当該需要家の単線結線図を貼り，ツールボックスミーティング（TBM）を行う準備をする．

安全パネルは，作業手順の重要事項を作業者全員が再確認するために使用する．また，単線結線図を掲示し，停電範囲および設備内容を作業者全員で把握する．

ツールボックスミーティング（TBM）

作業責任者は，作業者全員に当該高圧受電設備の定期点検の作業内容について，単線結線図を使って説明する．作業内容のほか，作業範囲，作業分担，人員配置，作業手順，高圧充電部と停電範囲，停電時刻・送電時刻，検電の実施，短絡接地器具の取付箇所，清掃作業，思いつき作業の禁止などについて説明を行い，作業者全員に周知する．

写真3-1-7　ツールボックスミーティング

定期点検作業で使用する高圧ゴム手袋や短絡接地器具，標識板などの安全用具は，損傷しないように1カ所に整理・整頓しておき，使用前に点検を行う（労働安全衛生規則第339，342，343，345，347，540，543条）．

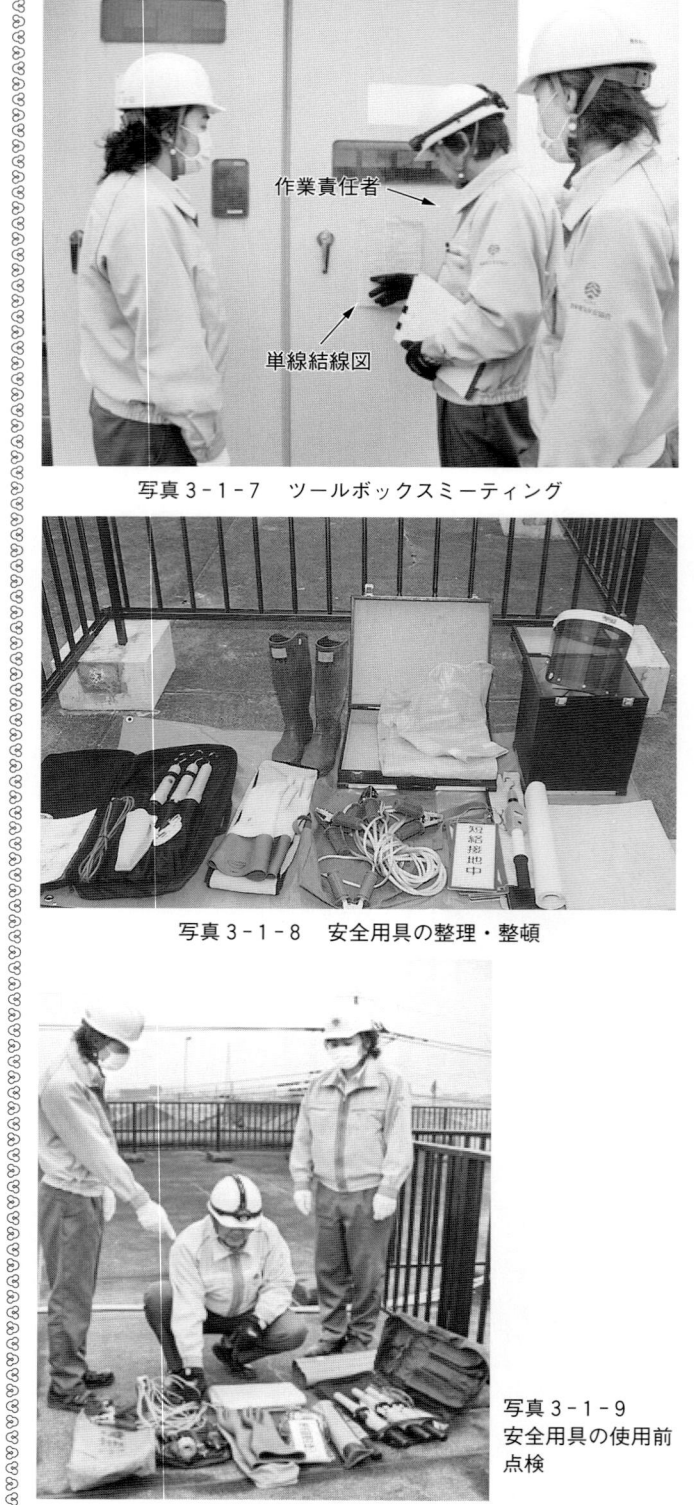

写真3-1-8　安全用具の整理・整頓

作業責任者は，作業者と一緒に安全用具の使用前点検をチェック表をもとに行う．

[チェック表]

分類	品名	使用前	使用後
保護具	電気安全帽	✓	
	高圧ゴム手袋	✓	
	高圧ゴム長靴	✓	
	絶縁衣	✓	
	安全帯	✓	
	アーク防止面	✓	
防護	フロシキシート		
	防護シート		
検出用器具	特高検電器		
	交直両用形高低圧検電器		
放電用器具	放電棒		
接地器具	短絡接地器具		
短絡接地用作業器具	断路器操作用フック棒		

写真3-1-9　安全用具の使用前点検

ツールボックスミーティング（TBM）

作業責任者は，作業者全員に定期点検の作業内容を再確認した後，ツールボックスミーティング実施票に作業者のサインをもらう．

作業責任者は，作業責任者用腕章や電気安全帽に作業責任者シールを貼付するなどしてわかるようにしておく．

作 業 責 任 者

作業責任者用腕章

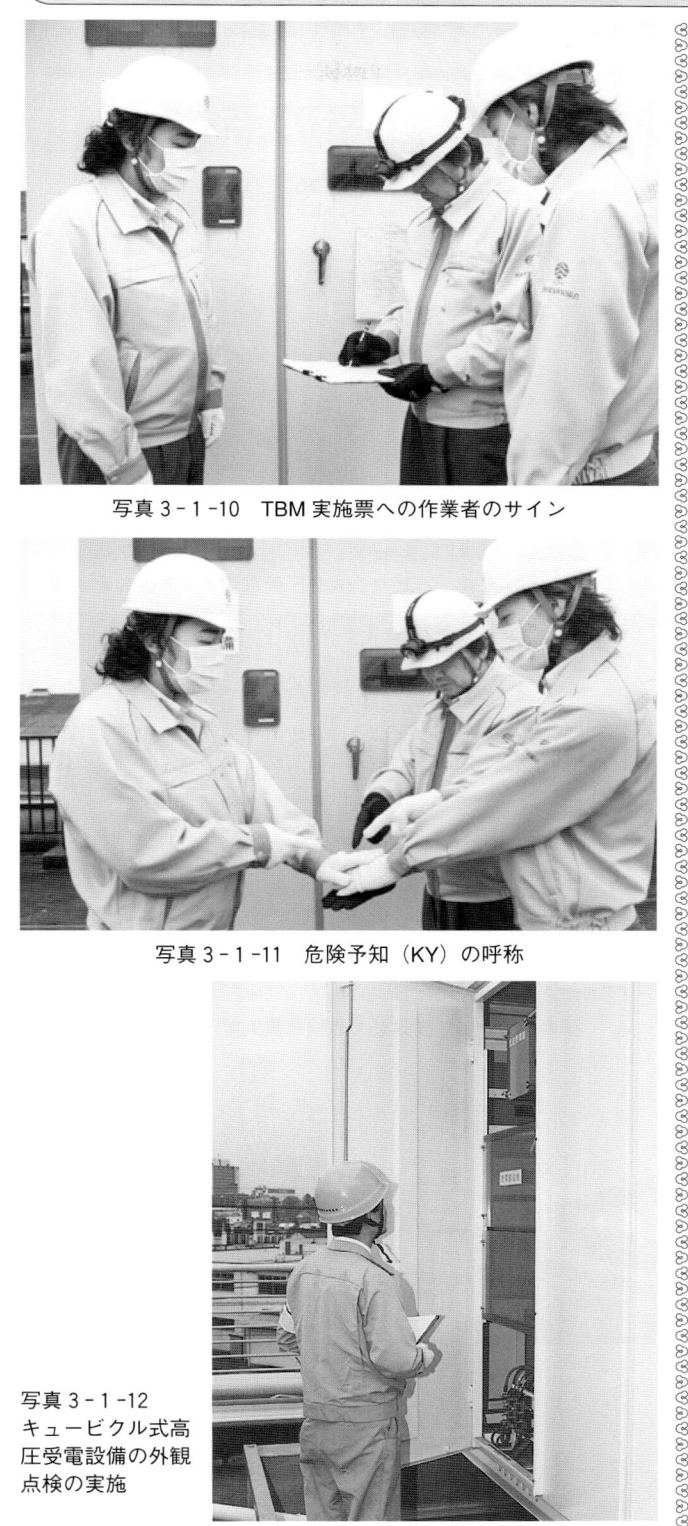

写真3-1-10　TBM実施票への作業者のサイン

作業責任者は，作業者とともに当日行う点検作業で特に危険と思われる事項を一つあげ，危険予知（KY）について全員で呼称し，安全を確保する．

〔危険予知（KY）の一例〕

キュービクル周囲に段差があり，つまずいて転倒する場合を予知．
「足元ヨシ！」または「足元注意．ヨシ！」

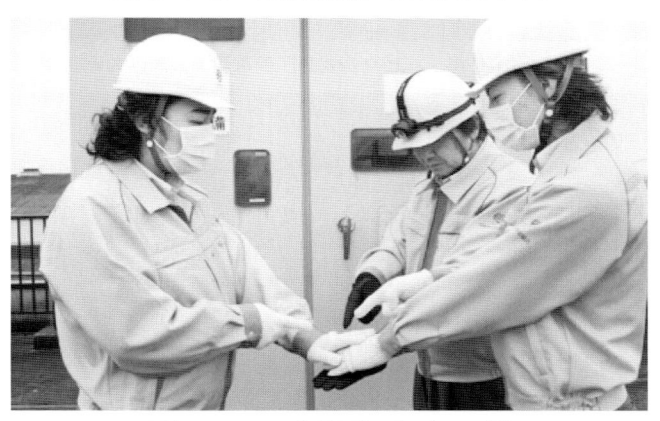

写真3-1-11　危険予知（KY）の呼称

作業責任者は，定期点検作業を開始するに当たってキュービクル式高圧受電設備の扉を開け，機器類や母線などに異常がないことを確認する．

地震や襲雷などがあった場合，キュービクルの変形，亀裂，雨漏りなどの痕跡の有無を外観点検によって確認する．

写真3-1-12　キュービクル式高圧受電設備の外観点検の実施

停電操作と停電の確認

キュービクル・受電室建屋の点検

停電する前に，キュービクル式高圧受電設備の周囲に不要なものがないことを確認する．また，作業者および作業者以外の公衆の位置も確認しておく（JIS C 4620）．

写真3-2-1　キュービクル式高圧受電設備の周囲の確認

キュービクルの換気扇が設定温度で正常に動作することを確認するとともに，腐食や破損のないことを確認する．

また，電気用消火器が設置されており，使用期限内であることを確認する（消防法施行規則第6条，消防法施行令第10条）．

写真3-2-2　換気扇の点検と電気用消火器の確認

キュービクルを固定しているアンカボルトの緩み，基礎部の亀裂，破損がないことを確認する．侵入孔がある場合，小動物や植物が入らないようパテなどでふさがれていることを確認する（火災予防条例第11条，高圧受電設備規程）．

また，計器窓にひび割れやゴムパッキンの劣化がないことを確認する．

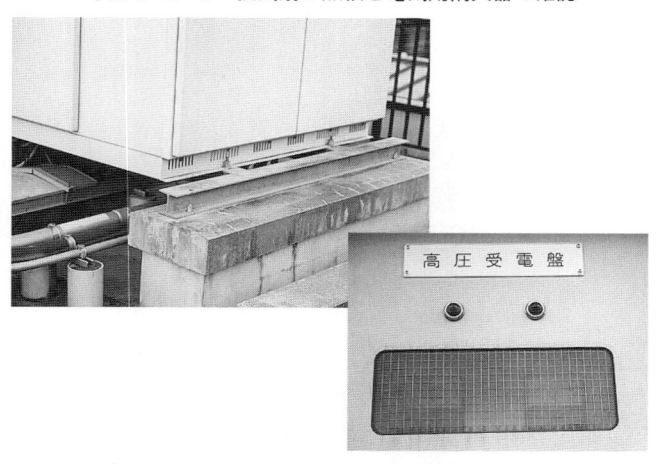

写真3-2-3　キュービクル基礎部と計器窓の点検

キュービクル・受電室建屋の点検

キュービクル式高圧受電設備の扉のハンドル部を鍵で開ける前に，低圧検電器を使用して電圧の有無を確認する．

低圧電路の地絡故障などにより，キュービクル外箱の電位が上昇することがある．扉に触れたときに感電する危険があるので，必ず外箱の検電を行う．

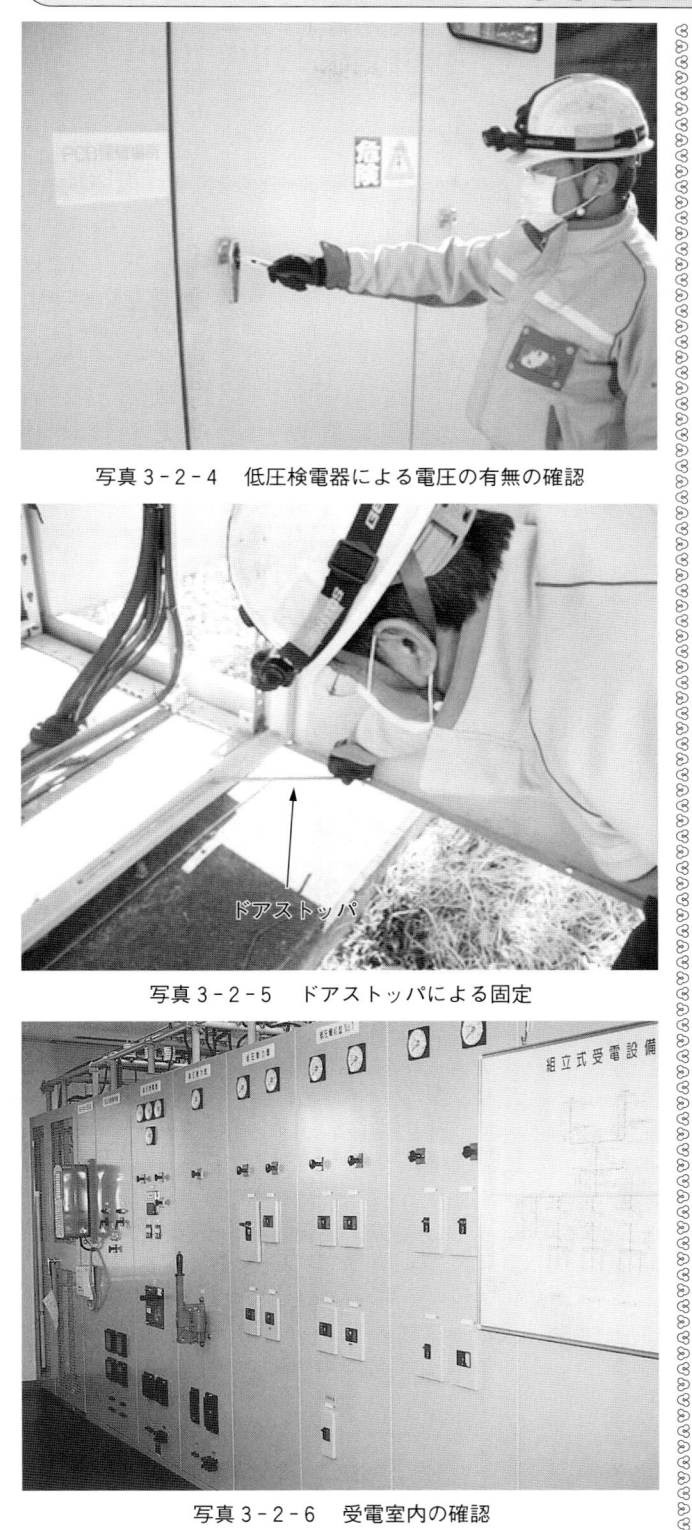

写真3-2-4　低圧検電器による電圧の有無の確認

キュービクル式高圧受電設備の扉を開いたら，突風などによって扉が閉まらないよう，扉下部に取り付けてあるドアストッパによって必ず固定する．

ビルの屋上などでは，強風により扉があおられることがあるが，このようなときには作業を中止する．

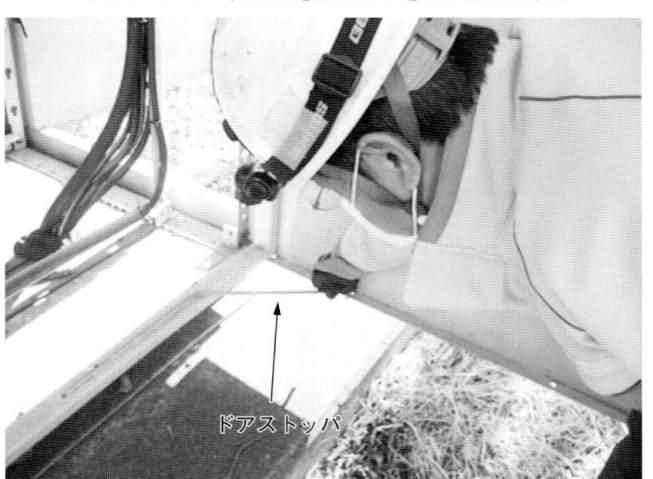

写真3-2-5　ドアストッパによる固定

停電する前には，受電室内および周囲の状況を調べ，定期点検作業に支障がないことを確認する．

屋内の受電室など，停電時に照明が必要な場合には，あらかじめ照明器具を用意しておく．

写真3-2-6　受電室内の確認

低圧開閉器の開放

開閉器を操作するときには，無理な姿勢での操作は行わないよう足元を確認し，身体の安定を確保する．

低圧配電盤には，充電部が露出した開閉器が設置されている場合があるので，身体が不安定にならないよう十分に注意する．

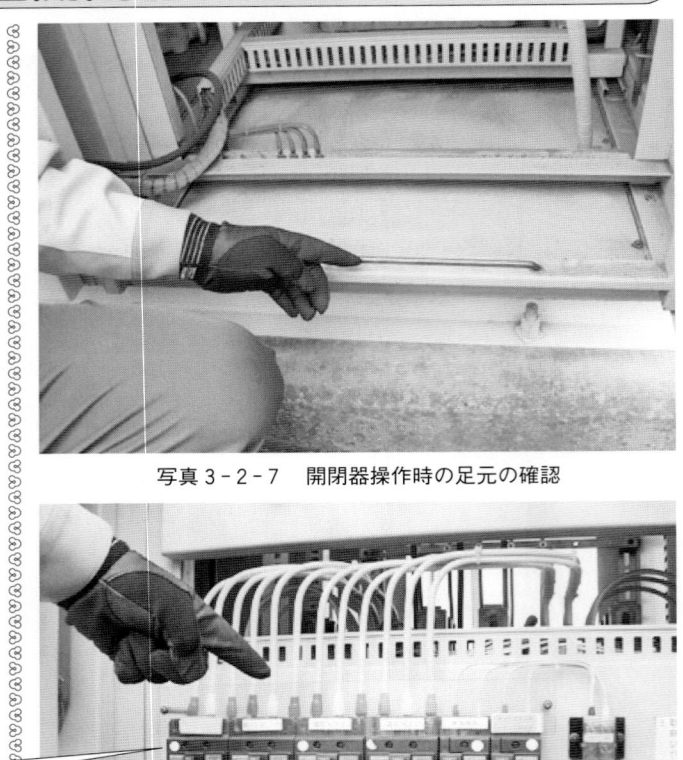

写真3-2-7　開閉器操作時の足元の確認

配電盤に取り付けられている開閉器には，開閉器が開放しているものもあるので，定期点検作業を終了した後，開閉器の未投入あるいは誤投入を防止するため，「入」あるいは「切」の表示シールを貼っておき，復電後に現状に復帰させる．

表示シール

作業責任者は，作業者全員とともに各開閉器の「入」，「切」を確認しながら表示シールを貼付する．

写真3-2-8　誤投入しないための表示シールの貼付

開閉器を操作するときには，作業手袋を着用して開放するが，開閉器の充電部が露出していて触れるおそれがある場合の操作は，低圧ゴム手袋を着用して開放する．

低圧用の開閉器を操作する場合は，労働安全衛生法第59条に規定する低圧電気取扱者特別教育を受けなければならない．

写真3-2-9　作業手袋着用での開閉器の開放

低圧開閉器の開放

　開閉器を開放するときには，作業責任者の指示によって行い，作業責任者と作業者の両者で呼称・復唱を行って開放する．

〔呼称・復唱の一例〕

作業責任者：「電灯回路 No.1 開放」
作業者：「電灯回路 No.1 開放します」
作業責任者：「電灯回路 No.1 開放．ヨシ！」

　作業責任者は，開放する開閉器を指さしながら呼称・指示をする．作業者は，作業責任者から指示された開閉器を確認してから復唱して開放する．

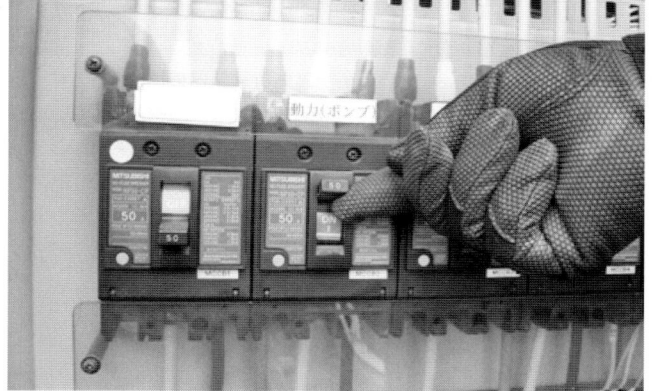

写真 3-2-10　開閉器開放時の呼称・復唱

　開閉器は，動力用開閉器から開放していくが，主幹開閉器がある場合は，分岐開閉器から順次開放していく．

主幹（分岐開閉器の開放が終了した後，開放する）
分岐（分岐開閉器から開放）

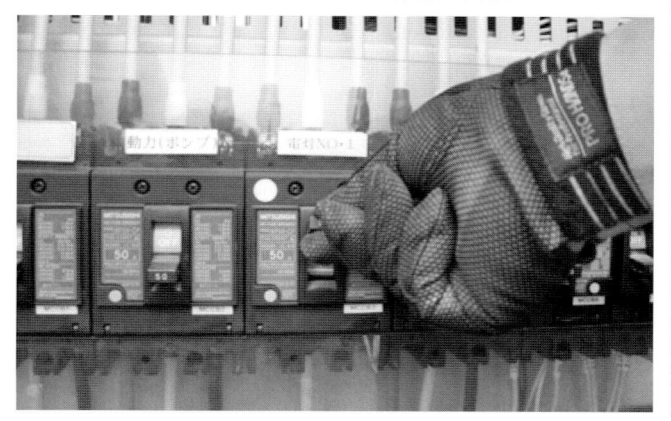

写真 3-2-11　動力用開閉器の開放

　動力用開閉器を開放した後，電灯用開閉器を開放するが，主幹開閉器がある場合は，分岐開閉器から順次開放していく．

　なお，保護継電器などの開閉器は開放しない．開放すると，万一，高圧ケーブルや高圧機器などに異常が発生した場合，保護継電器が動作しないからである．

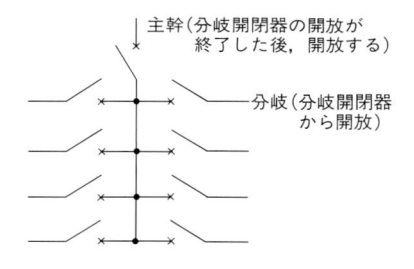

写真 3-2-12　電灯用開閉器の開放

受電用遮断器の開放

PF-S形キュービクルの場合は，高圧交流負荷開閉器（LBS），高圧限流ヒューズ（PF）が，フック棒により安全に開放できることを確認する．

高圧開閉器類を操作する場合は，労働安全衛生法第59条に規定する高圧・特別高圧電気取扱者特別教育を受けなければならない．

高圧交流負荷開閉器を開放する場合は，低圧側の開閉器がすべて開放され，負荷がかかっていないことを再確認してから開放する．フック棒で開放するときには，高圧ゴム手袋を着用する（労働安全衛生規則第342，343条）．

写真3-2-13　高圧交流負荷開閉器の開放確認

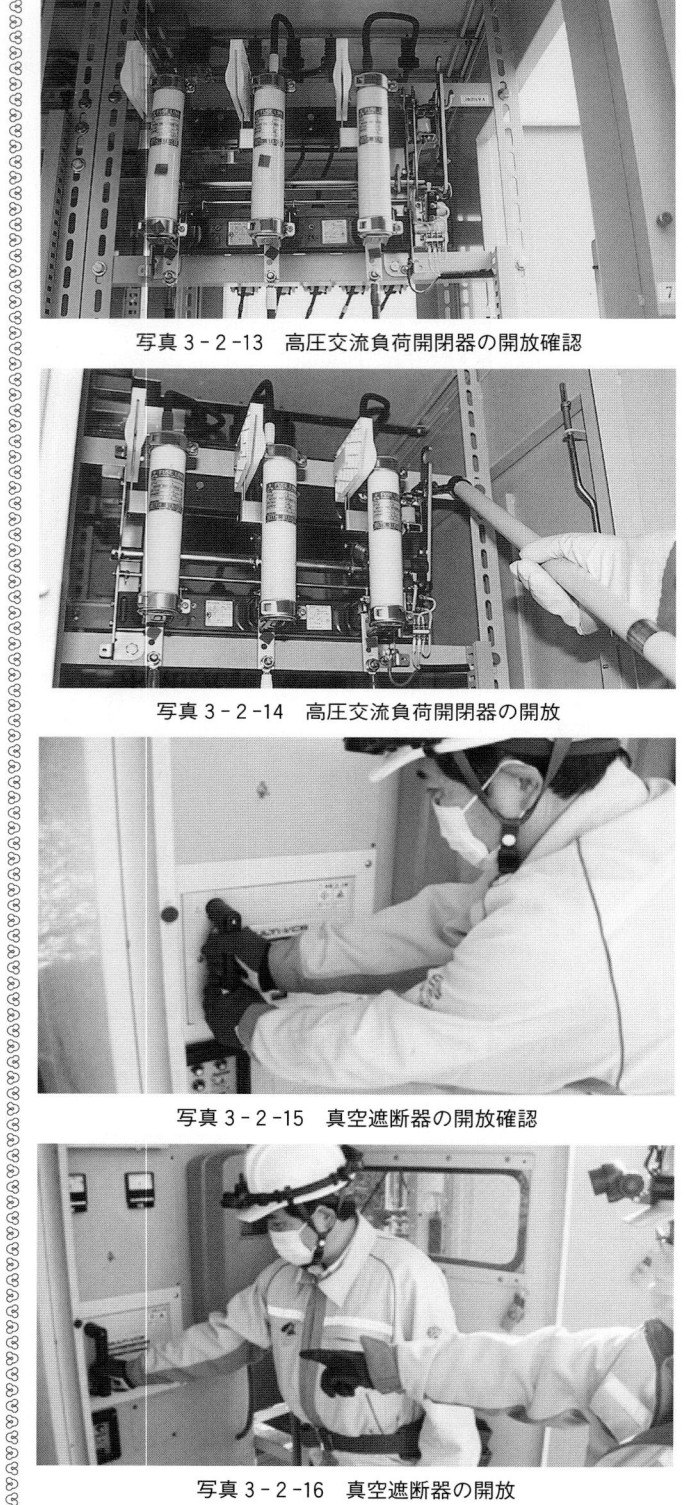

写真3-2-14　高圧交流負荷開閉器の開放

CB形キュービクルの場合は，真空遮断器（VCB）のハンドルを握り，開放してもよい状態になっていることを確認する．

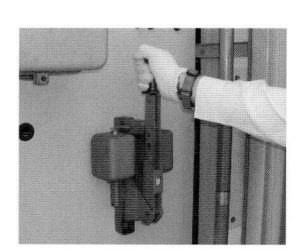

油遮断器（OCB）

真空遮断器を開放する場合は，低圧側の開閉器がすべて開放され，負荷がかかっていないことを再確認してから速やかに，かつ確実にハンドルを操作して開放する．真空遮断器の表示ランプと「入」，「切」の表示が「切」の状態になっていることを確認する．

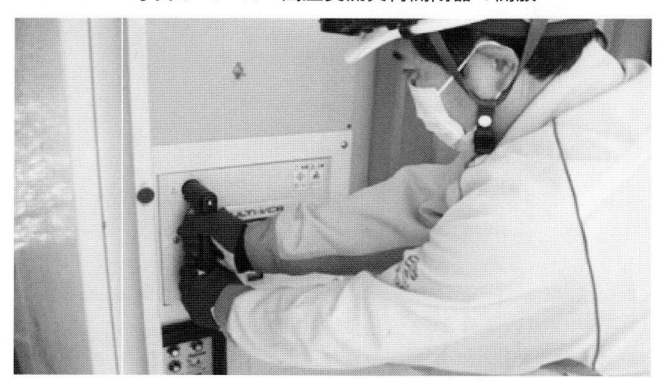

写真3-2-15　真空遮断器の開放確認

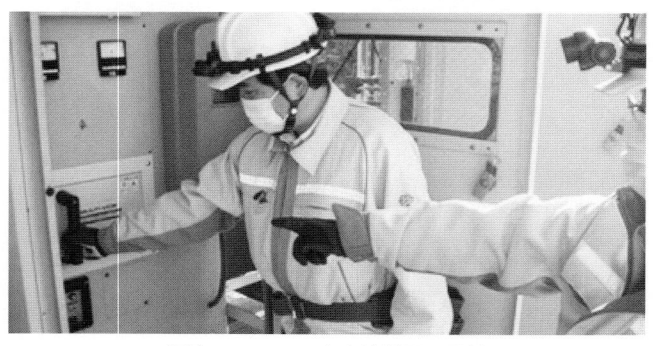

写真3-2-16　真空遮断器の開放

受電用断路器の開放

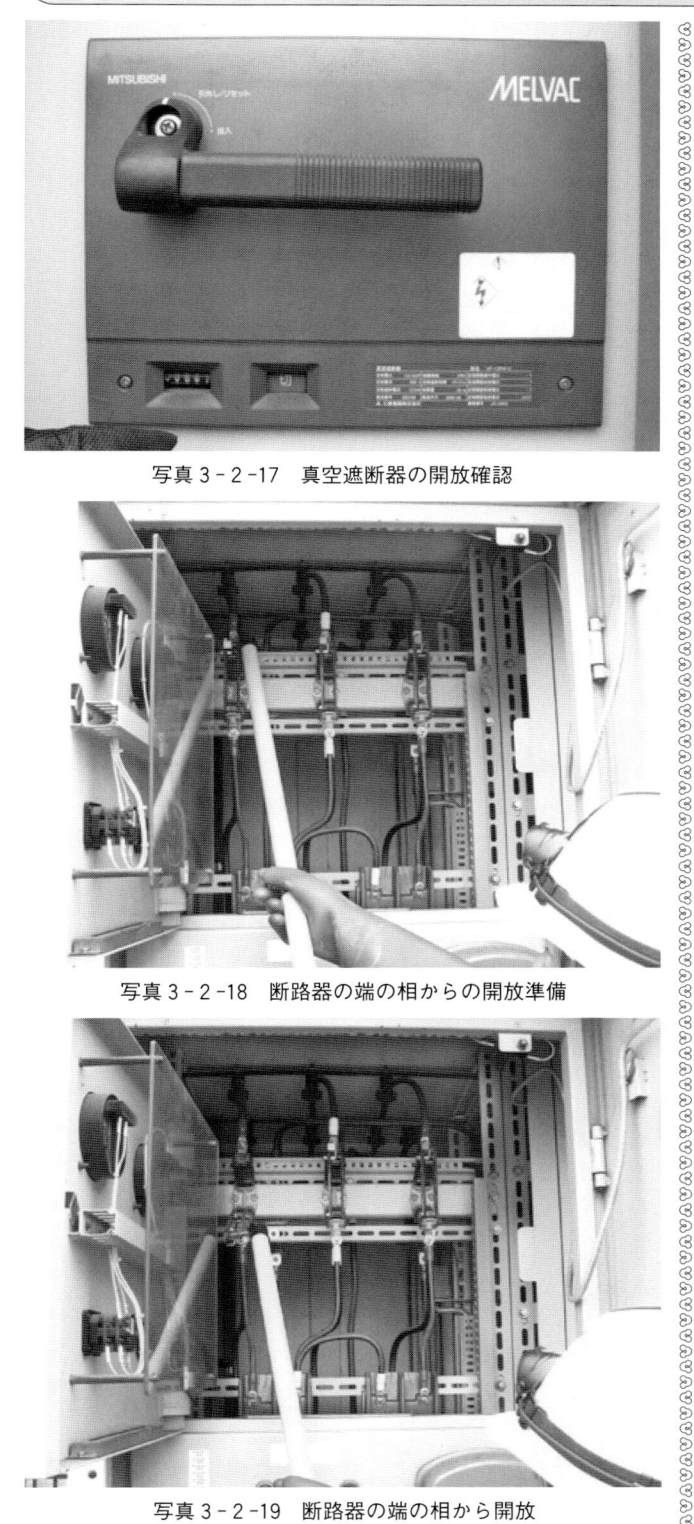

写真 3-2-17 真空遮断器の開放確認

写真 3-2-18 断路器の端の相からの開放準備

写真 3-2-19 断路器の端の相から開放

断路器（DS）を開放する前に，真空遮断器（VCB）または油遮断器（OCB）が開放されて負荷がかかっていないことを確認する．

● 真空遮断器の「入」，「切」表示

入	切
赤色	緑色

赤色　緑色
「入」「切」

表示ランプ切れの有無を確認する．

油遮断器の「入」，「切」表示

高圧ゴム手袋を着用し，作業責任者の呼称・指示によりフック棒の先端を断路器のフック穴に入れ，確実に開放できる状態にする．開放操作については，一操作ごとに開放状態を必ず確認し，作業責任者と作業者との間で呼称・復唱を行う．

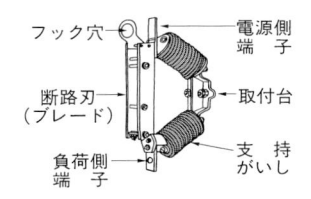

断路器の名称
（フック穴，電源側端子，断路刃（ブレード），取付台，負荷側端子，支持がいし）

断路器のフック穴に入れたフック棒を手前に引き，1相ずつ開放していく．開放するときには，作業責任者と作業者との間で，呼称・復唱を行う．

〔呼称・復唱の一例〕
作業責任者：「断路器開放！」
作業者：「断路器開放します」，「1相，2相，3相とも開放しました」
作業責任者：「断路器開放．ヨシ！」

区分開閉器の開放（地中引込方式）

地中配電式高圧キャビネットのピラーディスコンスイッチを操作するときには，アーク防止面（防災面），防護衣，高圧ゴム手袋および高圧ゴム長靴を着用する．アーク防止面は，開閉器や断路器を投入・開放する際に，万一アークによって火傷などの災害を防止するために着用する．

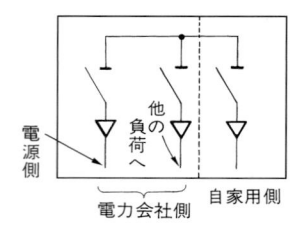

高圧キャビネット内の図記号

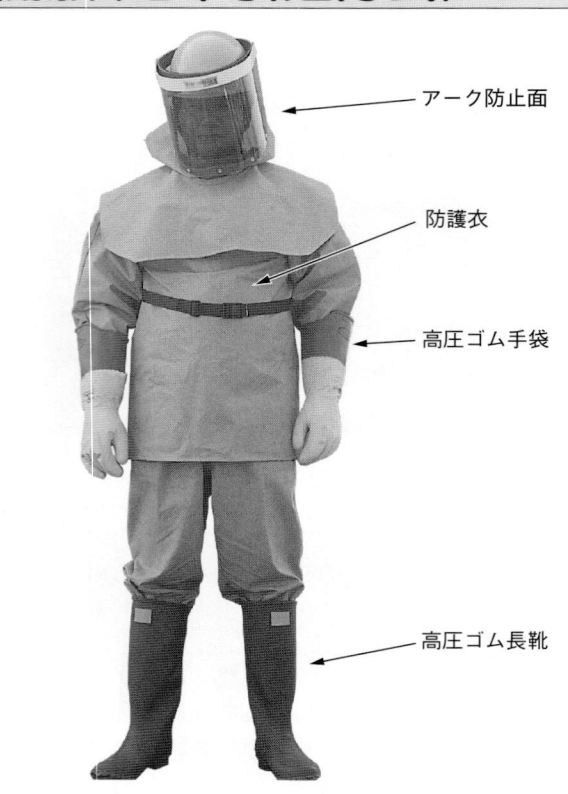

写真 3-2-20 アーク防止面（防災面），防護衣の着用

ピラーディスコンスイッチを開放するときは，安定した足元で操作ができることを確認する．また，誤開放を防止するため，高圧キャビネットの中のピラーディスコンスイッチが当該自家用施設のものであることを必ず確認するとともに，高圧検電器により電圧の有無を確認する．

最近は，ピラーディスコンスイッチ（PDS）に変わって地絡継電器付地中線用高圧ガス負荷開閉器（UGS）が多く使用されるようになっている．

写真 3-2-21 高圧検電器による電圧の有無の確認

区分開閉器の開放（地中引込方式）

ピラーディスコンスイッチの開放は，アーク防止面，防護衣，高圧ゴム手袋，高圧ゴム長靴を着用し，ピラーディスコンスイッチのとってを確実に握って端の相から順次引き抜く．

写真 3-2-23 モールドディスコンの外観

写真 3-2-22 ピラーディスコンの外観

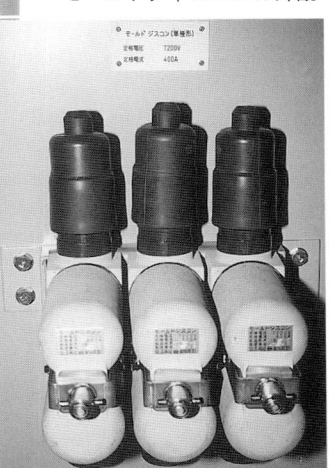

モールドディスコンスイッチ（MDS）を開放するときは，モールドディスコンスイッチ専用操作棒を使用して開放する．

東京電力管内では，地中配電方式の区分開閉器として，最近では UGS を使用している．

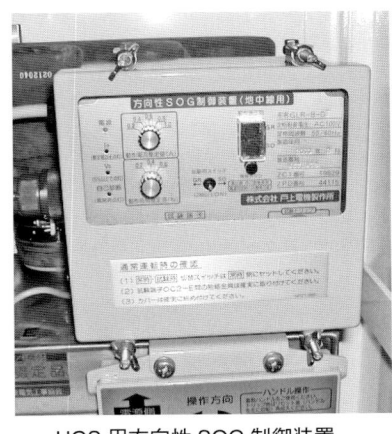

UGS 用方向性 SOG 制御装置

UGS を開放するには，制御装置の中にある試験用ボタンを押すことで区分開閉器を開放することができる．

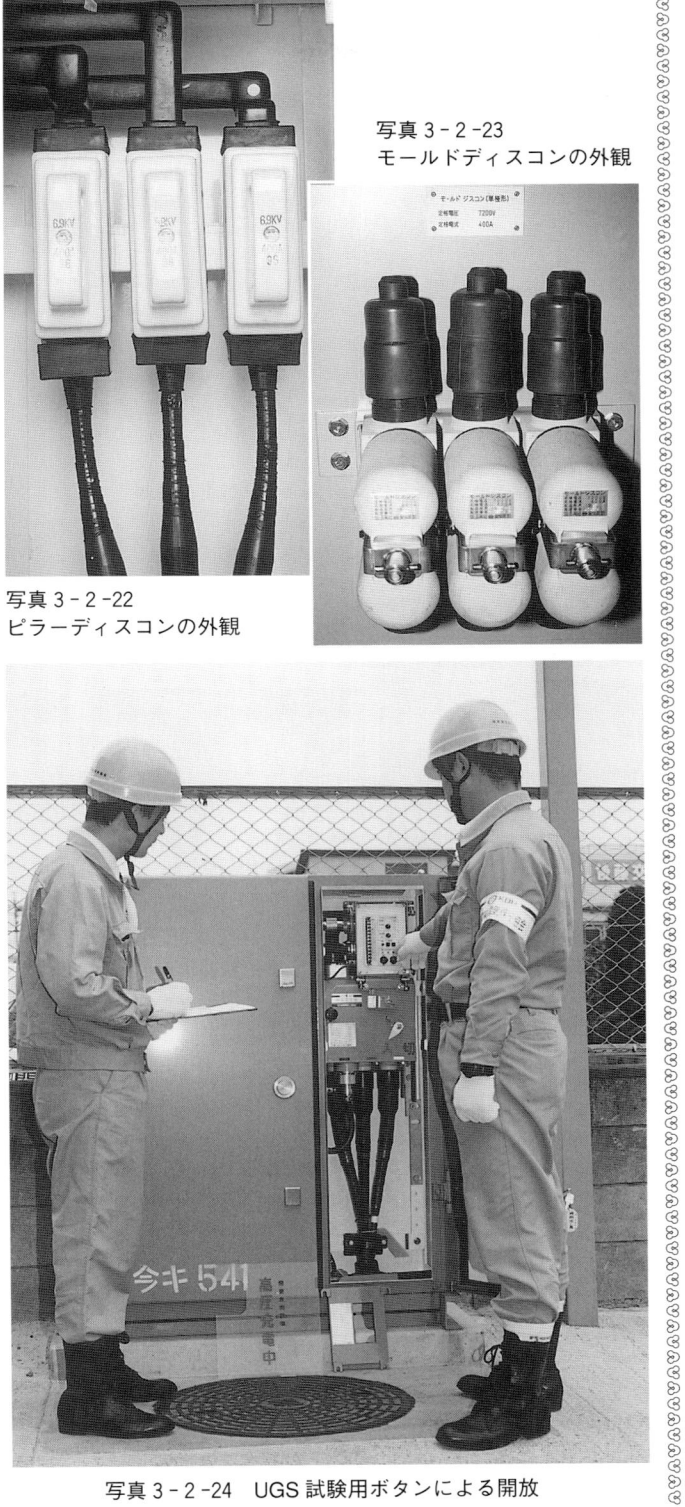

写真 3-2-24 UGS 試験用ボタンによる開放

区分開閉器の開放（架空引込方式）

架空引込みの場合，区分開閉器（地絡継電器付柱上高圧気中負荷開閉器：GR付PAS）を開放するための準備として，作業前に用具の点検を実施する．梯子に，がたつきや滑り止めが欠落していないか，安全帯に切り傷などがないかを点検し，異常のないことを確認する．

電柱の足場ボルトが，地上1.8m以下の場所に取り付けられていないことを確認する．

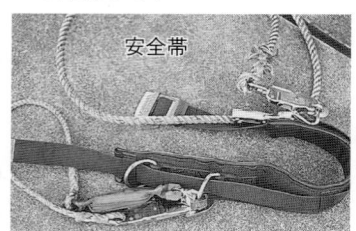

※「安全帯」名称は，2019年2月に労働安全衛生法施行令により，「墜落制止用器具」に変更された．法令用語としては墜落制止用器具となるが，従来からの呼称である「安全帯」という言葉を使用することは差し支えない．墜落制止用器具として認められるのは「フルハーネス型（1本つり）」と「胴ベルト型（1本つり）」．従来の安全帯に含まれていたU字つり胴ベルトはワークポジション用器具となった．

引込第1号柱の地際が，亀裂していないことを確認する．

昇柱時には，操作用引き紐のところに「昇柱禁止」，「投入禁止」の標識板を用意する．標識板は，公衆にわかるように設置する．

引込第1号柱が引き留されている場合，支線などに異常がないことを確認する．

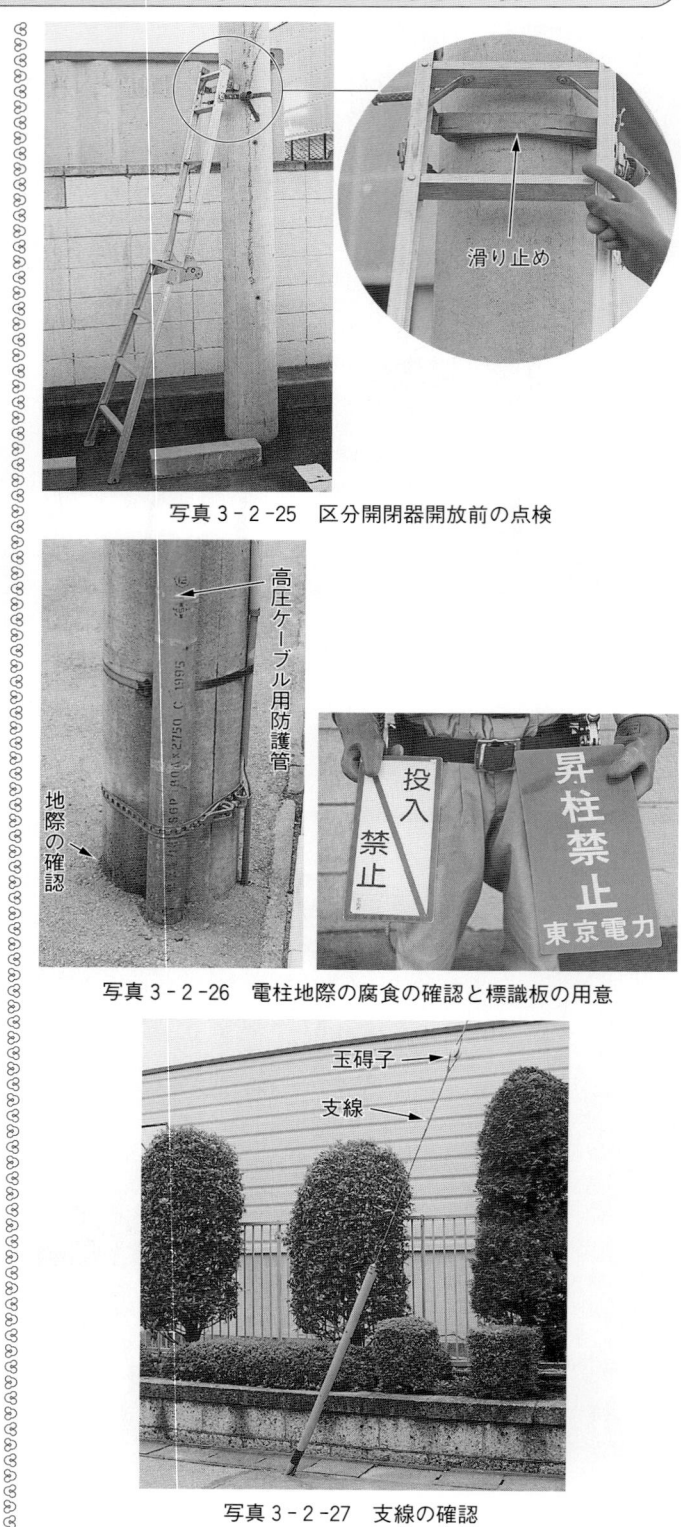

写真3-2-25　区分開閉器開放前の点検

写真3-2-26　電柱地際の腐食の確認と標識板の用意

写真3-2-27　支線の確認

区分開閉器の開放（架空引込方式）（つづき）

装柱の状態，足場ボルトの取付状態に異常のないことを確認する．

足場ボルトが緩んでいないことを手で回して確認するとともに，折損の有無を目視し，昇柱できることを確認する．

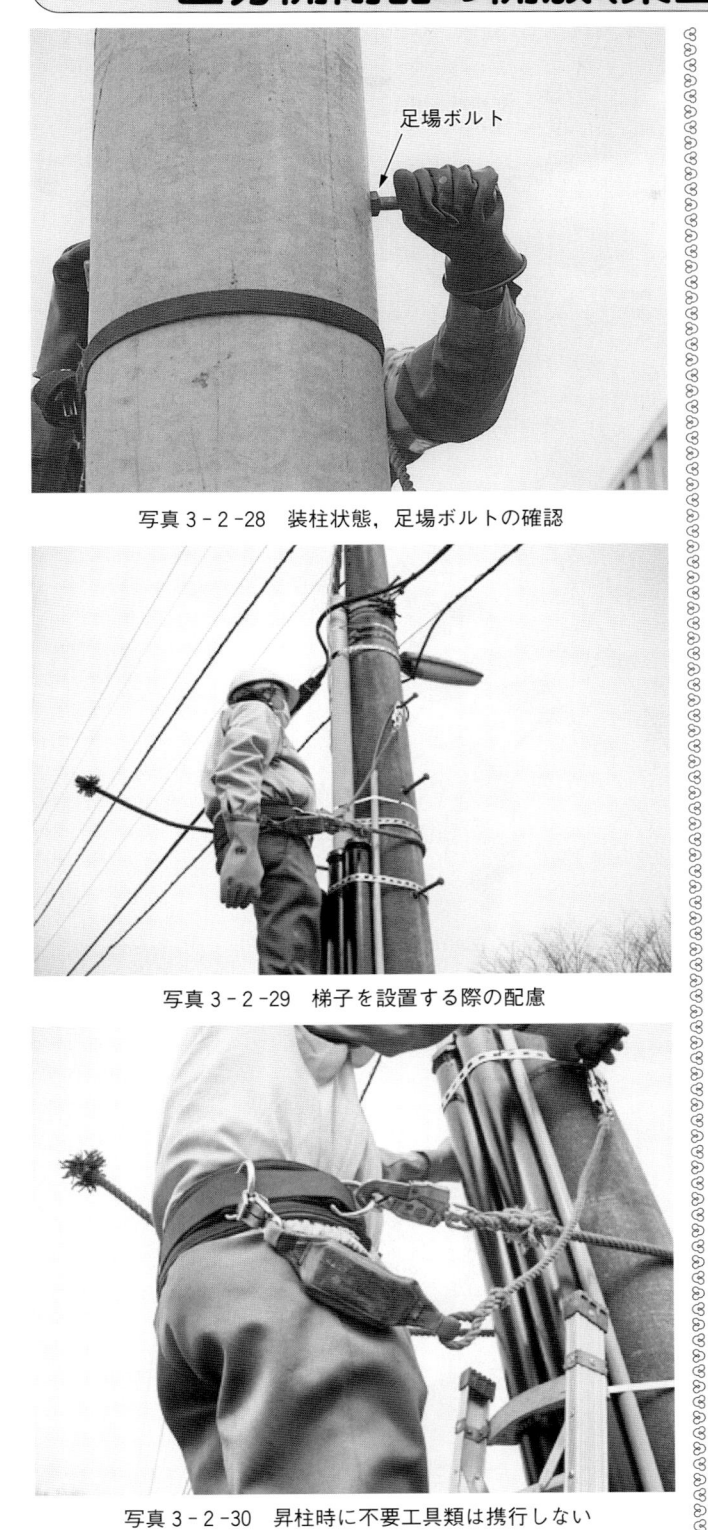

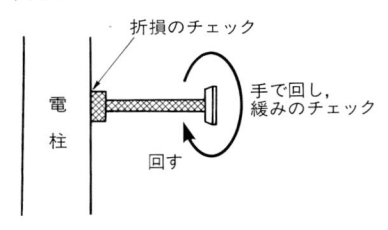

写真 3-2-28　装柱状態，足場ボルトの確認

電柱に立てかけた梯子は，公衆または車両の通行に障害とならないよう，特に配慮して設置する．

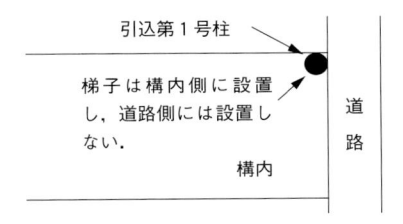

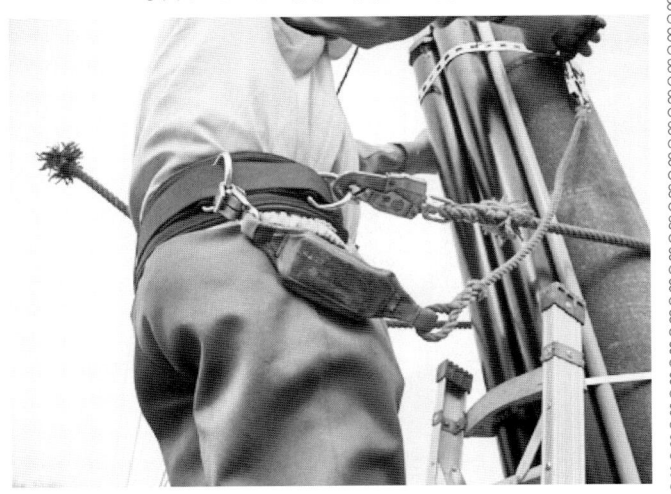

写真 3-2-29　梯子を設置する際の配慮

昇柱に当たっては，柱上から物を落として公衆または車両などに被害を与えないようにするため，不要な工具類はいっさい携行しない．

〔昇柱時の注意点〕
- 腰に取り付けた電工ベルトは，腰から外して置いておく．
- 工具箱に入っている工具類を，ポケットに入れて昇柱しない．

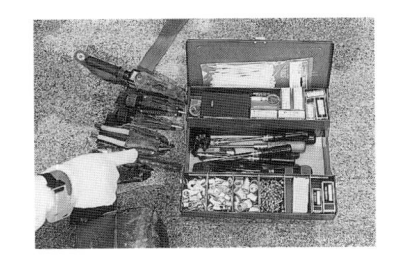

写真 3-2-30　昇柱時に不要工具類は携行しない

(つづき)区分開閉器の開放(架空引込方式)

電柱への梯子の取り付けは，足場ボルトによって容易に昇柱できる高さまで立てかける．

梯子に取り付けられている支持バンドを，電柱に確実に取り付ける．

写真3-2-31　梯子の取付高さと支持バンドによる固定

梯子の滑り止め，支持バンド，安全帯ロープが，電柱に確実に接触していることを確認する．

写真3-2-32　安全帯ロープなどの電柱への接触確認

安全帯は，胴当ベルトが腰骨の上部にかかるよう確実に装着する．

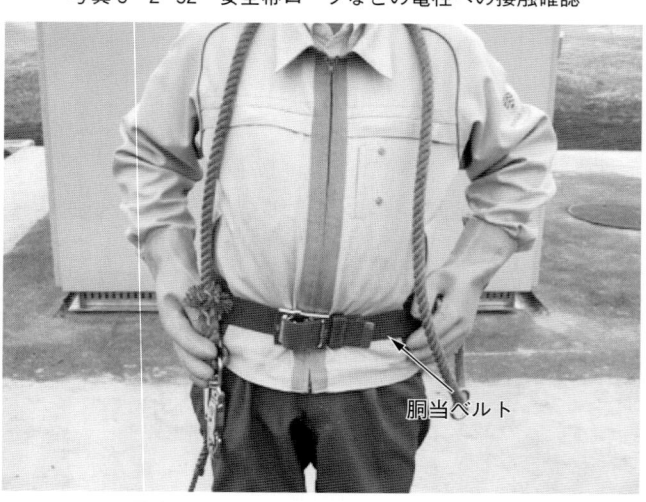

写真3-2-33　柱上安全帯の正しい装着

区分開閉器の開放（架空引込方式）(つづく)

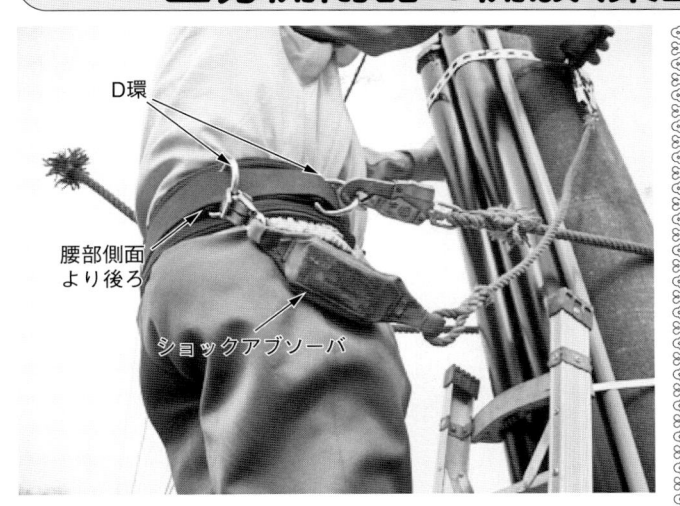

胴当ベルトについている D 環は，腰部の側面よりも後ろ側になるよう装着する．

前の D 環は安全帯ロープの回転フックを支持し，後ろの D 環は補助ロープのフックを支持させておく．

ショックアブソーバは，昇降柱の際，手足が滑って支持ができなくなったときにも墜落しないよう防止するものである．

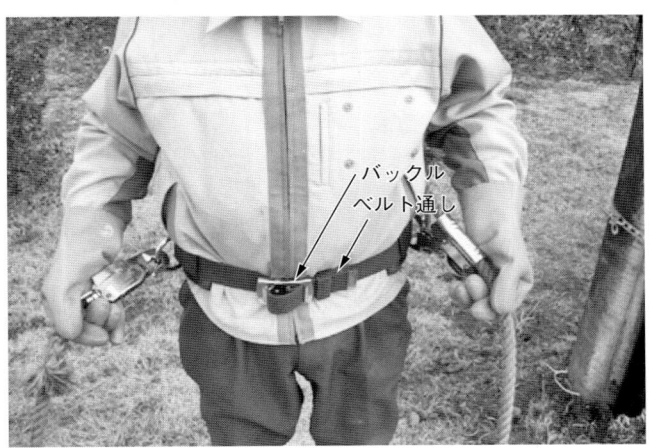

写真 3-2-34　D 環の正しい装着

バックルは正しく使用するとともに，ベルトの端はベルト通しに必ず通しておく．

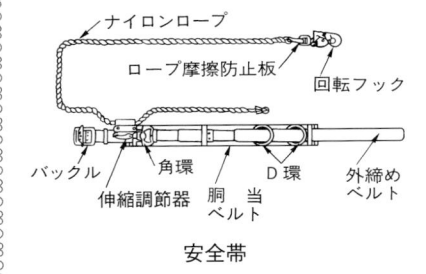

安全帯

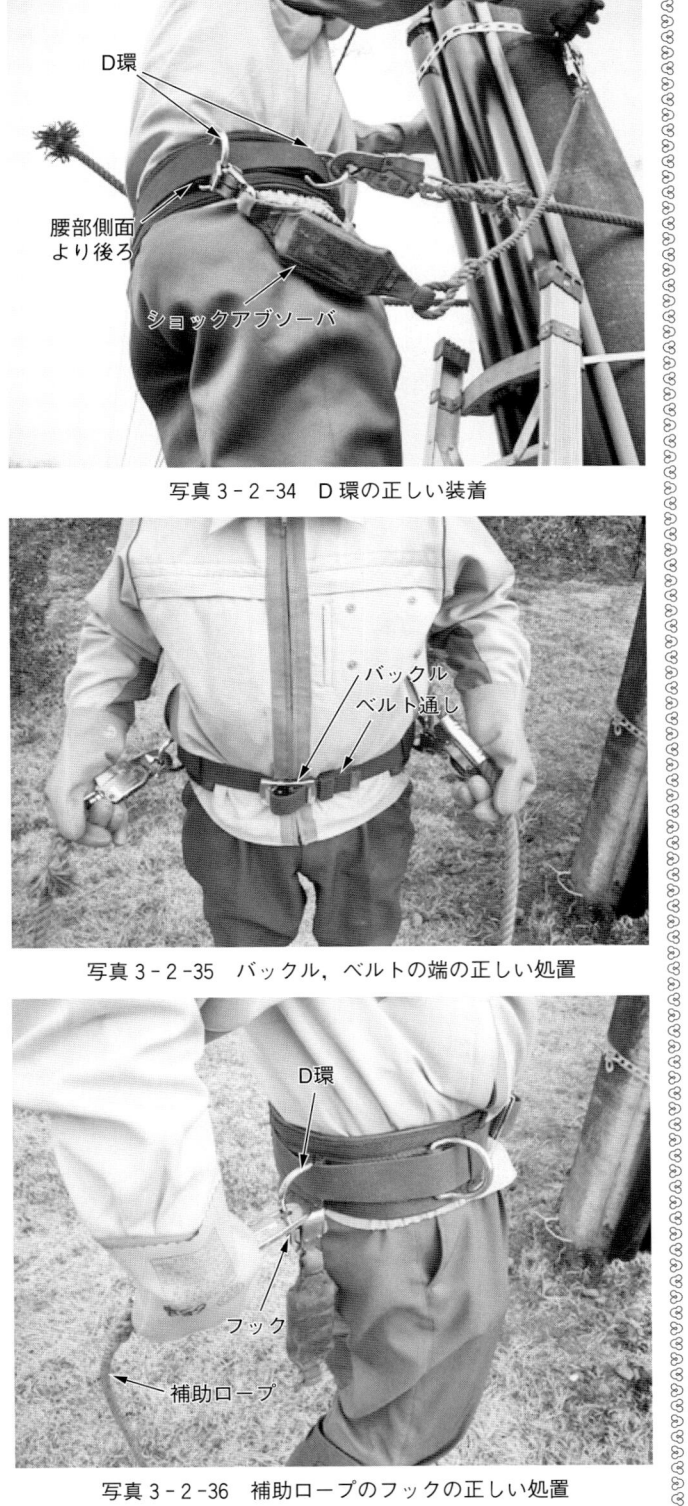

写真 3-2-35　バックル，ベルトの端の正しい処置

補助ロープのフックを，後ろの D 環にかけておく．

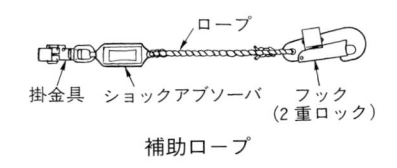

補助ロープ

写真 3-2-36　補助ロープのフックの正しい処置

(つづき)区分開閉器の開放(架空引込方式)

　昇柱するときには低圧ゴム手袋を着用し，足場ボルトを1本ずつ手と目で緩んでいないことを確認し，滑らないように注意しながら昇っていく．また，安全帯ロープを電柱にかけたまま緩めていき，足場ボルトをかわしながら1歩ずつ確実に昇柱していく．

写真3-2-37　昇柱時の注意点

　補助ロープのフックを，頭上直近の足場ボルトにかける．

写真3-2-38　補助ロープのかけ方

　徐々に安全帯ロープに体重をかけていき，最も昇柱しやすい長さに安全帯ロープを調整する．区分開閉器の「入」，「切」をする操作用引き紐まで昇ったら，開放しやすい長さに安全帯ロープを再度調整する．

写真3-2-39　操作のしやすい長さに調整

区分開閉器の開放（架空引込方式）

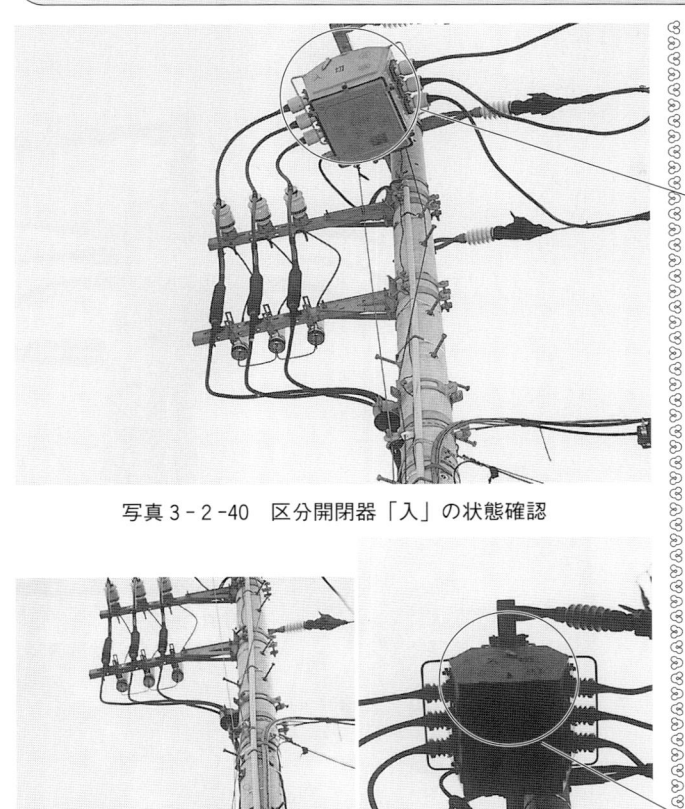

区分開閉器（GR付PAS）の開閉表示指針が「入」の状態か，「切」の状態かを動作ハンドルの動作位置で確認する．

写真 3-2-40　区分開閉器「入」の状態確認

区分開閉器の操作用引き紐に引っかかりがないことを確認し，操作する側の操作用引き紐を途中で止めることなく，一気に引いて区分開閉器を開放する．

区分開閉器の開閉標示指針が，「切」の状態になっていることを確認する．

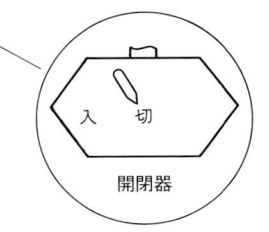

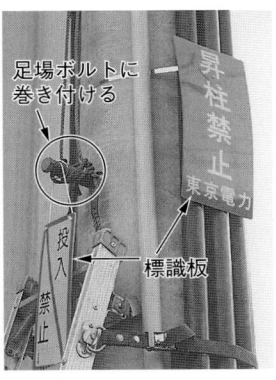

写真 3-2-41
区分開閉器「切」の状態確認

写真 3-2-42
操作用引き紐の固定と標識板の取り付け

操作用引き紐は，足場ボルトに堅固に巻き付け，「投入禁止」および「昇柱禁止」の標識板を取り付ける．

操作用引き紐を「切」の状態で巻き付ける場合は，誤操作ができないよう足場ボルトに「切」の操作用引き紐を先に巻き付け，その上から「入」の操作用引き紐を巻き付ける．

区分開閉器を地絡継電器試験ボタン

受電用遮断器を開放するに当たっては，受電設備の低圧開閉器（GR操作用電源を除く）が開放されていることを確認する．地絡継電器付柱上高圧気中負荷開閉器（GR付PAS）が投入（入）になっていることを確認する．

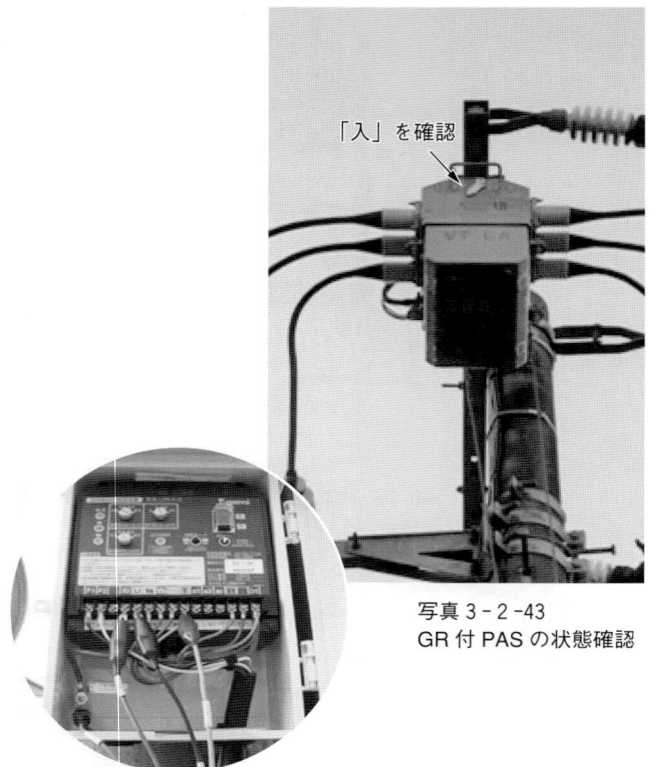

写真 3-2-43　GR付PASの状態確認

GR付PASが試験ボタンで開放され，受電設備の無電圧を確認した後，写真のように地絡継電器試験のための配線を行う．

地絡継電器付柱上高圧気中負荷開閉器の開放は，地絡方向継電器の試験用押しボタンで行う．このとき，地絡方向継電器の動作表示を確認する．操作後は，地絡継電器付柱上高圧気中負荷開閉器が開放（切）になっていることを確認する．

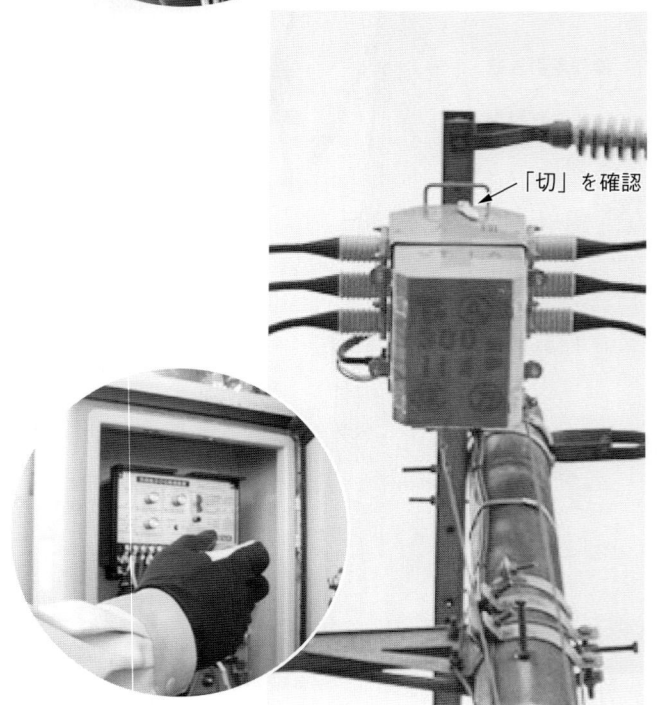

写真 3-2-44　GR付PASの開放

により動作させた後に遮断器を開放

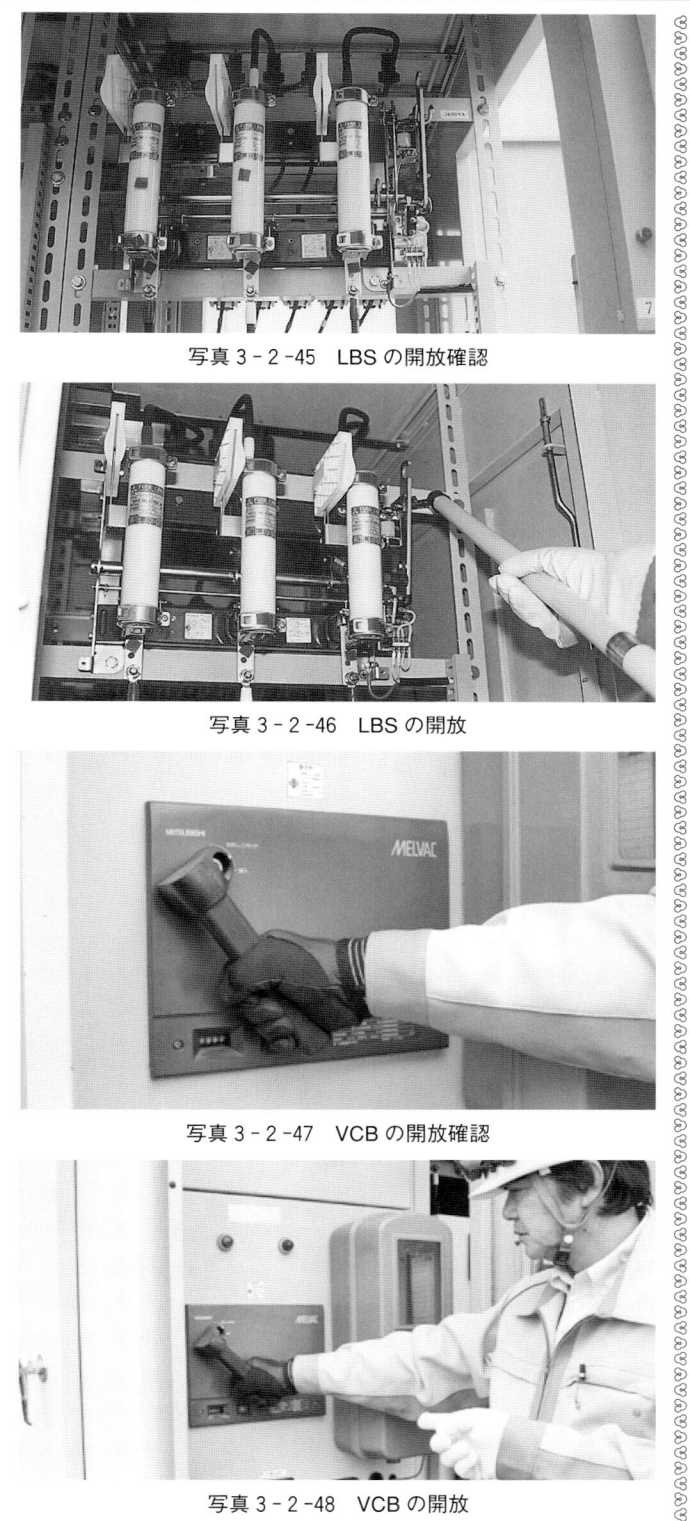

写真 3-2-45　LBS の開放確認

PF-S 形高圧受電設備の場合は，高圧交流負荷開閉器（LBS）がフック棒により安全に開放できることを確認する．

写真 3-2-46　LBS の開放

高圧交流負荷開閉器を開放する場合は，高圧検電器により無電圧を確認してから開放する．フック棒で開放するときには，高圧ゴム手袋を着用する．

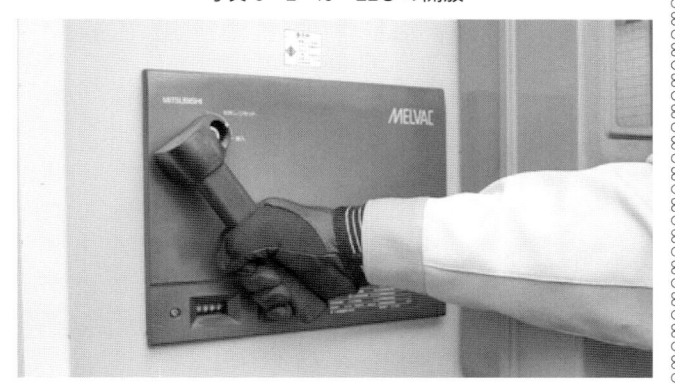

写真 3-2-47　VCB の開放確認

CB 形高圧受電設備の場合は，真空遮断器（VCB）の操作ハンドルを握り，開放してもよい状態になっていることを確認する．

写真 3-2-48　VCB の開放

真空遮断器を開放する場合は，速やかに，かつ確実に操作ハンドルを操作して開放する．真空遮断器の表示ランプが緑色に，また「入」，「切」の表示が「切」の状態になっていることを確認する．

充電標示器の取り付け

充電標示器は，電路の一部を停電して作業を行う場合に，他の電路の機器などが充電していることを標示し，誤って充電部に触れることを防止するために使用する．充電標示器は，高圧充電部に装着すると，電路が充電状態にある間，一定の間隔で発光や音声（「充電中です」と断続的に発する）によって警報を発する．

写真 3-2-49 充電標示器の外観

充電標示器を使用する前には，検知金具および絶縁体（握り部）の破損，劣化の有無などを確認する．

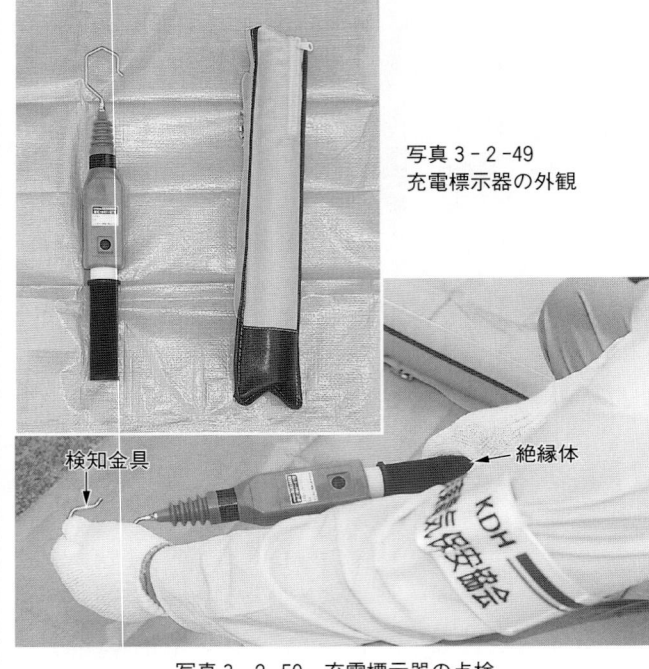

写真 3-2-50 充電標示器の点検

充電標示器の動作表示灯が正常に作動すること，音声が発することをテストボタンで確認する．

〔動作表示〕
発光：8 000 lx
音響：1 m 離れて50ホン以上

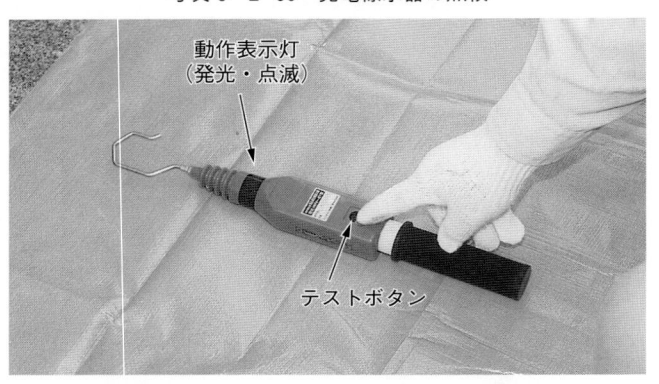

写真 3-2-51 テストボタンによる確認

動作表示灯の発光や音声が発しない場合は，電池が消耗しているので絶縁体の底をあけ，新しい電池に交換する．電池を交換した後は，動作表示灯の発光や音声が発することをテストボタンで再確認する．

〔充電標示器の仕様〕
使用電池：1.5V 乾電池
　　　　　単2×2本
最高使用電圧：交流 7 000V

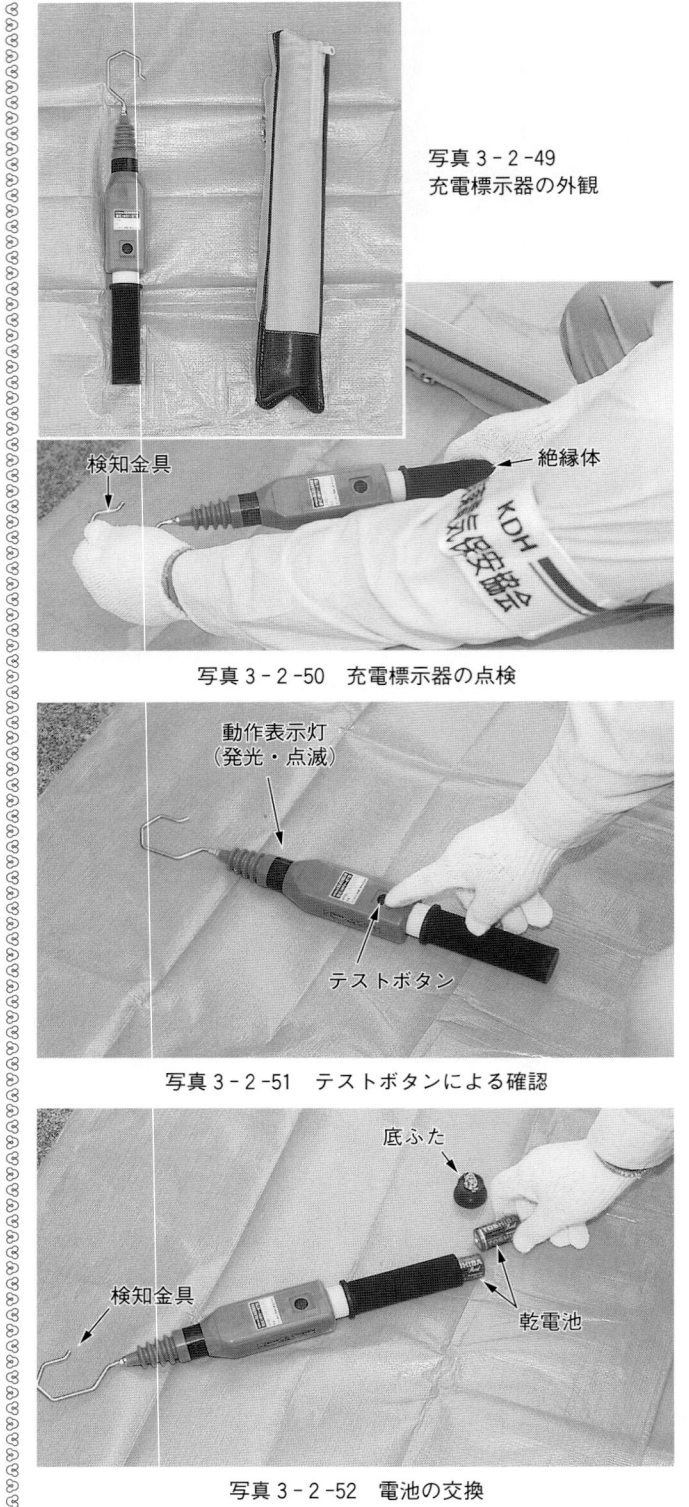

写真 3-2-52 電池の交換

充電標示器の取り付け

充電標示器は，電力需給用計器用変成器（VCT）の電源側充電部に取り付ける．充電標示器を取り付ける際には，作業責任者の監視のもとで行う．

充電標示器を取り付けるときは，高圧ゴム手袋を着用し，誤って感電することのないように注意しながら絶縁体を持ち，検知金具を充電している電線に吊る．

充電標示器は，定期点検，臨時点検時に断路器などの電源側に取り付けて使用する．

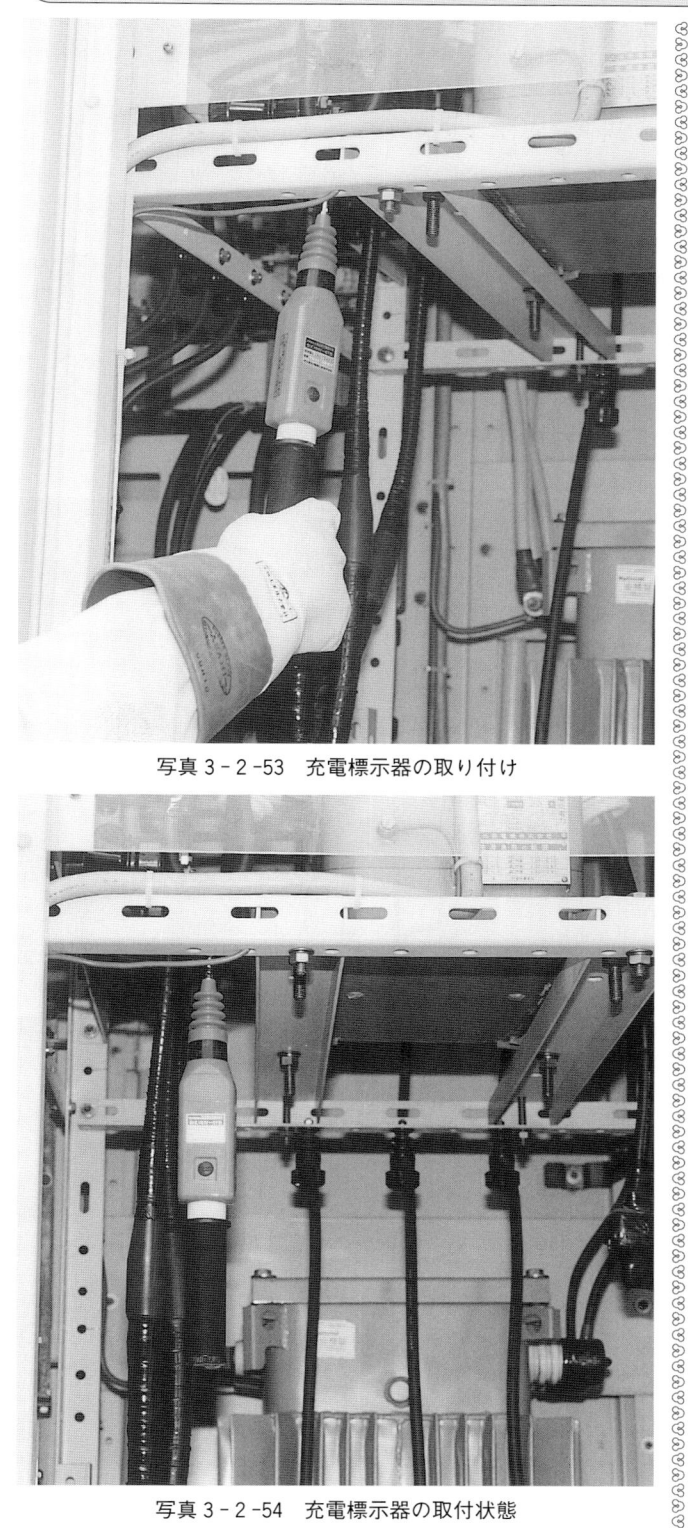

写真3-2-53　充電標示器の取り付け

充電標示器を取り付けた状態．作業責任者は，作業者全員に充電標示器の取付位置および停電範囲を確認させる．

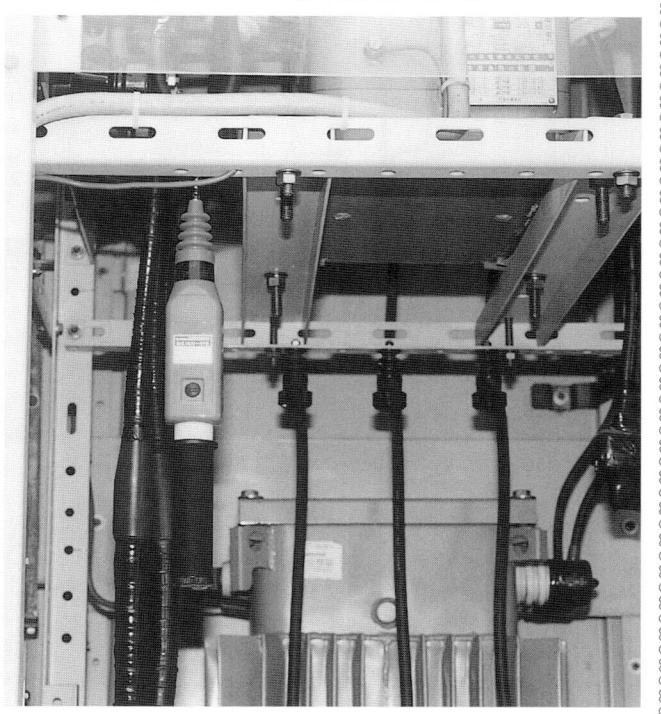

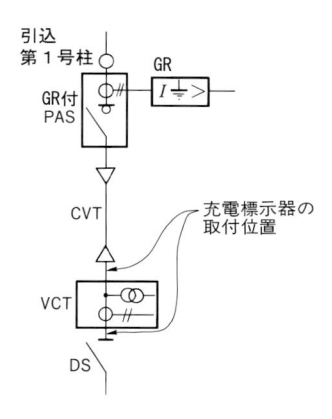

写真3-2-54　充電標示器の取付状態

検電器による停電確認

　断路器（DS）が，3相ともに開放していることを作業責任者と作業者の両者で指さしするとともに，呼称・復唱により確認する．

〔呼称・復唱の一例〕

作業責任者：「断路器開放．確認ヨシ！」

作業者：「断路器開放．確認ヨシ！」

　検電を確実に実施するため，下に示すシールを断路器付近に貼付する．

> 検電したか？

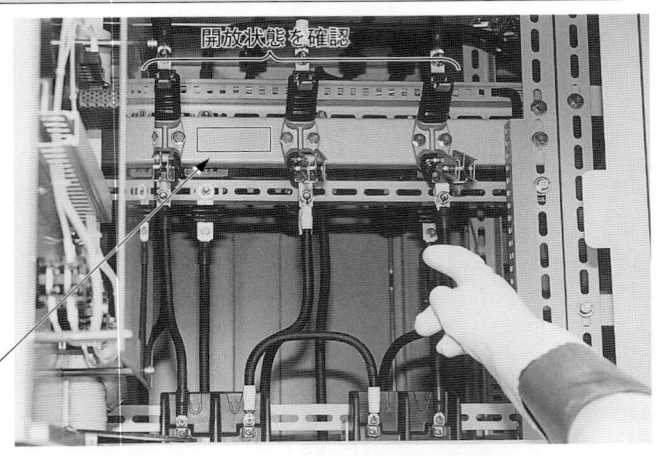

写真3-2-55　断路器の開放確認

　高圧交流負荷開閉器（LBS）が，3相ともに開放していることを作業責任者と作業者の両者で指さしするとともに，呼称・復唱により確認する．

〔呼称・復唱の一例〕

作業責任者：「LBS開放．確認ヨシ！」

作業者：「LBS開放．確認ヨシ！」

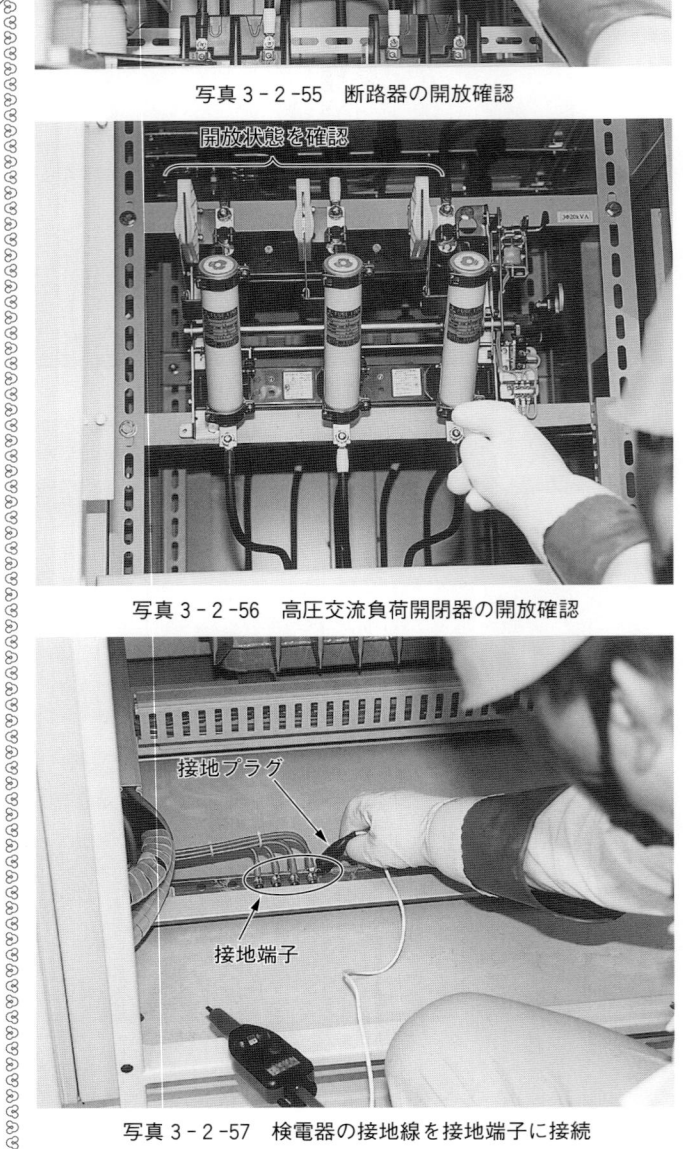

写真3-2-56　高圧交流負荷開閉器の開放確認

　作業責任者の指示により，作業者は，断路器や高圧交流負荷開閉器に残留電荷がないことを確認するため，交直両用形高低圧検電器の接地線をキュービクルの接地端子に接続する．

　接続終了後，各相の残留電荷の検電準備をする．

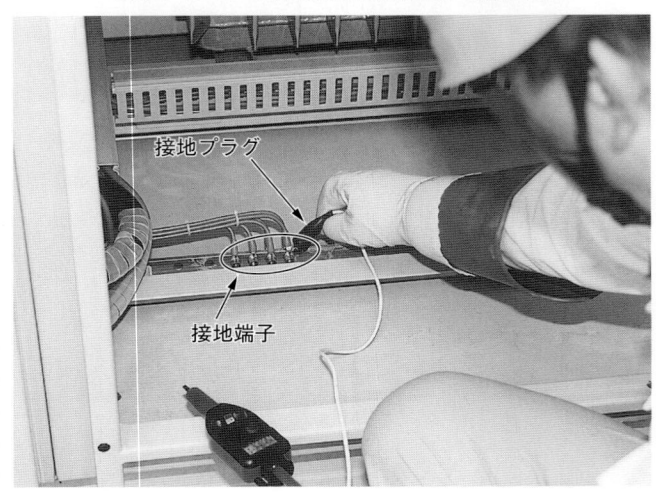

写真3-2-57　検電器の接地線を接地端子に接続

検電器による停電確認

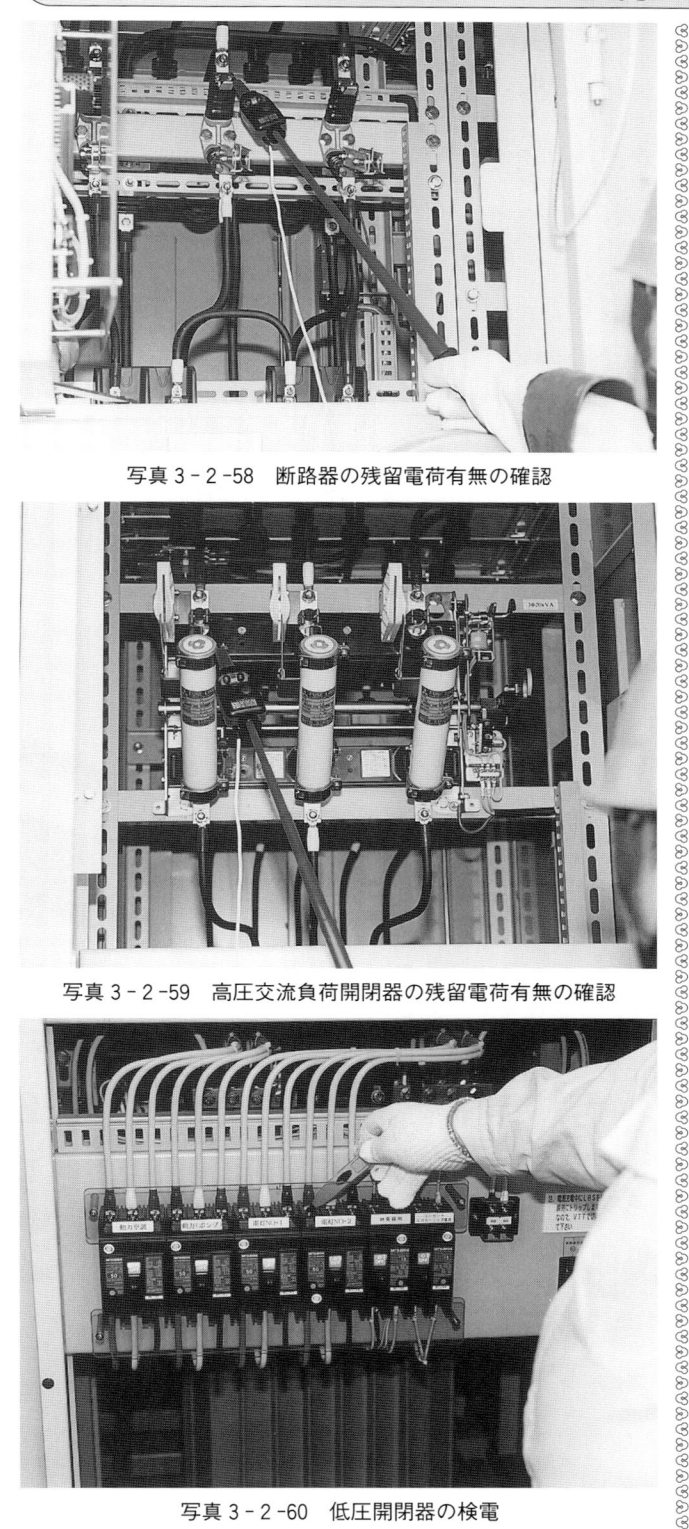

作業責任者の指示により，作業者は交直両用形高低圧検電器を使用し，停電している断路器の1相ごとに対地間検電を行い，残留電荷の有無を確認する．

残留電荷がある場合は，検電器の動作表示灯のDC部分が発光するので，放電棒により残留電荷を放電する．

写真3-2-58　断路器の残留電荷有無の確認

高圧交流負荷開閉器も断路器の場合と同様に，作業者は交直両用形高低圧検電器を使用し，停電している1相ごとに対地間検電を行い，残留電荷の有無を確認する．

残留電荷がある場合は，検電器の動作表示灯のDC部分が発光するので，放電棒により残留電荷を放電する．

写真3-2-59　高圧交流負荷開閉器の残留電荷有無の確認

低圧配電盤の開閉器が，開放されていることを確認する．低圧回路の開閉器の各相（一次側）が無電圧であることを，低圧検電器によって検電する．

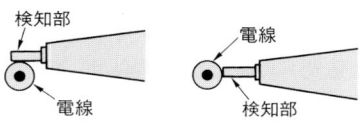

（正しいあて方）　（誤ったあて方）

被覆電線の上からあてる場合は，検知部を十分に電線にあてないと，心線と検知部間の静電容量が少なくなり，動作感度が鈍くなる．

低圧検電器のあて方

写真3-2-60　低圧開閉器の検電

残留電荷の放電

交直両用形高低圧検電器により残留電荷が確認された場合は，放電棒によって放電する．残留電荷は，高圧進相用コンデンサや高圧ケーブルなどに帯電することが多いので，注意が必要である．

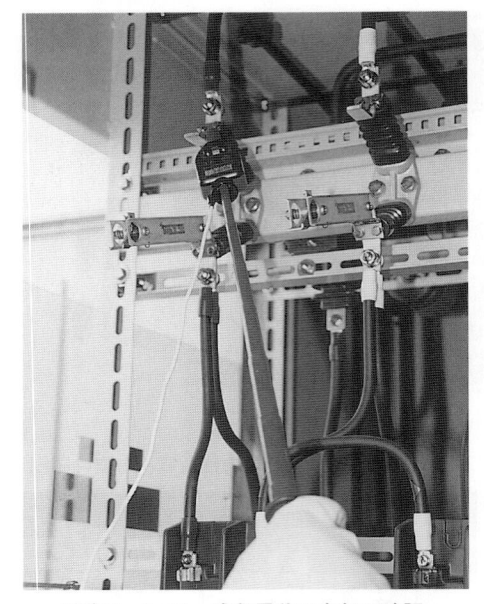

写真3-2-61 残留電荷の有無の確認

放電棒の外観点検を行った後，各相の接地線と放電棒本体との接続を行う．

〔外観点検〕
- フックの折損，緩み
- 本体の破損，ひび割れ
- 握り部の亀裂
- 動作表示灯の汚損
- 接地線の断線，接続部の緩み
- 接地線のクリップの破損

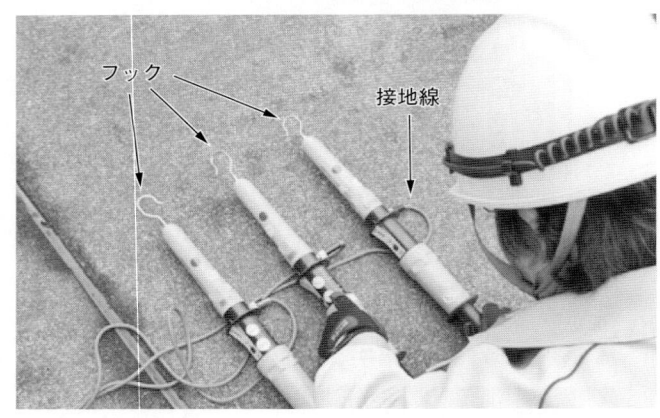

写真3-2-62 放電棒の外観点検

テストボタンにより，警報音が発することを放電棒の各相について確認するとともに，動作表示灯が発光・点滅することを確認する．
発光・点滅しない場合は，電池が消耗しているので交換する．

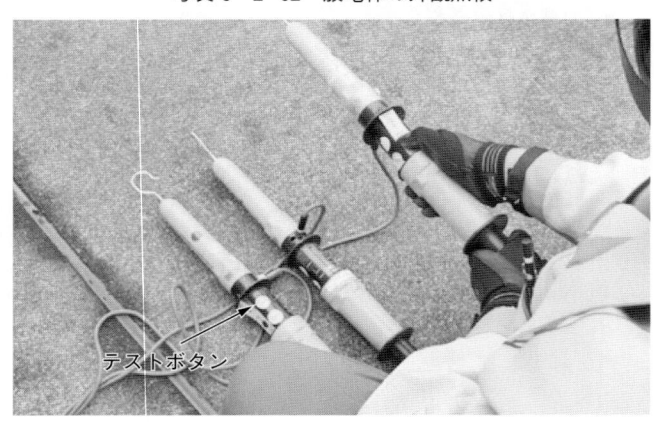

写真3-2-63 テストボタンによる電池消耗度の確認

残留電荷の放電

写真 3-2-64
放電棒接地線と
キュービクルの接地
線端子との接続

放電棒の接地線は，キュービクル下部に設けられている接地線端子に堅固に取り付ける．

〔呼称・復唱の一例〕
作業責任者：「放電棒を接地線に取り付け！」
作業者：「放電棒を接地線に取り付けます」
作業責任者：「放電棒の接地線取り付け．確認ヨシ！」

写真 3-2-65　放電棒の取り付け

放電棒のフック部を高圧ケーブル接続端子の各相に順次取り付ける．放電棒は，落下しないように確実に取り付けるとともに，フック部が折損しないよう注意する．

〔呼称・復唱の一例〕
作業責任者：「放電棒を断路器に取り付け！」
作業者：「放電棒を断路器に取り付けます」，「取り付け完了！」
作業責任者：「放電棒を断路器に取り付け．確認ヨシ！」

高圧ケーブルの残留電荷の放電が確認（無電圧）できたら，放電棒を取り外す．放電棒を取り外した後，短絡接地器具をケーブル各相に取り付けるための準備をする．

〔呼称・復唱の一例〕
作業責任者：「放電棒取り外し！」
作業者：「放電棒を取り外します」
作業責任者：「放電棒取り外し．確認ヨシ！」

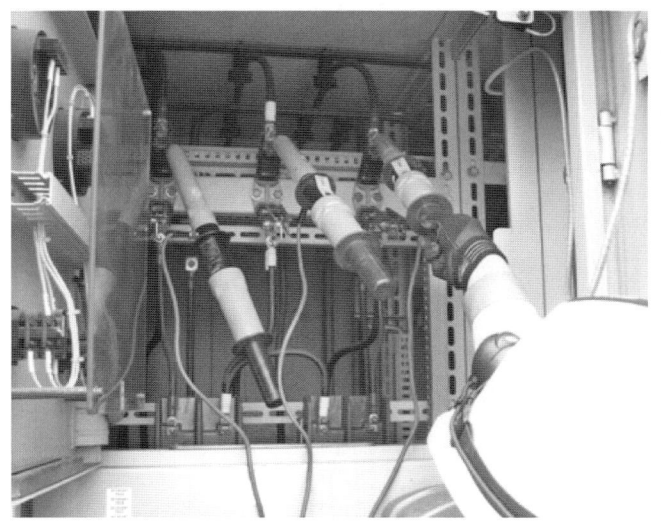

写真 3-2-66　放電棒の取り外し

短絡接地器具の取り付け

短絡接地器具を使用する前に，手元絶縁部を接地線に滑らせ，接地線の断線，損傷などがないことを点検する．特に，かみ合わせ部と接地線との接続部が確実に接続されていることを確認する．

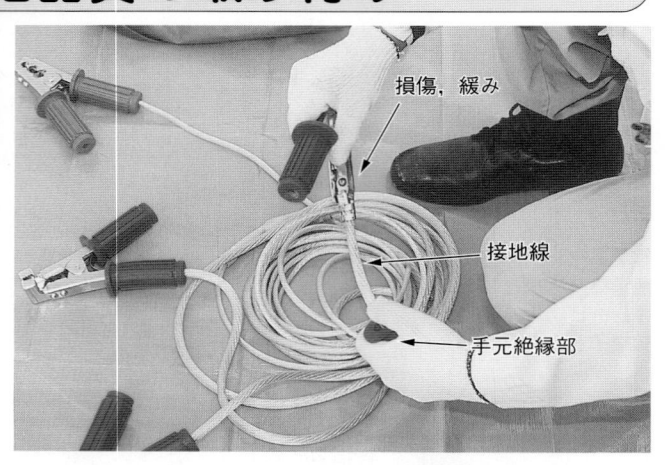

写真3-2-67 短絡接地器具の点検①

高圧機器部用の短絡金具および接地線用の接地金具のかみ合わせ部にずれがなく，スムーズに開閉できることを確認する．

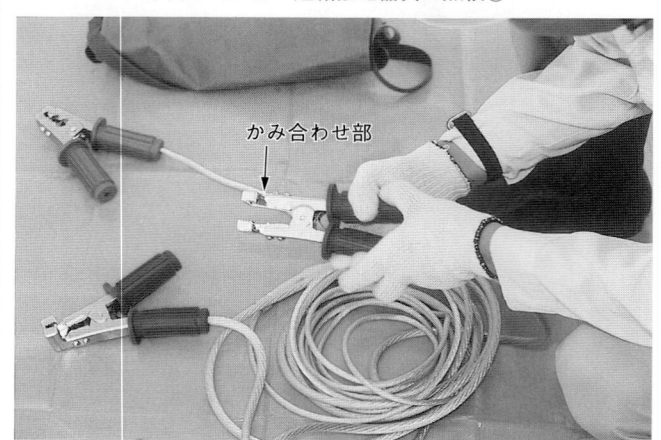

写真3-2-68 短絡接地器具の点検②

短絡接地器具を取り付ける前に，交直両用形高低圧検電器により断路器が無電圧であることを再度確認する．

〔呼称・復唱の一例〕
作業責任者：「断路器の検電．確認ヨシ！」
作業者：「放電棒を取り外します」
作業責任者「放電棒取り外し．確認ヨシ！」

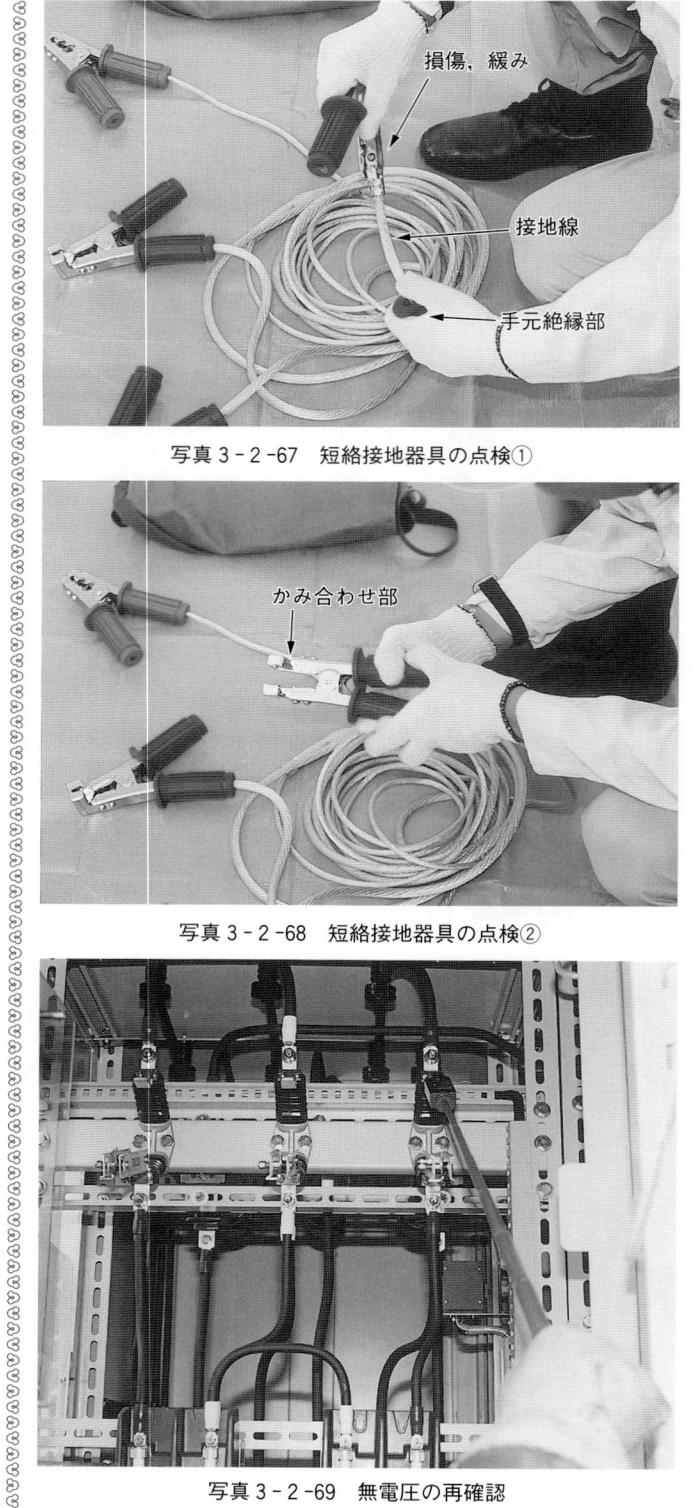

写真3-2-69 無電圧の再確認

短絡接地器具の取り付け

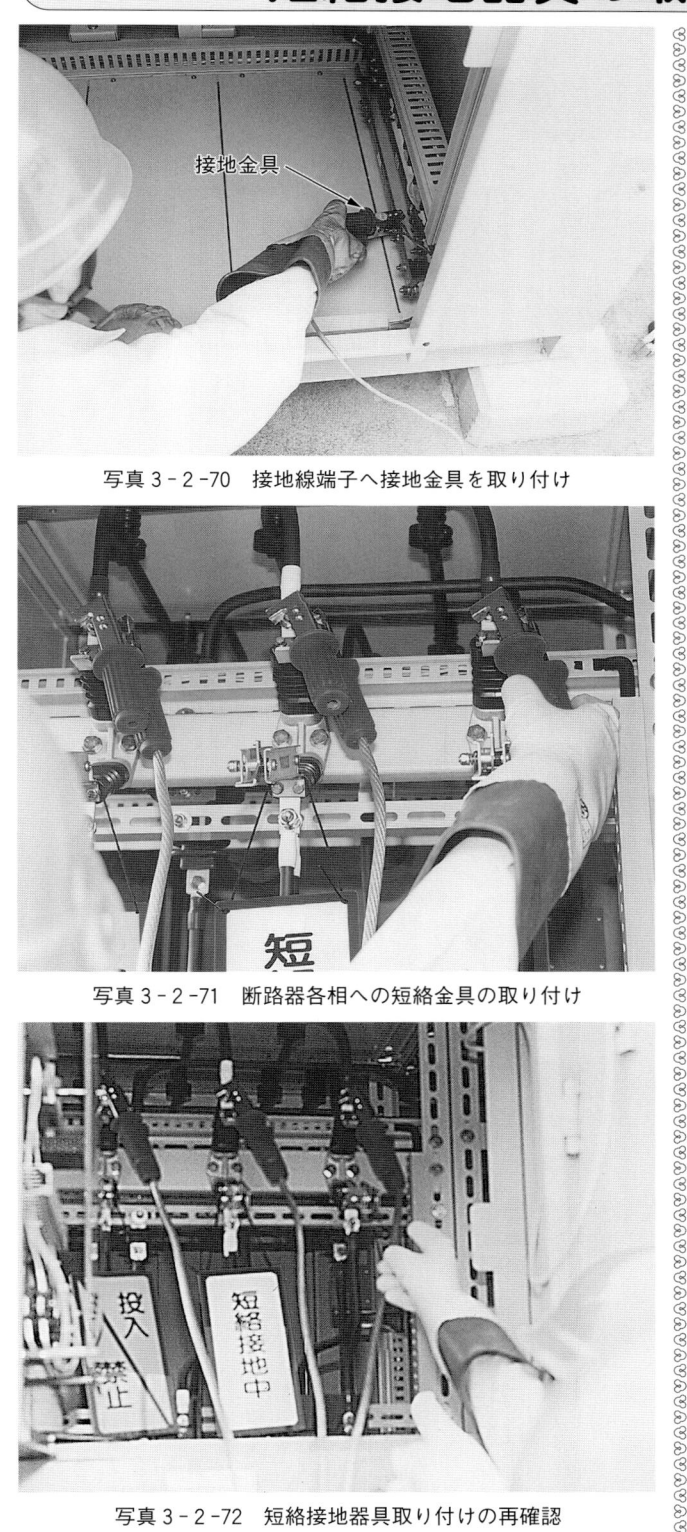

写真 3-2-70　接地線端子へ接地金具を取り付け

短絡接地器具の接地金具を，キュービクル下部に設けられている接地線端子に堅固に取り付ける．

〔呼称・復唱の一例〕
作業責任者：「短絡接地器具の接地金具取り付け！」
作業者：「短絡接地器具の接地金具を取り付けます」，「接地金具取り付け完了」
作業責任者：「短絡接地器具の接地金具取り付け．確認ヨシ！」

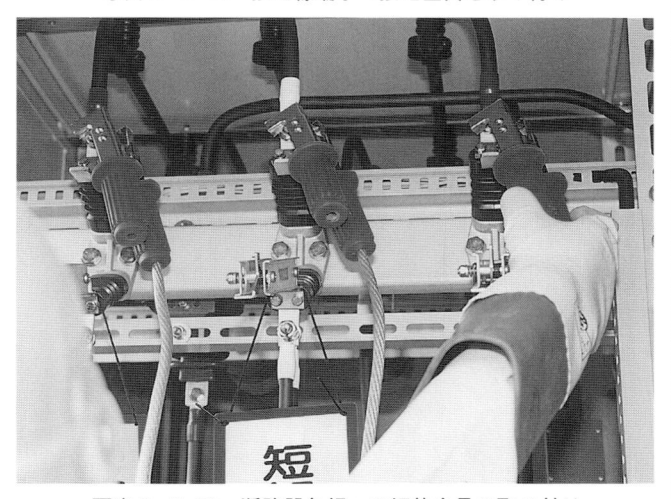

写真 3-2-71　断路器各相への短絡金具の取り付け

短絡接地器具の短絡金具を，各相に順次取り付ける．取付箇所は，断路器電源側端子の作業に支障のない箇所に取り付ける．

〔呼称・復唱の一例〕
作業責任者：「短絡接地器具を断路器に取り付け！」
作業者：「短絡接地器具を断路器に取り付けます」，「取り付け完了」
作業責任者：「短絡接地器具を断路器に取り付け．確認ヨシ！」

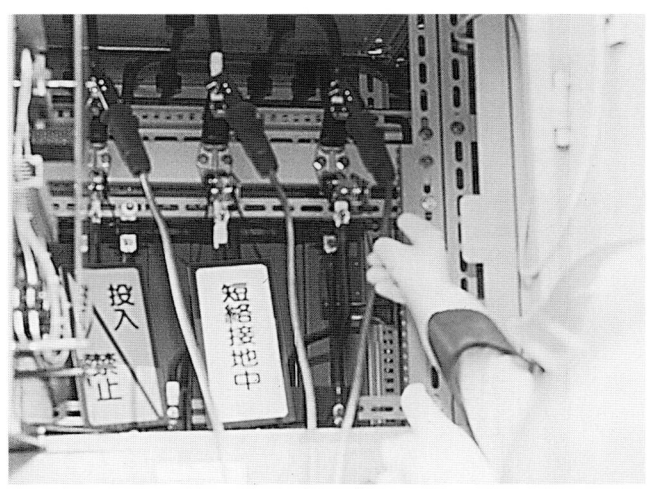

写真 3-2-72　短絡接地器具取り付けの再確認

短絡接地器具を断路器各相に取り付けたら，短絡金具と断路器端子部が堅固に取り付けられていることを再度確認する．同時に，キュービクル接地線端子に取り付けた接地金具も再度確認する．

〔呼称・復唱の一例〕
作業責任者：「短絡接地器具取り付け．確認ヨシ！」
作業者：「短絡接地器具取り付け．確認ヨシ！」

作業区域への標識，ロープ，投入禁止札の取り付け

　作業を行う区域が決まったら，作業者以外の人が近づかないように，区画ロープを張って立ち入りを禁止する．

写真 3-2-73　区画ロープによる作業区域表示

　区画ロープには作業者以外の人に注意を喚起するため，「立入禁止」，「電気設備点検中」などの標識板を取り付ける．

　　〔標識板の使用例〕
- 立入禁止
- 電気設備点検中

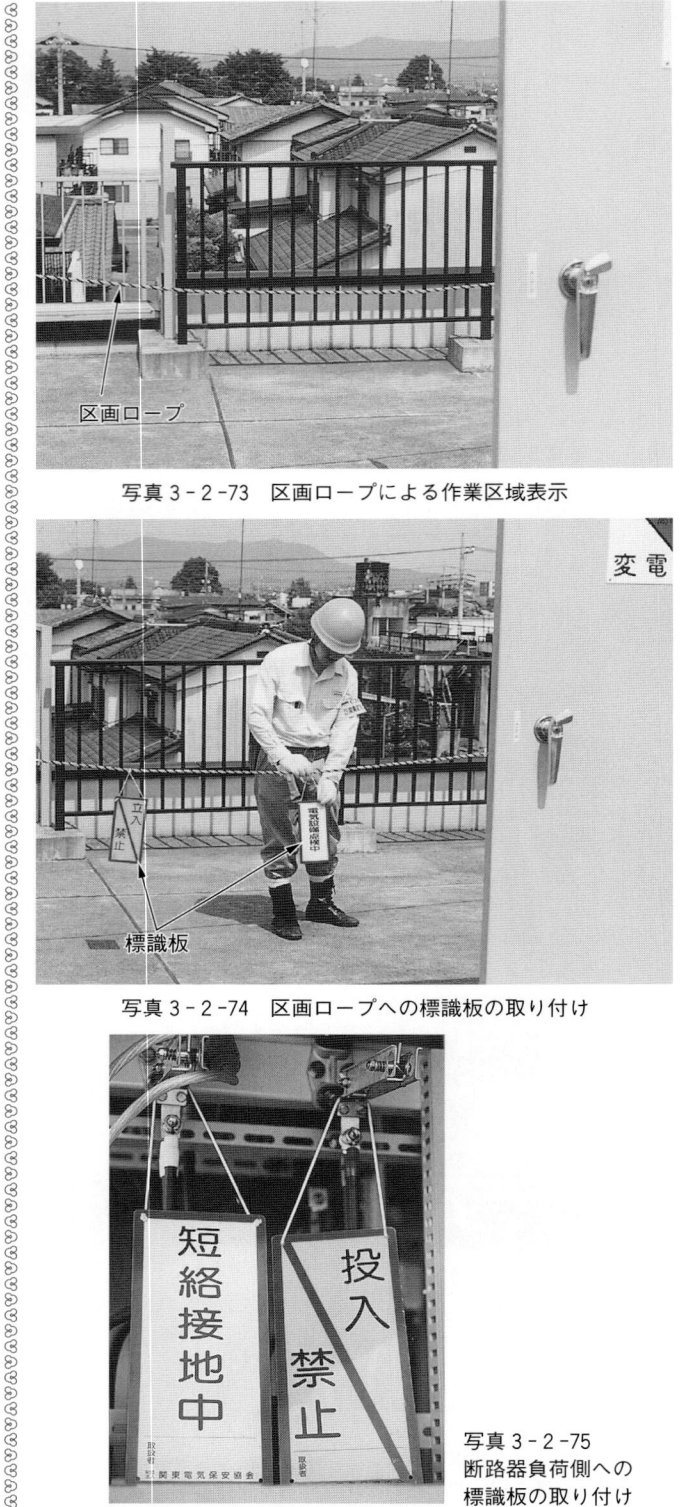

写真 3-2-74　区画ロープへの標識板の取り付け

　開放した断路器には，作業責任者および作業者がわかるよう負荷側に「投入禁止」，「短絡接地中」の標識板を取り付ける．

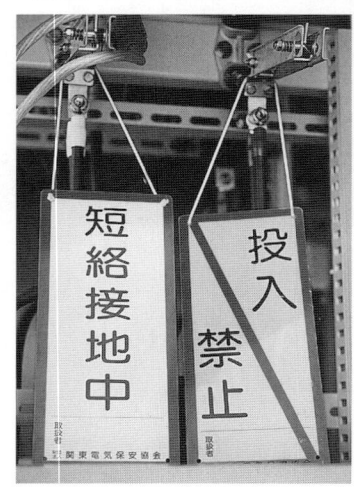

写真 3-2-75
断路器負荷側への標識板の取り付け

作業区域への標識，ロープ，投入禁止札の取り付け

キュービクル周辺には，作業者以外の人が立ち入らないようパイロンなどで区画し，「立入禁止」，「電気設備点検中」などの標識板を取り付ける．

写真3-2-76　キュービクル周辺への標識板の取り付け

架空引込みの場合，地絡継電器付柱上高圧気中負荷開閉器（GR付PAS）の「入」，「切」を操作する操作用引き紐は，作業者および公衆が誤って投入しないように「投入禁止」の標識板を取り付ける．

写真3-2-77　GR付PAS操作用引き紐への標識板の取り付け

地中引込みの場合，開放したピラーディスコンスイッチが，作業者や公衆に誤って投入されないよう高圧キャビネット（供給用配電箱）を施錠した後，「投入禁止」の標識板（磁石形）を取り付ける．

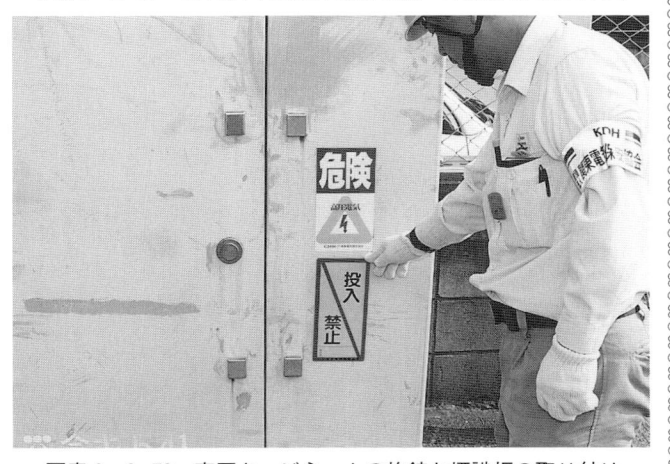

写真3-2-78　高圧キャビネットの施錠と標識板の取り付け

やってはならない危険な作業

　高圧検電器で検電をしない（必ず高圧検電器で検電する），残留電荷の放電をしない（コンデンサは残留電荷放電後に作業を行う），素手や作業手袋だけで高圧機器類に触れる（高圧ゴム手袋を着用する）ことは絶対にやってはならない．高圧検電器は，自分自身を感電から守ってくれるものである．一動作ごとの検電を励行しよう．

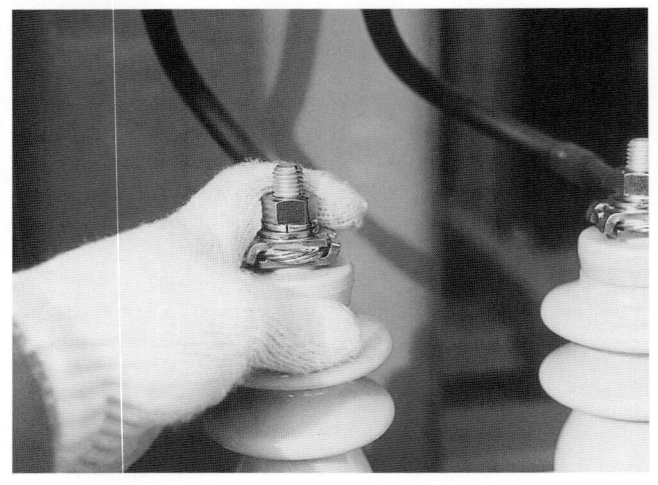

写真3-2-79　やってはならない危険な作業①

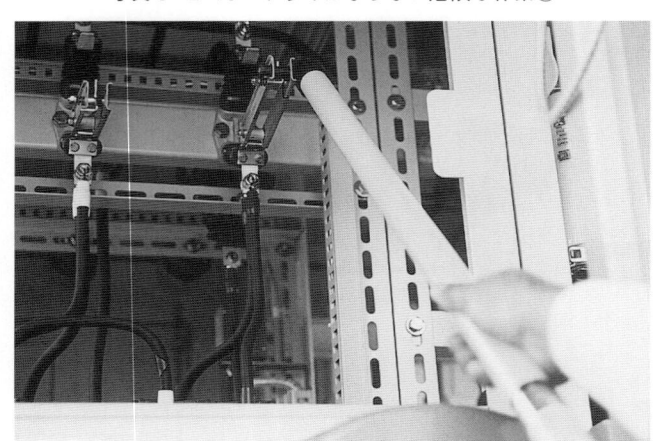

　受電用断路器を開放するときにはフック棒で操作をするが，素手での操作は絶対にやってはならない．素手での操作は感電のおそれがあるので，必ず高圧ゴム手袋を着用して操作を行う．

写真3-2-80　やってはならない危険な作業②

　柱上の区分開閉器を開放するとき，安全帯を使わずに昇柱することは絶対にやってはならない．柱上から墜落するおそれがあるので，安全帯ロープと補助ロープは正しく使用して昇降柱する．

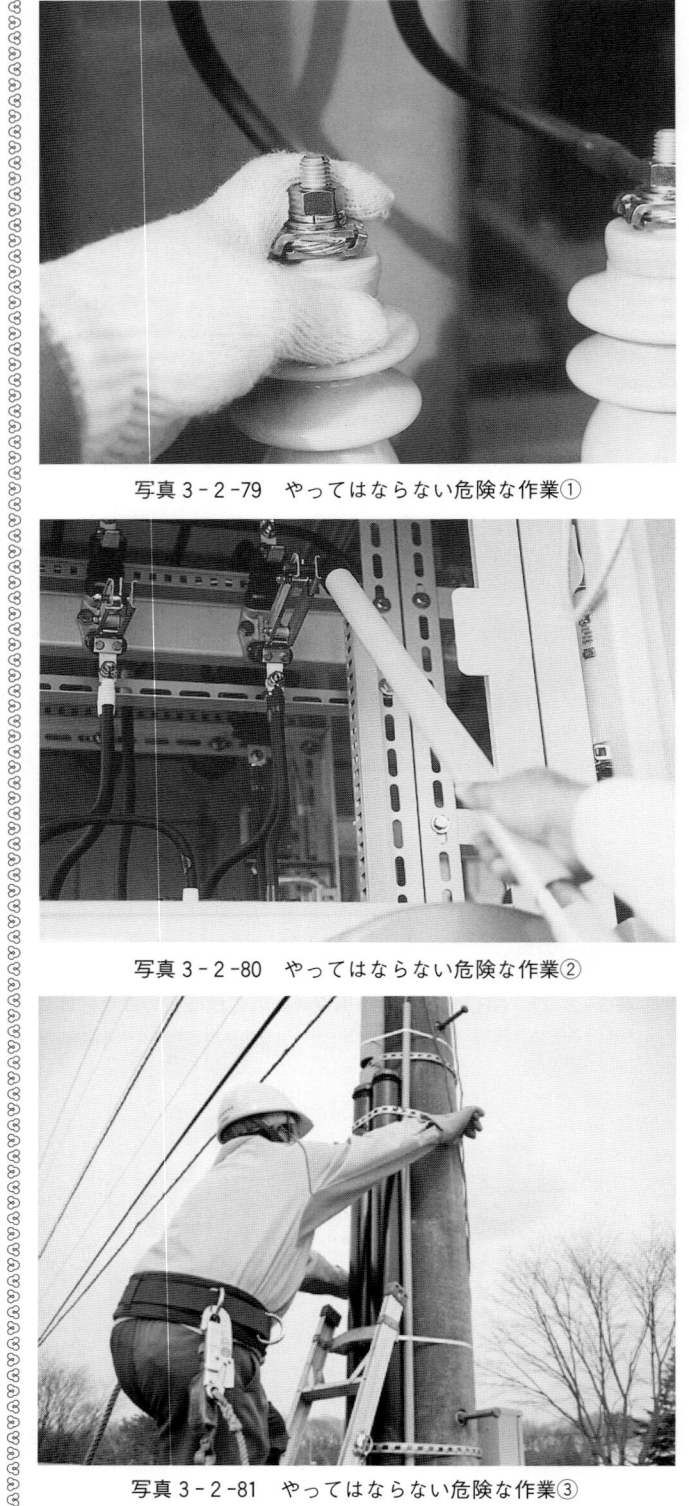

写真3-2-81　やってはならない危険な作業③

やってはならない危険な作業

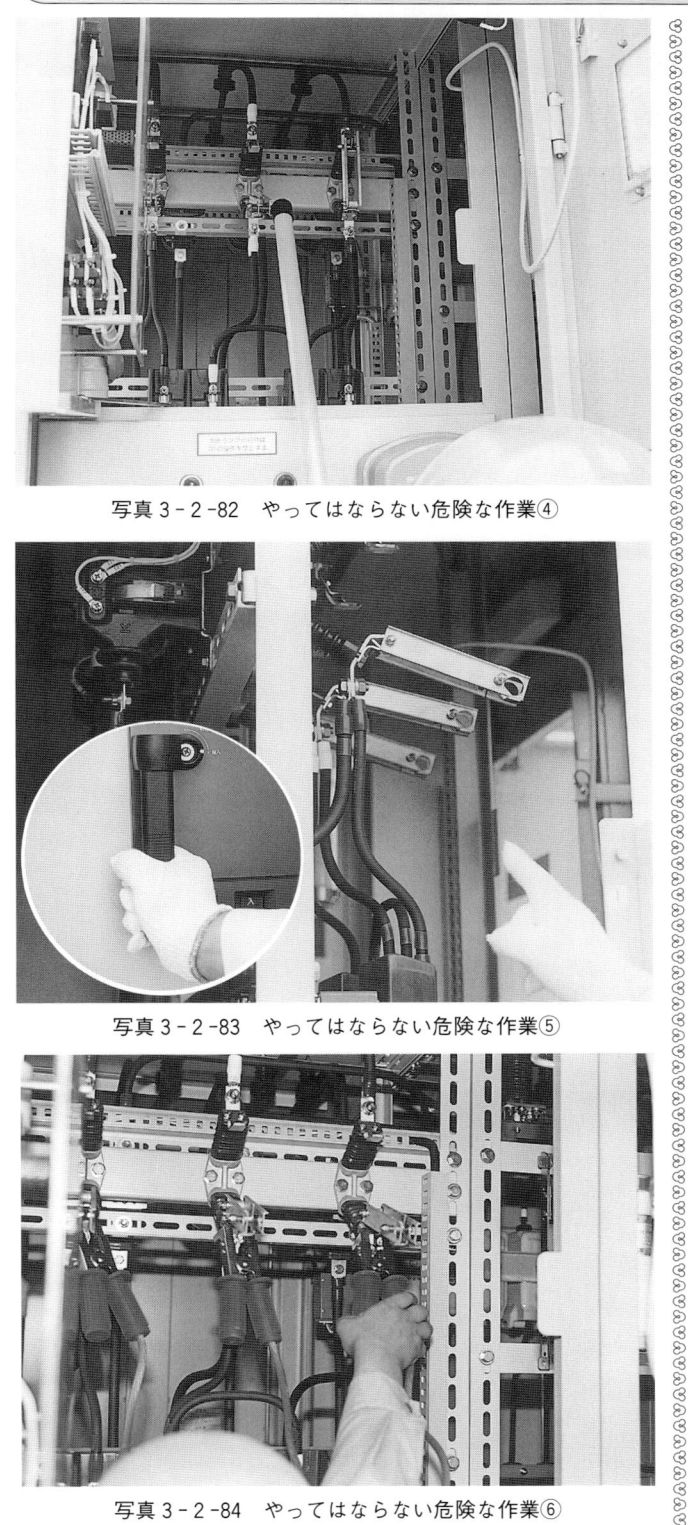

写真 3-2-82　やってはならない危険な作業④

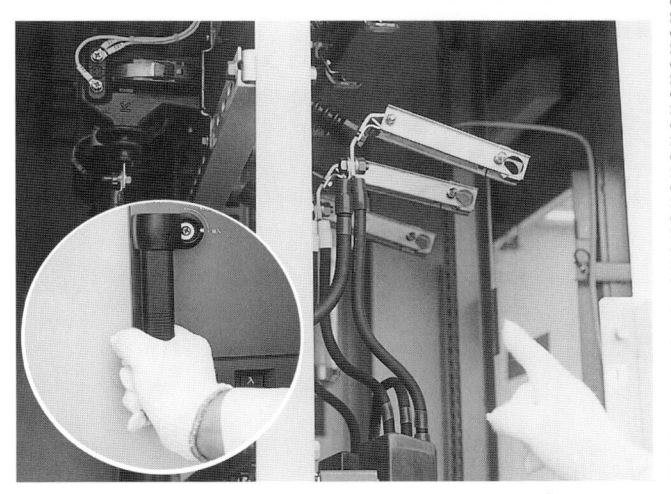

受電用遮断器の開放を確認せず，かつ作業責任者の指示もないまま断路器を開放することは，アークによる重大事故となるおそれがあるので，勝手に操作を行ってはならない．作業者は，1人で作業を行わず，作業責任者の指示に従って作業を行う．

写真 3-2-83　やってはならない危険な作業⑤

点検中に断路器および遮断器が開放されていたにもかかわらず，「投入禁止」の標識板がかけていなかったため錯覚によって投入してしまい，そのまま作業を終了してしまった．このままにしておくと，復電操作時に作業者が感電するおそれがあるので，断路器や遮断器を開放したときには，作業者全員に「投入禁止」の標識板をかけたことの確認を必ず行う．

写真 3-2-84　やってはならない危険な作業⑥

短絡接地器具を取り付けるときには，素手での取り付けは絶対にやってはならない．残留電荷が放電されていなければ感電するおそれがあるので，必ず高圧ゴム手袋を着用して短絡接地器具を取り付ける．

定期点検の実施

機器の清掃

　清掃は主に碍子類に重点をおき，シリコンやウエス，はたきなどの清掃用具により，ほこりや汚れを落とすとともに，亀裂，破損がないことを確認する．碍子には，エポキシ碍子や磁器碍子がある．
　また，断路器の場合，ブレードと接触子との接触状態，端子と電線接続部の緩みや過熱による変色がないことを確認する．

　油遮断器（OCB）は，ブッシング部に重点をおき，シリコンやウエスなどで清掃する．特に，油漏れがある場合は入念に清掃する（油漏れは，日常点検で発見できる）．
　真空遮断器（VCB）のブッシング部とケース部分は有機絶縁物のため，湿度が75％以上になると汚損面の吸湿現象が起き始め，トラッキング現象が発生するので，入念に清掃する．

　限流ヒューズ付高圧交流負荷開閉器（PF付LBS）は，エポキシ碍子をシリコンやウエスで入念に清掃するとともに，亀裂，破損がないことを確認する．
　また，高圧交流負荷開閉器の接続部の緩み，過熱による変色などがないことを確認する．

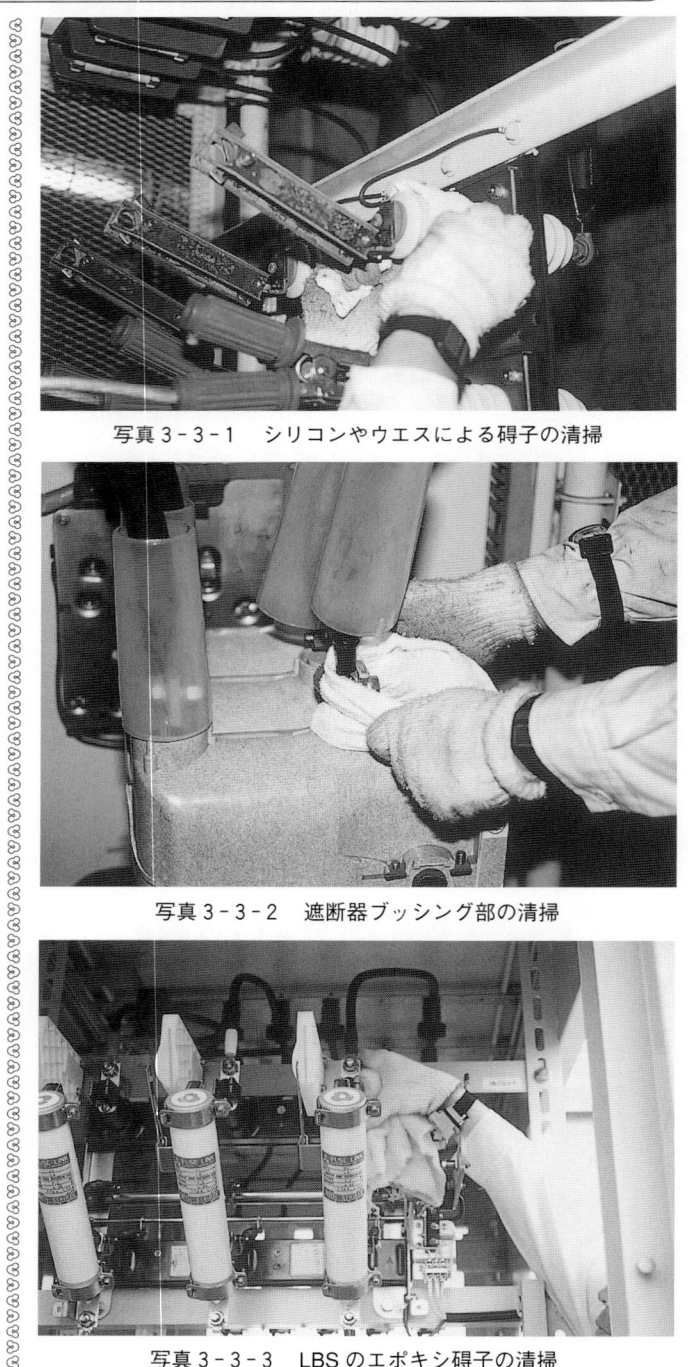

写真3-3-1　シリコンやウエスによる碍子の清掃

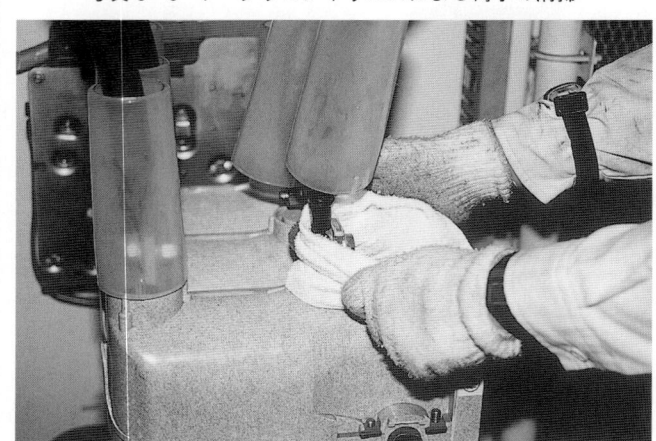

写真3-3-2　遮断器ブッシング部の清掃

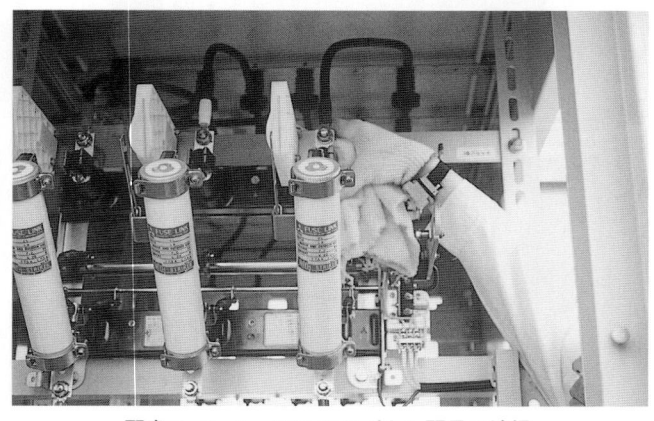

写真3-3-3　LBSのエポキシ碍子の清掃

機器の清掃　　　（つづく）

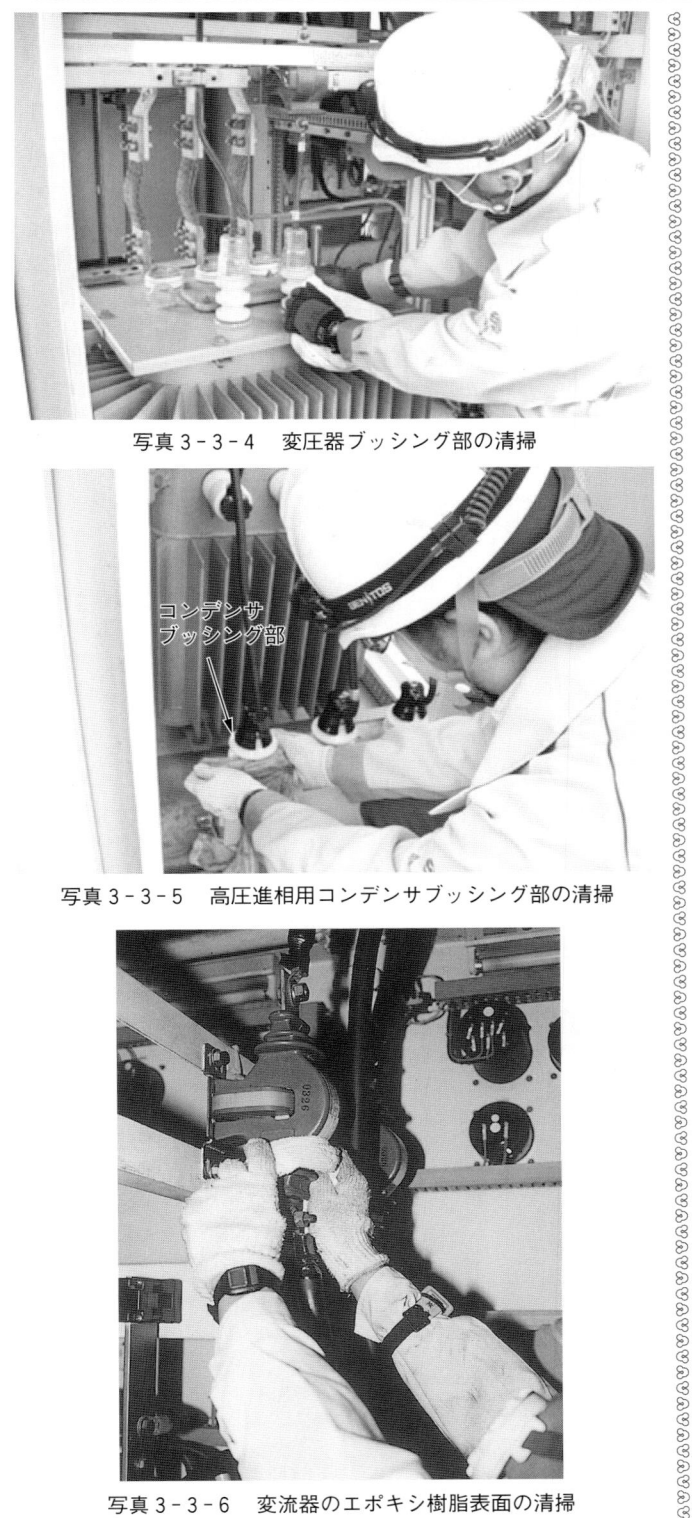

変圧器（T）は，高圧側のブッシング（一次側）と低圧側のブッシング（二次側）をシリコンやウエスで特に入念に清掃する．

また，油漏れの有無，油量計，パッキン，弁類などの損傷の有無，特にブッシング部に亀裂，損傷のないこと，端子と電線接続部の緩みや過熱による変色がないことを確認する．

写真3-3-4　変圧器ブッシング部の清掃

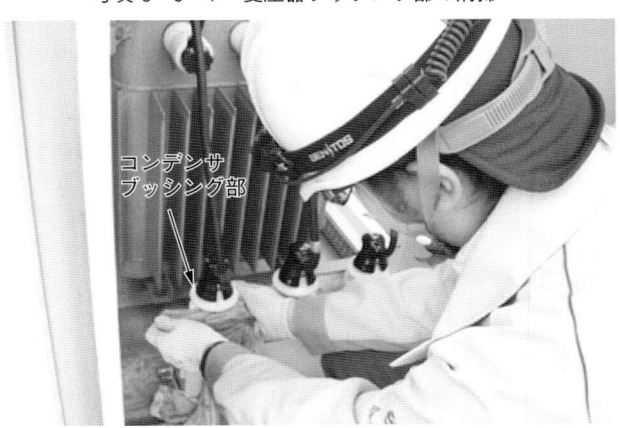

高圧進相用コンデンサ（C）は，ブッシング部と絶縁キャップ部をシリコンやウエスで入念に清掃する．

また，外箱の変形，発錆，損傷の有無，外箱の接続部やガスケット部からの油漏れの有無，特にブッシング部に亀裂，損傷がないこと，端子と電線接続部の緩みや過熱による変色がないことを確認する．

コンデンサブッシング部

写真3-3-5　高圧進相用コンデンサブッシング部の清掃

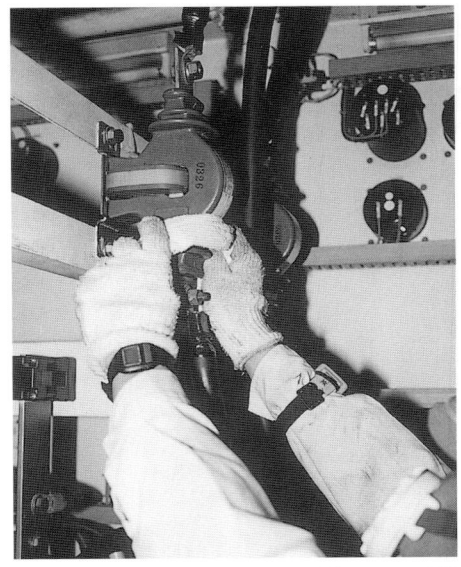

計器用変圧器（VT）や変流器（CT）は，エポキシ樹脂モールド形であり，樹脂表面をシリコンやウエスで入念に清掃するとともに，亀裂，損傷，端子と電線接続部の緩みや過熱による変色がないことを確認する．

写真3-3-6　変流器のエポキシ樹脂表面の清掃

変流器の漏水による絶縁破壊

(つづき) 機器の清掃

　高圧母線を支持している碍子は，ほこりなどが特に付着しやすいので，シリコンやウエス，はたき，あるいは碍子洗浄剤などを使用して清掃するとともに，亀裂，破損がないこと，電線接続部の緩みや過熱による変色がないことを確認する．

高圧絶縁電線支持碍子の絶縁破壊

　受配電盤の裏面は，銅板（ブスバー）や電線，ケーブルが配線されていて清掃がしにくいため，はたきや電気掃除機，携帯用ブロアなどでほこりを取った後，シリコンやウエスで清掃する．
　また，電線接続部や端子部分に緩みや過熱による変色がないことを確認する．

　受配電盤に取り付けられている計器類や表示灯などのほこりを，シリコンやウエスでふき取る．また，絶縁マットに付着したほこりを電気掃除機などで取り除く．
　開閉表示灯や盤表示灯などの電球が切れていないことを停電前に確認しておき，球切れの場合は清掃時に新しいものと交換する．

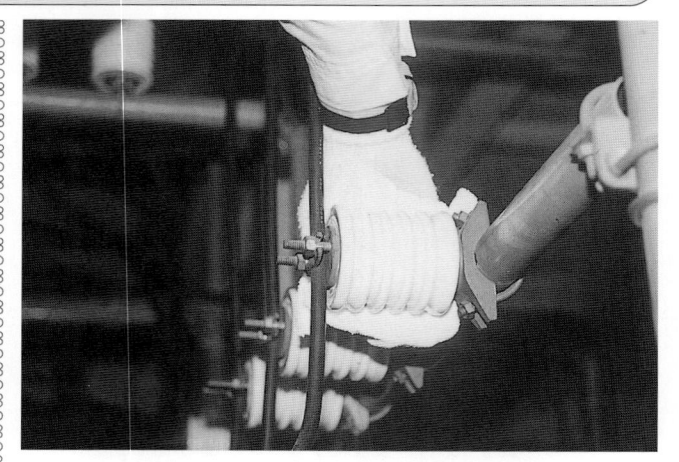

写真 3-3-7　高圧母線支持碍子の清掃

写真 3-3-8　受配電盤裏面の清掃

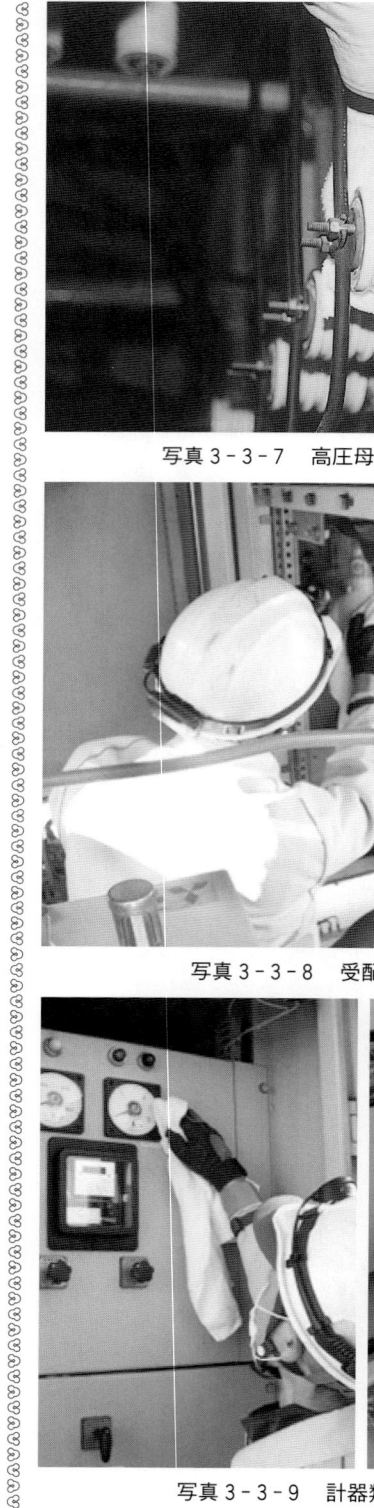

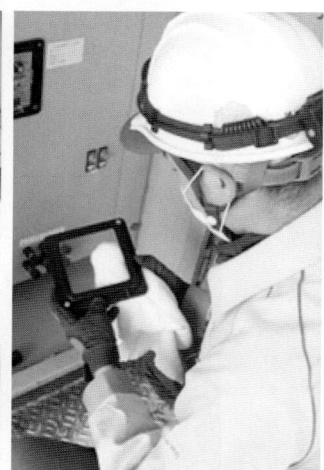

写真 3-3-9　計器類や表示灯の清掃

機器の清掃

低圧開閉器の電源側および負荷側の電線や端子部分には，特にほこりがたまりやすいので，ハケで落としたり電気掃除機で吸い取る．

くぼみなどには，ほこりや他物などが蓄積されている場合もあるので，念入りに清掃する．

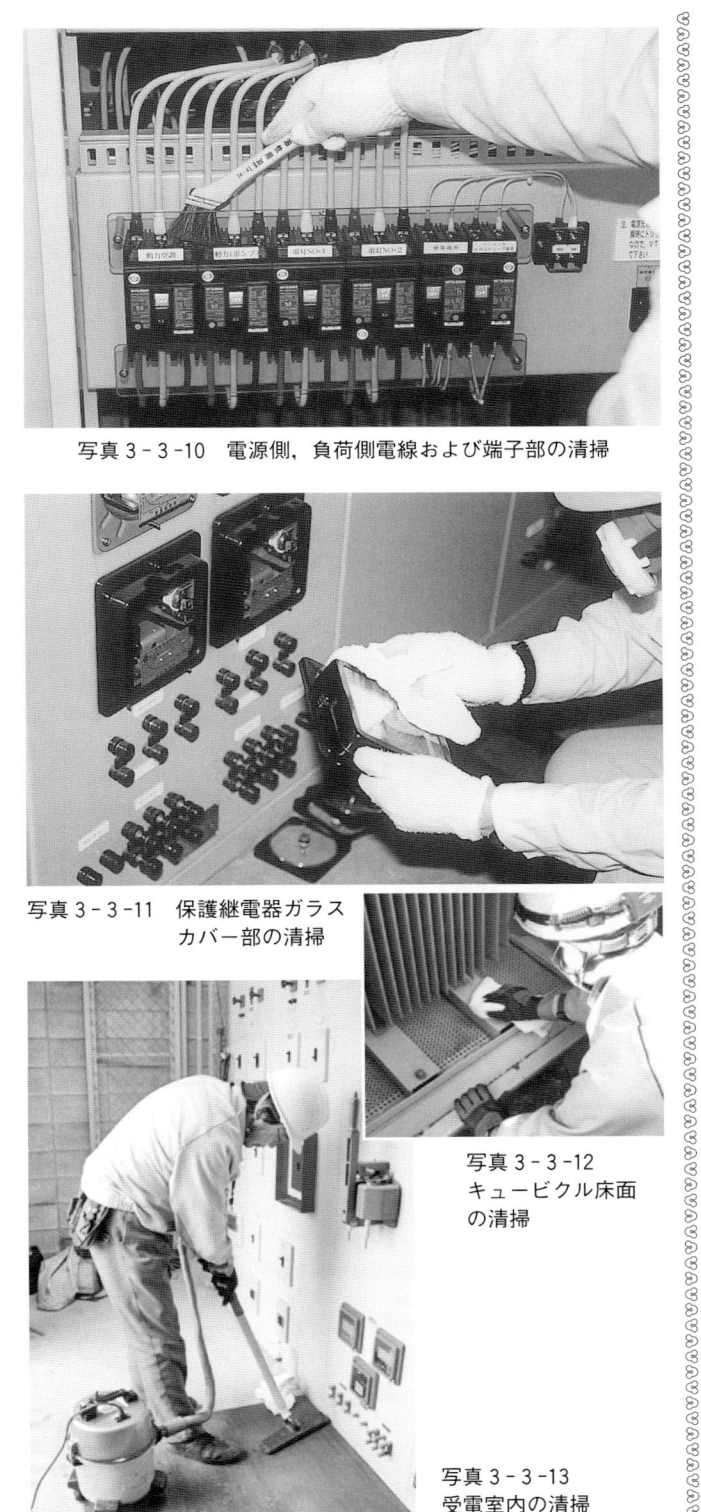

写真3-3-10　電源側，負荷側電線および端子部の清掃

保護継電器のガラスカバー部分にほこりが付着すると，整定タップや整定レバー，表示などが見づらくなるので，シリコンやウエスできれいにふき取る．

保護継電器のカバーはガラス製が多いので，清掃中に落として破損しないよう注意する．

カバーを取り付ける際には，間違いをなくすため目印をつけておく．

写真3-3-11　保護継電器ガラスカバー部の清掃

キュービクルの通風孔からほこりが入り，床面は湿気などによって汚れがひどくなっていることが多い．このため，シリコンやウエスによりキュービクル床面を清掃する．

写真3-3-12　キュービクル床面の清掃

写真3-3-13　受電室内の清掃

受電室内床面のゴミやほこりを，電気掃除機により吸い取って清掃する．

ケーブル端末の点検

架空引込みの場合，引込ケーブル端末部のゴム可とう管やゴムカバーなどの取り付けに異常がないことを確認する．CVケーブルを使用している場合は，三叉分岐管にひび割れがないことを確認する．

（注） 避雷器（LA）が設置されている場合は，本体の取り付けが確実に固定されていることを確認する．

写真3-3-14 引込ケーブル端末部の点検

双眼鏡により引込ケーブル端末部の形状，接地線の外れ，断線などがないことを確認する．

（注） 避雷器が，柱上高圧気中負荷開閉器（PAS）の負荷側に設置されている場合は，磁器碍管などに亀裂，損傷，汚損がないことを確認する．

写真3-3-15 双眼鏡による引込ケーブル端末部の点検

引込ケーブル端末部とリード線との接続部にたるみ，外れ，腕金とリード線との離隔距離，端末処理部の亀裂，剥離，支持碍子の亀裂や支持金具の脱落，損傷，腐食などがないことを確認する．

（注） 避雷器が設置されている場合は，取付金具，端子部などの金属部分に発錆がないこと，接地側端子部のネジの緩みがないことを確認する．

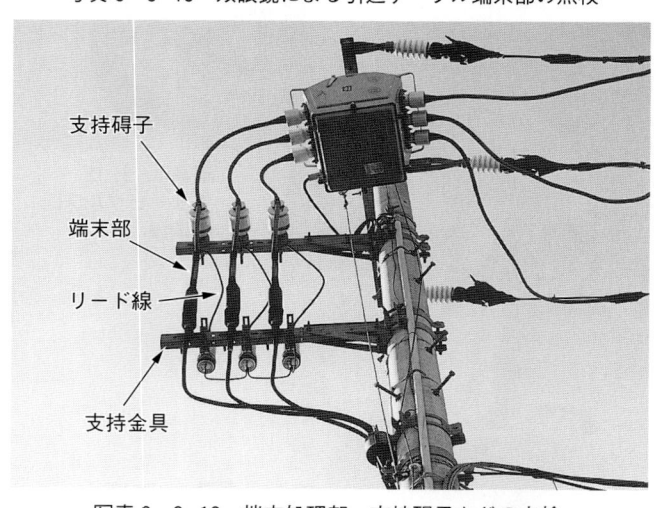

写真3-3-16 端末処理部，支持碍子などの点検

ケーブル端末の点検

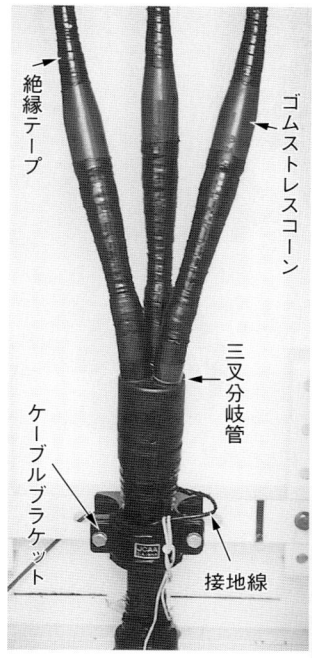

屋内に取り付けてあるCVケーブル端末処理部（ゴムストレスコーン部）の絶縁テープの剥離，亀裂，三叉分岐管やケーブルブラケット部の損傷，腐食などがないことを確認する．また，接地線の外れ，緩みなどについても確認する．

屋内に取り付けてあるCVTケーブル端末処理部（ゴムストレスコーン部）の絶縁テープの剥離，腐食などがないことを確認する．また，接地線の外れ，緩みなども確認する．

海の近くでは塩害があるため，耐塩用の機材が取り付けられる．

耐塩用引込ケーブル端末処理部は，碍管，碍子，ブラケットの損傷，腐食，緩みがないこと，支持金具の脱落，接地線の外れ，断線などがないことを確認する．

写真3-3-17
屋内CVケーブル端末処理部の点検
※シュリンクバック現象とは，遮蔽銅テープに引っ張り力が加わり，遮蔽銅テープの破断，外部半導層および絶縁体を徐々に焼損，絶縁体が絶縁破壊し地絡に至る現象．
〈端末部点検注意事項〉
月次・定期点検等において，ケーブル端末部におけるテープの巻き乱れや銅テープの露出等を確認する．

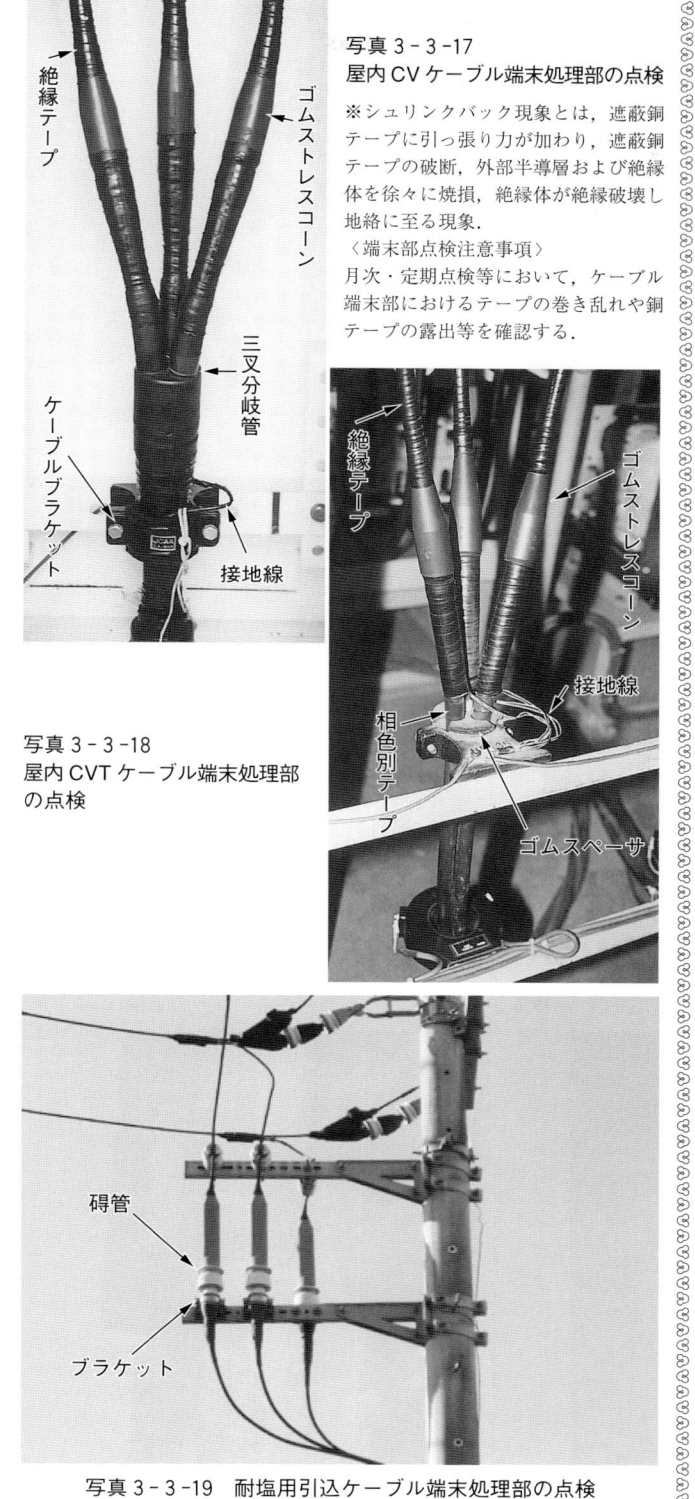

（絶縁テープ／ゴムストレスコーン／三叉分岐管／ケーブルブラケット／接地線）

写真3-3-18
屋内CVTケーブル端末処理部の点検

（絶縁テープ／ゴムストレスコーン／接地線／相色別テープ／ゴムスペーサ）

写真3-3-19　耐塩用引込ケーブル端末処理部の点検

（碍管／ブラケット）

ケーブル端末部の絶縁破壊

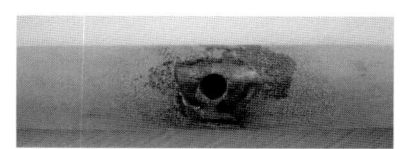

CVケーブルの水トリーによる絶縁破壊

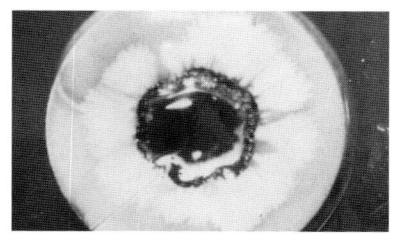

水トリーの断面

断路器の点検

単極単投形断路器（DS）のブレードと接触子との接触状態，端子と電線との接続部に過熱による変色がないことを確認する．

V形断路器は，支持碍子が小形のV形になっているため，キュービクル式高圧受電設備で使用されることが多い．

フック穴は，断路器を手動で開閉するときにフック棒を引っかける穴である．

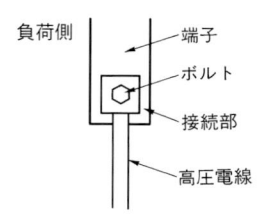

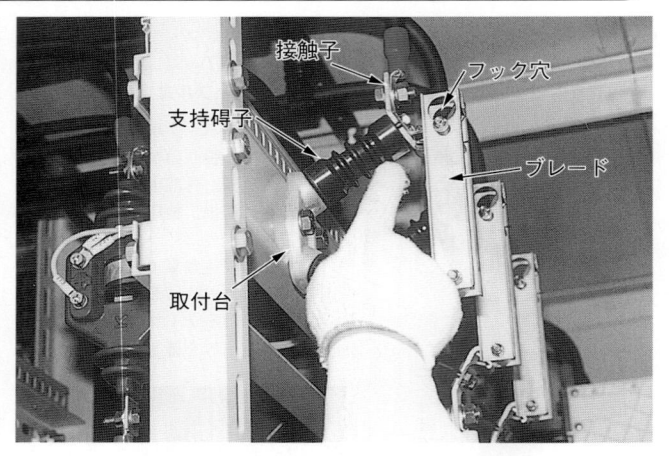

写真 3-3-20　ブレードと接触子の点検

クラッチ部分のバネの緩みを点検するとともに，ブレードと接触子とがかみ合うことを確認する．

ブレードは，主回路の開閉を行う導電部であり，閉路時に対向する接触子に接触させて通電部を形成する．

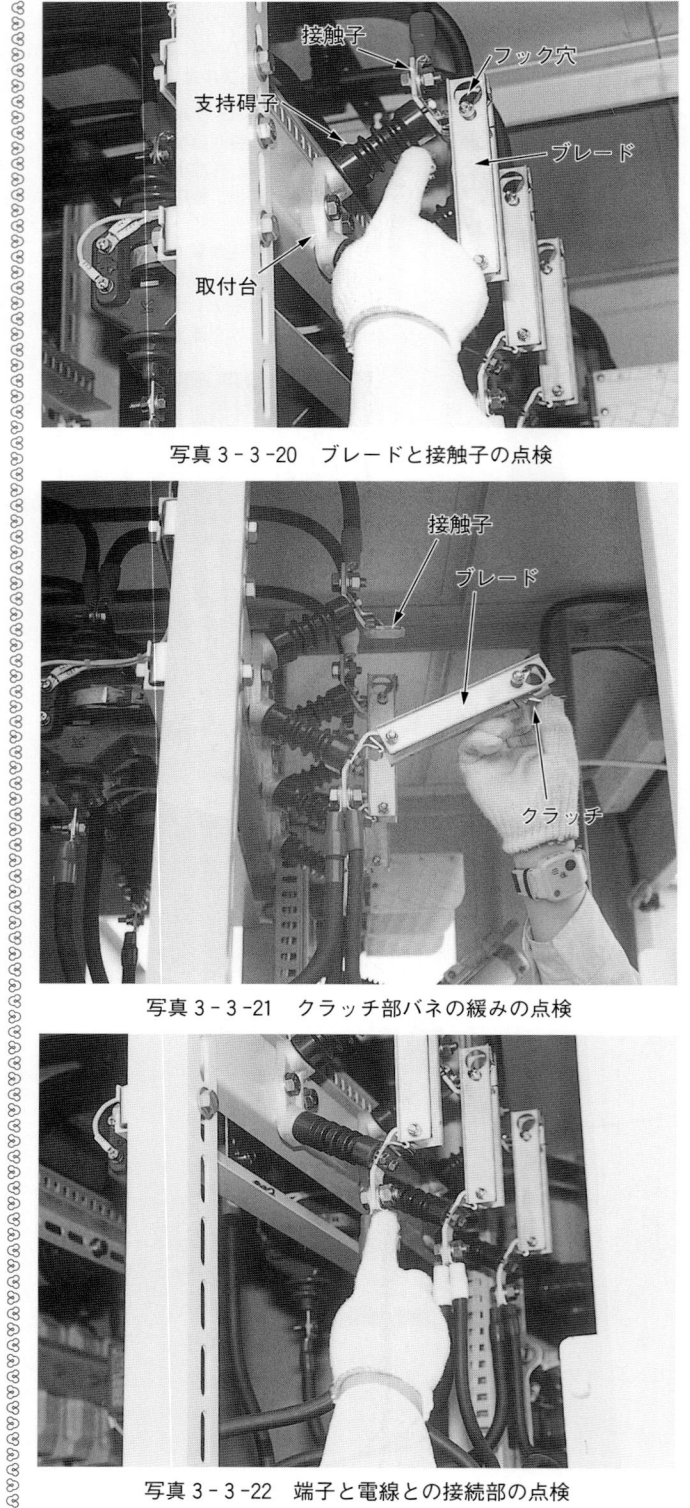

写真 3-3-21　クラッチ部バネの緩みの点検

電源側，負荷側の端子と電線との接続部の緩み，過熱による変色などがないことを確認する．

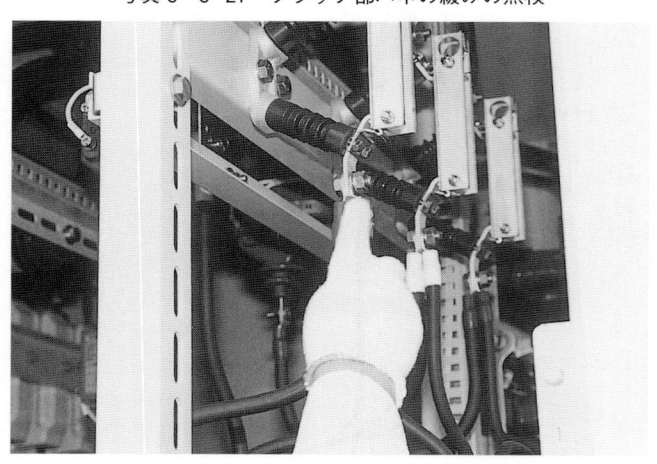

写真 3-3-22　端子と電線との接続部の点検

断路器の点検

電源側，負荷側のエポキシ樹脂製碍子の亀裂，汚損，破損，樹脂表面に部分放電痕などがないことを確認する．

エポキシ樹脂製碍子は，断路器の導電部を絶縁するものである．

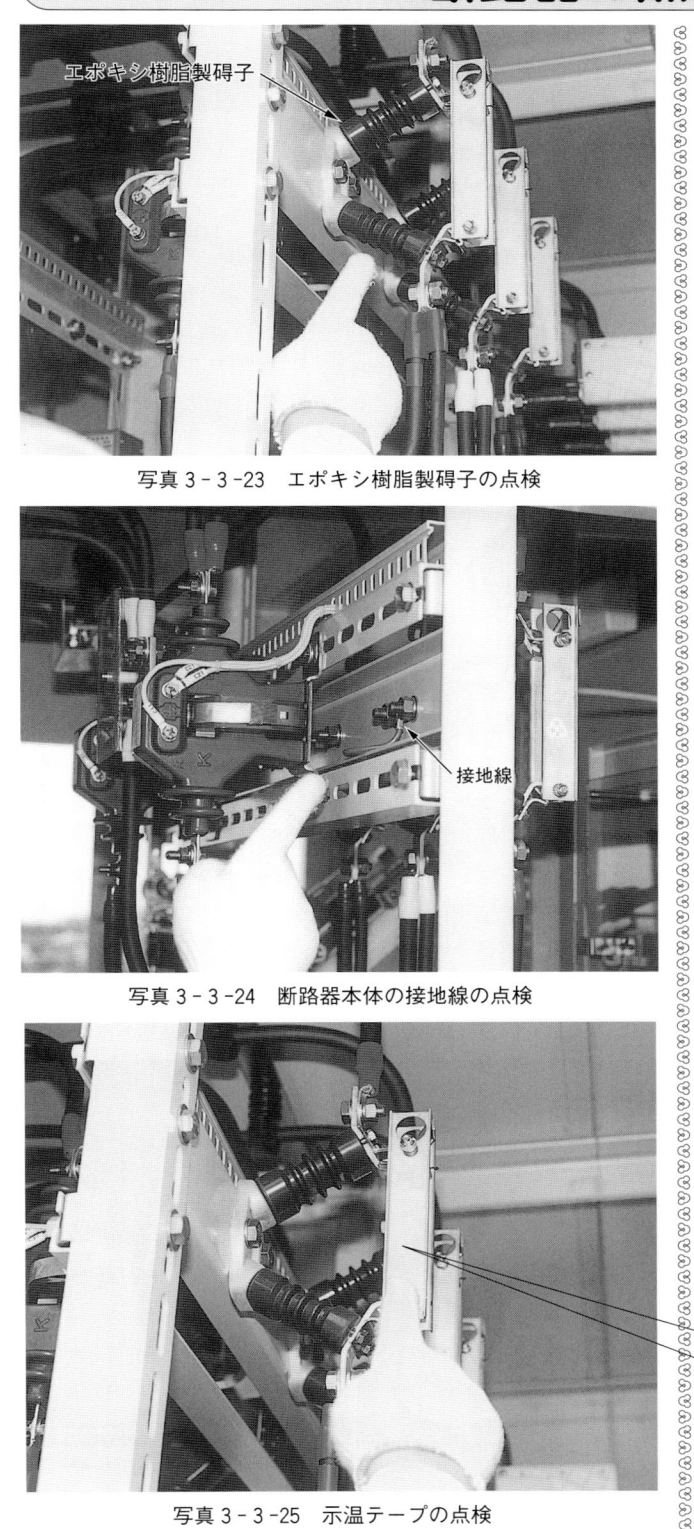

写真 3-3-23　エポキシ樹脂製碍子の点検

断路器本体に接続してある接地線に緩み，脱落，断線などがないことを確認する．

単極単投形断路器は，3相ともA種接地工事が施工されているか，接地線の断線や脱落はないか，端子のボルトに緩みはないかを確認する．

写真 3-3-24　断路器本体の接地線の点検

示温テープが断路器本体に貼付されている場合は，変色していないことを確認する．

断路器の温度管理の目安は，接触部が75℃，接続部が80℃，機械的構造部が90℃である．

示温テープには，単一温度の表示を行うものや3～5種類の多点温度の表示を行うものがある．

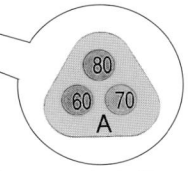

写真 3-3-25　示温テープの点検

多点表示タイプの示温テープ例

遮断器の点検

真空遮断器（VCB）の外箱に，損傷，発錆，変形がないことを確認する．また，操作ハンドルの開閉動作を行い，異常音がしないか，動作がスムーズであるかを確認する．

VCBに内蔵の真空バルブ（カットモデル）

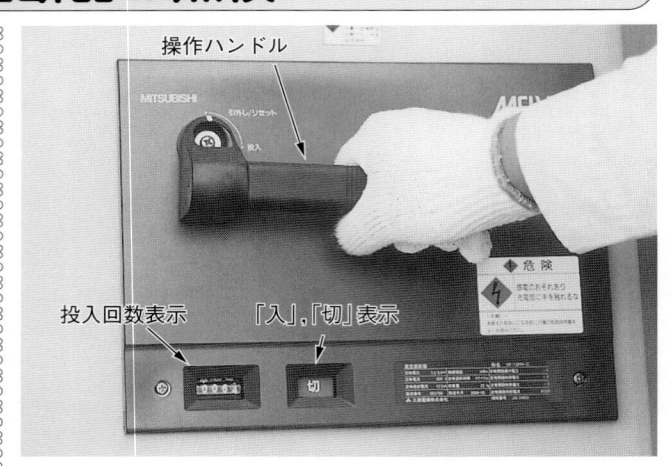

写真3-3-26　真空遮断器の開閉動作点検

真空遮断器上部の端子とケーブル接続部の緩み，過熱による変色がないことを確認する．緩みがある場合は，トルクレンチで増し締めを行う．また，接地線の緩み，脱落，断線がないことを確認する．

電源側および負荷側の端子（充電部）が露出しないよう，保護カバーが取り付けられていることを確認する．

写真3-3-27　真空遮断器端子とケーブル接続部の点検

絶縁物である樹脂表面に，トラッキング痕（部分放電による炭化導電路）がないことを確認する．

特に保護カバーの周辺は，ホコリなどによってトラッキングが発生しやすい．

写真は，真空遮断器がトラッキングし，絶縁破壊した例である．

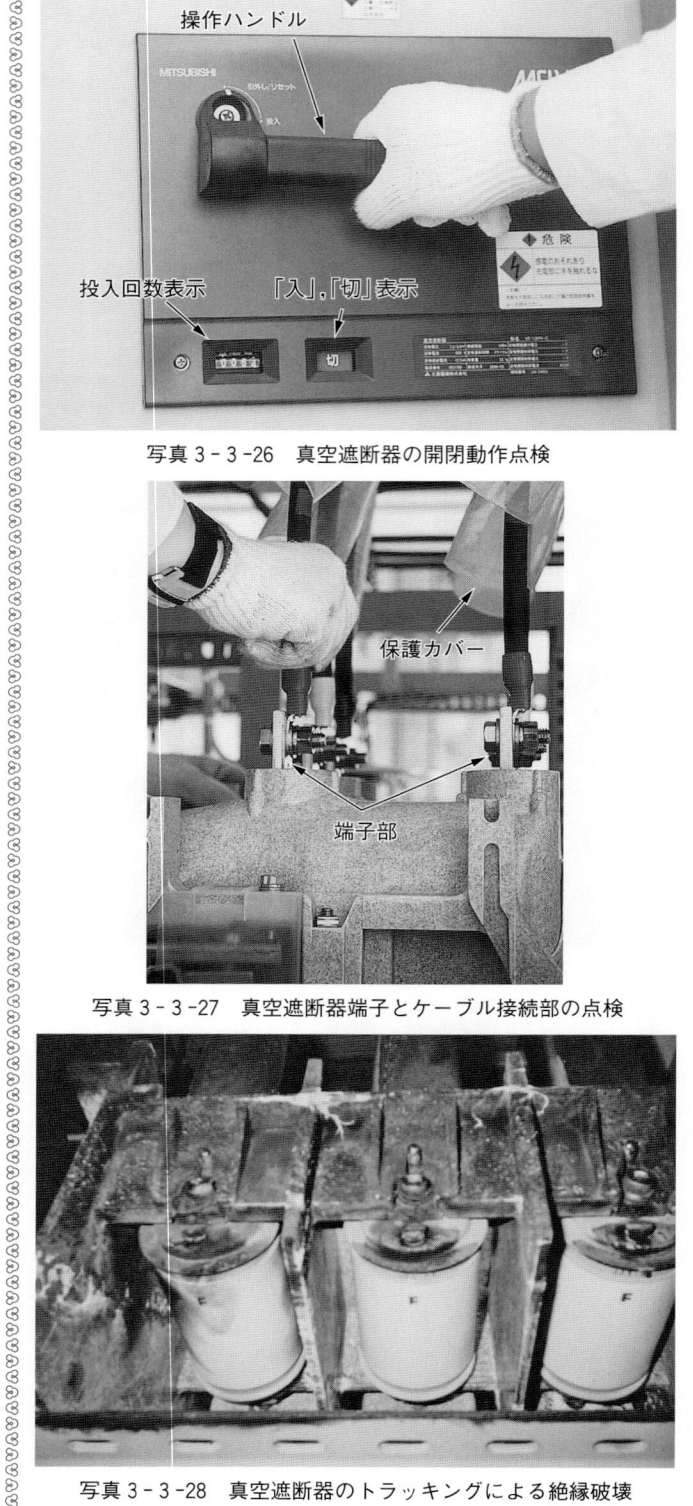

写真3-3-28　真空遮断器のトラッキングによる絶縁破壊

遮断器の点検

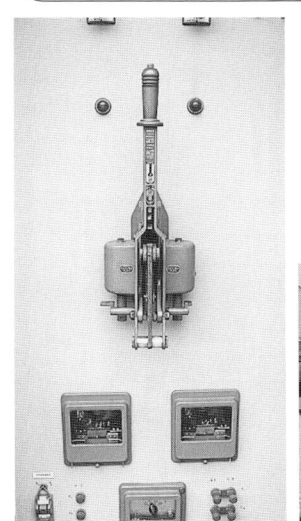

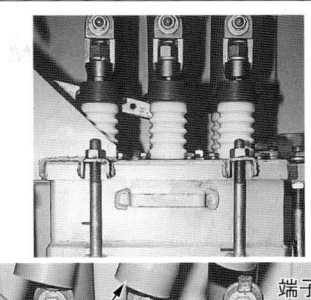

油遮断器（OCB）の点検は，手動操作ハンドル，引外し装置の開閉動作がスムーズか，遮断時の動作に異常音が発生しないかを確認する．

油遮断器上部のブッシングに亀裂，損傷，汚損，変色がないことを確認するとともに，電源側および負荷側の端子と電線との接続部に緩み，断線，脱落がないことを確認する．また，接地線に緩み，断線，脱落，過熱による変色がないことを確認する．

写真3-3-29　油遮断器のブッシング，端子接続部の点検

油遮断器の油量計によって油量を点検するとともに，油漏れがないことを確認する．油タンクの油量は，油量計と油量位置の白線で点検し，不足している場合はタンクリフタで油タンクを下げ，油を補充する．

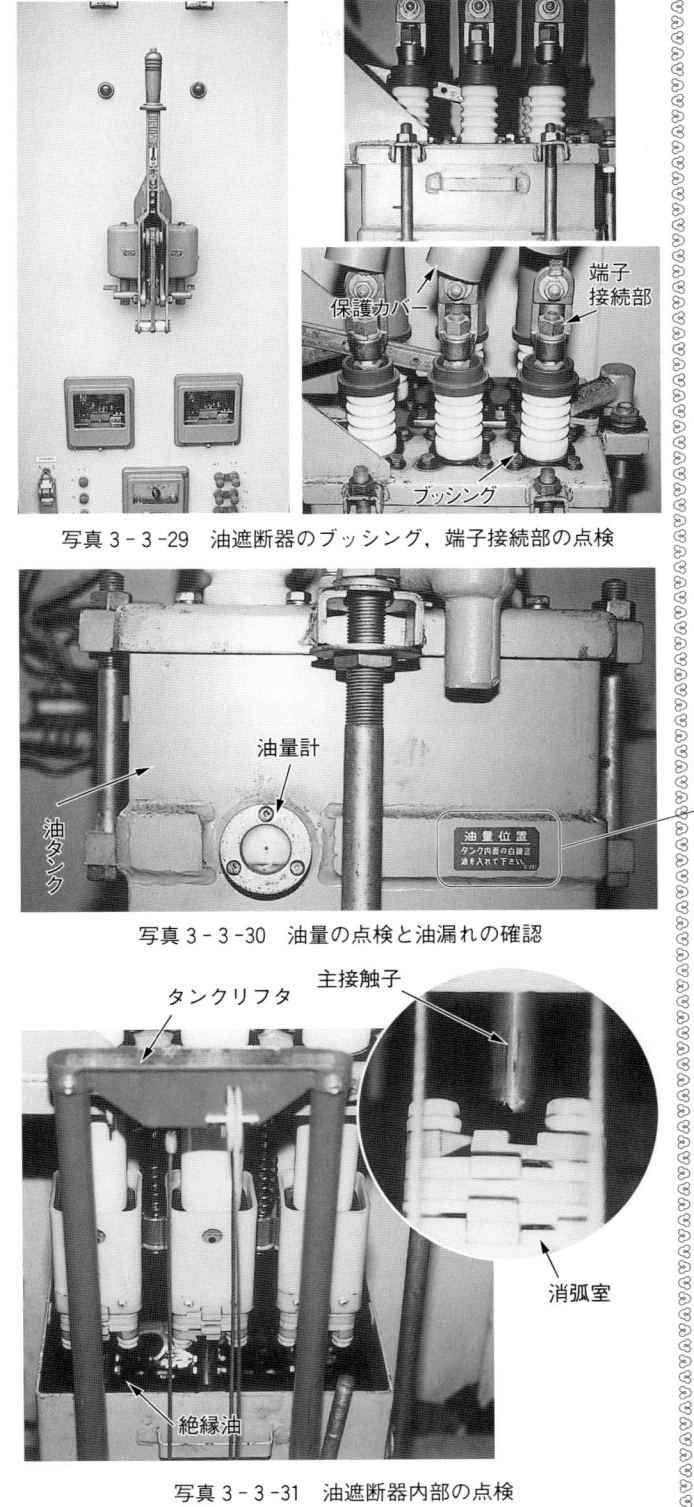

写真3-3-30　油量の点検と油漏れの確認

油遮断器の内部を点検する場合は，タンクリフタなどにより油タンクの内部が見えるまで徐々に下げていく．

油遮断器内部の主接触子，消弧室，遮断スプリング，オイルダンパ，絶縁ロッド，ロッドメタルに損傷がないか，各極が同時に開閉するかを確認する．

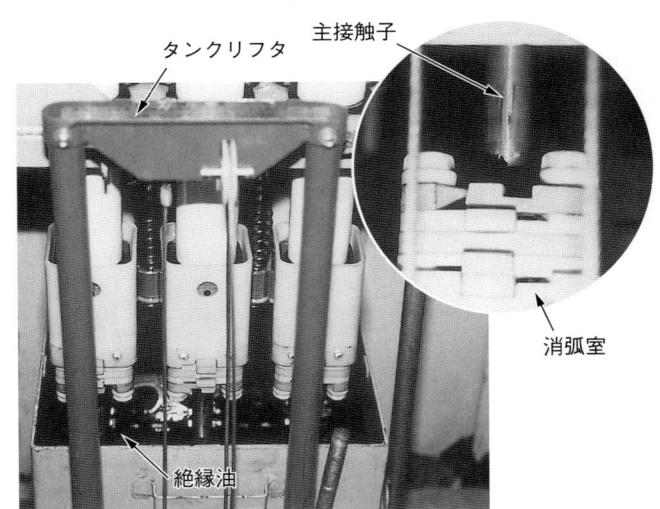

写真3-3-31　油遮断器内部の点検

避雷器の点検

避雷器（LA）の電源側には，避雷器専用の断路器を設置する．この断路器は，万一，避雷器が故障したときなど，回路を開放するために設けられている．

避雷器の磁器碍管に亀裂，損傷，汚損がないか，断路器端子と電線との接続部，避雷器端子と電線との接続部に過熱による変色，脱落がないことを確認する．

酸化亜鉛形（ZnO）避雷器の内部構造例で，最近の自家用施設では，保護特性に優れた酸化亜鉛形避雷器が多く使用されている．

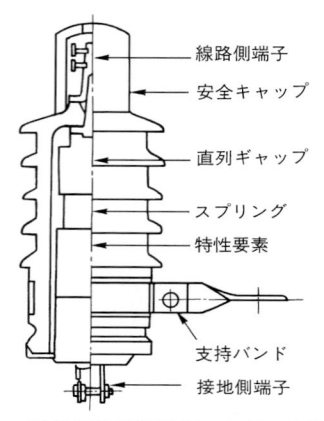

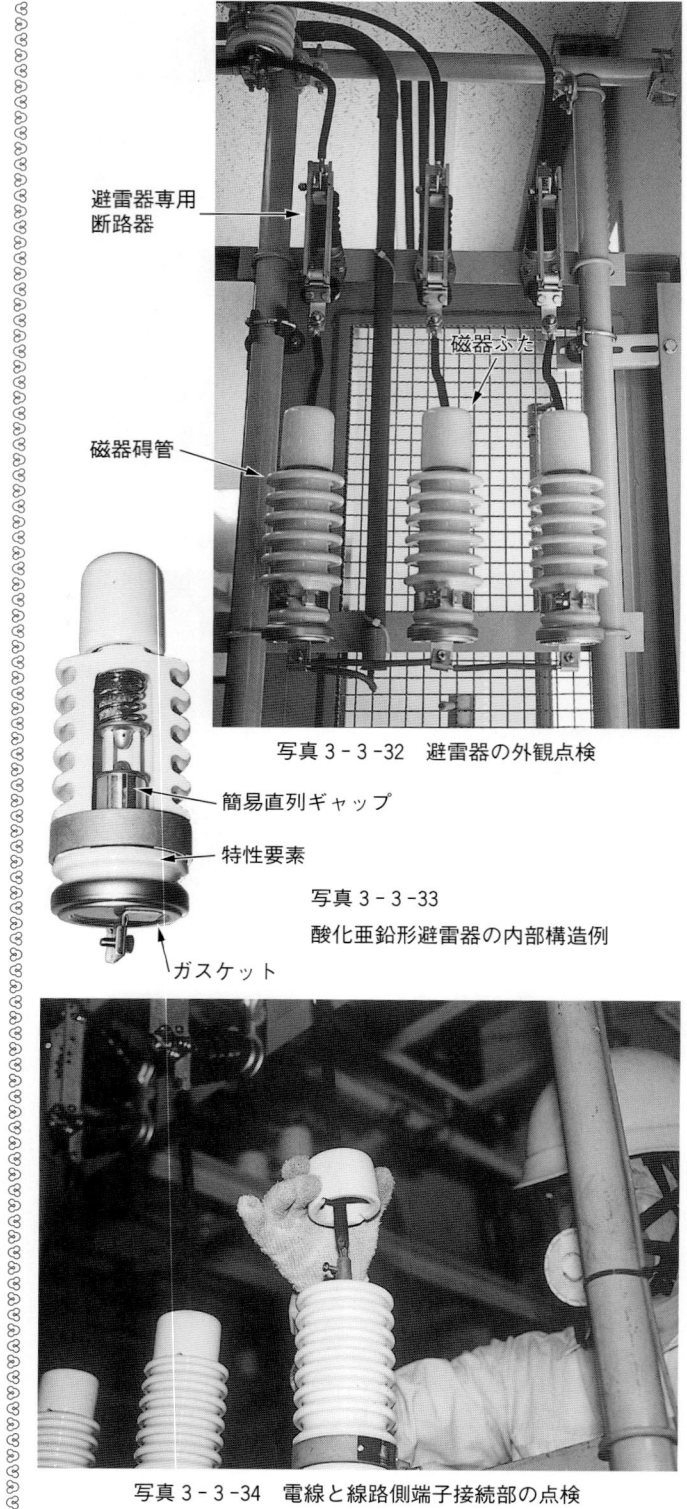

写真3-3-32　避雷器の外観点検

写真3-3-33　酸化亜鉛形避雷器の内部構造例

酸化亜鉛形避雷器の各部の名称

各相の磁器碍管の磁器ふたを上げ，電線と線路側端子の接続部に過熱による変色がないことを目視によって点検する．

写真3-3-34　電線と線路側端子接続部の点検

避雷器の点検

避雷器の支持金具，接地側端子などの金属部分に発錆がないことを確認する．また，避雷器が支持金具から脱落していないことを確認する．

支持金具が緩んでいた場合は，取付ボルトをスパナなどによって各相を増し締めする．

〔避雷器の接地〕

電技の解釈第37条では，避雷器の接地はA種接地工事で行い，接地抵抗値は10Ω以下（電技の解釈第17条）とするよう定められている．

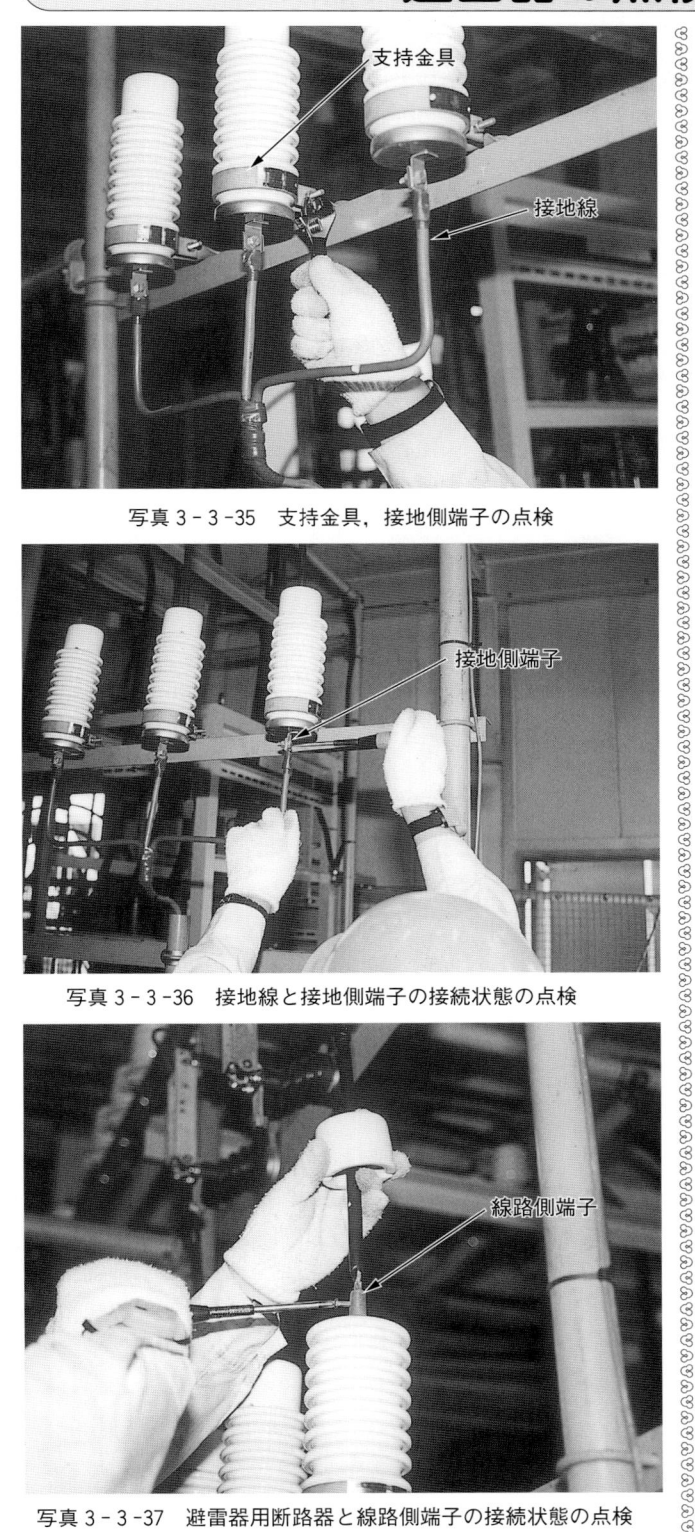

写真3-3-35 支持金具，接地側端子の点検

接地線と接地側端子の各相の接続部をドライバで増し締めする．接地側端子は，接地線を接続する端子をいう．

写真3-3-36 接地線と接地側端子の接続状態の点検

避雷器の磁器ふたを上げて避雷器用断路器（DS）に接続された電線と線路側端子の各相の接続部をドライバで増し締めする．線路側端子に変色がないことを確認する．

線路側端子は，線路側の電線を接続する端子をいう．

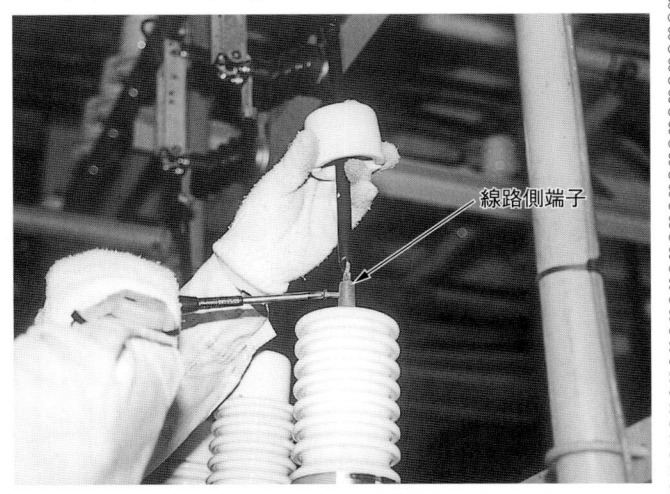

写真3-3-37 避雷器用断路器と線路側端子の接続状態の点検

高圧交流負荷開閉器の点検

　高圧交流負荷開閉器（PF付LBS）のブレードと接触子の接触がスムーズか，端子と電線との接続部の緩み，過熱による変色がないかを確認する．

　限流ヒューズ（PF）の絶縁筒に，破損，汚損，亀裂などがないことを確認する．また，キャップについても緩み，汚損，亀裂などがないことを確認する．

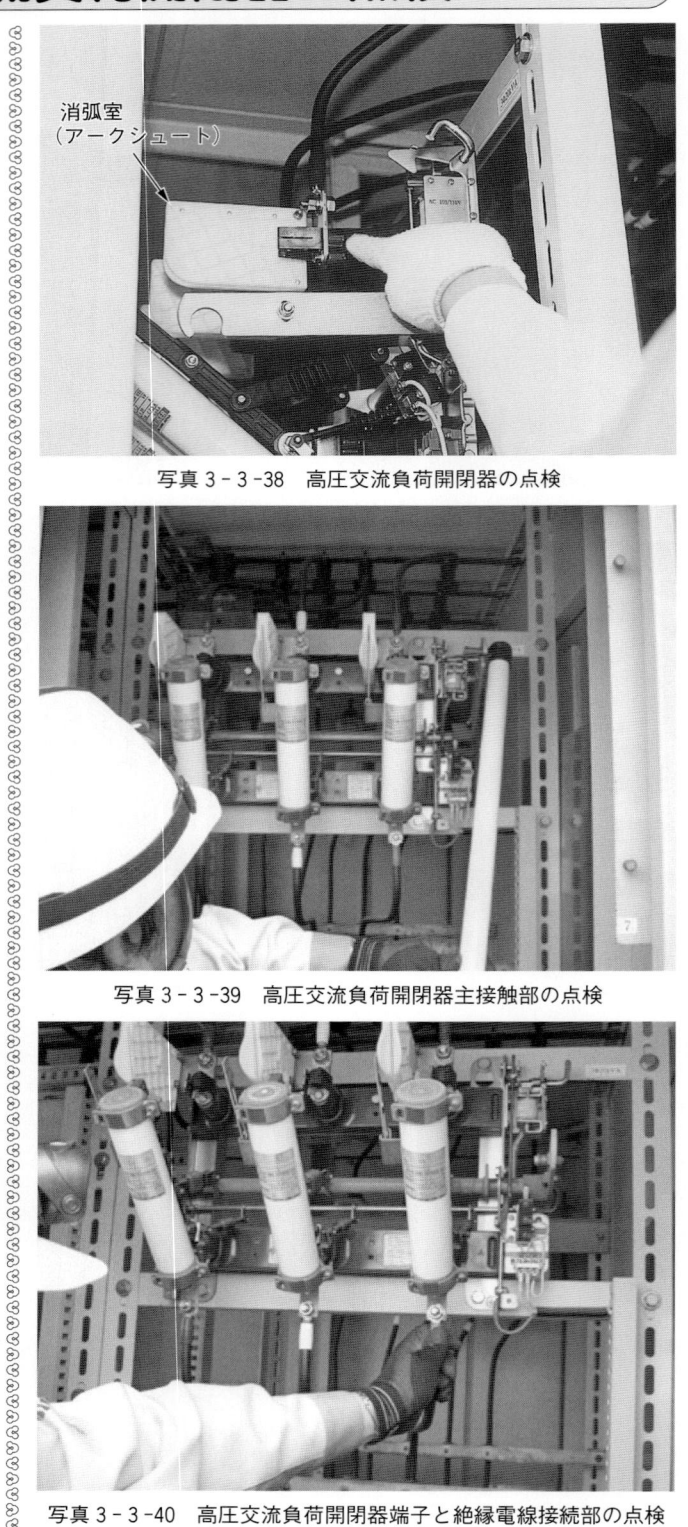

写真3-3-38　高圧交流負荷開閉器の点検

　高圧交流負荷開閉器の主接触部が，フック棒によって完全に投入できることを確認するとともに，汚損，過熱による変色がないことを確認する．

　高圧交流負荷開閉器の前面に透明な隔壁がない場合は，充電部が露出して危険なため，透明なアクリル製の板（高圧危険と表示されたもの）を設ける．

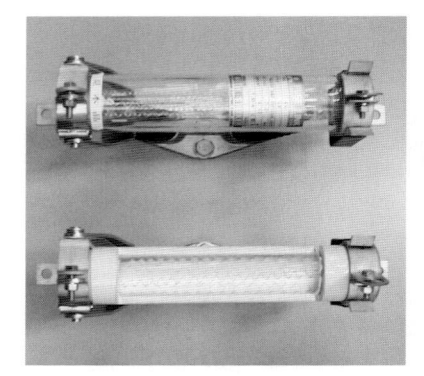

限流ヒューズの内部構造

写真3-3-39　高圧交流負荷開閉器主接触部の点検

　高圧交流負荷開閉器の端子とケーブルの接続部に緩み，過熱による変色がないことを確認する．緩みがある場合は，トルクレンチで増し締めを行う．

写真3-3-40　高圧交流負荷開閉器端子と絶縁電線接続部の点検

高圧交流負荷開閉器の点検

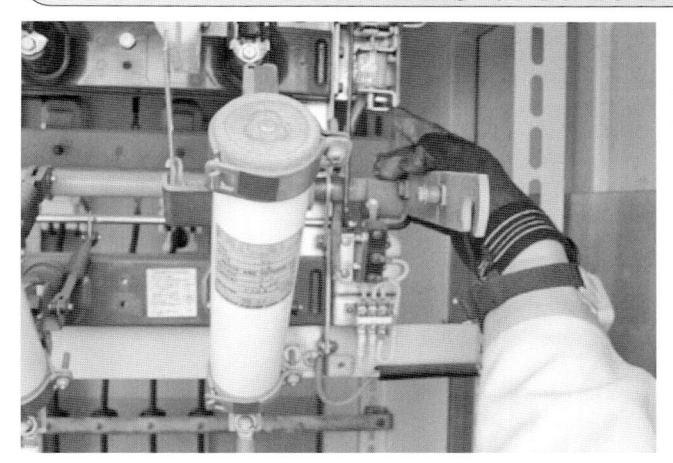

高圧交流負荷開閉器の操作ハンドル，トリップレバーなどに発錆がないこと，動作が円滑なこと，緩みや汚損がないことを確認する．

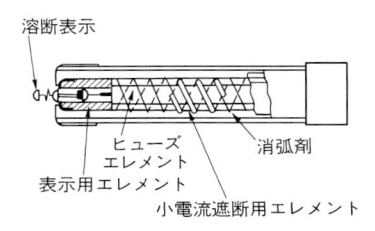

高圧限流ヒューズの内部構造図

写真 3-3-41　操作ハンドル，トリップレバーの点検

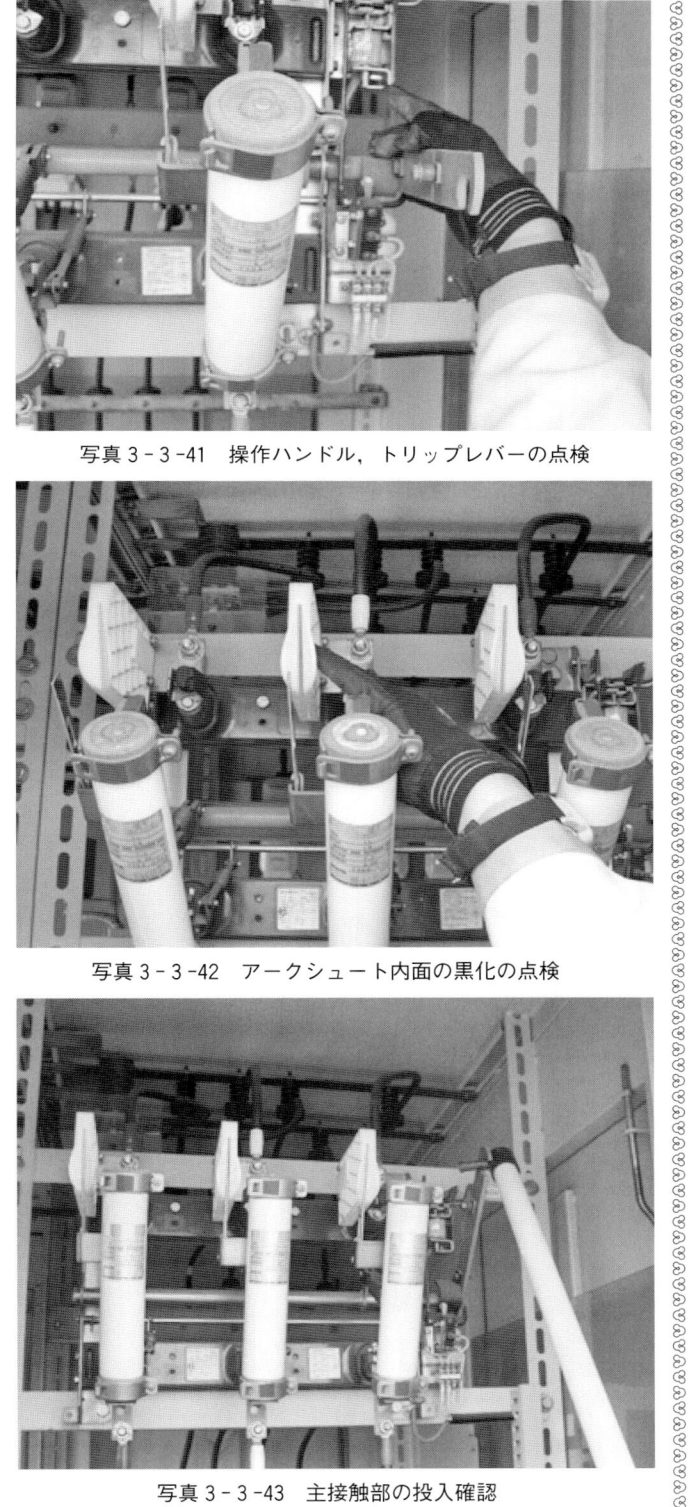

高圧交流負荷開閉器の消弧室（アークシュート）の内面が黒化していないかを点検する．また，アーク接点に過熱による変色がないことを確認する．

高圧限流ヒューズの用途別記号

記号	用途
T	変圧器用
M	電動機用
T/M	変圧器・電動機用
G	一般用(受電用主遮断装置用)
C	高圧進相用コンデンサ用
無表示	計器用変圧器用

写真 3-3-42　アークシュート内面の黒化の点検

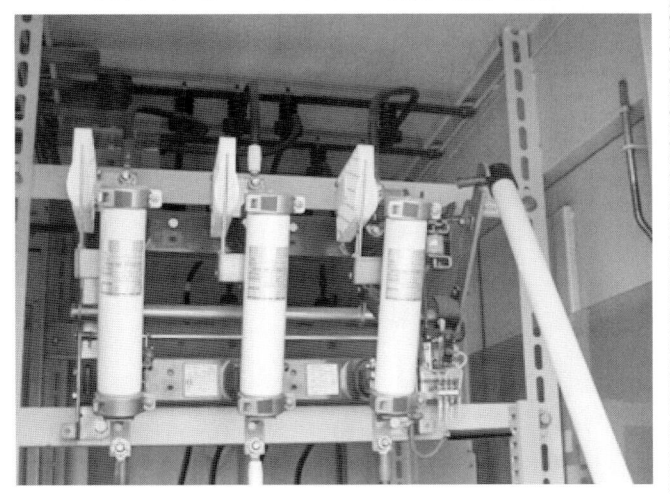

高圧交流負荷開閉器の主接触部に完全に投入できることを確認する．また，トリップレバーを引いて，開放できることを確認する．

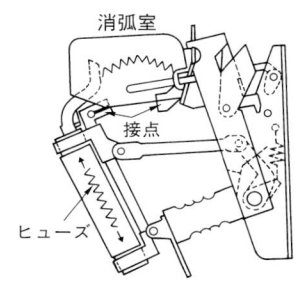

高圧交流負荷開閉器の構造

写真 3-3-43　主接触部の投入確認

高圧カットアウト，ヒューズの点検

高圧カットアウト（PC）は，変圧器などの電源側に施設して，その開閉を行うものである．構造は，磁器製の本体に固定接触部と母線接続用端子を備え，磁器製のふたにヒューズ筒を備えたものである．点検では，磁器製の本体に亀裂，破損，汚損，異臭などがないことを確認する．母線接続用端子と固定接触部の過熱による変色，緩みなどがないことを確認する．

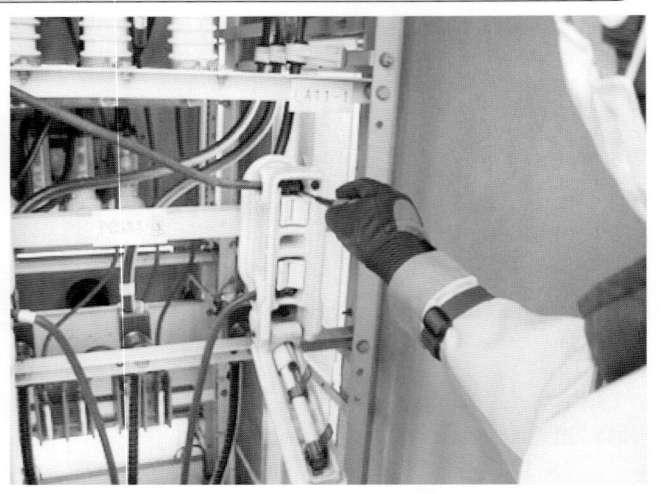

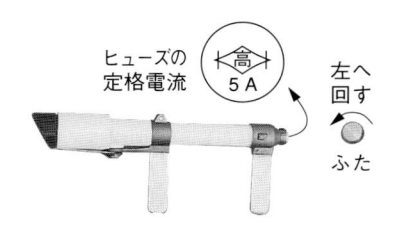

写真3-3-44 高圧カットアウトの接続部分の増し締め状況

変圧器に施設されている高圧カットアウトを開放すると磁器製のふたにヒューズ筒があるので，ヒューズ筒を持って手前から少し奥に押すと，ヒューズ筒を取り外すことができる．他のヒューズ筒も同様にして，順次取り外していく．

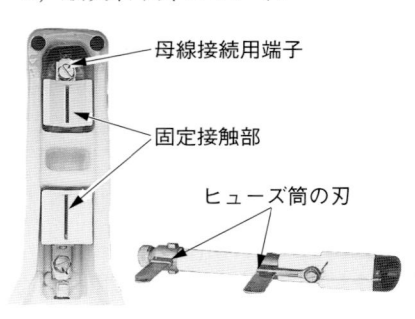

母線接続用端子
固定接触部
ヒューズ筒の刃

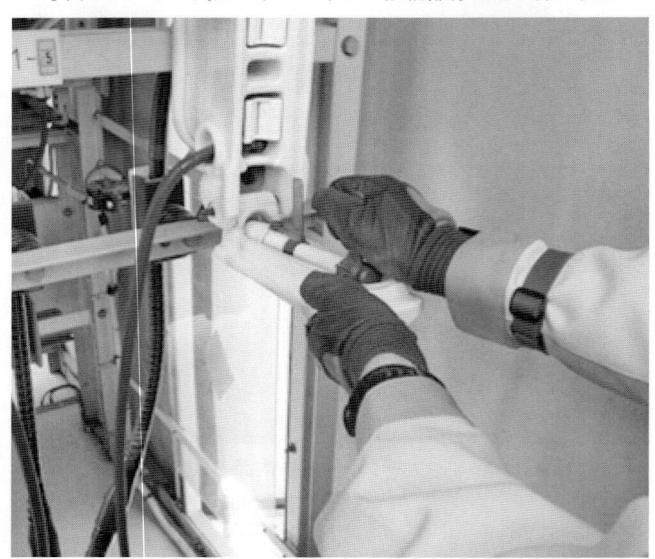

写真3-3-45 ヒューズ筒の取り外し

磁器製本体から取り外したヒューズ筒に，過熱による変色，亀裂，汚損，緩みがないことを確認する．
ヒューズ筒のキャップを回して外し，高圧カットアウトヒューズの定格電流を確認する．

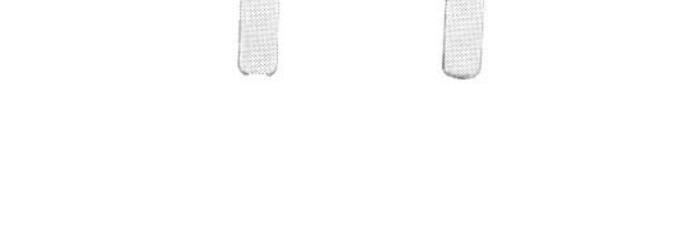

ヒューズの定格電流　高5A　左へ回す　ふた

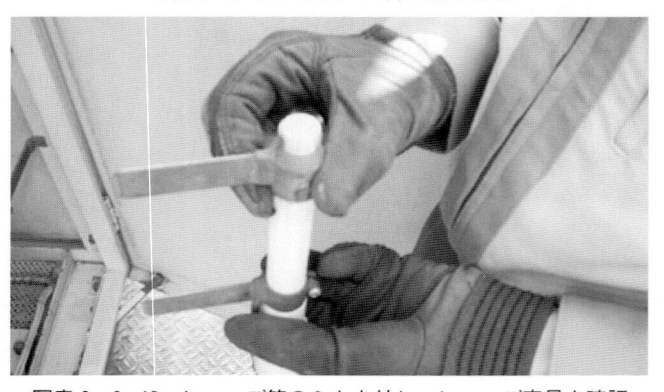

写真3-3-46 ヒューズ筒のふたを外し，ヒューズ容量を確認

高圧カットアウト，ヒューズの点検

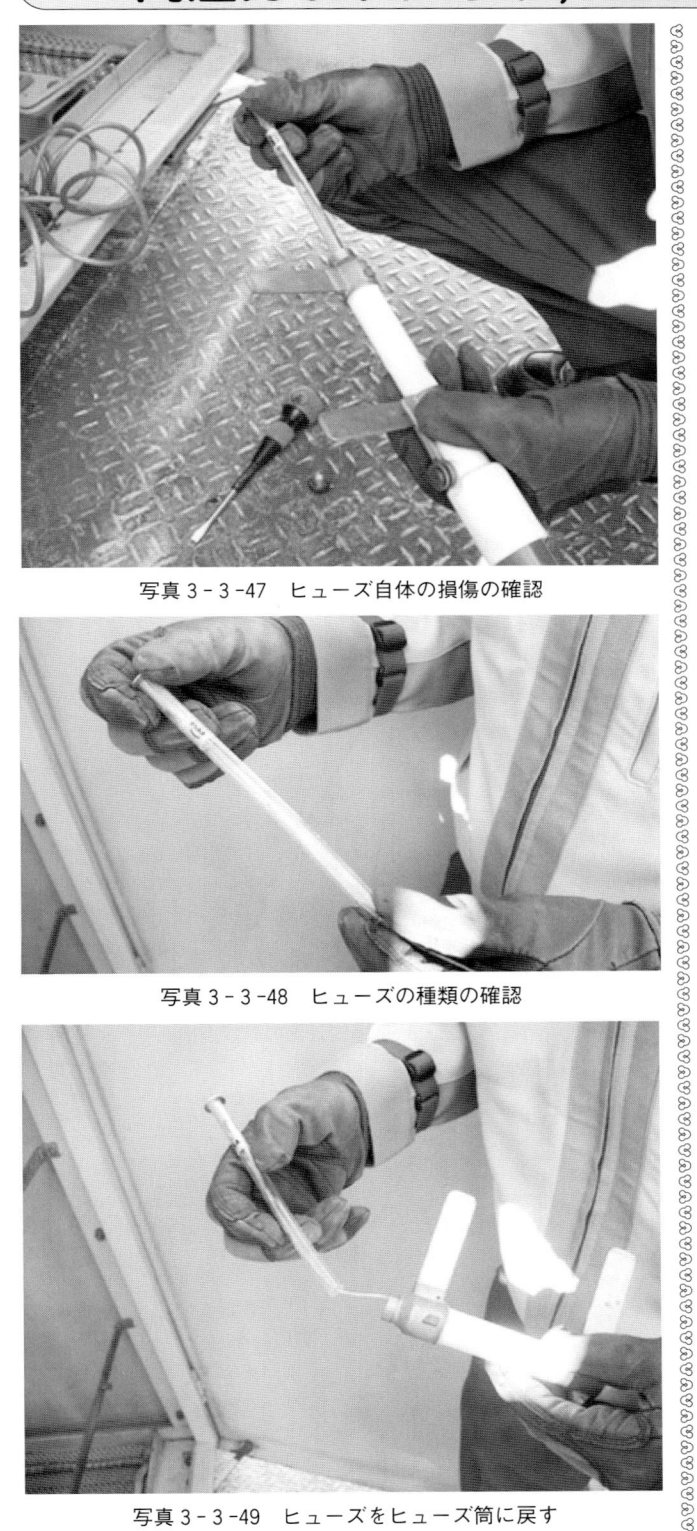

高圧カットアウトヒューズをヒューズ筒から取り外し，ヒューズ本体に損傷がないことを確認する．また，高圧カットアウトヒューズの定格電流は，変圧器の定格電流に適合していることを確認する．

変圧器保護用高圧カットアウトヒューズの適用例（6kV用）を示す．

変圧器容量	単相変圧器			三相変圧器		
	一次電流 [A]	遅動形ヒューズ [A]	速動形ヒューズ [A]	一次電流 [A]	遅動形ヒューズ [A]	速動形ヒューズ [A]
50	7.6	10	15	4.38	5	10
100	15.2	20	30	8.75	10	20
200	30.3	40	75	17.5	20	30
300	45.5	50	100	26.3	30	50

写真3-3-47　ヒューズ自体の損傷の確認

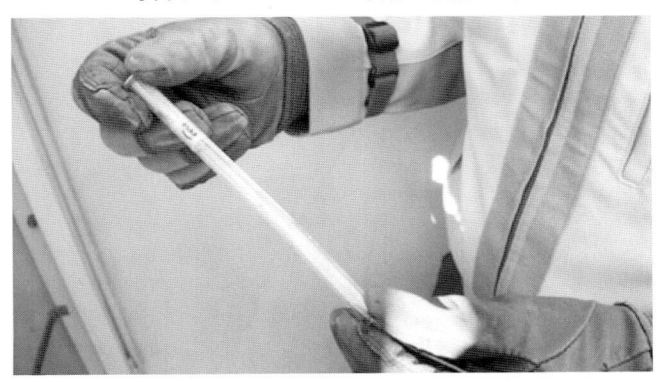

高圧カットアウトヒューズには，タイムラグ（遅動形）ヒューズとテンション（速動形）ヒューズとがあるので，どちらを使っているかを確認する．

種類の見分け方の構造を示す．

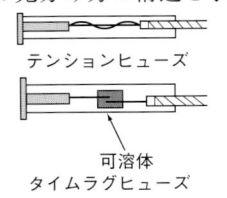

テンションヒューズ
可溶体
タイムラグヒューズ

写真3-3-48　ヒューズの種類の確認

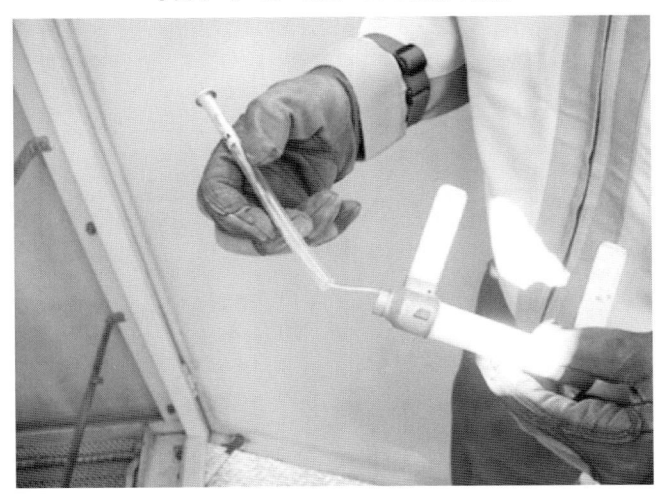

高圧カットアウトヒューズが適合しているのを確認できたら，ヒューズ筒へヒューズを入れ，ヒューズの後方リード線をヒューズ筒のビスに巻き付け，ドライバで締め付ける．

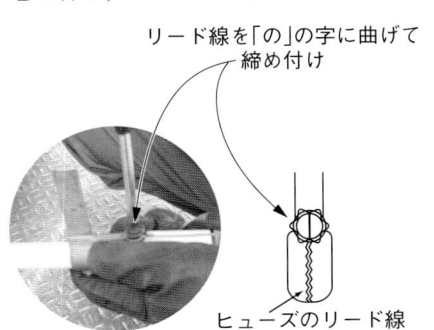

リード線を「の」の字に曲げて締め付け

ヒューズのリード線

写真3-3-49　ヒューズをヒューズ筒に戻す

計器用変成器の点検

　零相変流器（ZCT）は，高圧電路の地絡電流を検出するもので，地絡継電器と組み合わせて用いられる．

　零相変流器を貫通している高圧電線に無理な屈曲，変形，変色がないことを確認する．また，セパレータに亀裂，白濁斑の有無，損傷がないことを確認する．

　零相変流器の接地線に緩み，外れ，断線がないことを確認する．

写真3-3-50　零相変流器の外観点検

写真3-3-51　零相変流器の接地線の点検

　変流器（CT）は，高圧の大電流を巻数比に応じた低圧の小電流に変成するもので，電流計や過電流継電器と組み合わせて用いられる．

　変流器本体に亀裂，損傷，変色，汚損がないことを確認する．高圧電線と変流器一次側端子との接続部を目視により点検し，緩みがあればトルクレンチで増し締めを行うとともに，過熱による変色がないことを確認する．

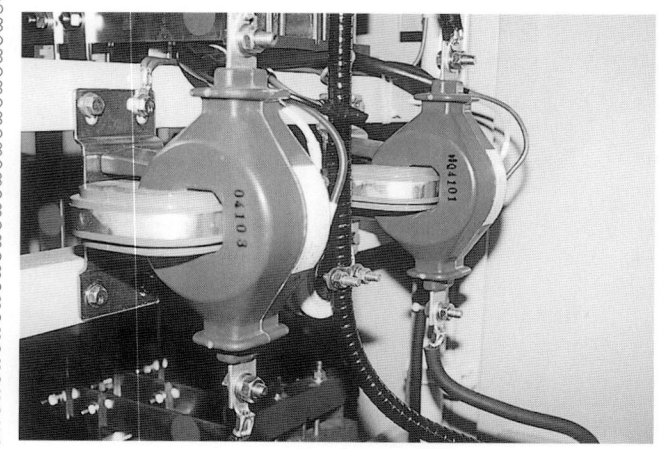

写真3-3-52　変流器の外観点検

　変流器二次側配線の端子と電線の接続部に緩みがあれば，ドライバで増し締めを行うとともに，変色がないことを確認する．D種接地工事の接地線に緩み，脱落，断線がないことを確認する．

〔変流器の二次側電路の接地〕

　電技の解釈第28条では，変流器の二次側電路の接地はD種接地工事で行い，接地抵抗値は100Ω以下（電技の解釈第17条）とするよう定められている．

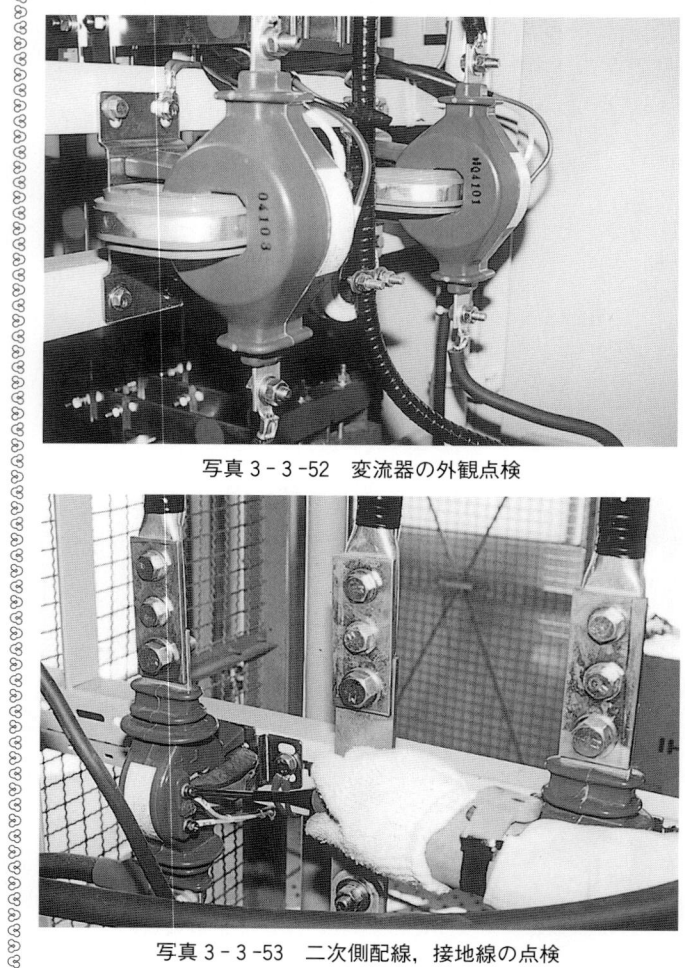

写真3-3-53　二次側配線，接地線の点検

計器用変成器の点検

計器用変圧器（VT）は，高電圧を巻数比に応じた低電圧に変成するもので，電圧計や保護継電器と組み合わせて用いられる．

計器用変圧器本体に亀裂，損傷，トラッキング痕，変色，汚損，放電痕がないことを確認する．また，ヒューズの刃受けに緩み，変色がないことを確認する．

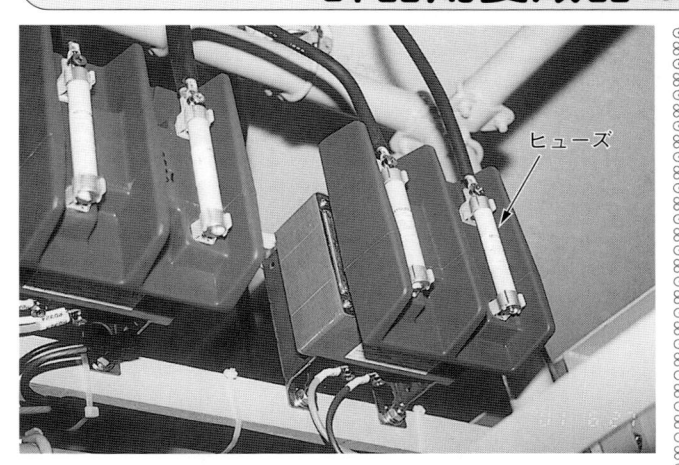

写真3-3-54　計器用変圧器の外観点検

一次側端子と高圧電線，二次側端子と電線の接続部に緩み，変色，過熱がないことを確認する．接続部に緩みがある場合は，ドライバで増し締めをする．

二次側電路のD種接地工事の接地線に，緩み，脱落，断線がないことを確認する．

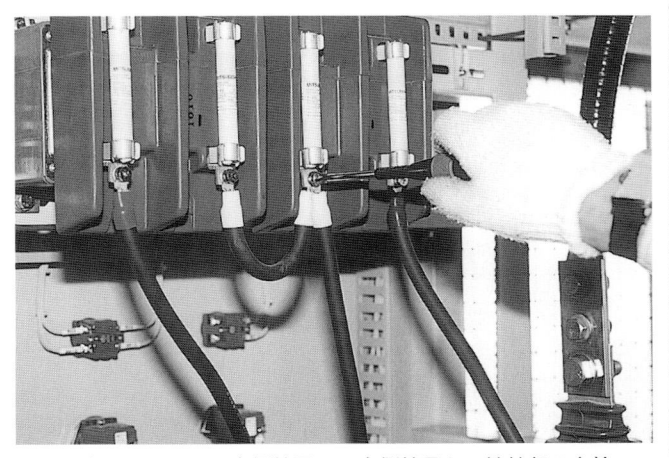

写真3-3-55　一次側端子，二次側端子との接続部の点検

計器用変圧器のヒューズ容量を確認する際にヒューズを外すときは，上部を外してから下部を外す．

計器用変圧器の一次ヒューズは，層間短絡，端子間短絡時に計器用変圧器を主回路から切り離すことを目的としているため，十分な電流遮断能力（遮断容量）のあるヒューズを使用する．

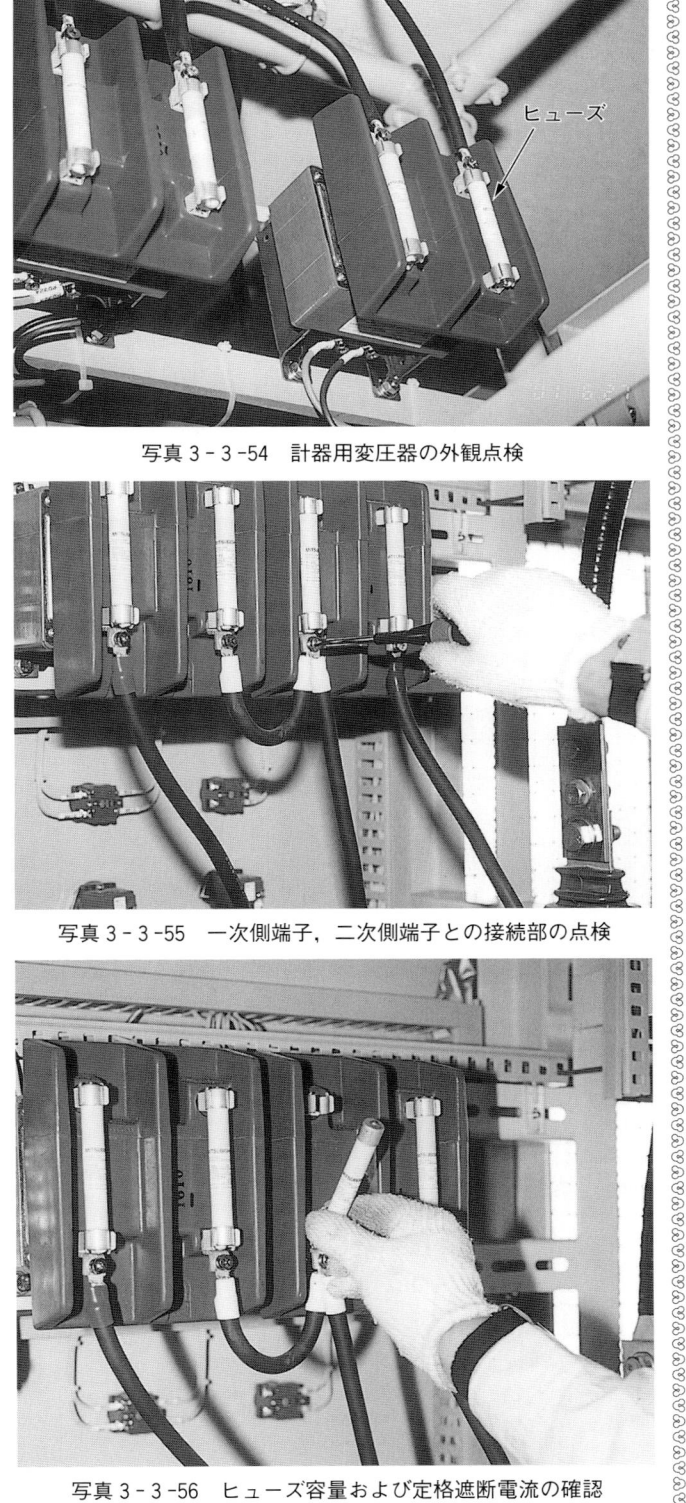

写真3-3-56　ヒューズ容量および定格遮断電流の確認

油入変圧器の点検

変圧器（T）は，電磁誘導作用によって高圧の電気を低圧の電気に変成（6 600V／105, 210V）するものである．

変圧器上部カバーのボルトを，スパナまたはトルクレンチで緩めて外す．このとき，対角線上に上部カバーのボルトを緩める．

上部カバーをあけたら，油量，油色，臭い，一次側端子部および二次側端子部，碍子に異常がないことを確認する．

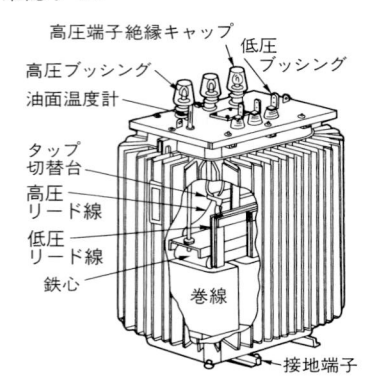

高圧端子絶縁キャップ
高圧ブッシング
低圧ブッシング
油面温度計
タップ切替台
高圧リード線
低圧リード線
鉄心
巻線
接地端子

三相変圧器の内部構造例

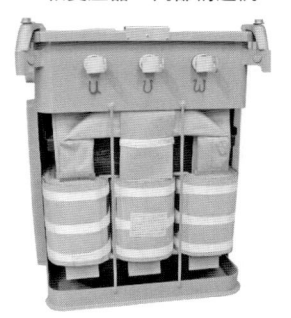

三相変圧器のカットモデル

タップ板が変色していないこと，タップ台が汚損していないことを確認する．

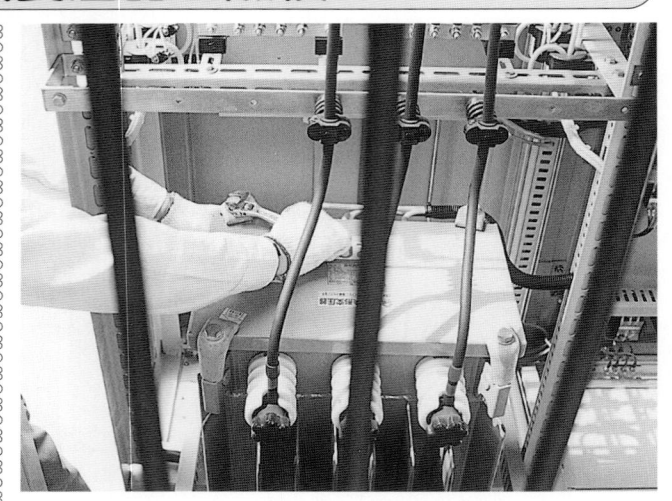

写真 3-3-57 変圧器上部のカバーの取り外し

写真 3-3-58 変圧器内部の点検

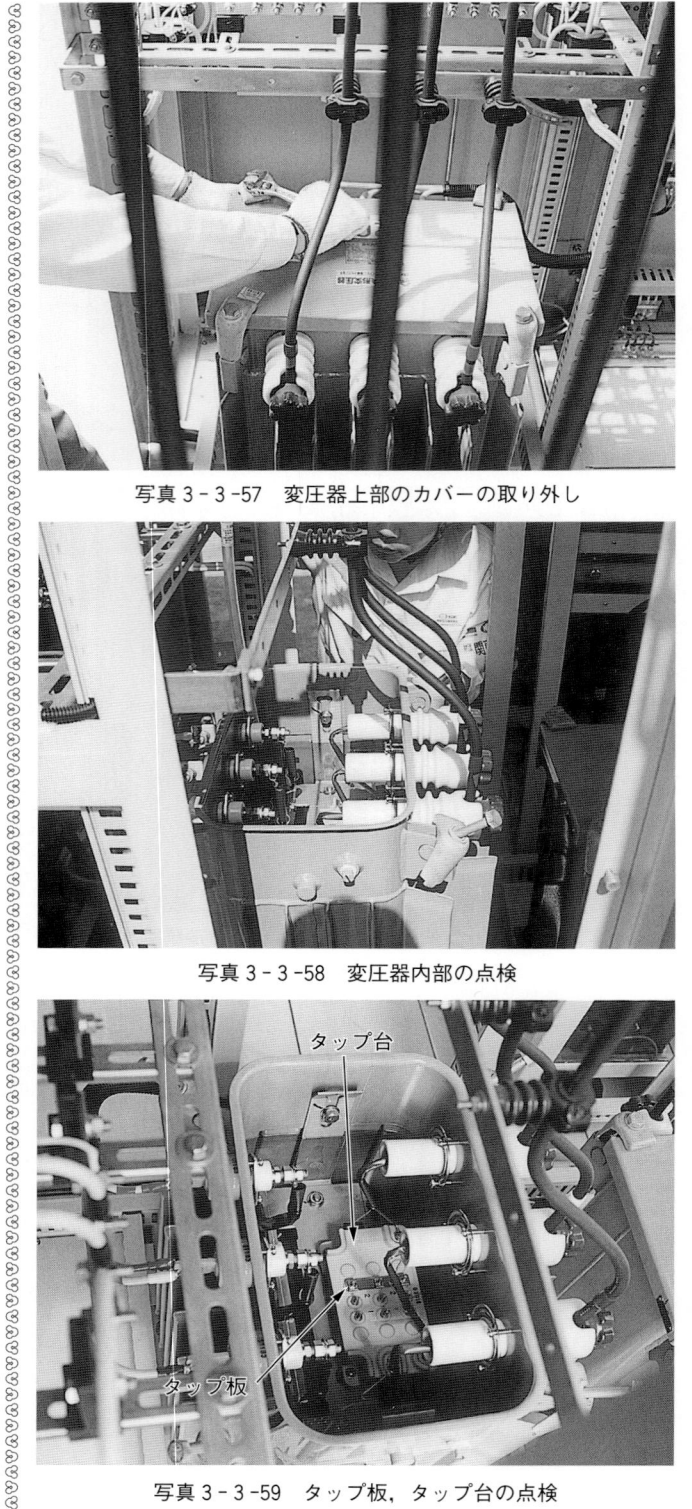

写真 3-3-59 タップ板，タップ台の点検

油入変圧器の点検

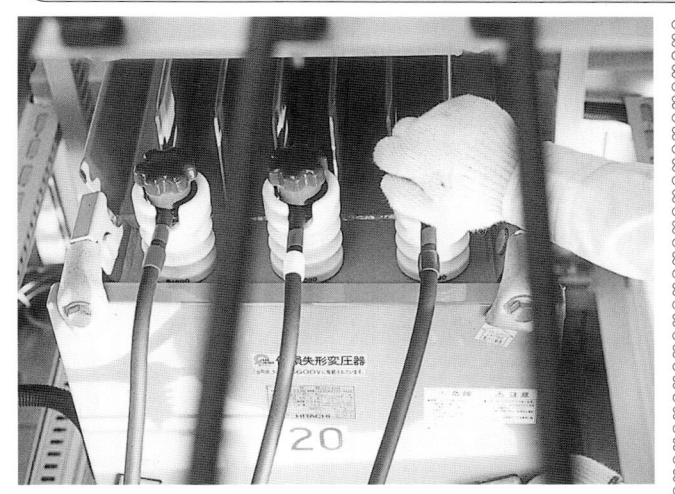

写真 3-3-60　一次側ブッシングの増し締め

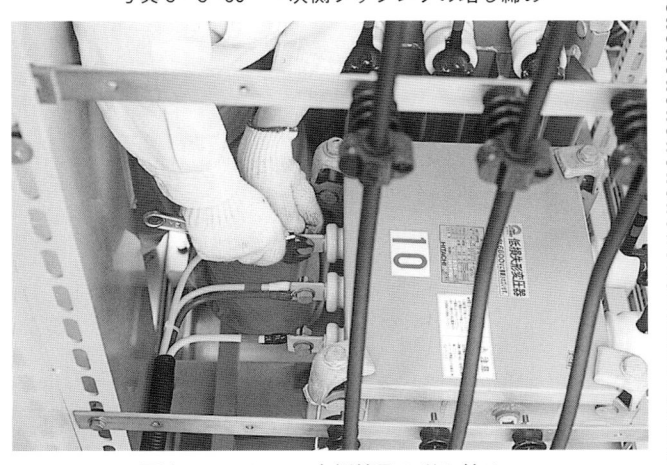

写真 3-3-61　二次側端子の増し締め

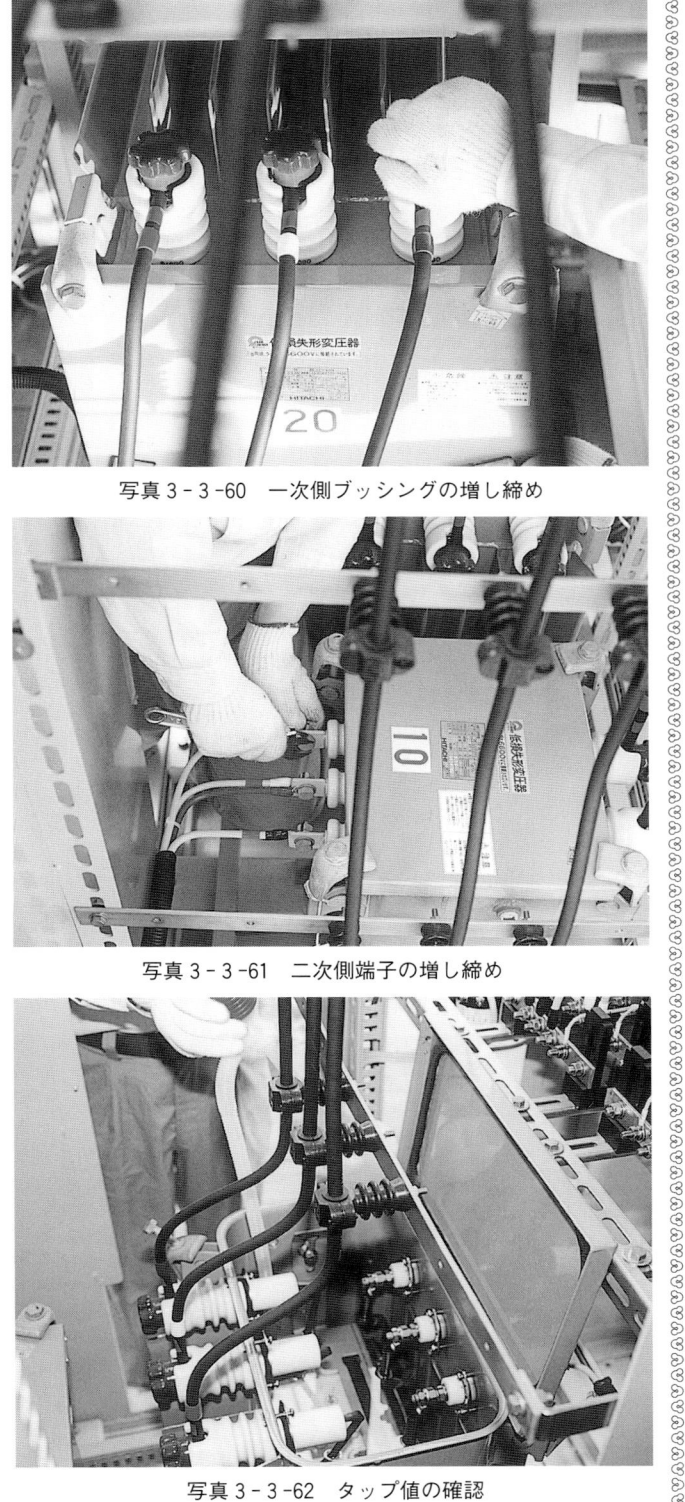

写真 3-3-62　タップ値の確認

一次側（高圧側）ブッシングに亀裂，破損，損傷がないことを確認するとともに，接続部が緩んでいないことを確認する．緩んでいる場合は，スパナにより増し締めを行う．

モールド変圧器は，モールド部，ブッシング部，端子部などの外観点検を行う．

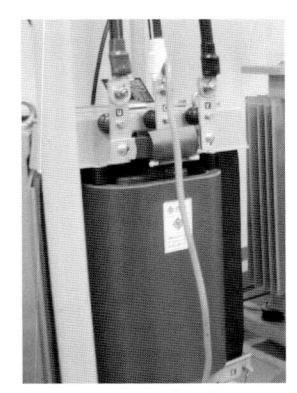

モールド変圧器

二次側（低圧側）端子に亀裂，破損，損傷がないことを確認するとともに，接続部が緩んでいないことを確認する．緩んでいる場合は，トルクレンチまたはスパナにより増し締めを行う．

変圧器のタップ値が，電力会社の指定された値になっていることを確認する．この後，絶縁破壊電圧試験用および酸価度測定用として，絶縁油を油採取用スポイトでカップに取り，油面が低下している場合には絶縁油を補充する．

PCBを含有する絶縁油を使用している変圧器（微量PCBを含む）は，電気関係報告規則などの届出がなされていることを確認する．

高圧進相用コンデンサの点検

高圧進相用コンデンサは，受電設備または個々の負荷に並列に接続し，遅れ無効電力を補償して力率を改善する目的で設置する．

高圧進相用コンデンサのカットモデル

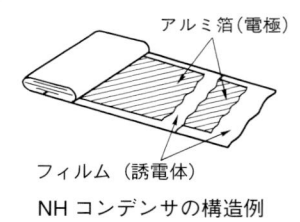

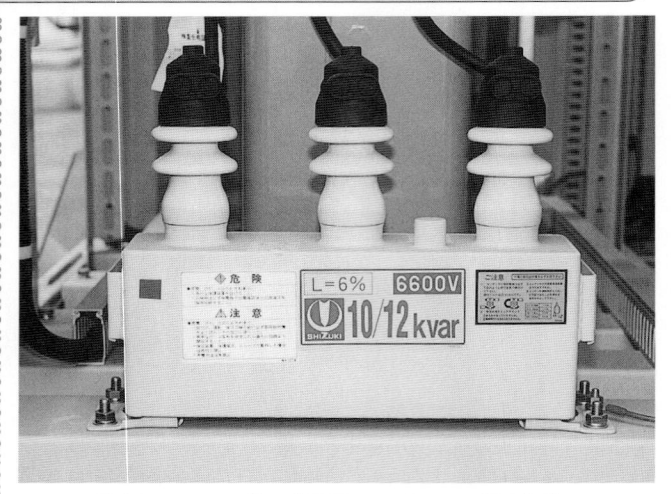

写真3-3-63　高圧進相用コンデンサの外観点検

高圧進相用コンデンサの外箱，ブッシング部に損傷，汚損，亀裂，発錆がないことを確認する．端子とケーブルの接続部に緩み，過熱による変色がないことを確認する．接続部に緩みがある場合は，トルクレンチで増し締めを行う．

また，外箱溶接部や碍子取付部からの油漏れの形跡がないことを確認する．

写真3-3-64　高圧進相用コンデンサブッシング部の点検

高圧進相用コンデンサの接地線の取付ボルトに外れ，緩みがないことを確認する．取付ボルトに緩みがある場合は，トルクレンチで増し締めを行う．

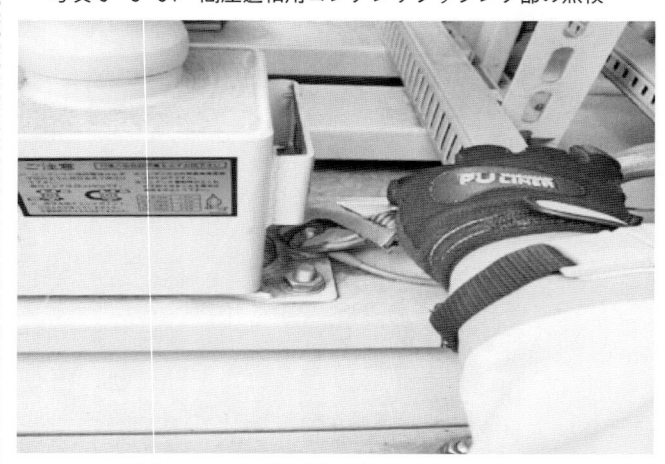

アルミ箔（電極）
フィルム（誘電体）
NHコンデンサの構造例

写真3-3-65　接地線取付ボルトの増し締め

高圧進相用コンデンサの点検

高圧進相用コンデンサの外箱が，異常に膨らんでいないことを確認する．

写真 3-3-66　外箱の膨らみの確認

異常に膨らんだコンデンサ

コンデンサケースの膨れ（参考値）

定格容量 [kvar]	休止時 [mm]	運転時限界 [mm]
10〜30	6 以内	10
50	8 〃	15
75〜100	13 〃	20
150以上	15 〃	25

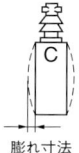

（片側寸法）

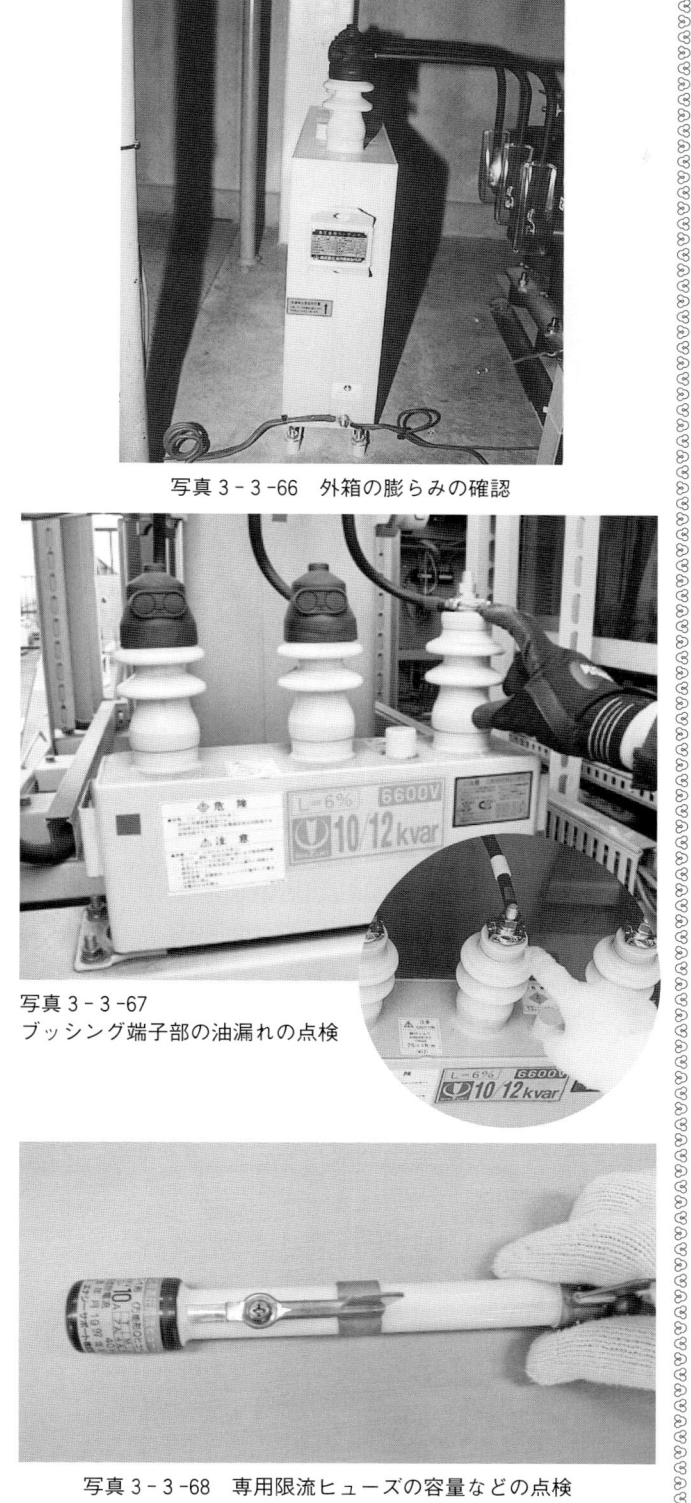

高圧進相用コンデンサのブッシング端子部から油漏れが発生していないかを入念に点検する．PCB入り高圧進相用コンデンサの場合，法令に基づくステッカーが貼付されていることを確認する．油漏れをしている場合は，専用の手袋をして作業を行う．

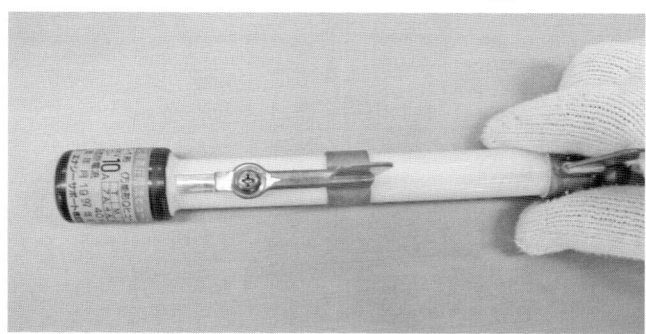

写真 3-3-67
ブッシング端子部の油漏れの点検

高圧カットアウトスイッチに，高圧進相用コンデンサ専用の限流ヒューズを使用している場合は，容量，変色，刃と受刃の接触状態などを確認する．

コンデンサの保護装置

コンデンサ容量	保護装置の種類
100kvar 以下	PF
100kvar 超過	①PF ②中性点電位または内部の圧力異常などによる検出装置

写真 3-3-68　専用限流ヒューズの容量などの点検

母線などの点検

低圧母線として使用する銅帯（ブスバー）や支持物に緩み，過熱による変色がないことを確認する．

支持物に亀裂，破損がないこと，支持金具がフレームパイプに確実に取り付けられていることを確認する．

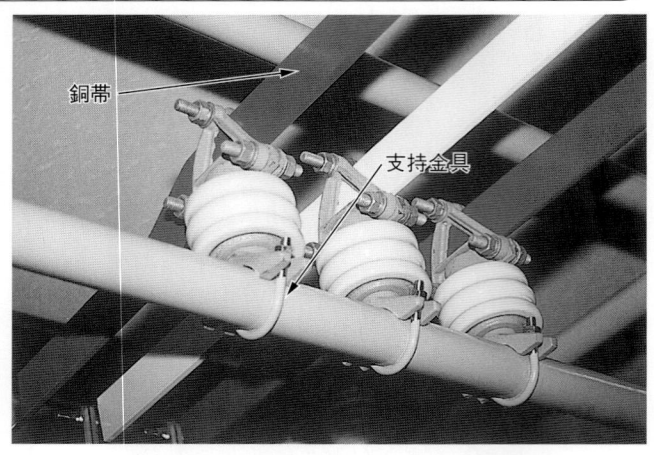

写真3-3-69　銅帯，支持物の点検

高圧電線の被覆が損傷していないことを確認する．

支持物に亀裂，破損がないこと，支持金具がフレームパイプに確実に取り付けられていることを確認する．また，高圧電線が強く締め付けられていないことを確認する．

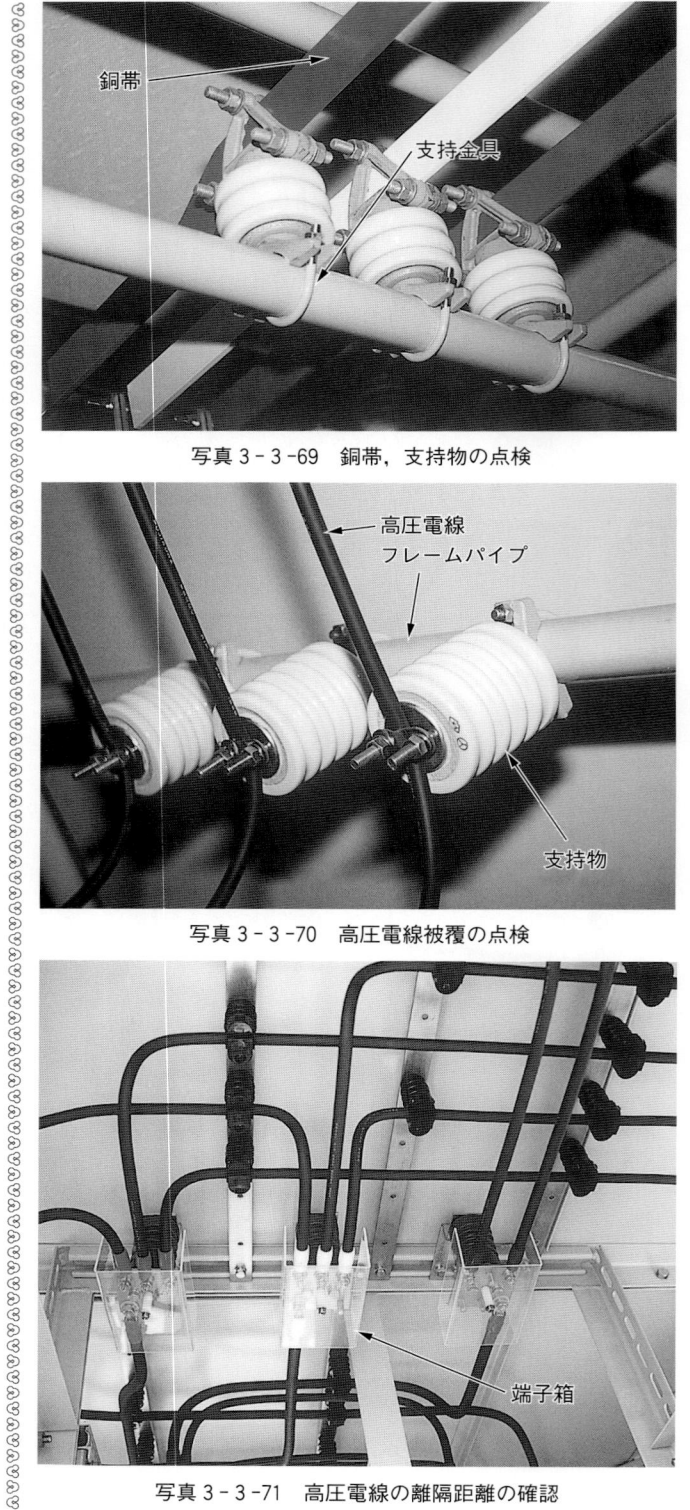

写真3-3-70　高圧電線被覆の点検

高圧電線の離隔距離が適正であることを確認する．

高圧電線を接続する端子箱部分に緩み，過熱による変色がないことを確認する．

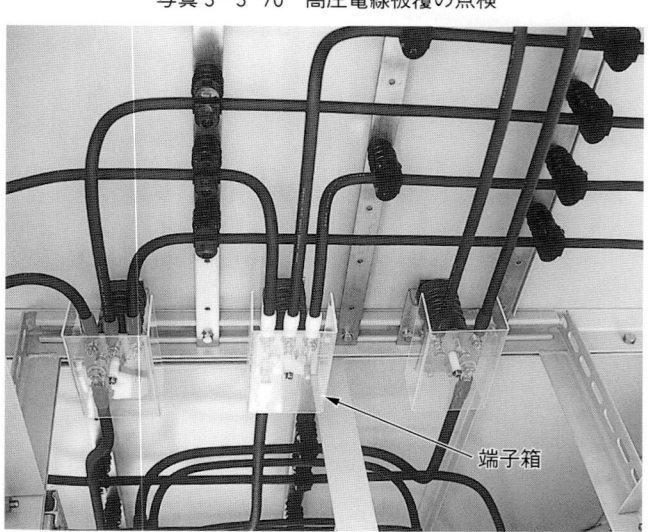

写真3-3-71　高圧電線の離隔距離の確認

母線などの点検

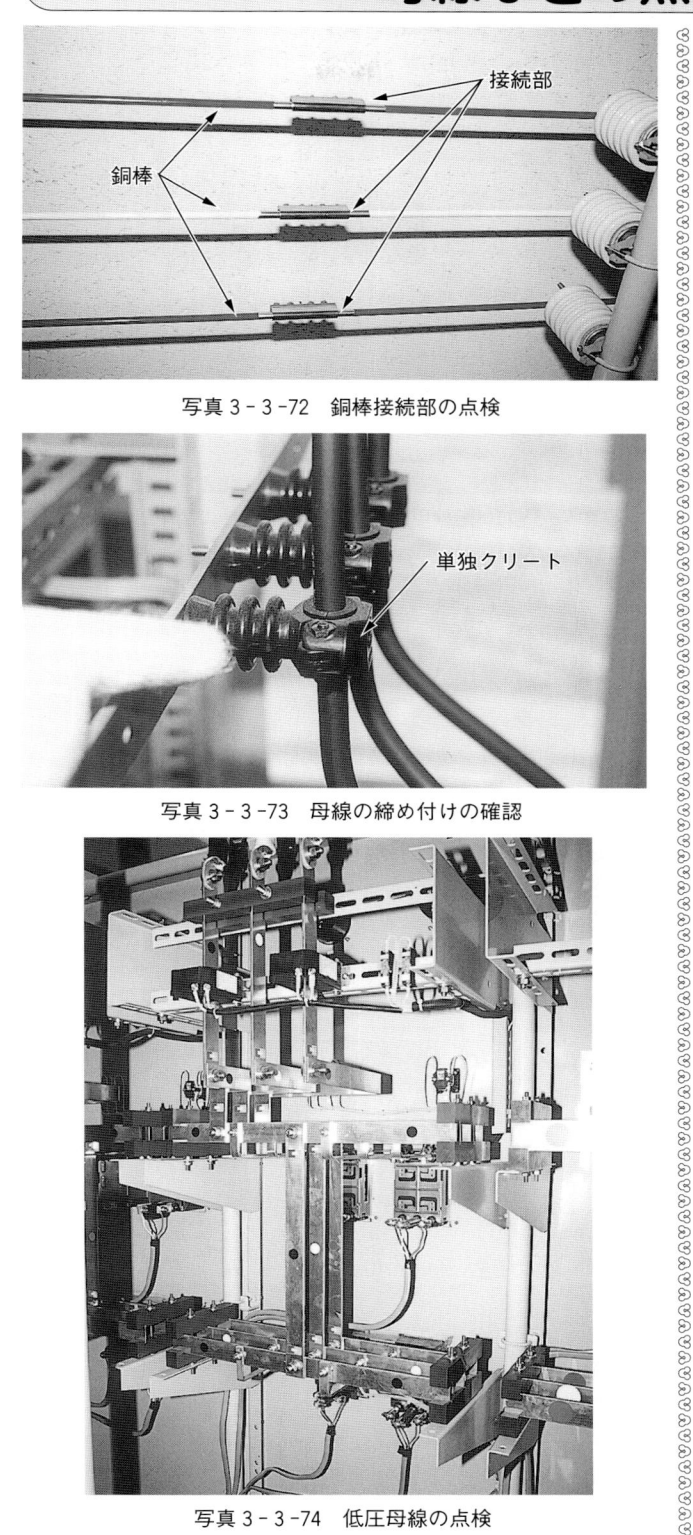

写真 3-3-72 銅棒接続部の点検

写真 3-3-73 母線の締め付けの確認

写真 3-3-74 低圧母線の点検

銅棒と銅棒との接続部に緩み,過熱による変色がないことを確認する.

母線を支持する単独クリート部や碍子部で,母線を強く締め付けていないことを確認する.

支持金具と単独クリート本体に緩みがなく,確実に固定されていることを確認する.

単独クリートの絶縁破壊

低圧母線は,端子の取付状況,離隔距離の確認,接続部の緩み,過熱による変色がないことを確認する.

年代を経たキュービクルには,高圧絶縁電線の支持物として,3線一括クリートを使用しているものがあるが,トラッキングによる絶縁破壊を起こしやすいので,単独クリートに取り替えることを推奨する.

3線一括クリートの絶縁破壊

低圧側配線の点検

配電盤の裏面にある配線用遮断器（MCCB）の端子と電線との接続部に過熱による変色がないことを確認する．

サーモラベルを貼って温度管理をする方法もある．サーモラベルには，可逆式と不可逆式とがある．

サーモラベルによる温度管理

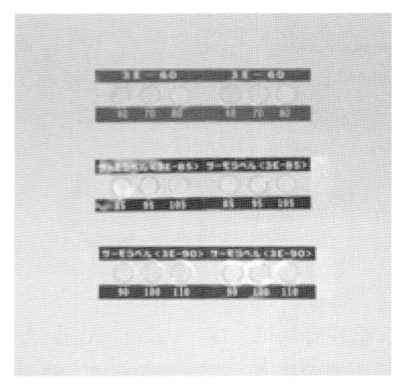

温度別サーモラベル

配線用遮断器の定格電流に対して，電線の太さが適正であることを確認する（電技の解釈第148条，第149条）．

中性線，接地側電線の色が，白色または灰色となっていることを確認する（内線規程1315-1）．

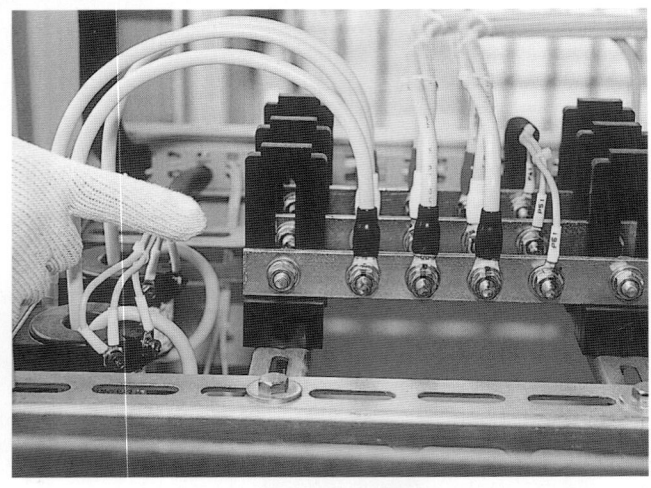

写真3-3-75　配線用遮断器端子と電線との接続部の点検

写真3-3-76　配線用遮断器の電線太さの確認

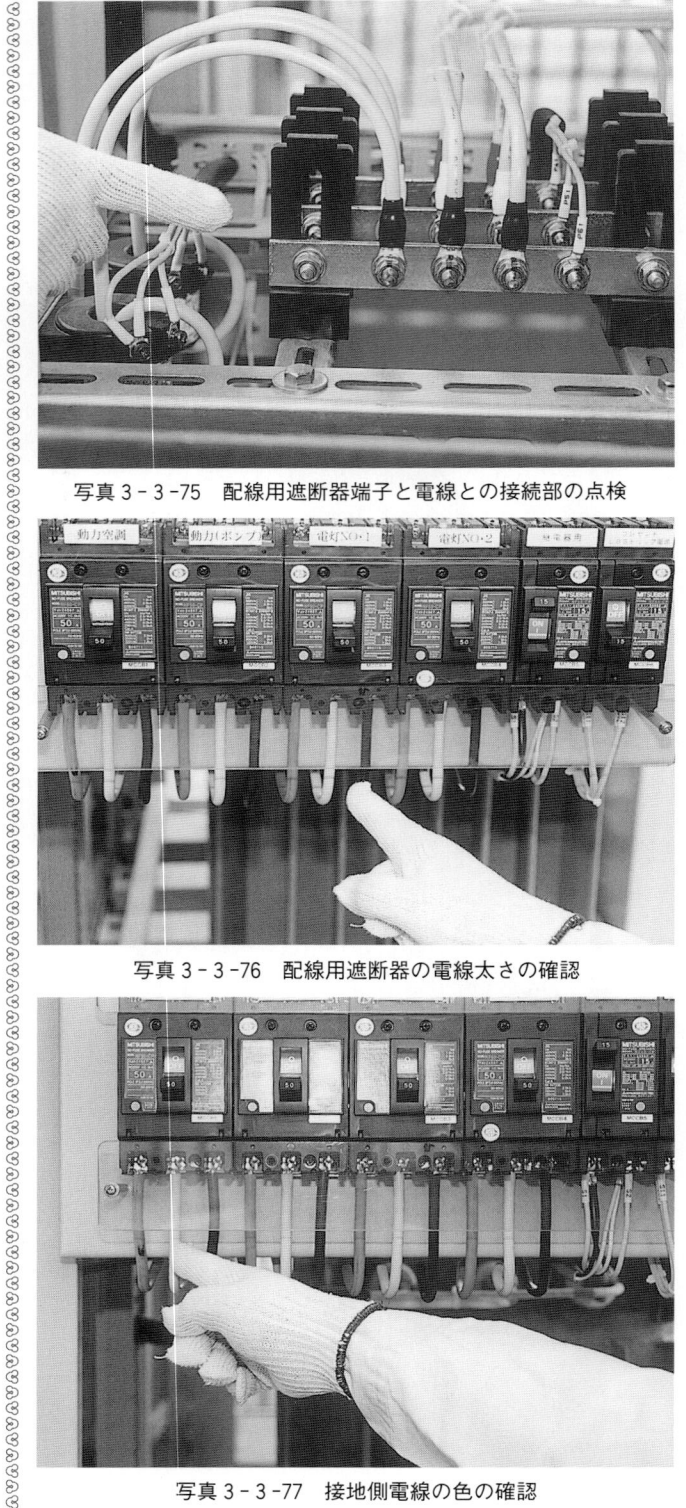

写真3-3-77　接地側電線の色の確認

低圧側配線の点検

写真3-3-78
接続電線の損傷の確認

配線用遮断器に接続している電線が損傷していないことを確認する．

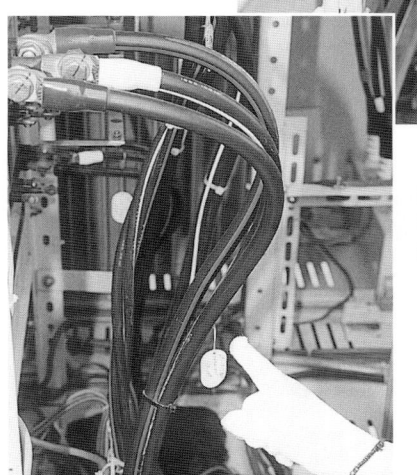

写真3-3-79
電線被覆の過熱による変色の確認

電線の接続部，端子部や被覆に過熱による変色がないことを確認する．

写真3-3-80
たるみの確認

配線にたるみがないことを確認するとともに，配線の行き先が明示されていることを確認する．

受配電盤の点検

受配電盤が発錆していないことを確認する．

電力量計の外箱に，D種接地工事が施されていることを確認する．接地線の緩み，断線のないことを確認する．

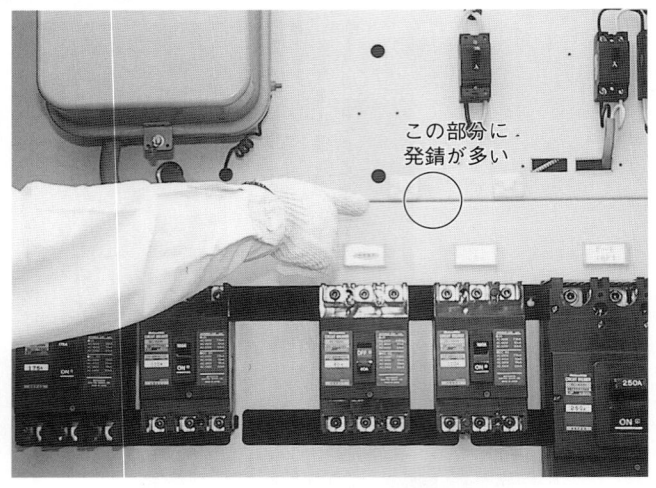

この部分に発錆が多い

写真3-3-81 受配電盤の発錆の点検

受配電盤に配線用遮断器などが確実に固定されていることを確認するとともに，配線の行き先が明示されていることを確認する．

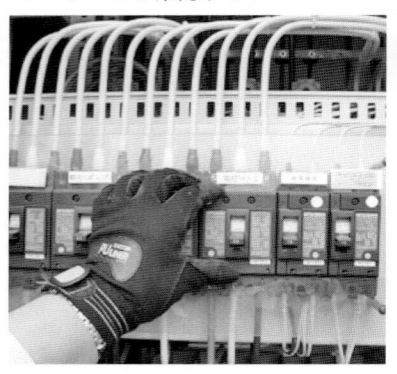

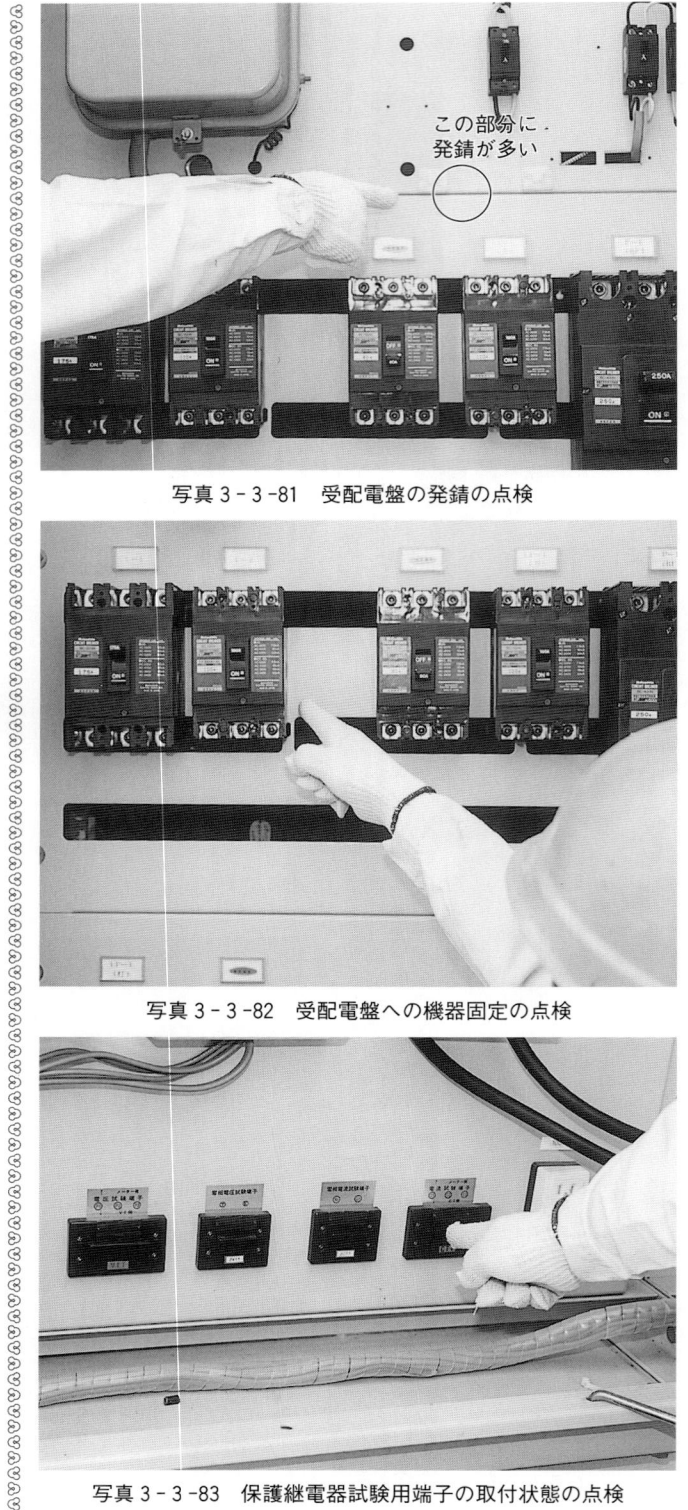

写真3-3-82 受配電盤への機器固定の点検

保護継電器試験用端子の取付状態が適正であることを確認する．

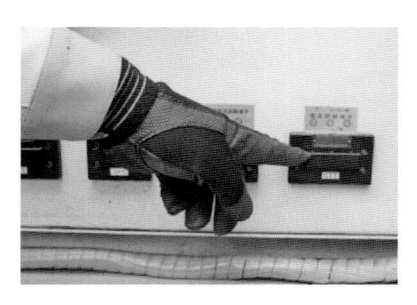

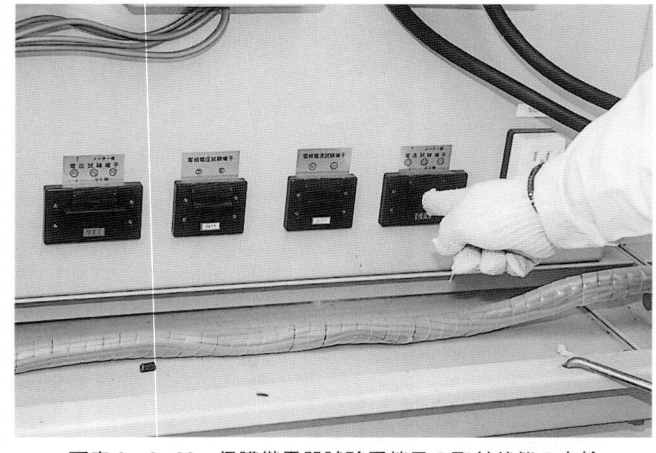

写真3-3-83 保護継電器試験用端子の取付状態の点検

受配電盤の点検

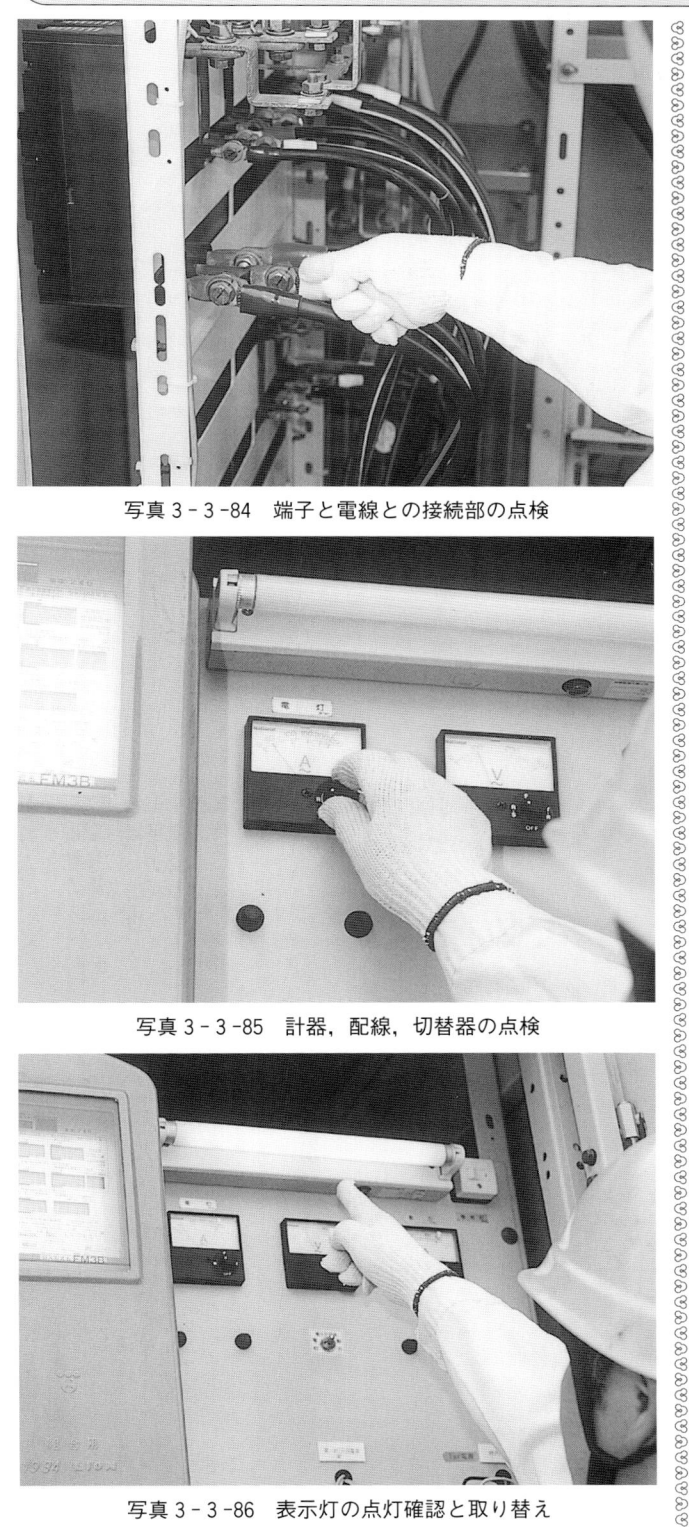

写真3-3-84 端子と電線との接続部の点検

刃形開閉器または配線用遮断器の端子と電線との接続部に過熱による変色がないことを確認する．

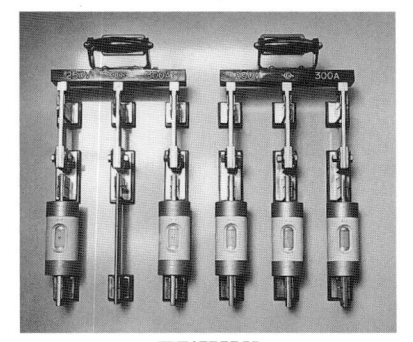

刃形開閉器

電流計，電圧計，配線，電流計切替スイッチ，電圧計切替スイッチなどに汚損，損傷がないことおよび各切替スイッチがスムーズに作動することを確認する．

電流計切替スイッチ

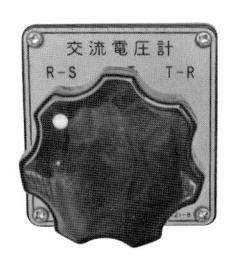

電圧計切替スイッチ

写真3-3-85 計器，配線，切替器の点検

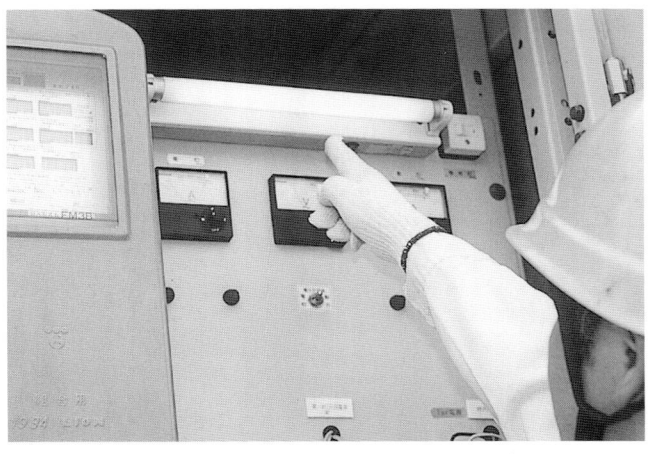

停電前の点灯確認時に点灯しない表示灯（開閉表示灯，盤表示灯など）は，点検時に新品と取り替える．

写真3-3-86 表示灯の点灯確認と取り替え

地絡方向継電器の動作特性試験

　区分開閉器（地絡方向継電器付柱上高圧気中負荷開閉器：DGR付PAS）は，柱上の責任分界点（電力会社の引込線と自構内の高圧配線との接続点）に取り付ける．DGR付PASは，波及事故（自構内の事故によって電力会社の配電線を停電させること）を防止するために設置する．

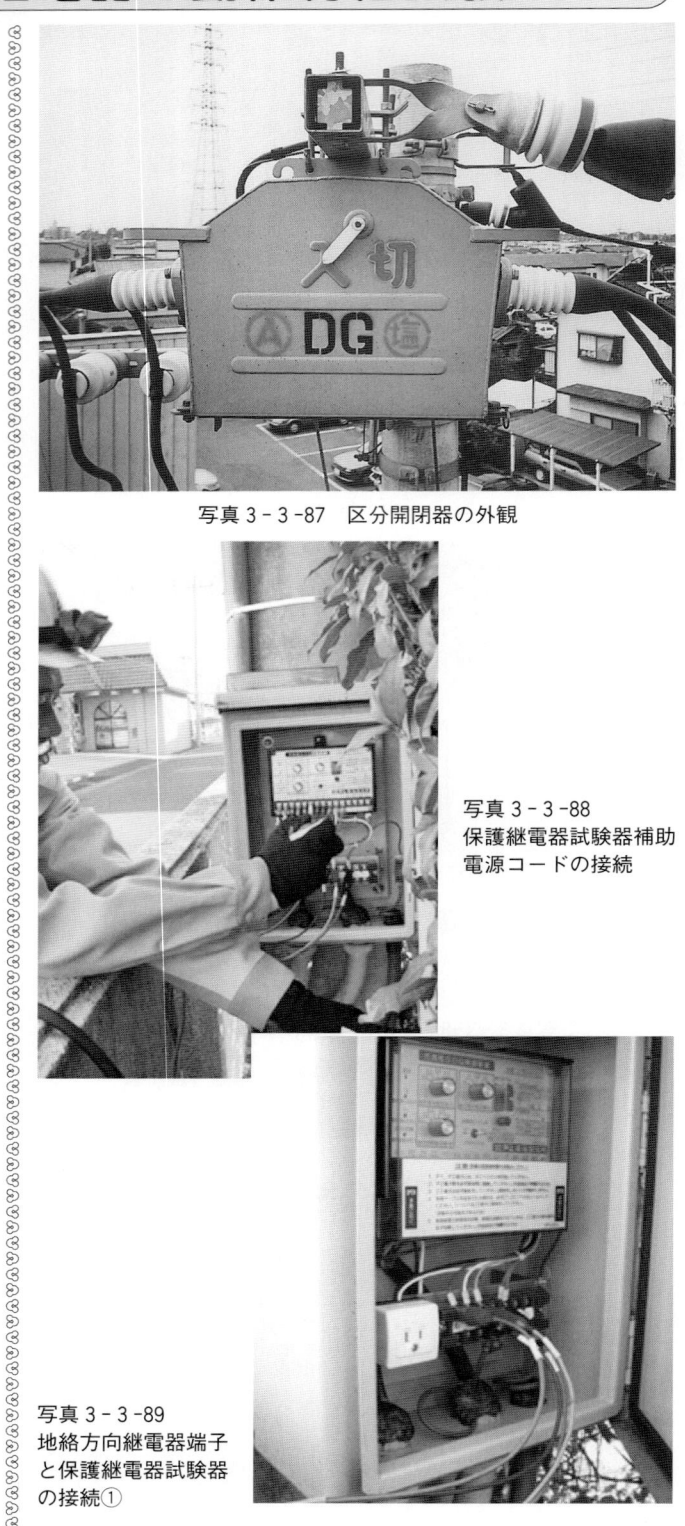

写真3-3-87　区分開閉器の外観

　制御箱内地絡方向継電器（以下，地絡方向継電器という）端子台に接続されているP1端子，P2端子の配線を外し，保護継電器試験器の補助電源コード（制御電源）の電圧側電源をP1端子に，接地側電源をP2端子にそれぞれ接続する．

写真3-3-88
保護継電器試験器補助電源コードの接続

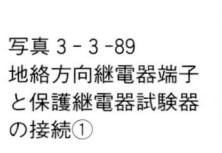

　地絡方向継電器の端子台T端子に，保護継電器試験器の電圧回路コードのプラス側を接続する．電圧回路コードのマイナス側は，接地端子に接続する．

写真3-3-89
地絡方向継電器端子と保護継電器試験器の接続①

地絡方向継電器の動作特性試験（つづく）

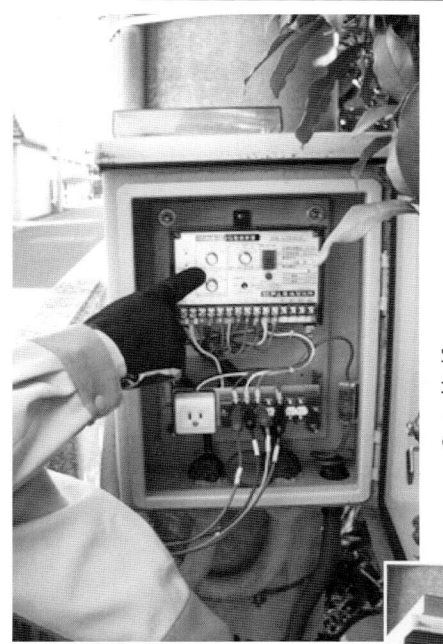

地絡方向継電器の端子台 Kt 端子に，保護継電器試験器の電流回路コードのマイナス側を，lt 端子にプラス側を接続する．極性を間違えないよう注意する．

写真 3-3-90
地絡方向継電器端子と保護継電器試験器の接続②

地絡方向継電器の端子台 B1 端子と B2 端子に，保護継電器試験器の時限コードを接続する．

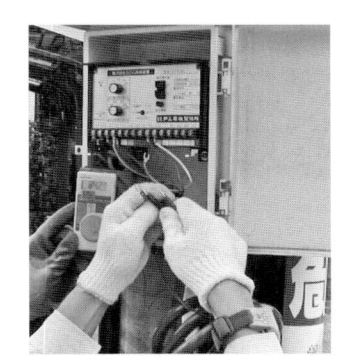

写真 3-3-91
地絡方向継電器端子と保護継電器試験器の接続③

地絡方向継電器の端子部

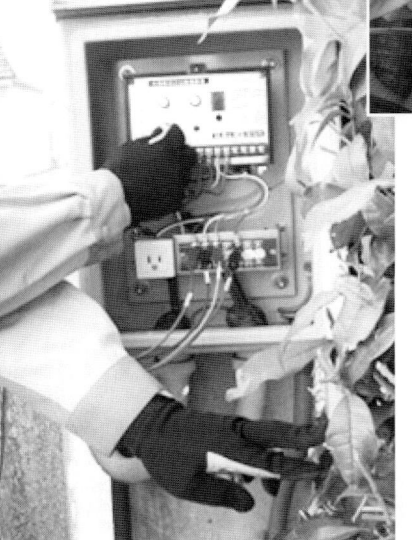

写真 3-3-92
試験準備の完了と動作確認

準備が完了したら保護継電器試験器の電源を入れ，地絡方向継電器に制御用電源を供給し，試験ボタンを押して地絡方向継電器が動作することを確認する．

（つづき）地絡方向継電器の動作特性試験

　地絡方向継電器の動作確認は，制御箱の中の地絡試験ボタンを押し，DGR付PASが動作するか，動作表示灯が点灯するかを確認する．

　なお，方向性を有しない地絡継電器の場合は，動作電圧特性試験，位相特性試験は行わない．

写真3-3-93　地絡方向継電器の動作確認

[動作電圧特性試験]

	整定値		試験
電流	0.2A	→	0.26A（130％）を流す．
位相角	0°	→	0°の状態
零相電圧	（190V）		動作したときの電圧値を動作電圧値とする．

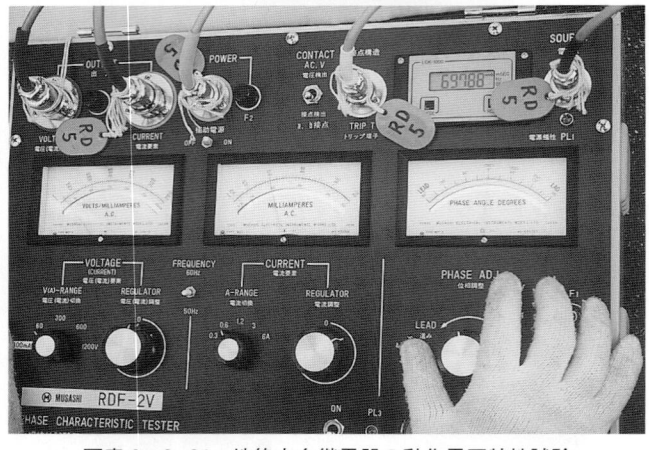

写真3-3-94　地絡方向継電器の動作電圧特性試験

[動作電流特性試験]

	整定値		試験
零相電圧	190V	→	247V（130％）を印加する．
位相角	0°	→	0°の状態
電流	（0.2A）	→	動作したときの電流値を動作電流値とする．

写真3-3-95　地絡方向継電器の動作電流特性試験

地絡方向継電器の動作特性試験

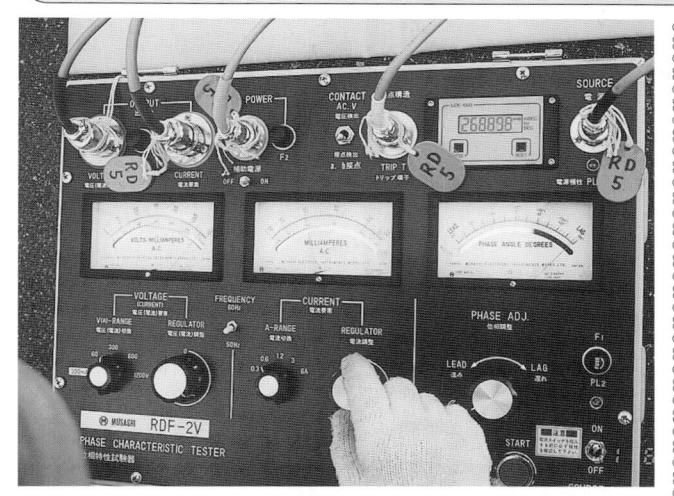

地絡方向継電器の不動作試験は，試験電圧と試験電流を逆相（位相差を180°）とし，電圧と電流を流して不動作を確認する．

写真 3-3-96 地絡方向継電器の不動作試験

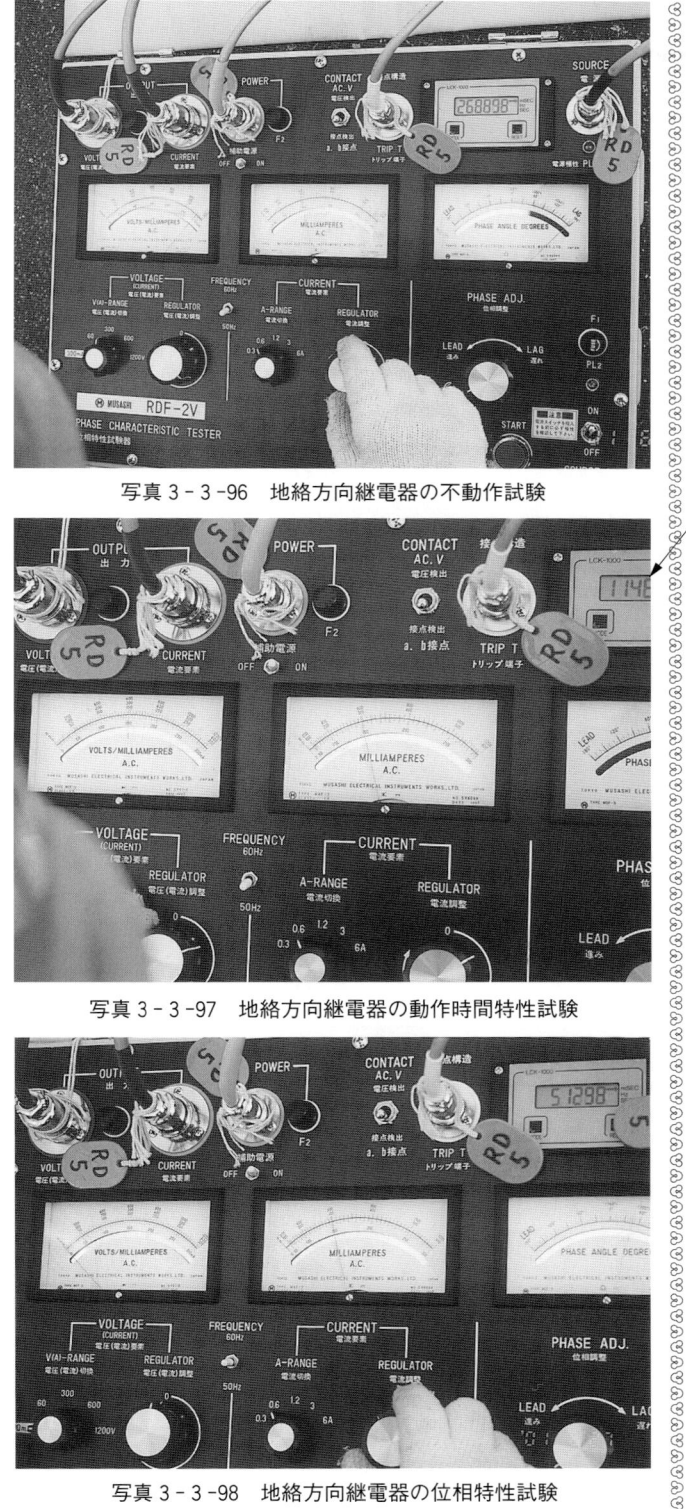

写真 3-3-97 地絡方向継電器の動作時間特性試験

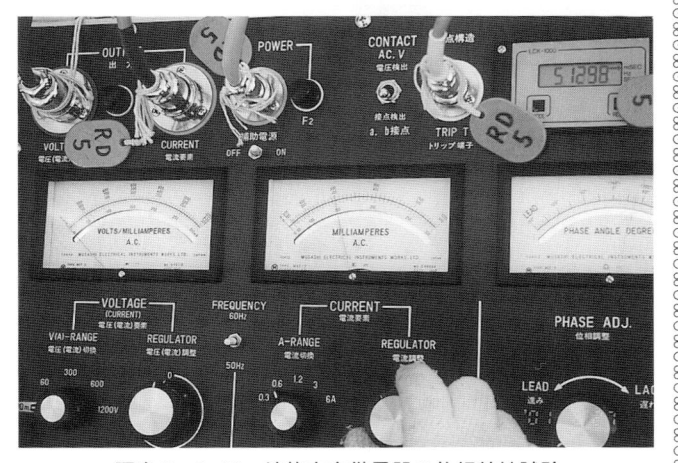

[動作時間特性試験]

	整定値	試験
電流	0.2A	→ 0.26A（130%）を流す．
位相角	0°	→ 0°の状態
零相電圧	(190V)	→ 247V（130%）を印加する．
動作時間		→ 動作時間を読み取る．

写真 3-3-98 地絡方向継電器の位相特性試験

[位相特性試験]

	整定値	試験
零相電圧	190V	→ 247V（130%）を印加する．

①位相角：進み60°，0°，90°のときの動作電流値を測定する．

②位相角：進み170°に整定して1.0Aを流し，不動作を確認する．位相調整ツマミを回して動作するときの位相角を動作角とする．

過電流継電器の動作特性試験

過電流継電器は，高圧回路で短絡事故や過負荷になった場合，速やかに動作して遮断器を開放し，事故が電力会社の配電線に波及することを防止するための保護装置である．また過電流継電器は，遮断器と組み合わせて使用するので，連系動作が確実でないと十分に機能が発揮できない．このため，定期点検時には過電流継電器の動作特性試験を実施する．

高圧受電設備の過電流継電器は，静止形と誘導円板形があるが，最近は静止形過電流継電器が多く使用されている．

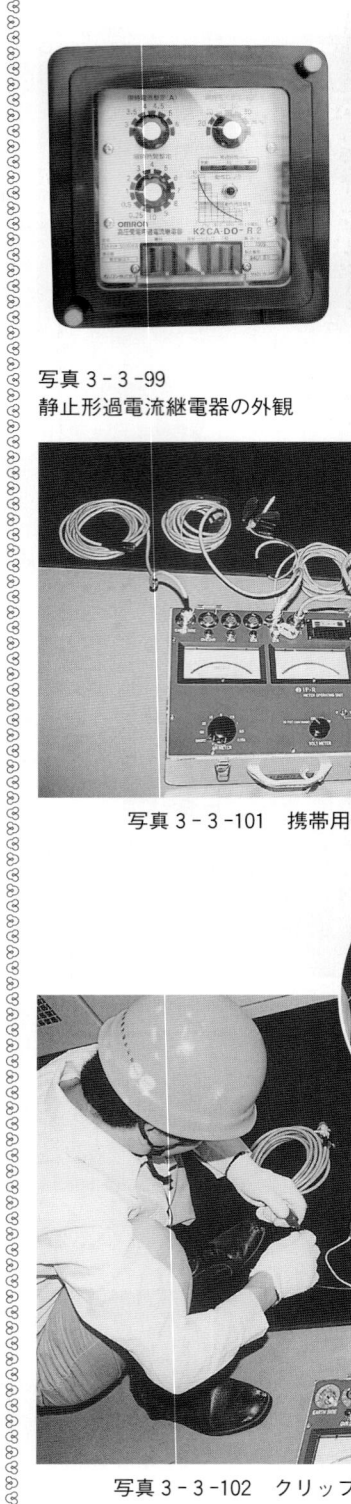

写真 3-3-99 静止形過電流継電器の外観

写真 3-3-100 誘導円板形過電流継電器の外観

過電流継電器の動作特性試験を行うために，一般的には携帯用保護継電器試験器が使用されている．

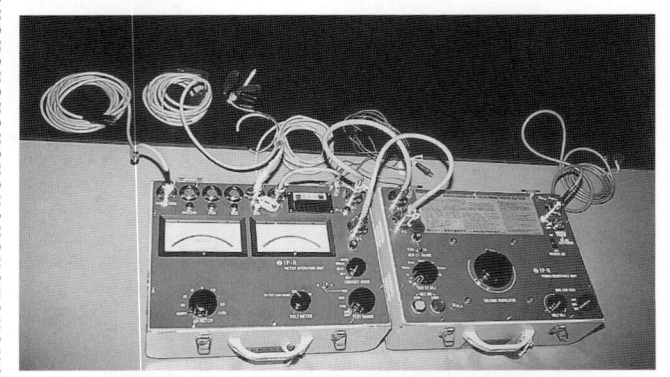

写真 3-3-101 携帯用保護継電器試験器の外観

過電流継電器と保護継電器試験器とを接続するコードを使用する前に点検する．各コードのクリップと端子の接続部に緩みがないか，外れがないか，接続状態は正常かなどを確認する．また，各コードのクリップ先端部が確実にかみ合っていることを確認する．

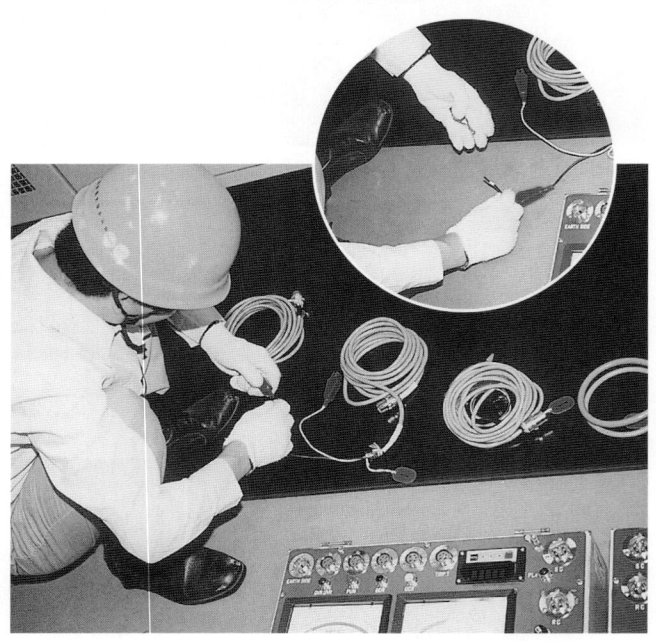

写真 3-3-102 クリップ先端部のかみ合いの確認

過電流継電器の動作特性試験　（つづく）

各コード先端についている試験器へ接続する取付コネクタと端子の接続部が確実に接続されていることを確認する．

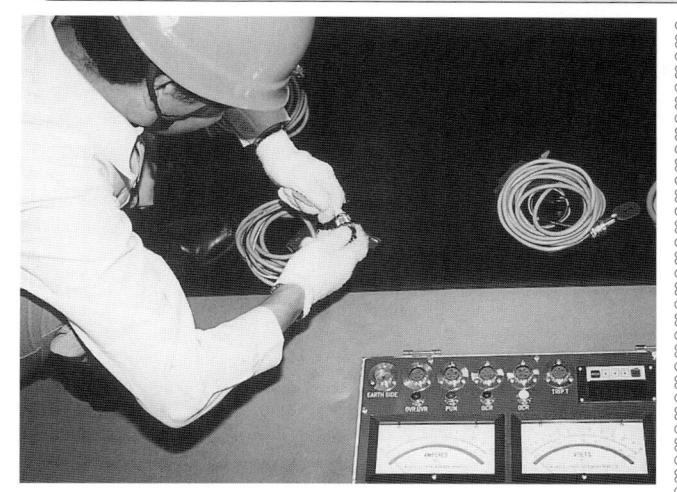

写真3-3-103　取付コネクタと端子接続部の確認

過電流継電器のガラスカバーを外し，整定タップ，整定レバーなどを確認して試験前の値を記録する．
〔整定の一例〕
- 限時電流整定：4 A
- 瞬時電流整定：30A
- 限時時間整定：2秒

写真3-3-104　整定タップ，整定レバーの確認

動作特性試験は，受電盤下部についている電流試験端子（CTT）によって行うが，電流試験端子には変流器（CT）側端子と保護継電器（RY）側端子とがある．CT側端子とRY側端子の確認は，各相の端子バーを外してから低圧絶縁抵抗計（メガ）や回路計（テスタ）で確認する（接地しているCT側端子が0 MΩとなる）．

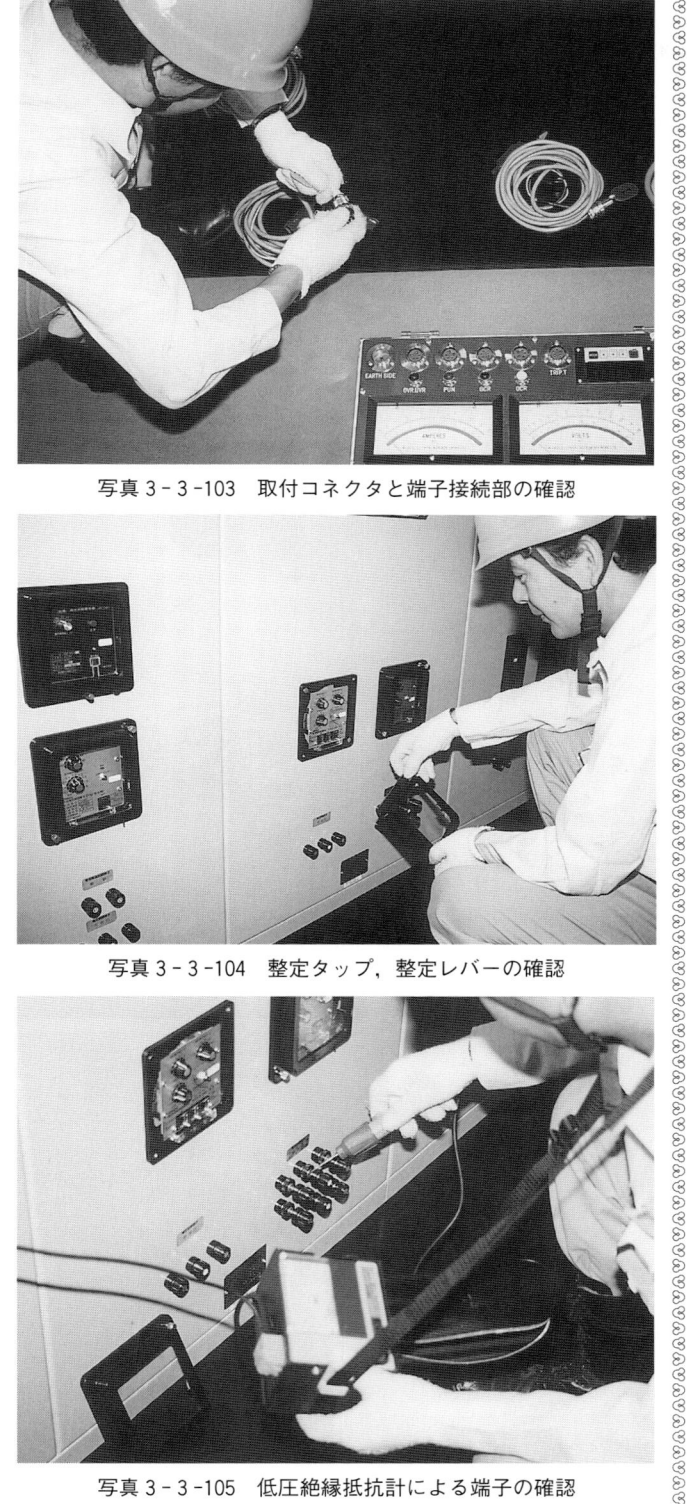

写真3-3-105　低圧絶縁抵抗計による端子の確認

（つづき）過電流継電器の動作特性試験

電流試験端子のCT側端子とRY側端子が確認できたら，RY側端子に保護継電器試験器のリード線がはさみ込めるよう端子キャップを外しておく．

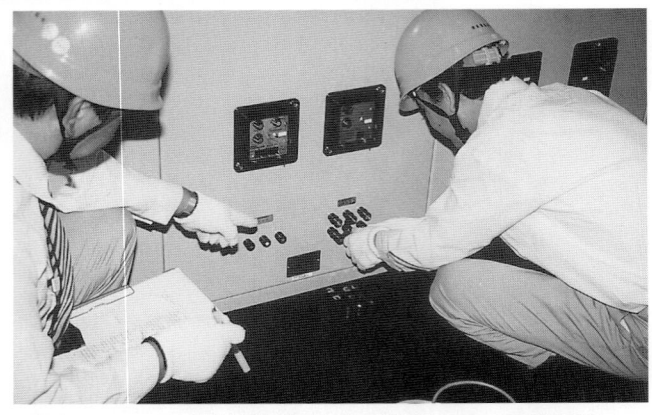

写真3-3-106　電流試験端子各相の端子キャップの取り外し

自電源により過電流継電器の動作特性試験を行う場合は，全停電した後に電流試験端子のCT側端子3本を端子バーで短絡する．

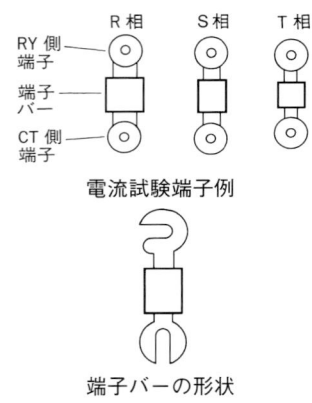

電流試験端子例

端子バーの形状

写真3-3-107
端子バーによるCT側端子の短絡

保護継電器試験器の電源部および操作部に，コード先端の取付コネクタを接続する．

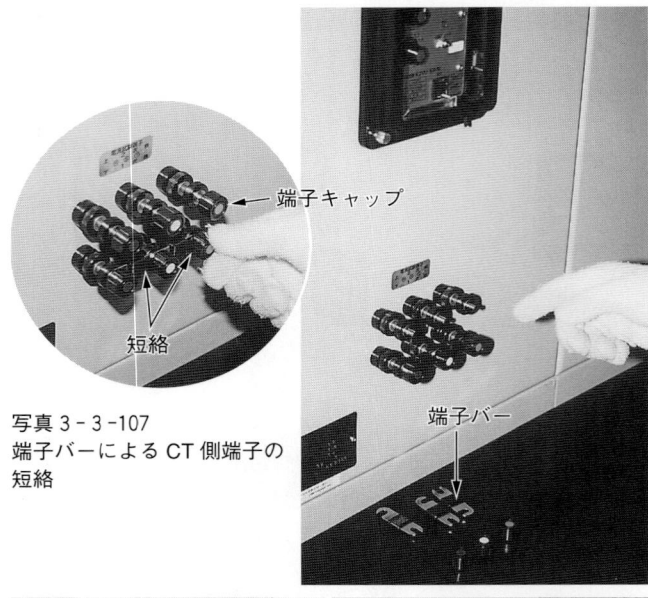

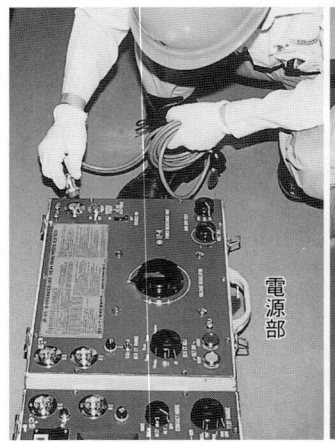

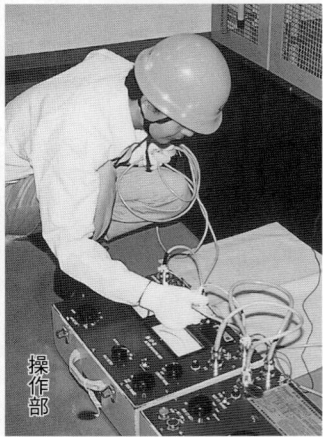

写真3-3-108　保護継電器試験器への取付コネクタの接続

過電流継電器の動作特性試験　（つづく）

保護継電器試験器のアース端子（EARTH SIDE）に取り付けたコード先端部の極性が、電源のアース側になっていることを低圧検電器によって確認する。

低圧検電器

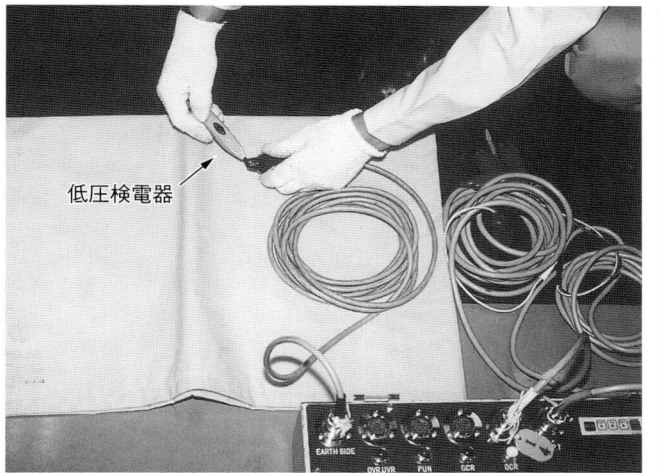

写真3-3-109　アースコード先端部の極性の確認

写真3-3-110
電流試験端子RY側T相端子への接続

保護継電器試験器の過電流継電器用コードを、電流試験端子のRY側T相端子に接続する。

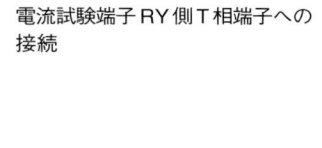

保護継電器試験器の過電流継電器用コードを、電流試験端子のRY側R相端子に接続する。

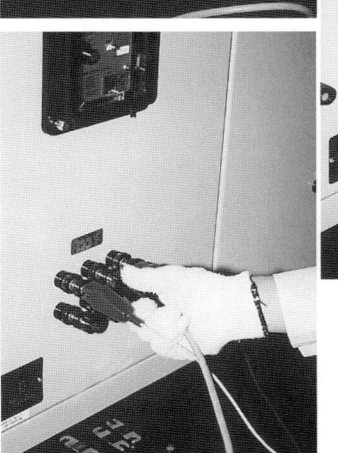

写真3-3-111
電流試験端子RY側R相端子への接続

写真3-3-112
電流試験端子RY側S相端子への接続

保護継電器試験器のアースコードを、電流試験端子のRY側S相端子に接続する。

（つづき）　過電流継電器の動作特性試験

保護継電器試験器のトリップコードのクリップは，遮断器のはさみやすい相とする．

トリップコードを遮断器に接続することにより，遮断器が動作するまでの時間を測定することができる．

写真3-3-113
遮断器へのトリップコードの接続準備

保護継電器試験器のトリップコードを，遮断器の電源側と負荷側に接続し，作業責任者が確認する．

遮断器が動作したときの振動により，クリップが外れないようしっかりと接続する．

写真3-3-114
遮断器へのトリップコードの接続と確認

保護継電器試験器のアース端子（EARTH SIDE）に取り付けたコードを，接地線に取り付ける．

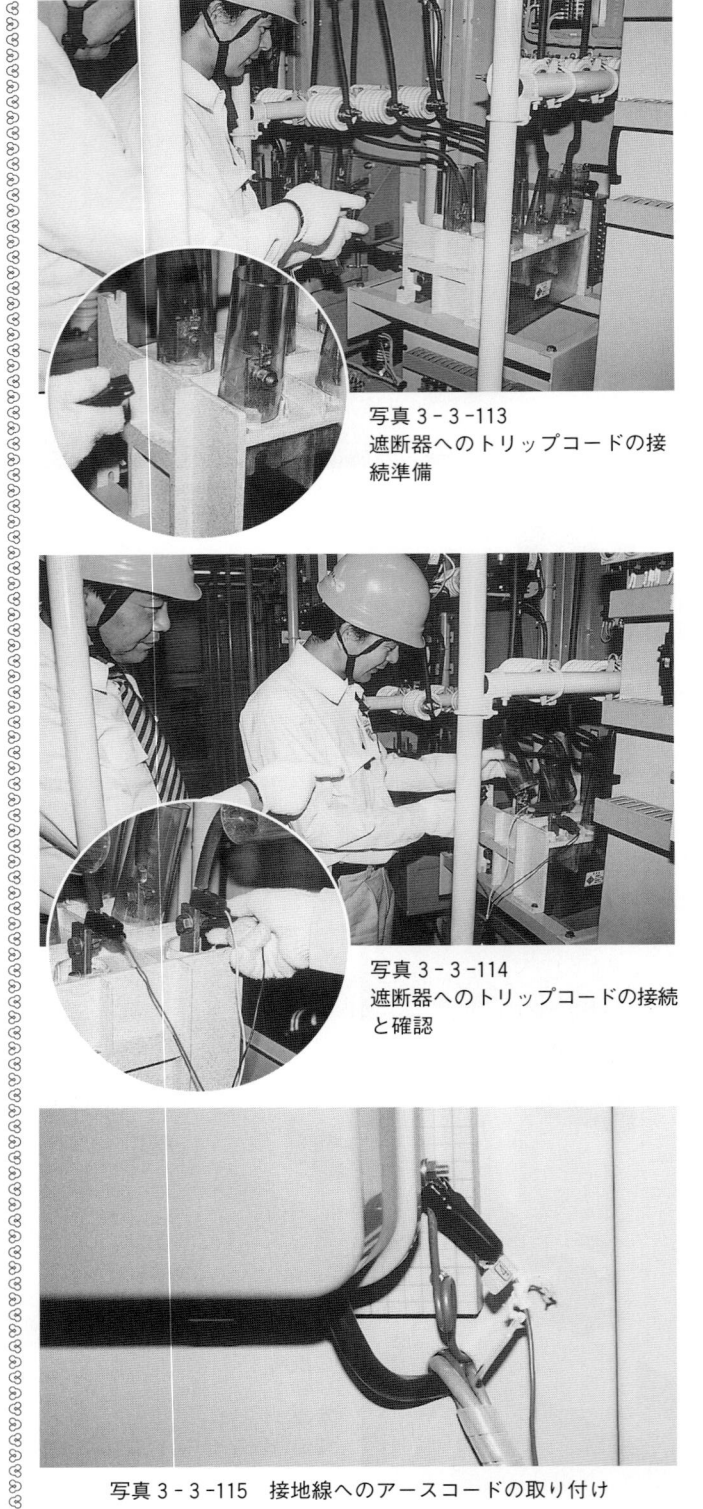

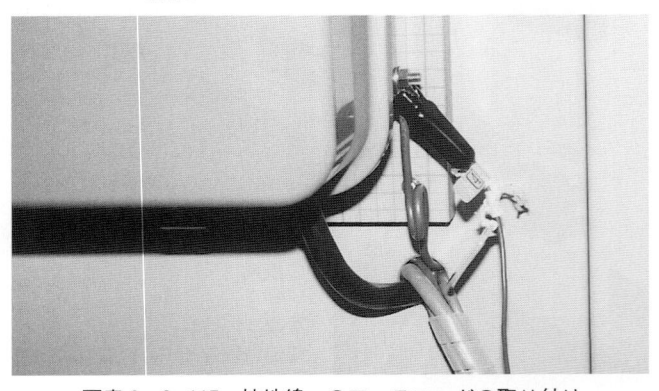

写真3-3-115　接地線へのアースコードの取り付け

過電流継電器の動作特性試験　（つづく）

過電流継電器の動作特性試験を実施する前に，開放されていた遮断器を投入する．

（注）セット機構付の場合は，いったん「切」側に戻してから投入する．

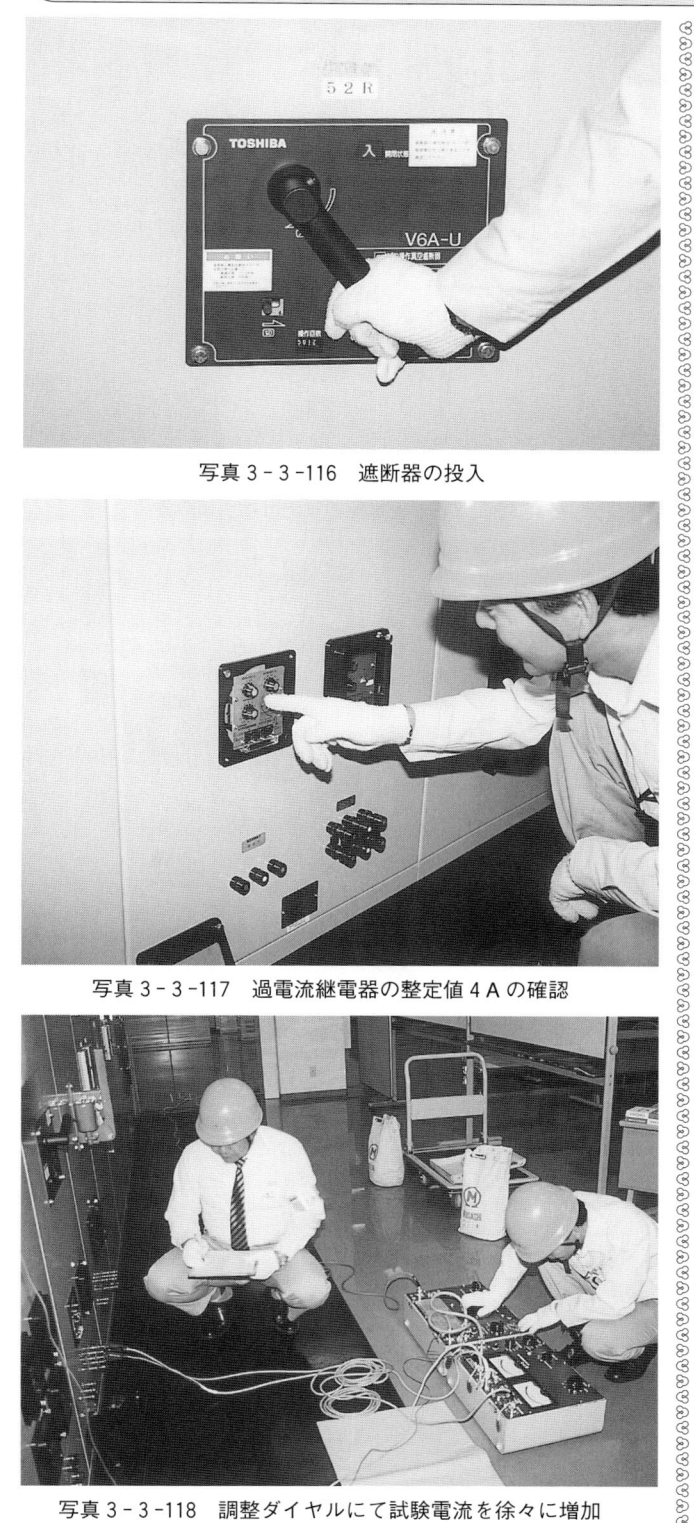

写真 3-3-116　遮断器の投入

過電流継電器の最小動作特性試験を実施する前に，整定値が4Aになっていることを確認する．

写真 3-3-117　過電流継電器の整定値4Aの確認

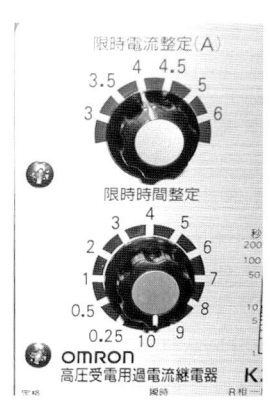

限時電流整定ダイヤルと
限時時間整定ダイヤル

保護継電器試験器の操作部にある電流計の目盛を，レンジで5Aまたは10A目盛に切り替える．電源部のスタートボタンを押し，調整ダイヤルで試験電流を徐々に増加して1A程度の電流を流す．

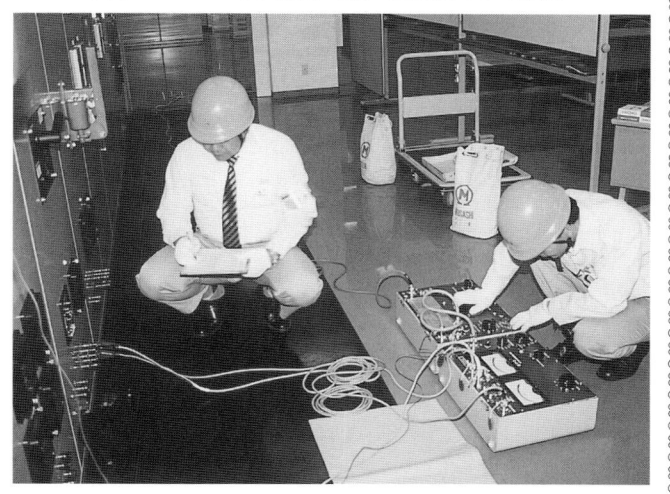

写真 3-3-118　調整ダイヤルにて試験電流を徐々に増加

(つづき) 過電流継電器の動作特性試験

試験電流が1A程度流れたら，受電盤の電流計切替スイッチを「R」に入れて電流計の指示値を確認する．指示値を読み取った後は，電流計切替スイッチを「切」にしておく．

電流計切替スイッチ

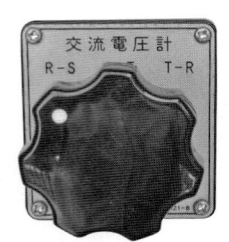

電圧計切替スイッチ

まず，R相の最小動作特性試験を行う．保護継電器試験器操作部の調整ダイヤルで試験電流を4Aに設定し，この電流を流したときに過電流継電器の主接点が閉じることを確認する．

過電流継電器の主接点が閉じ，遮断器が動作したときの電流値を保護継電器試験器操作部の電流計で読み取る．この電流値が，最小動作電流である（読み取った値：4A）．

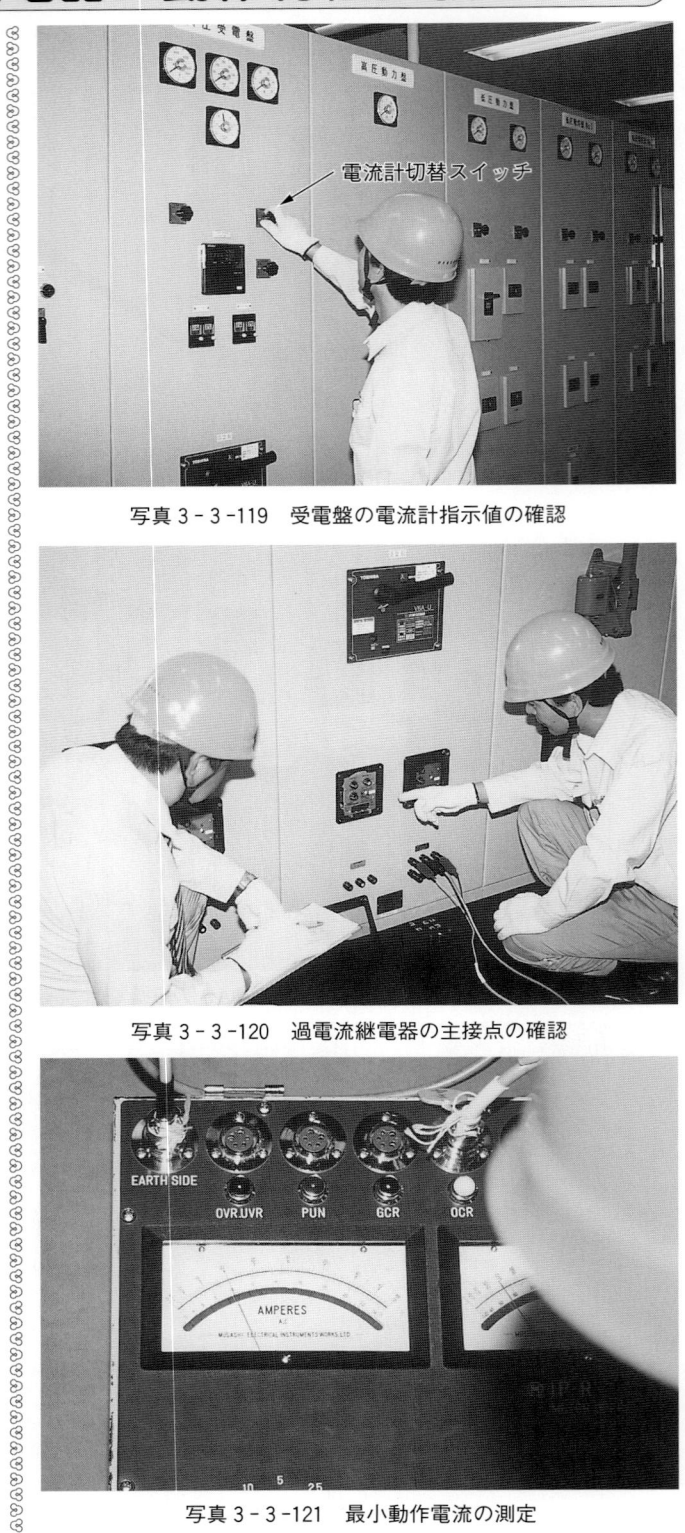

写真3-3-119　受電盤の電流計指示値の確認

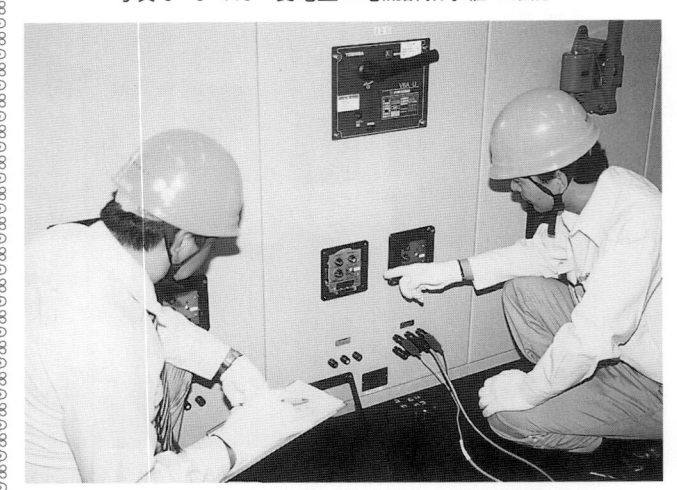

写真3-3-120　過電流継電器の主接点の確認

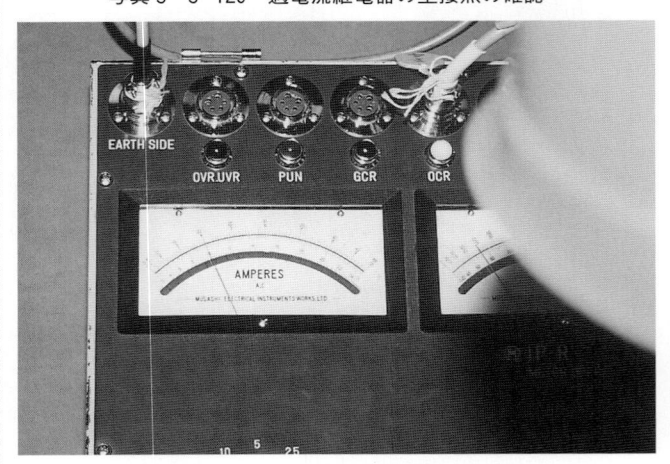

写真3-3-121　最小動作電流の測定

過電流継電器の動作特性試験 （つづく）

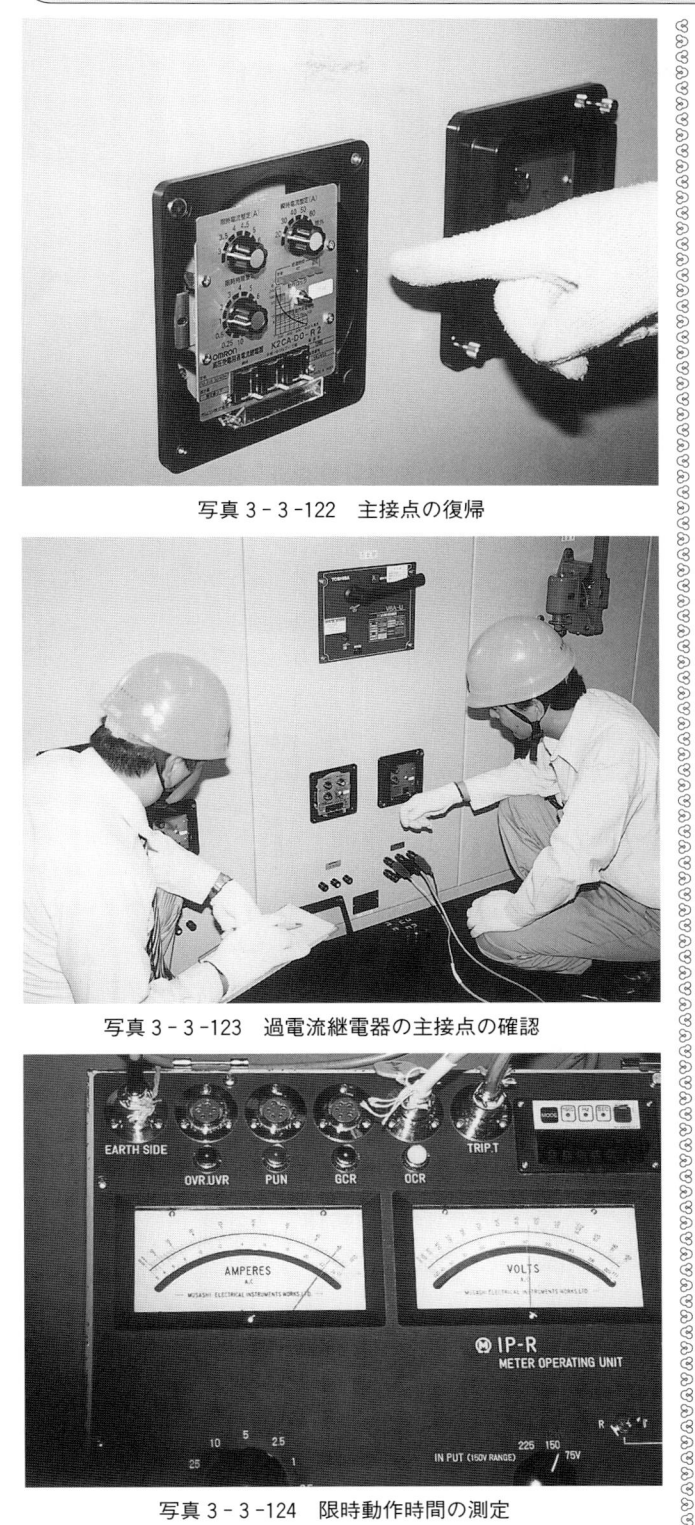

写真3-3-122 主接点の復帰

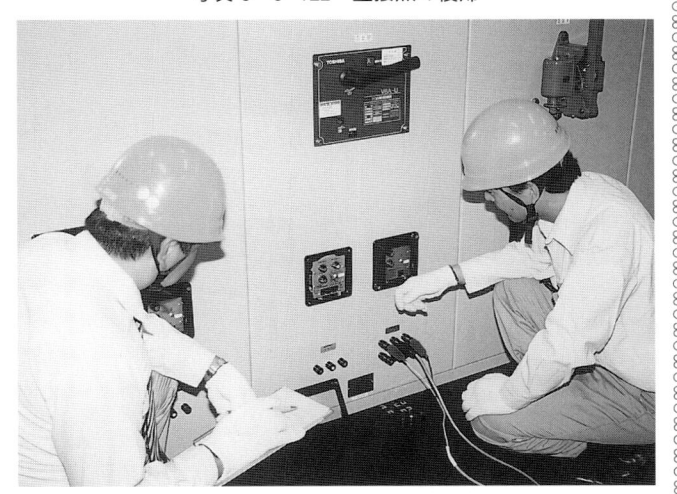

写真3-3-123 過電流継電器の主接点の確認

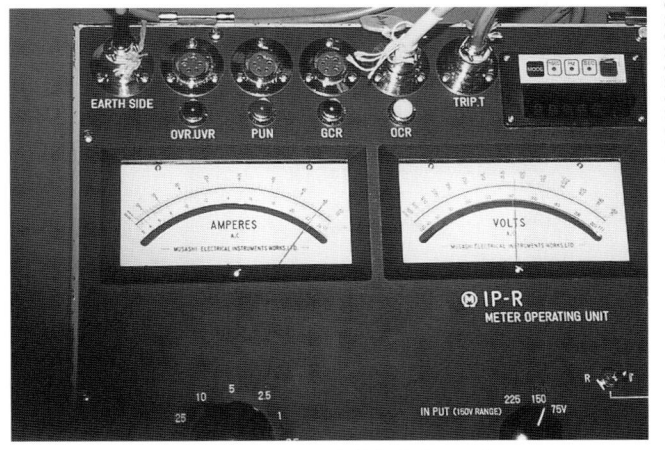

写真3-3-124 限時動作時間の測定

　T相についても同様の操作を行って最小動作特性試験を行い，動作した過電流継電器の主接点を確認する．試験が終わった後は，過電流継電器の主接点を復帰しておく．

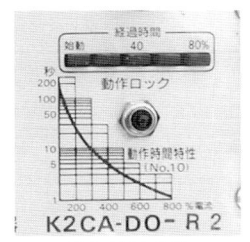

動作特性曲線

　限時動作特性試験は，過電流継電器の動作時間目盛10と整定目盛について行う．整定値（4A）の300%の試験電流（12A）を調整ダイヤルで設定し，この電流を流したときに過電流継電器の主接点が閉じることを確認する．
　このとき，動作ロックボタンを押し，整定が終了したら動作ロックボタンをはなす．
　整定値の4Aの300%は，
$$4[A] \times \frac{300[\%]}{100[\%]} = 12[A]$$
となる．

　300%の試験電流（12A）を通電して過電流継電器の主接点が閉じたときの動作時間を読み取る．この動作時間が，300%時の限時動作時間である．

> 過電流継電器本体に表示されている限時特性曲線で動作時間を確認する．

（つづき）　過電流継電器の動作特性試験

　動作した過電流継電器の主接点を確認する．試験が終わった後は，過電流継電器の主接点を復帰しておく．

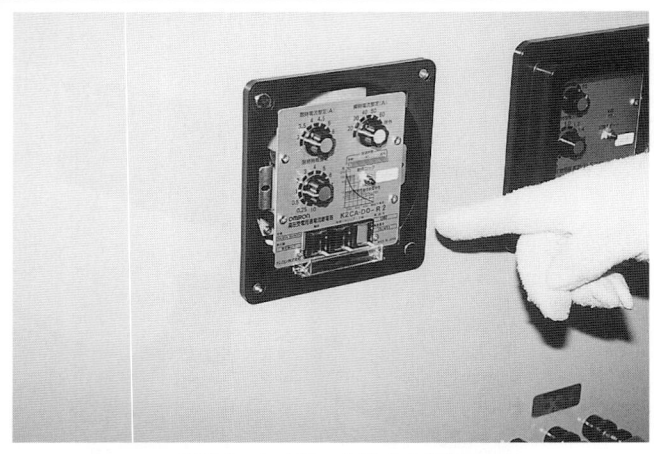

写真3-3-125　主接点の復帰

　瞬時要素動作特性試験は，過電流継電器の瞬時要素が動作したときの電流値を測定する．30Aで過電流継電器の瞬時要素が動作するように設定し，調整ダイヤルで試験電流を速やかに増加し，過電流継電器の主接点が閉じて動作したことを確認する．

瞬時電流整定ダイヤル

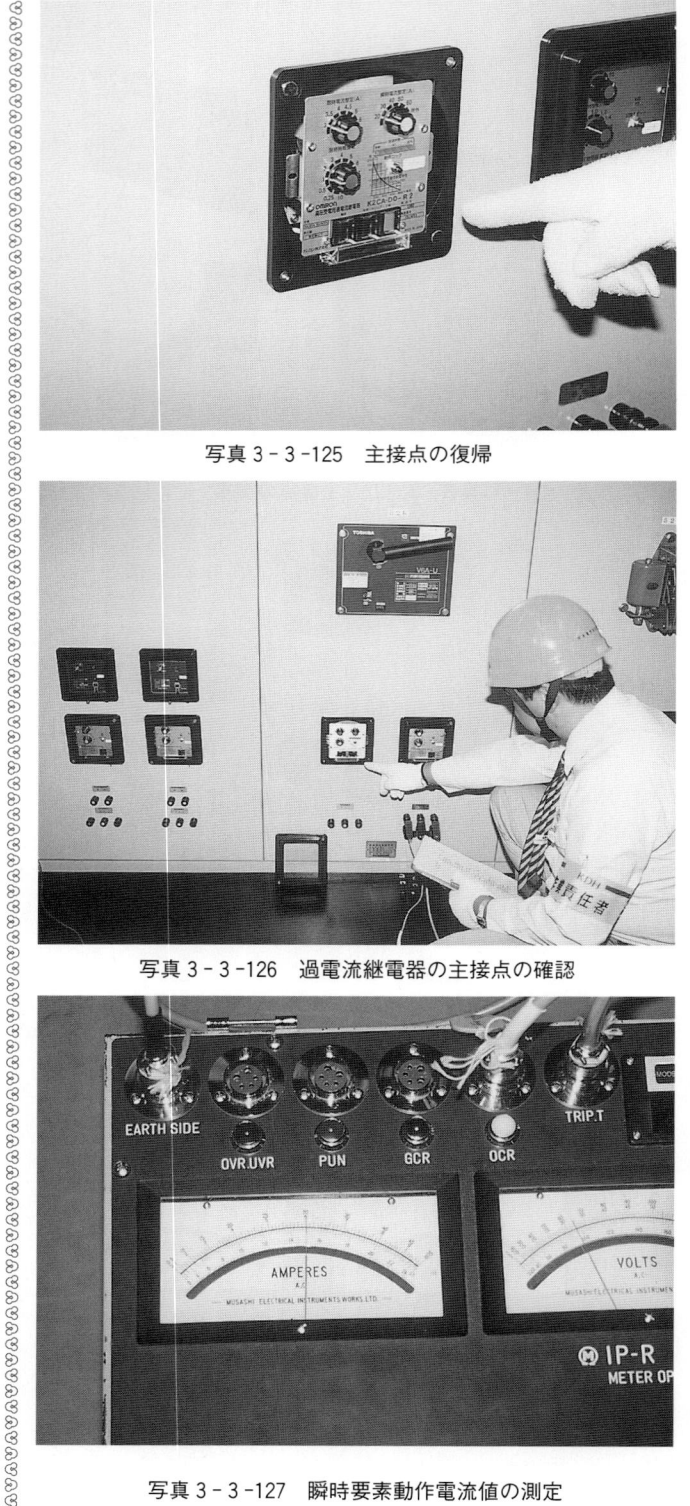

写真3-3-126　過電流継電器の主接点の確認

　過電流継電器の主接点が閉じたときの電流値を読み取る．この電流値（30A）が，瞬時要素動作電流値である．
　電流出力切替スイッチは，瞬時電流整定が30Aであるので，50Aとする．

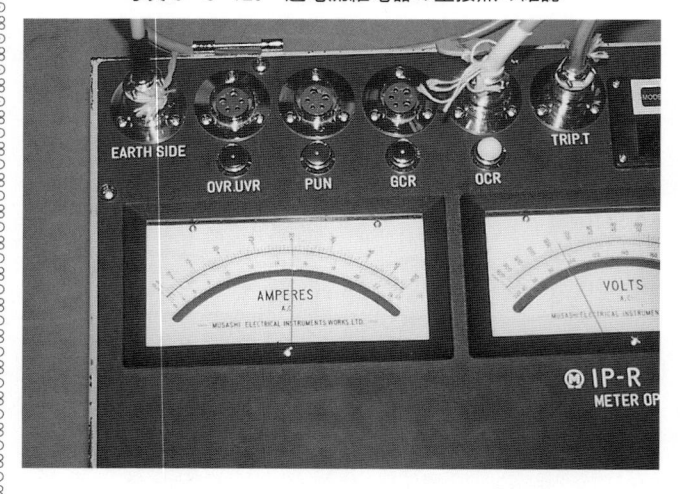

写真3-3-127　瞬時要素動作電流値の測定

過電流継電器の動作特性試験

動作した過電流継電器の主接点を確認する．試験が終わった後は，過電流継電器の主接点を復帰しておく．

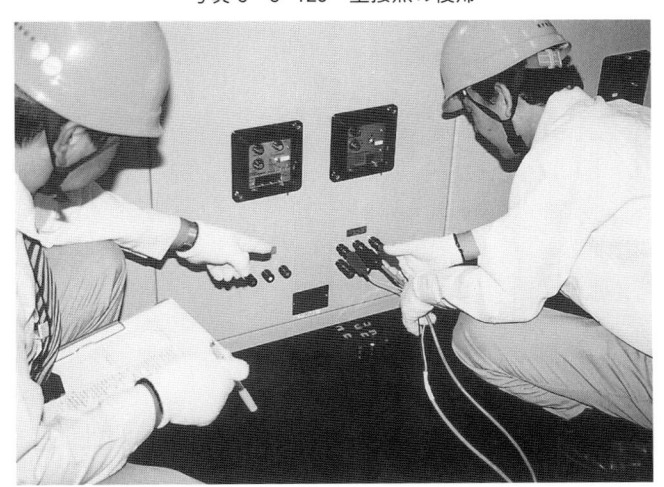

写真3-3-128　主接点の復帰

過電流継電器の動作特性試験が終了したら，電流試験端子から各コードおよび短絡してあったCT側端子バーを取り外して端子バーをもとに戻すとともに，試験前に記録したとおり各整定値を戻し，現状に復帰する．

写真3-3-129　各コードと短絡端子バーの取り外し

電流試験端子の拡大

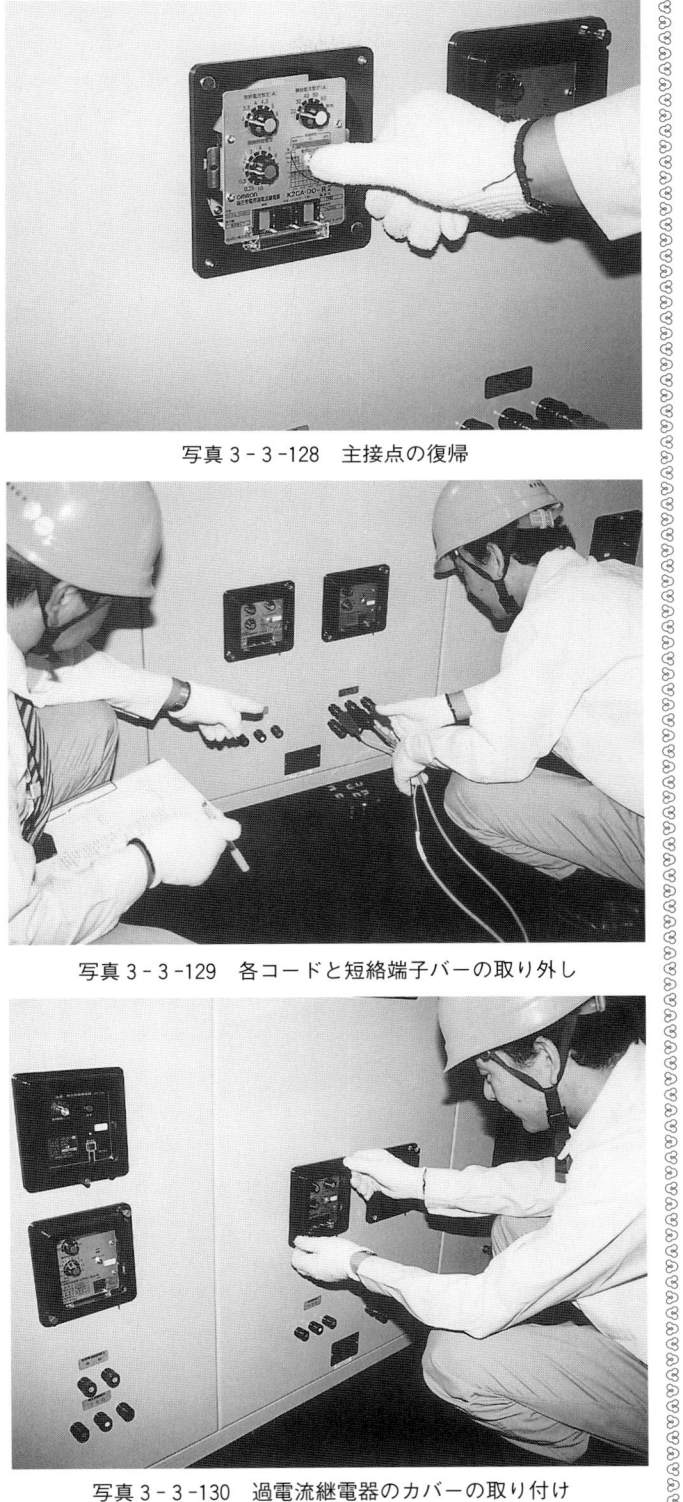

写真3-3-130　過電流継電器のカバーの取り付け

過電流継電器のカバーを取り付け，動作特性試験を終了する．

遮断器の動作試験（電流引外しの場合）

高圧受電設備では，電流引外し方式の遮断器が多く使用されている．この方式は，遮断器の主回路に接続された変流器（CT）の二次電流によって遮断器を動作させるもので，一般には過電流継電器を介した瞬時励磁方式（標準値3A）が使用される．引外しコイルに常時変流器の二次電流が流れる常時励磁式遮断器では，標準値が3A，4A，5Aとなっている．変流器用の電流試験端子（CTT）を取り外し，変流器端子の二次側を短絡する．

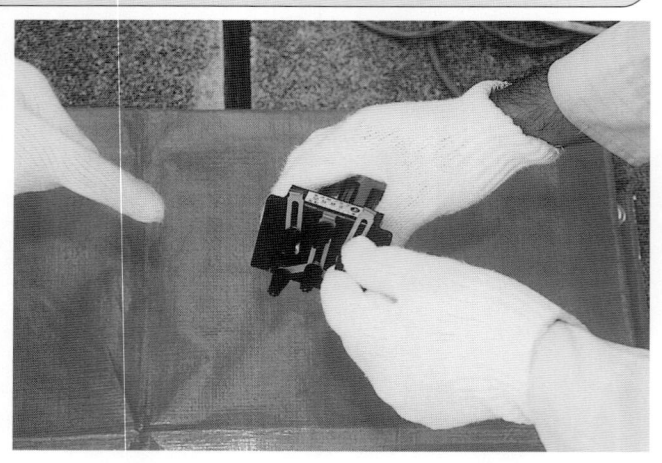

写真3-3-131　変流器端子二次側の短絡

遮断器の動作試験は，保護継電器試験器を使用する．

保護継電器試験器アースコードの極性を調べるため，低圧検電器で検電する．検電の結果，電圧表示をしたときは，動作試験器の電源入力コードのプラグをさし込んでいるコンセントの電源側と接地側を入れ替え，アースコード側が接地側となるようにする．

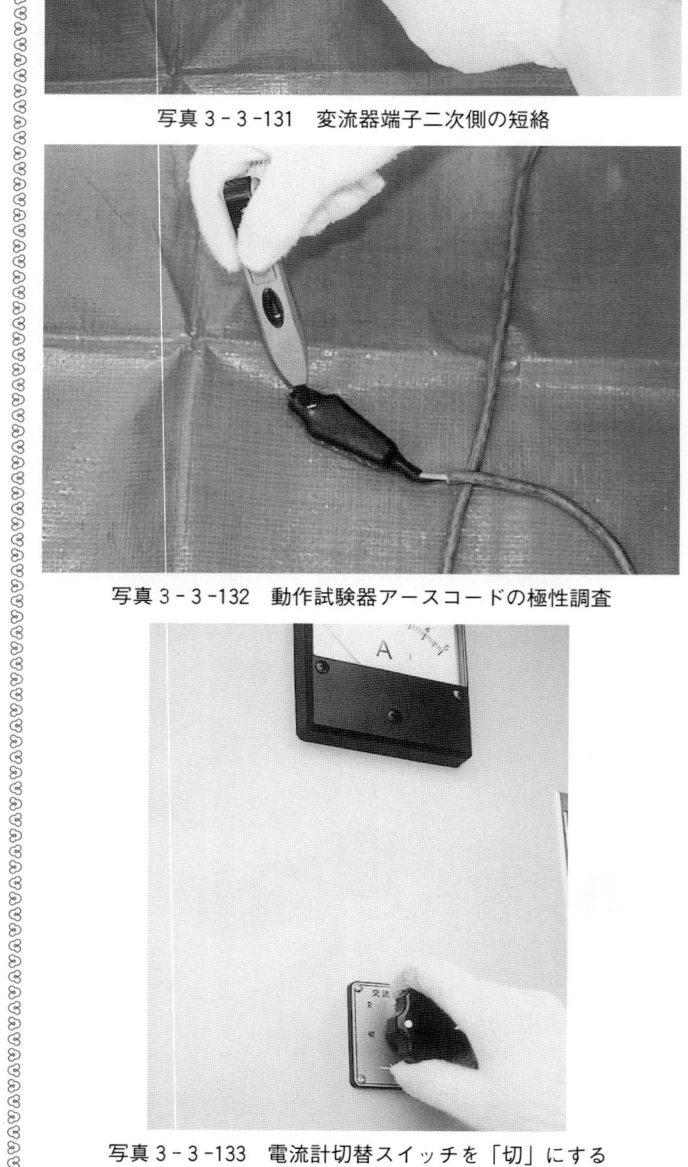

写真3-3-132　動作試験器アースコードの極性調査

動作試験時には，電流計切替スイッチ（AS）を「切」にしておく．

動作試験の際は，回路に通常の数倍の電流を流すので，電流計の指針が振り切れて破損するおそれがあるので，必ず「切」にする．

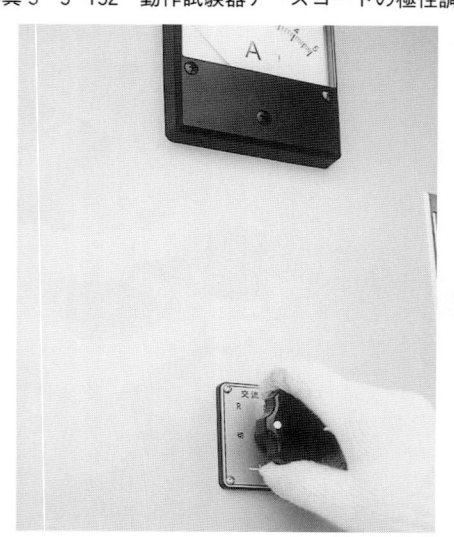

写真3-3-133　電流計切替スイッチを「切」にする

遮断器の動作試験（電流引外しの場合）（つづく）

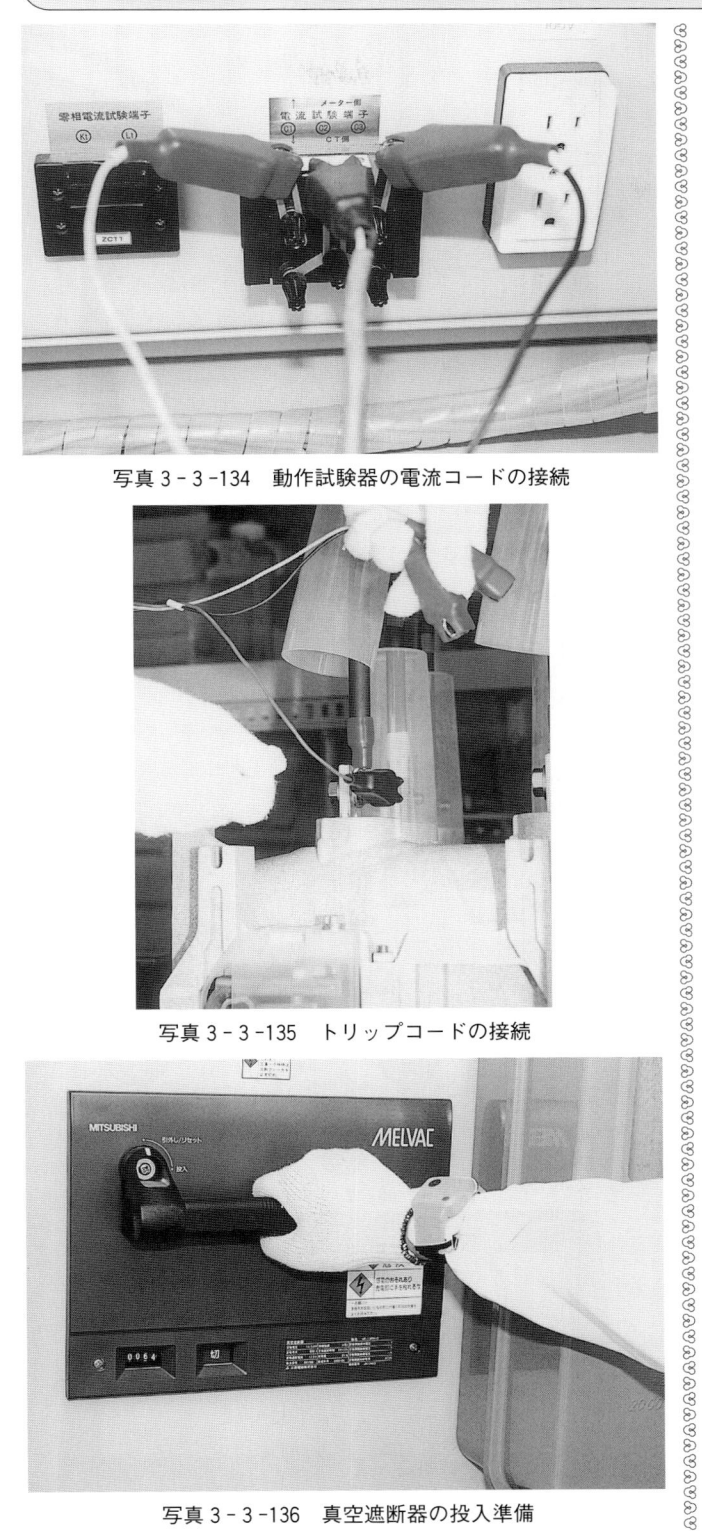

電流試験端子を取り付けた後，保護継電器試験器の電流コード（R，S，T相）を接続する．

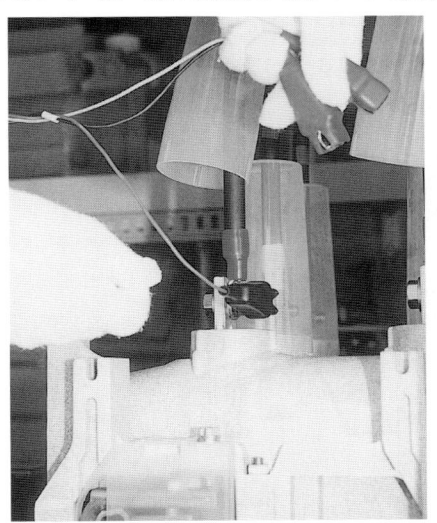

写真3-3-134　動作試験器の電流コードの接続

真空遮断器（VCB）に，保護継電器試験器からのトリップコードを接続する．

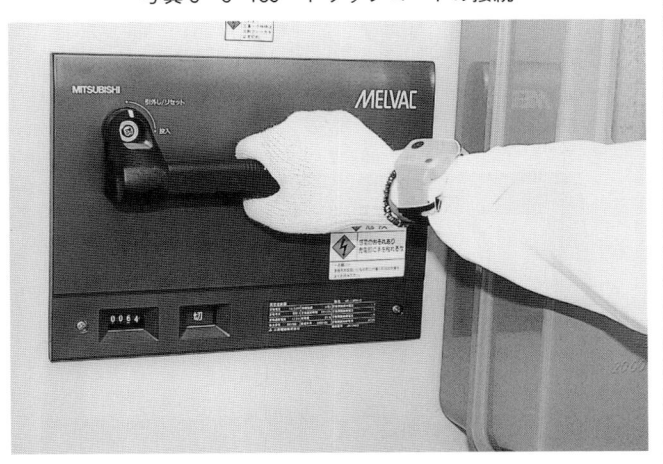

写真3-3-135　トリップコードの接続

真空遮断器の動作試験を行うため，遮断器の投入準備をする．

写真3-3-136　真空遮断器の投入準備

（つづき）遮断器の動作試験（電流引外しの場合）

作業責任者の指示により，真空遮断器を投入する．

写真3-3-137　真空遮断器の投入

保護継電器試験器の調整ダイヤルを回して試験電流を徐々に増加していき，最小動作電流試験を行う．試験電流は，整定値の200％を上限としなければならない．

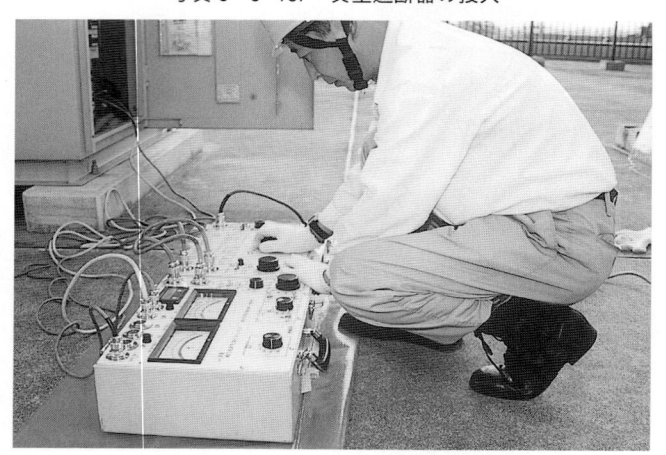

写真3-3-138　最小動作電流試験

保護継電器試験器の電流計で，真空遮断器が動作したときの電流値を読み取る．

写真3-3-139　動作電流値の測定

遮断器の動作試験（電流引外しの場合）

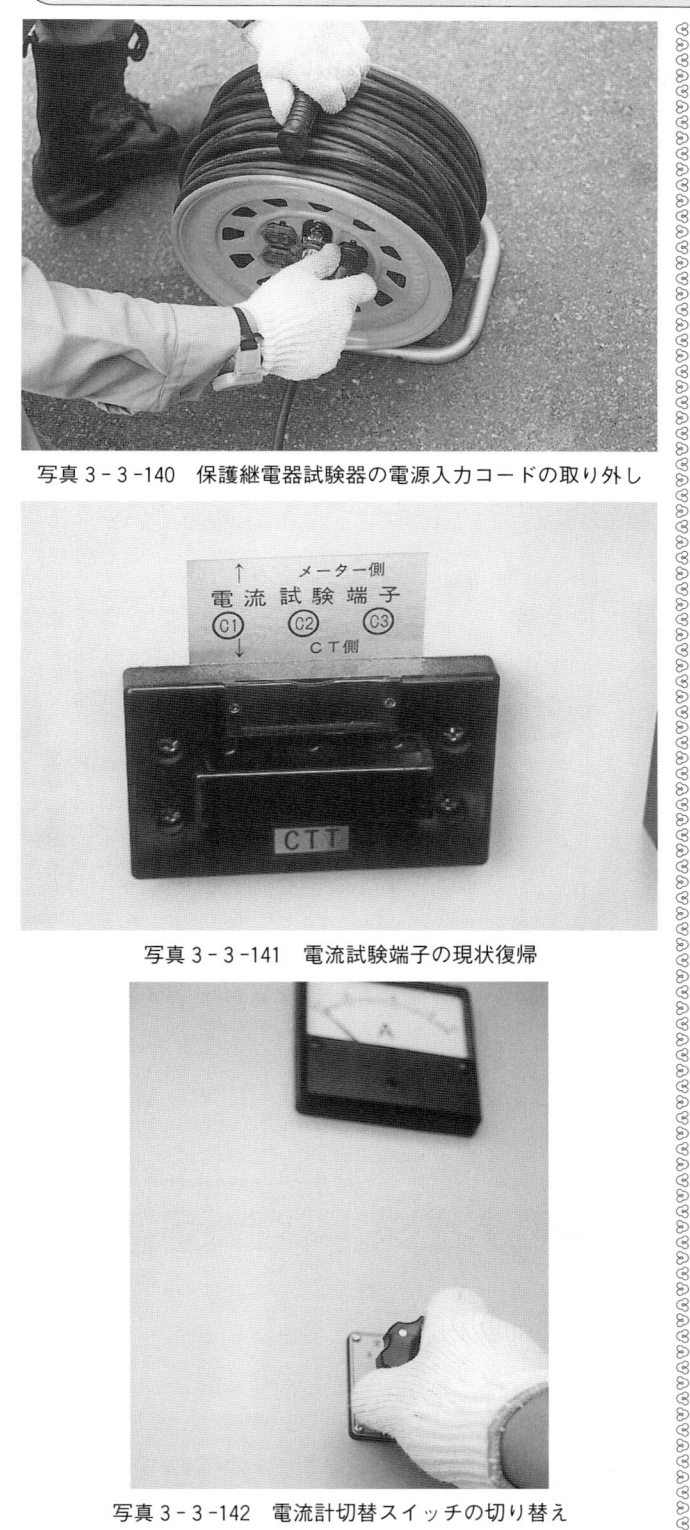

写真3-3-140　保護継電器試験器の電源入力コードの取り外し

真空遮断器の最小動作電流試験が終了した後，保護継電器試験器の電源入力コードをドラムコンセントから取り外す．電流コードやトリップコードなども取り外す．

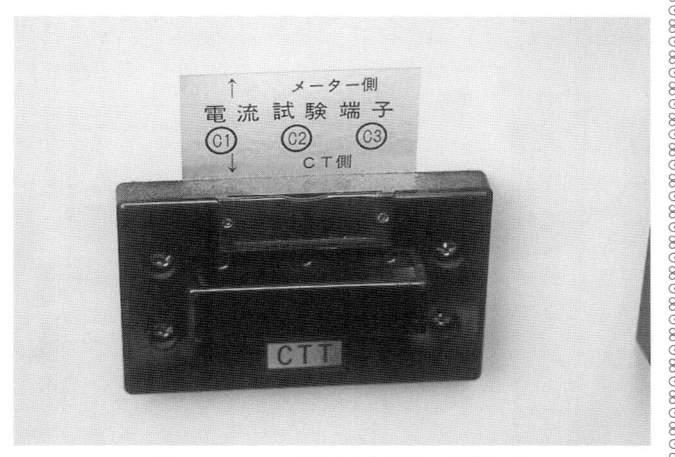

写真3-3-141　電流試験端子の現状復帰

電流試験端子を元の状態に戻す．

写真3-3-142　電流計切替スイッチの切り替え

電流計切替スイッチを，「切」の位置からR，S，T相のいずれかに切り替える．

電流計切替スイッチ

変圧器油の絶縁破壊電圧試験

絶縁油耐圧試験器は，油入変圧器や油遮断器などに入っている油の耐電圧値を簡易に試験できる試験器である．

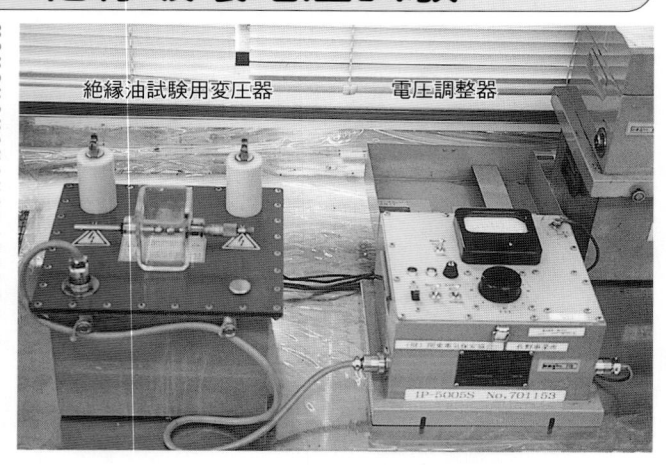

写真 3-3-143　絶縁油耐圧試験器の外観

同一変圧器から採取した試料油（油カップ洗浄および 2 回分の試験ができる分量）を用意する．

油カップと油カップに取り付けられた絶縁破壊電圧試験用電極を試料油で十分に洗浄する．油カップについている電極ゲージで絶縁破壊電圧試験用電極のギャップを規定値の 2.5 mm に調整する．

絶縁破壊電圧試験用電極は，直径 12.5 mm の球状電極で，電極間ギャップを 2.5 mm に調整する．

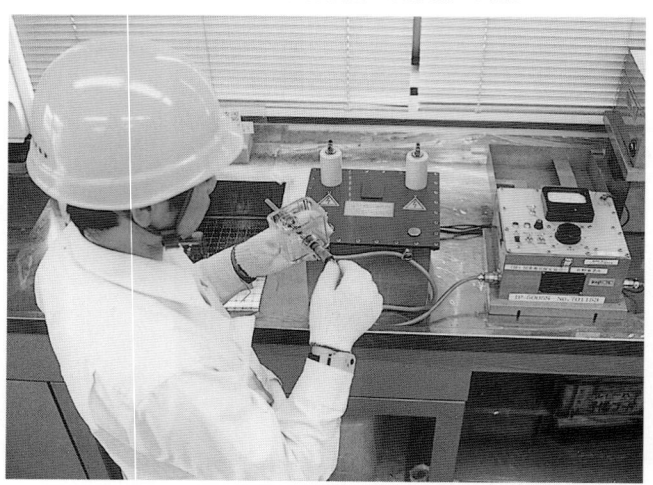

写真 3-3-144　試料油による洗浄と電極間ギャップの調整

油カップを絶縁油試験用変圧器に水平に取り付ける．

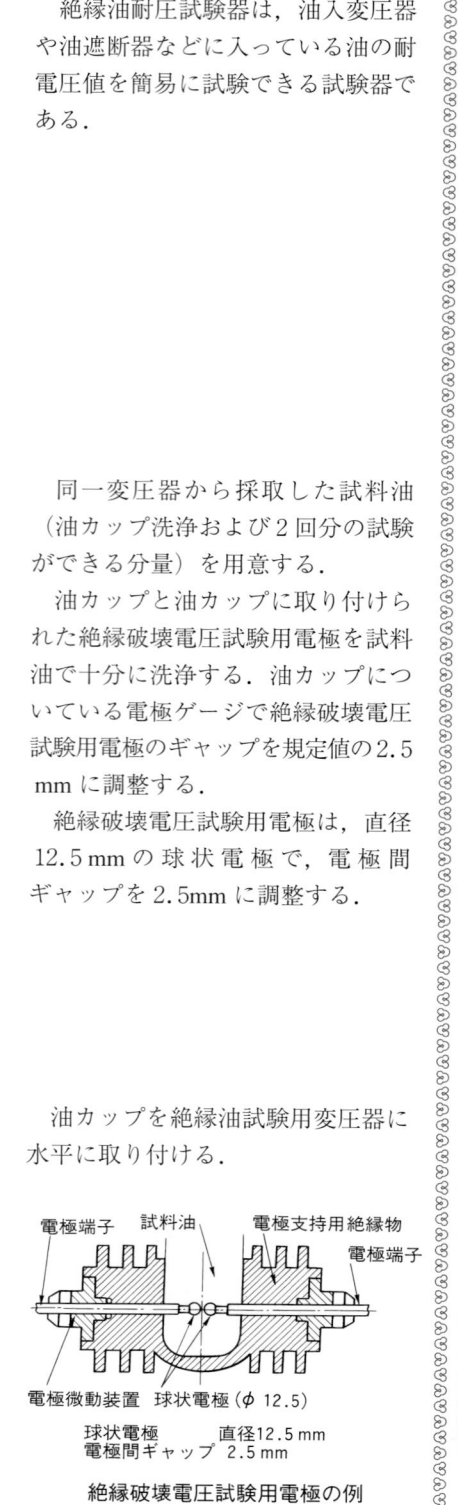

球状電極　直径 12.5 mm
電極間ギャップ　2.5 mm

絶縁破壊電圧試験用電極の例

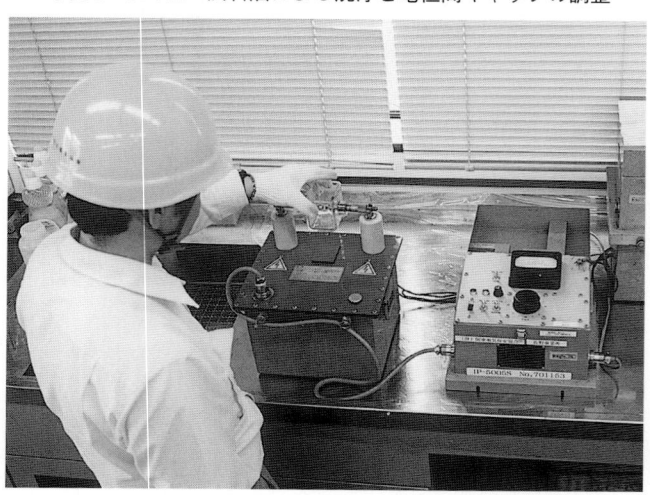

写真 3-3-145　油カップの取り付け

変圧器油の絶縁破壊電圧試験

油カップに取り付けられた絶縁破壊電圧試験用電極上20mmの位置まで試料油を入れる．

写真3-3-146　試料油の注入

試料油を入れ終わったら，油の気泡が消えるまでしばらく（約3分）放置する．試験は，気泡がなくなってから行う．

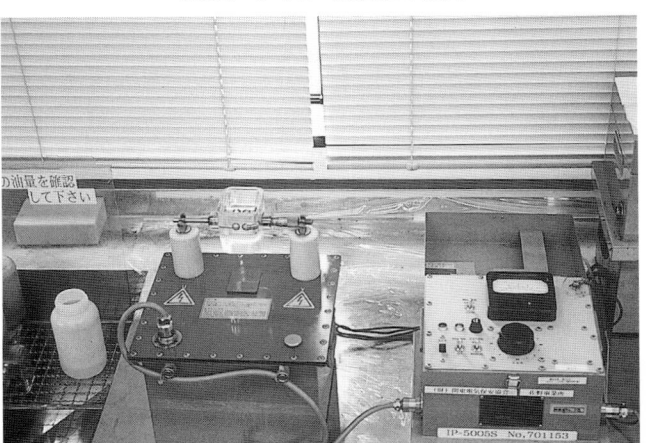

写真3-3-147　油の気泡消滅まで放置

絶縁破壊電圧試験							
試料回数	破壊電圧 [kV]						判定
	1	2	3	4	5	平均	
1	㉚	30	28	33	35	32.1	良
2	㉟	33	33	35	30		

各回の1回目の測定値は割愛　　8回の平均値

電圧調整器によって毎秒3 000Vの割合で，かつ一定の早さで電圧を上昇させる．試料油が絶縁破壊したときに電源スイッチが動作して回路を遮断するので，このときの電圧を測定する．この試験を一つの試料油で5回，二つの試料油で同様に行い，合計10回行う．各回の最初に測定した値は割愛し，残り8回の測定値の平均値を絶縁破壊電圧とする．

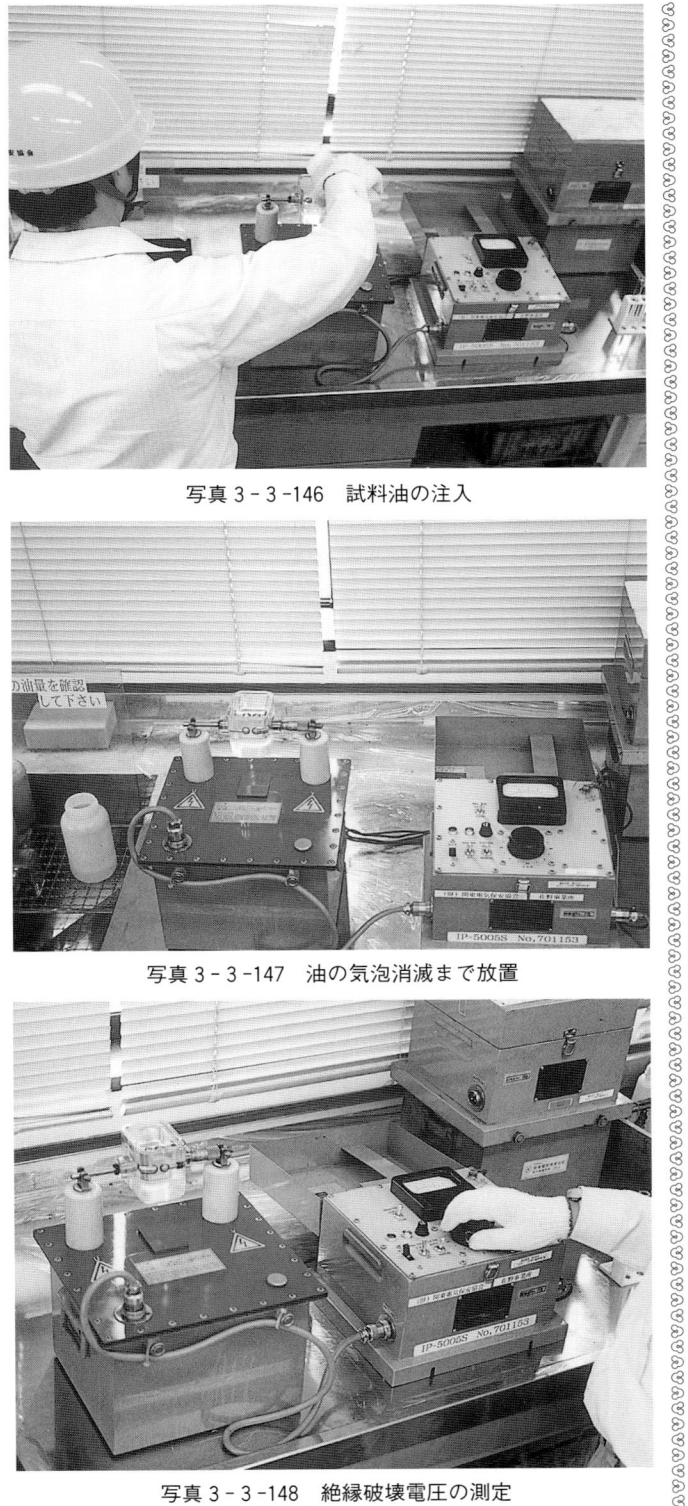

写真3-3-148　絶縁破壊電圧の測定

変圧器油の酸価度測定

酸価度測定は，油入変圧器絶縁油の酸価の度合いを判定するために行われるもので，迅速かつ簡易に酸価度がチェックできる簡易酸価度測定器と従来から使用されている酸価度測定器とがある．

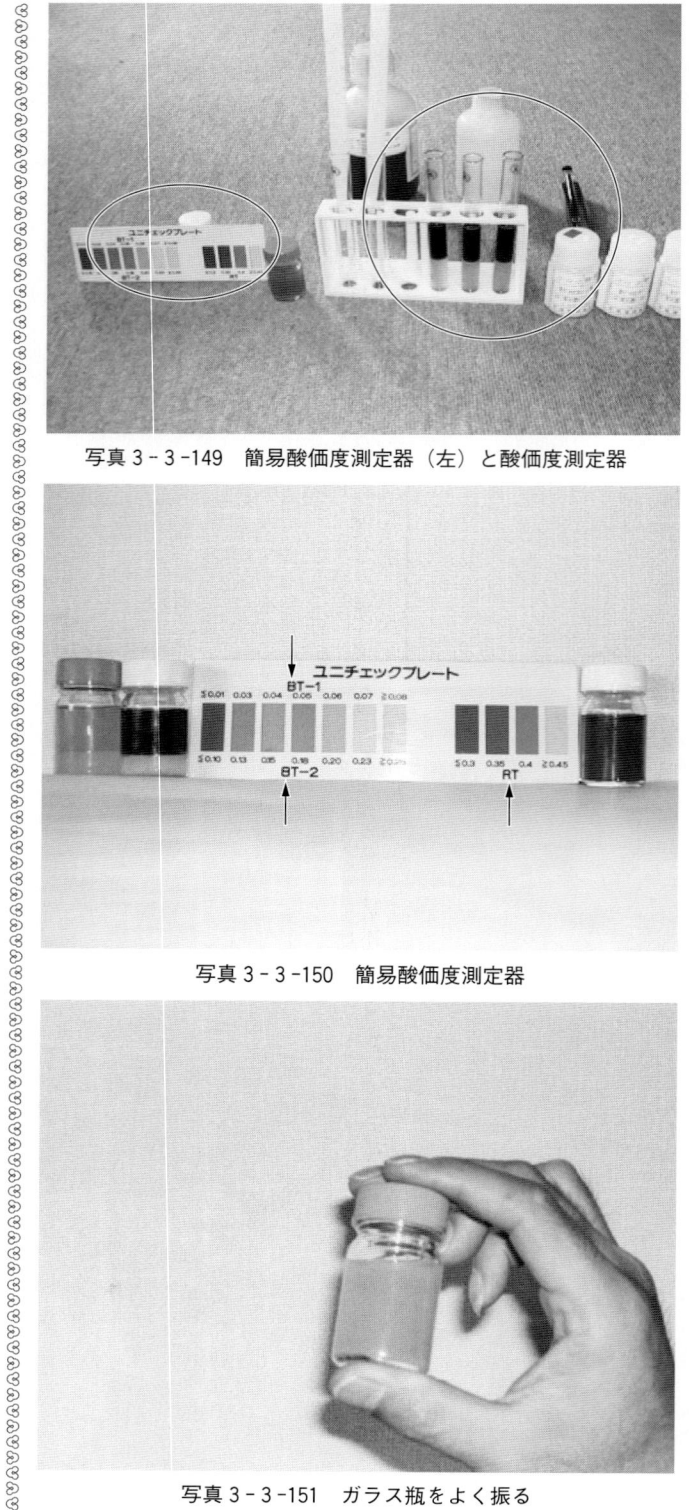

写真3-3-149 簡易酸価度測定器（左）と酸価度測定器

迅速かつ簡易に行える酸価度測定

簡易酸価度測定器で，判定液入りのガラス瓶に試料油を注入し，よく振って静置してから判定プレートと比較して判定する測定方法である．

劣化と全酸価の判定表

全酸価	判定
0.2以下	良好
0.2〜0.4	要注意
0.4以上	不良

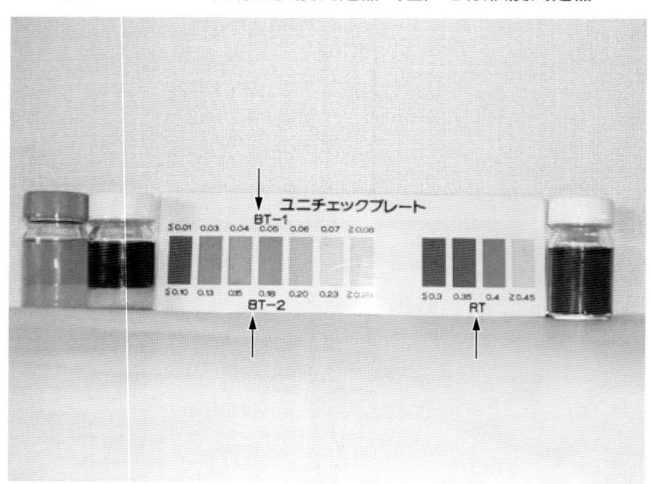

写真3-3-150 簡易酸価度測定器

試料油を判定液の入ったガラス瓶に注入した後，ガラス瓶のキャップを固く閉めて3〜5秒よく振った後，2〜3分間静置する．ガラス瓶の中の試料油の色と判定プレートの色を見比べ判定する．

各瓶の判定範囲

キャップのシール	液色	用途
青色	青色	全酸価0.1以下判定用
白色	青色	全酸価0.2判定用
赤色	赤紫色	全酸価0.4判定用

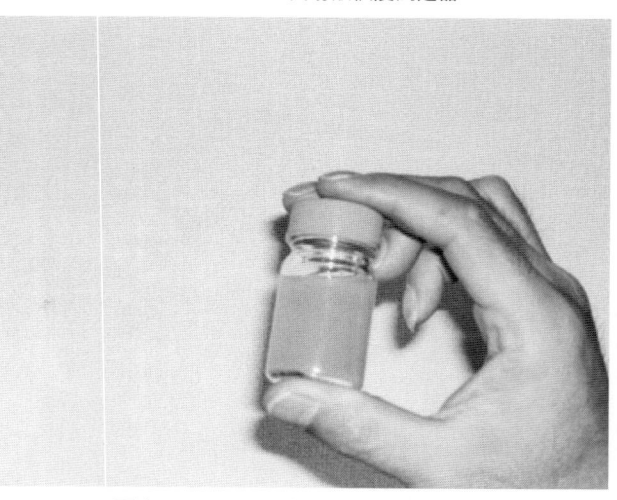

写真3-3-151 ガラス瓶をよく振る

変圧器油の酸価度測定

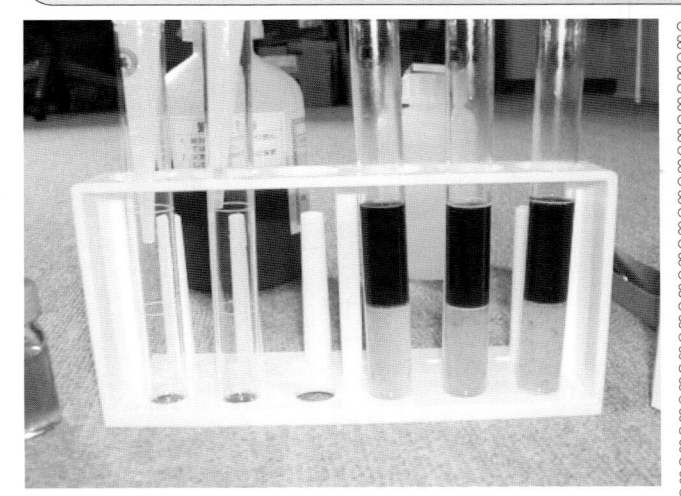

従来から行われている酸価度測定

試料油をスポイトで20～30cc採油して測定管に試料油を5ccの目盛まで入れ，さらに抽出液を5cc入れてよく振って混合する．この後，注射式ビューレットで中和液を1目盛入れ，測定管を振って静止判定を行う．

青色であれば，さらに1目盛ずつ中和液を注入していき，青色から赤褐色に変色したときの中和液の使用量が酸価度を表す．

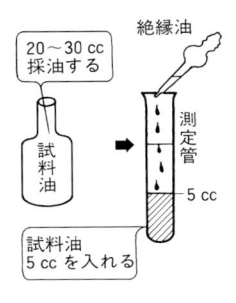

写真3-3-152 抽出液，中和液による酸価度測定

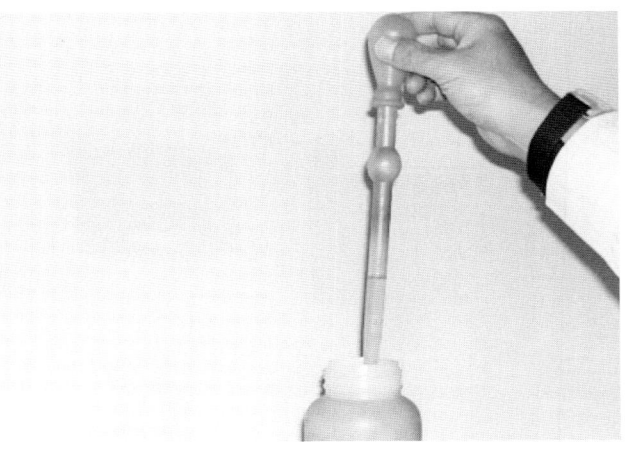

変圧器から採取した試料油を，スポイトでゆっくり吸い上げて採取する．このとき，スポイトの赤い線に液面のくぼみを合わせる．

写真3-3-153 試料油をスポイトで採取

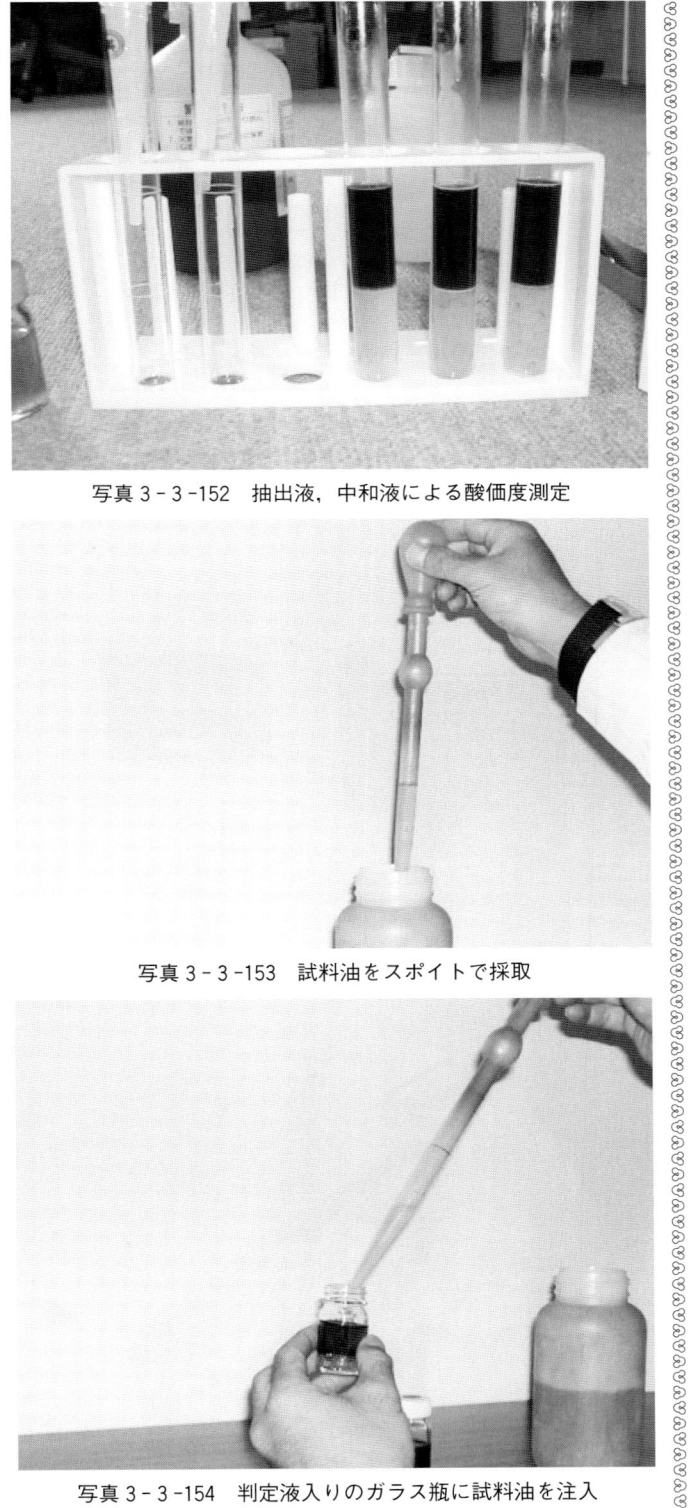

採取した油色により，判定液の入ったガラス瓶のキャップをあけ，スポイトで採取した試料油を入れる．表は，油の色と判定に使用する瓶を示す．

油色と使用瓶

油の色	使用する判定瓶
透明に近い	青色瓶
やや茶褐色	白色瓶
茶褐色	赤色瓶

写真3-3-154 判定液入りのガラス瓶に試料油を注入

電圧計の校正試験

　高圧受電盤には，電圧計や電流計，電力計など，さまざまな指示計器が取り付けられているが，これら計器の指示値が許容範囲であることを確認する．

　電圧計の校正試験は，印加電圧が0Vで指示値が零になっていることを確認する．電圧計の指示値が零になっていない場合は，ドライバにより零調整用ねじを右または左に回して指針が零をさすよう調整する．

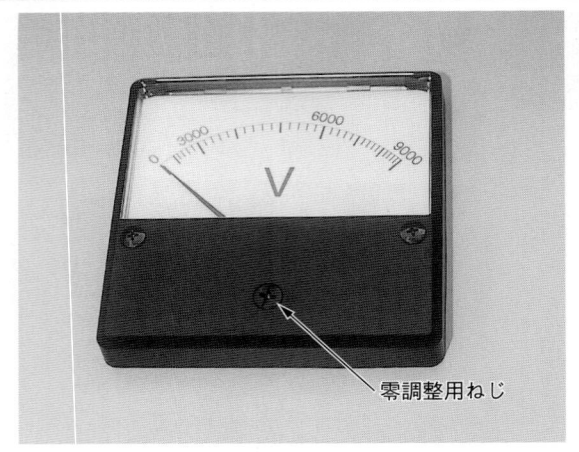

写真3-3-155　指針の零点確認

　電圧試験端子（VTT）に保護継電器試験器の電圧コードを接続する．

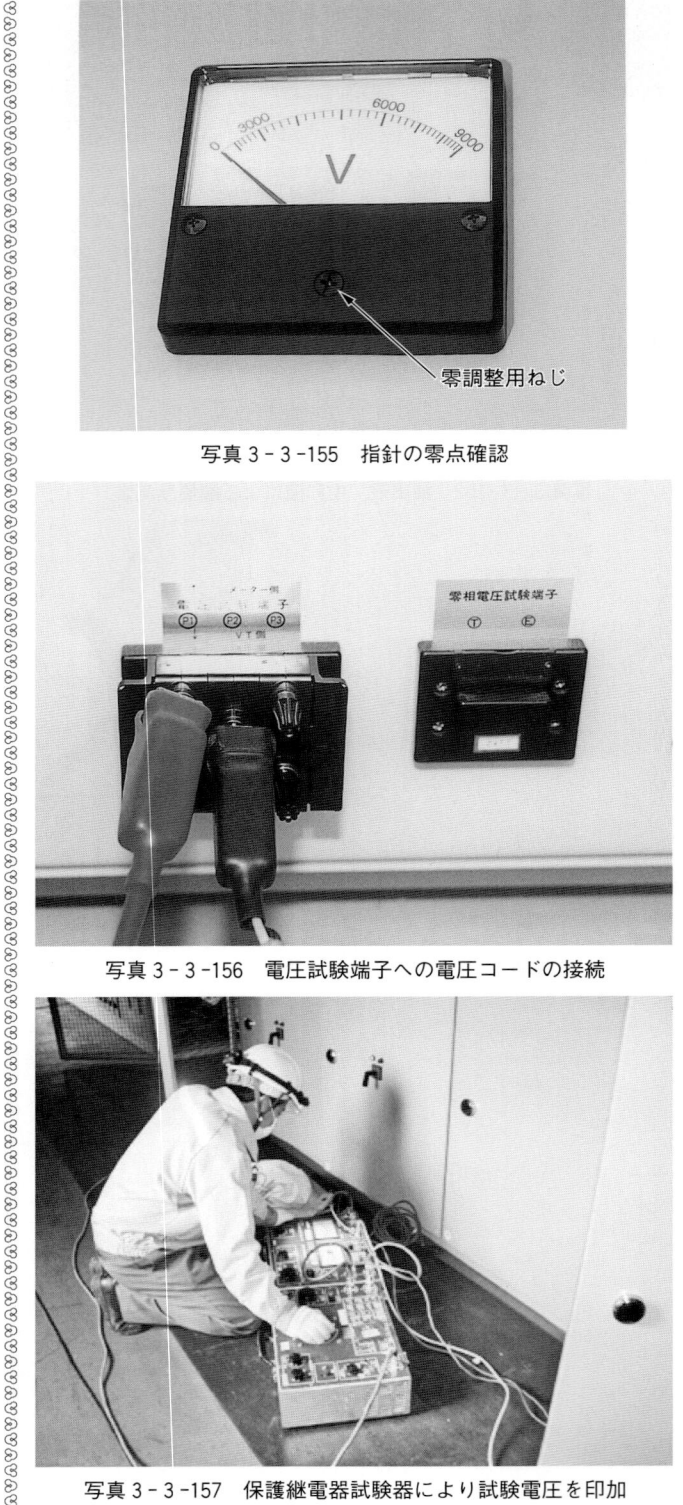

写真3-3-156　電圧試験端子への電圧コードの接続

　保護継電器試験器により試験電圧を印加し，校正する電圧計（被電計）の指示値を読み取る．

　計器用変圧器（VT）の変圧比は，6 600／110Vのものを使用しているので，計器用変圧器の二次電圧が100Vのときには，電圧計の目盛は6 000Vを指示する．

写真3-3-157　保護継電器試験器により試験電圧を印加

電圧計の校正試験

保護継電器試験器の電圧を100Vになるようダイヤルレバーを調整する．

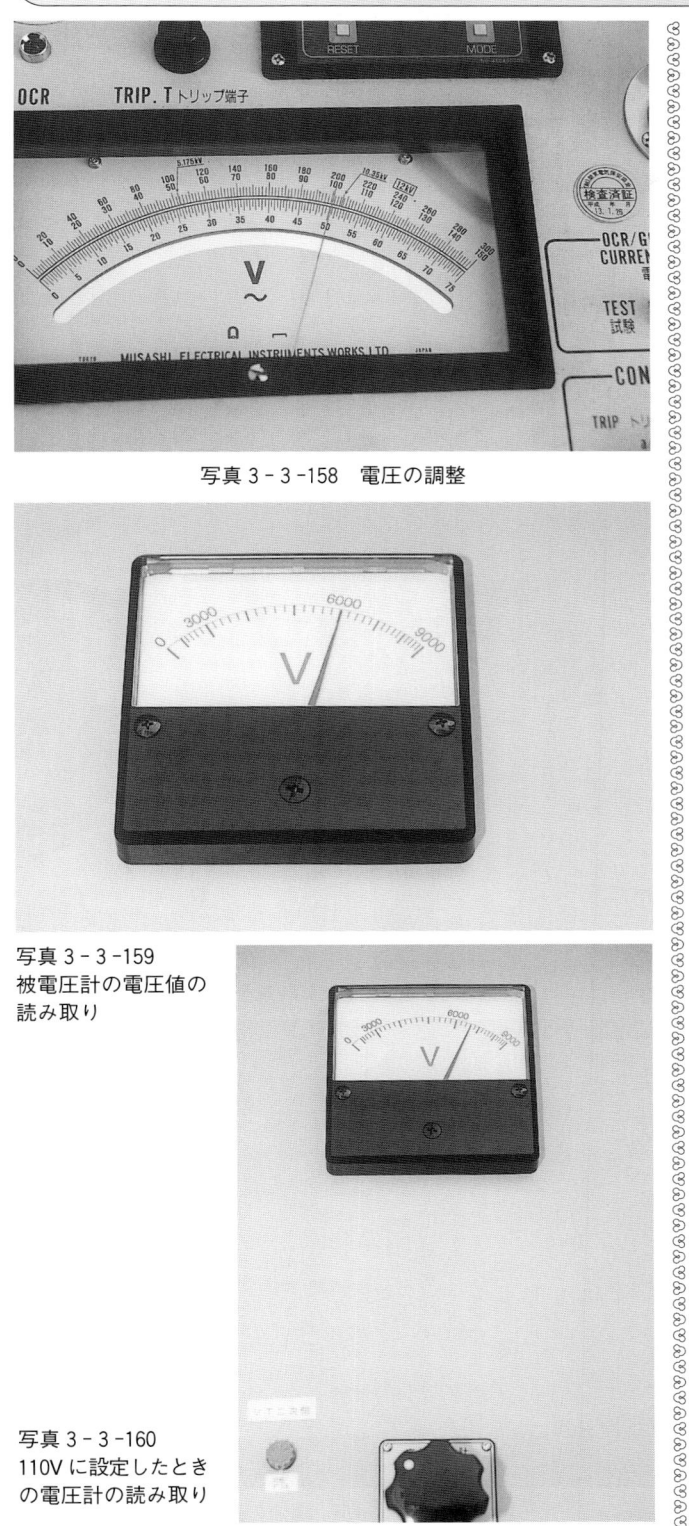

写真 3-3-158　電圧の調整

被電圧計の指示値が6 000Vをさしていることを確認する．同様にして保護継電器試験器の電圧を50Vに調整し，電圧計の指示値が3 000Vをさしていることを確認する．

写真 3-3-159
被電圧計の電圧値の読み取り

保護継電器試験器の電圧値を110Vに設定したとき，電圧計の指示値が許容範囲内であることを確認する．

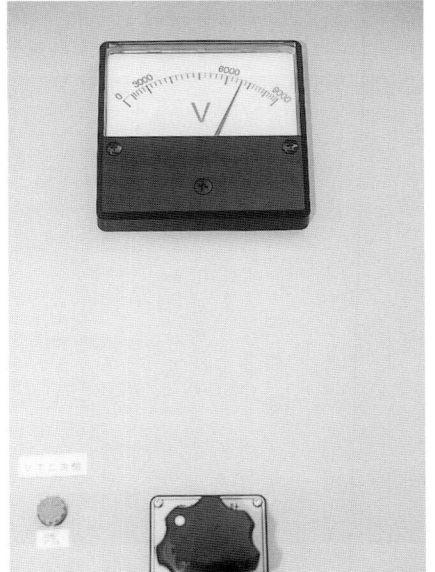

写真 3-3-160
110Vに設定したときの電圧計の読み取り

> 受電盤の電圧計は，2.5級のものを使用するのが一般的である．2.5級の電圧計に110Vを印加したときの指示値の許容範囲は，6 435〜6 765Vとなる．

電流計の校正試験

電流計の校正試験は，試験電流を流さないときに指示値が零になっていることを確認する．電流計の指示値が零になっていない場合は，ドライバにより零調整用ねじを右または左に回して指針が零をさすよう調整する．

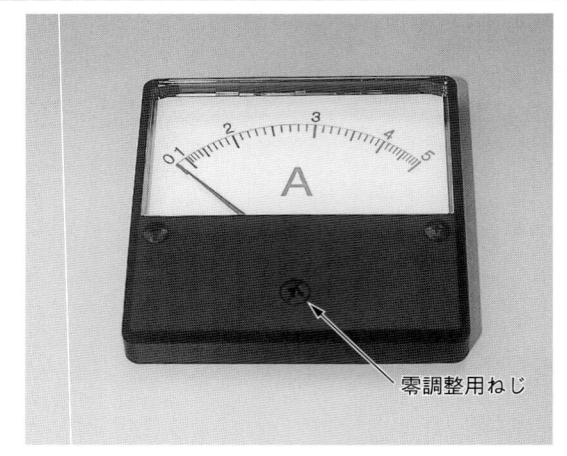

写真3-3-161 指針の零点確認

電流試験端子（CTT）を使用して，変流器の二次側を短絡する．

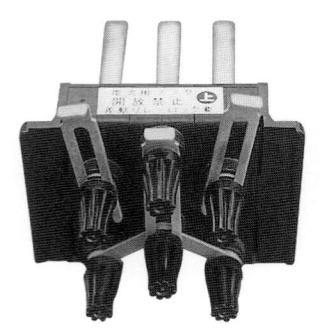

電流試験端子

保護継電器試験器により試験電流を流し，測定範囲内の1A，2A，3A，4A，5Aの5点について校正を行う．校正する電流計（被電流計）は，1～5Aのうちの3Aについて試験を行う．試験電流は，変流器（CT）の変流比が5/5Aになっているため，3Aの電流を流す．

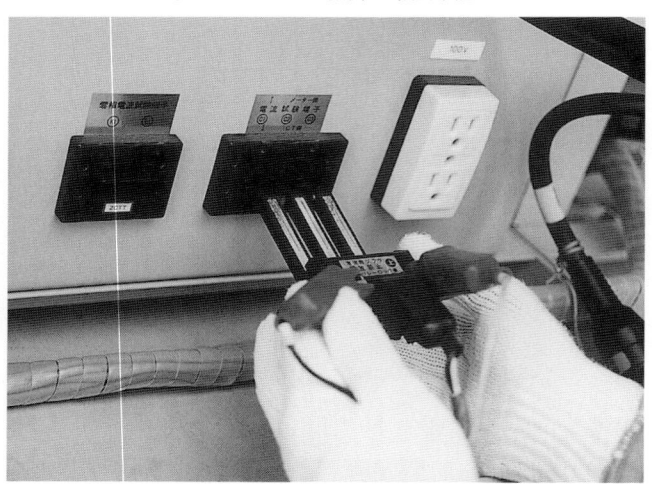

写真3-3-162 電流試験端子への接続

> 電流計は，変流器（CT）の変流比に合わせて目盛が異なり，20/5Aの場合は最大値が20A目盛の電流計となり，30/5A目盛の場合は最大値が30A目盛の電流計となる．試験に当たっては，変流比の換算を行う必要がある．

写真3-3-163 電流の調整

電流計の校正試験

写真 3-3-164　被電流計の電流値の読み取り

保護継電器試験器により，3Aの試験電流を流したときの被電流計の指示値が許容範囲内であることを確認する．

> 受電盤の電流計は，2.5級のものを使用するのが一般的である．2.5級の電流計に3Aの試験電流を流したときの指示値の許容範囲は2.875〜3.125Aである．

写真 3-3-165　保護継電器試験器の試験電流の値

保護継電器試験器の調整ダイヤルで，5Aの試験電流が流れるよう調整する．

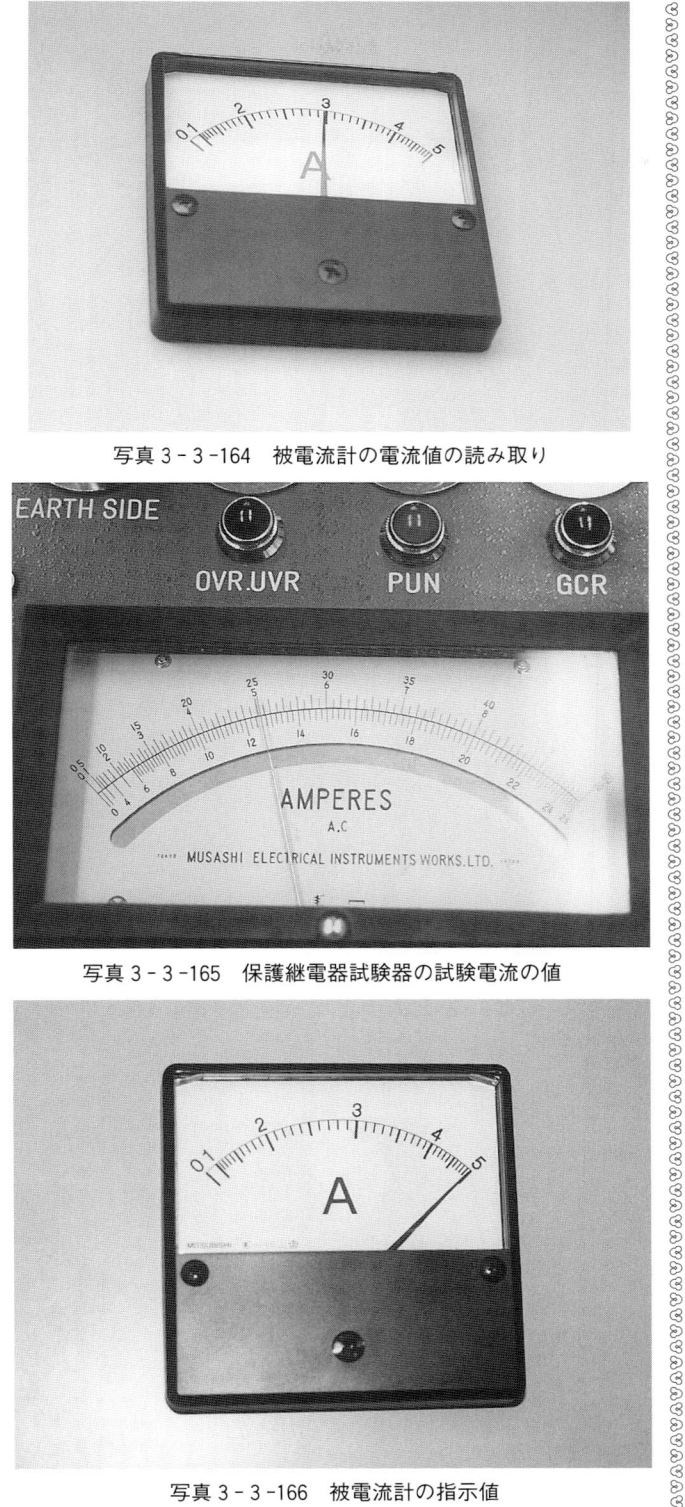

写真 3-3-166　被電流計の指示値

このときの被電流計の指示値を読み取る．以下同様に1A，2A，4Aの3点についても試験電流を流して被電流計の指示値を読み取る．

接地抵抗測定

　E, S(P), H(C)極測定コード先端のクリップの端子部が緩んでいないことを確認し、緩みを発見したときはドライバで増し締めする.

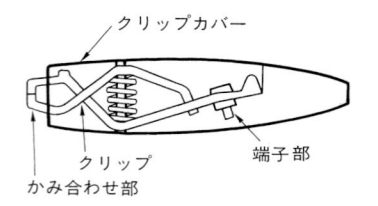

クリップの構造例
（クリップカバー、クリップかみ合わせ部、端子部）

　測定コードが断線していないことを確認する. 特に, 測定コードと接地抵抗計に接続する端子部付近に断線が多く見受けられるので, よく点検する.
　また, 補助接地棒が折損していないことを確認する.

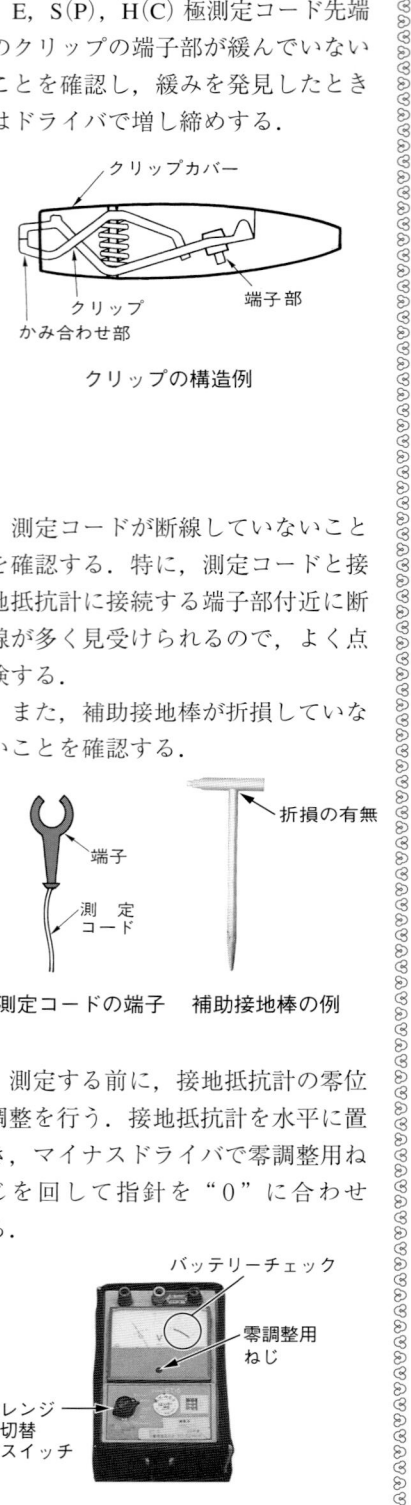

測定コードの端子　補助接地棒の例
（端子、測定コード／折損の有無）

　測定する前に, 接地抵抗計の零位調整を行う. 接地抵抗計を水平に置き, マイナスドライバで零調整用ねじを回して指針を"0"に合わせる.

（バッテリーチェック、零調整用ねじ、レンジ切替スイッチ）

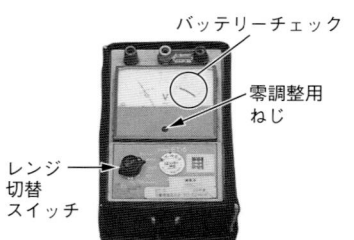

写真3-3-167　クリップの端子部の点検

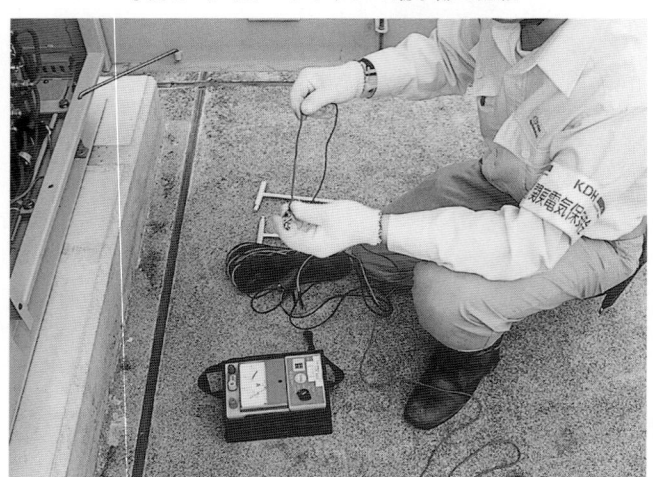

写真3-3-168　測定コードと端子部の点検

写真3-3-169　指針の零調整

接地抵抗測定

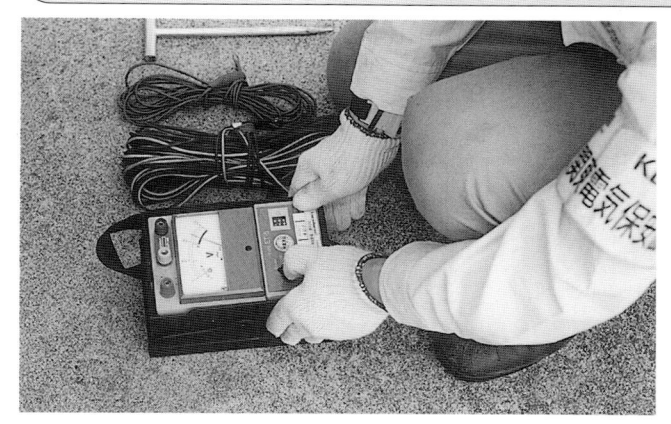

写真3-3-170　電池消耗状態の確認

電池のチェックは，レンジ切替スイッチをBに合わせてPUSHスイッチを押し，指針が黒枠内で振れることを確認する．指針が黒枠内に入らない場合は，電池が消耗しているので新しい電池と交換する．

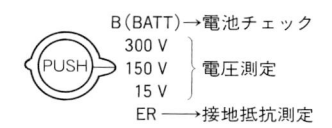

```
B(BATT)→電池チェック
        300 V
(PUSH)  150 V  }電圧測定
        15 V
ER ──→接地抵抗測定
```

レンジ切替スイッチ

接地端子盤に補助接地極端子がある場合の測定は，S(P)端子およびH(C)端子に測定コードを接続する．さらに，被測定接地端子（E端子）に測定コードを接続する．

接地端子盤や補助接地極端子がない場合の測定は，「接地抵抗計」の項で解説してある．

写真3-3-171　接地端子盤 S(P)，H(C)，E端子への接続

測定する前にレンジ切替スイッチを300V，150V，15Vの順に切り替えて地電圧がないことを確認した後，各接地極ごとに接地抵抗値を順次測定していく．

測定手順は，レンジ切替スイッチをERにし，PUSHスイッチを押しながらダイヤルツマミを回して指針がGに合うように調整する．Gに合ったときのダイヤル目盛が接地抵抗値である．

電技の解釈第17条では，A種接地工事は10Ω以下，B種接地工事は変圧器の高圧側の電路の1線地絡電流のアンペア数で150を除した値に等しいオーム数以下，C種接地工事は10Ω以下，D種接地工事は100Ω以下と定められている．

写真3-3-172　接地抵抗値の測定

高圧絶縁抵抗測定

　高圧絶縁抵抗計（5 000V メガ）の電池のチェックは，アースコードをアース端子に接続した後，クリップ側を接地する．ラインコードをライン端子に接続し，プローブ先端をアースコードのクリップに接触させ，試験スイッチを押す．正常であると PL（BATT）ランプが点灯し，交換が必要なときにはランプが点滅する．

　電池のチェックと同時に，指針が零を指していることを確認する．

　高圧電路は，高圧配線および機器一括により絶縁抵抗測定を行うので，測定前には各機器の開閉器類が投入されていることを作業責任者，作業者全員で確認する．

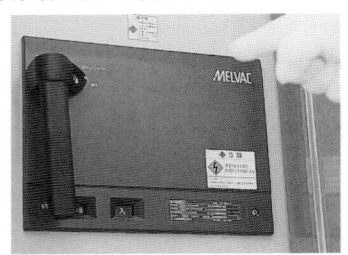

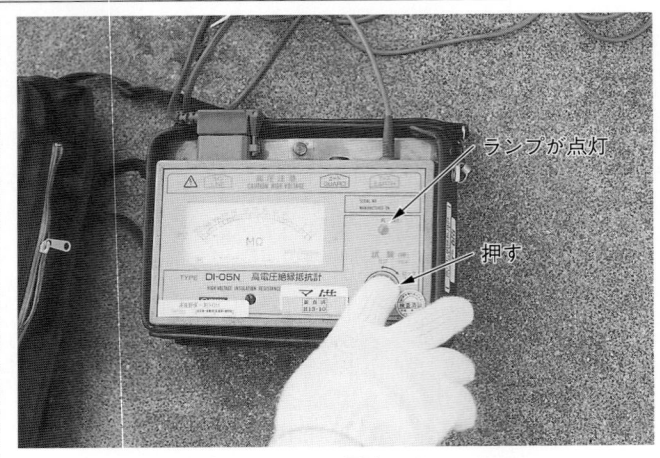

写真 3-3-173　電池のチェック

真空遮断器の投入確認

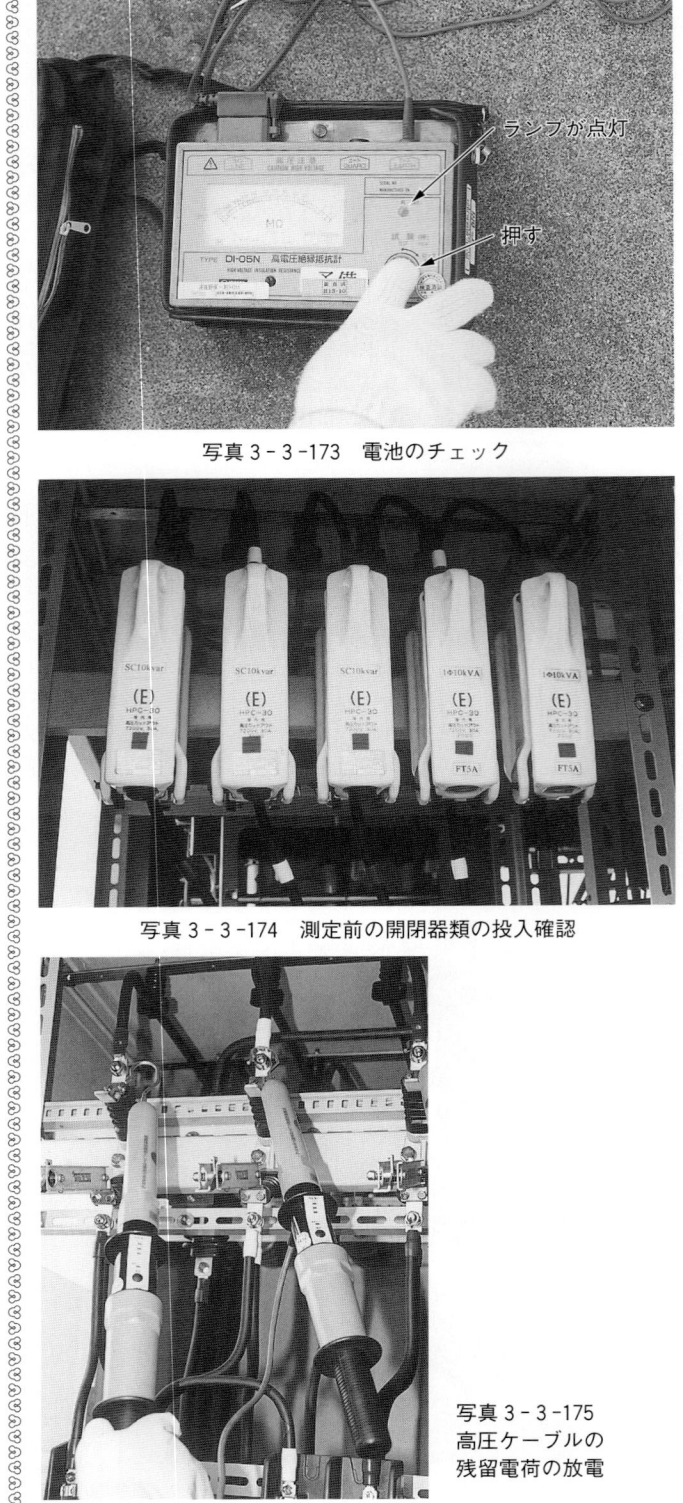

写真 3-3-174　測定前の開閉器類の投入確認

　高圧ケーブルの絶縁抵抗測定を行うときには，作業責任者の指示により，作業者は検電した後，残留電荷を放電する．

〔呼称・復唱の一例〕
作業責任者：「検電確認！」
作業者：「検電確認します」
　　　　「検電ヨシ！」
作業責任者：「検電確認．ヨシ！」

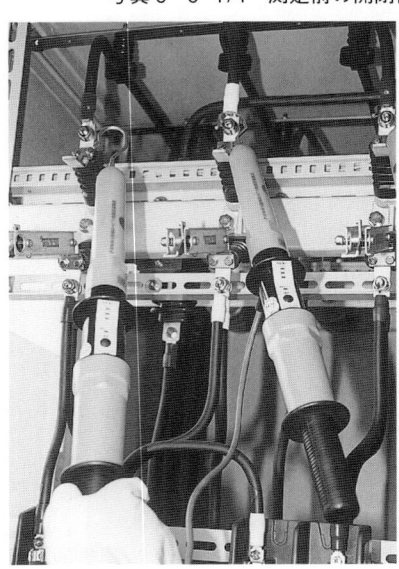

写真 3-3-175
高圧ケーブルの
残留電荷の放電

高圧絶縁抵抗測定

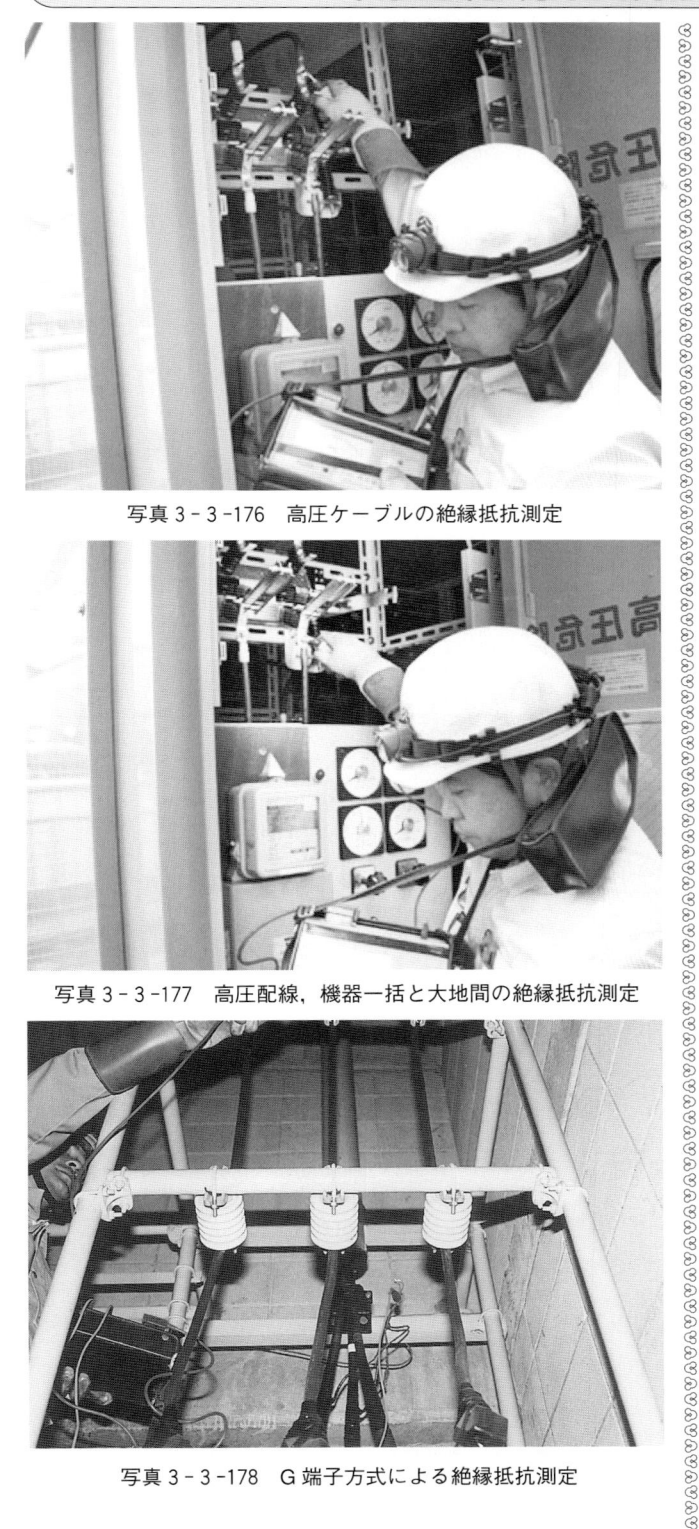

写真 3-3-176　高圧ケーブルの絶縁抵抗測定

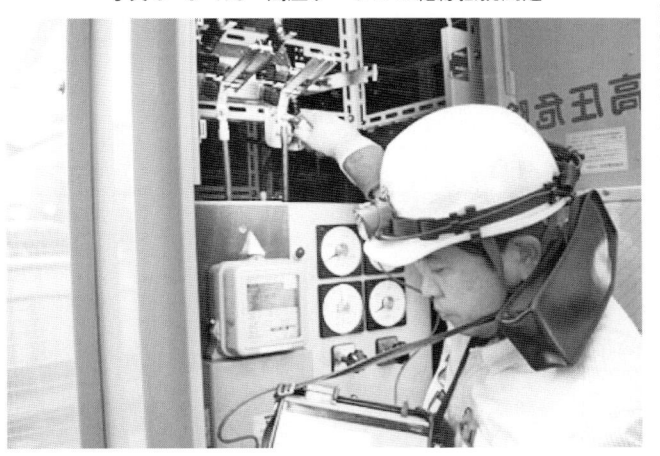

写真 3-3-177　高圧配線，機器一括と大地間の絶縁抵抗測定

写真 3-3-178　G端子方式による絶縁抵抗測定

高圧ケーブルの絶縁抵抗測定は，各線心と大地間で行う．絶縁抵抗測定が終わったら，残留電荷を放電することを忘れないようにする．

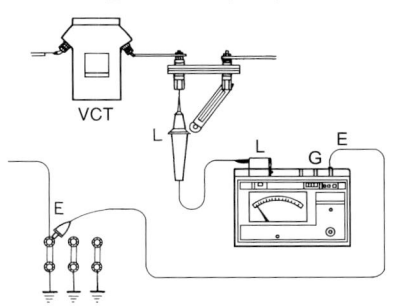

E端子方式の測定例
（G端子は使用しない）

高圧配線，機器一括と大地間の絶縁抵抗測定を行う．

高圧ケーブルの絶縁抵抗値が5 000 MΩ未満のときには，G端子方式によって再度絶縁抵抗測定を行う．G端子方式は，ケーブル自体の絶縁抵抗測定に用いられる測定方法で，絶縁抵抗計のガード端子（G）を接地し，ケーブルのシールド線にアース端子（E）を接続して測定する．

判定値については，第5章を参照していただきたい．

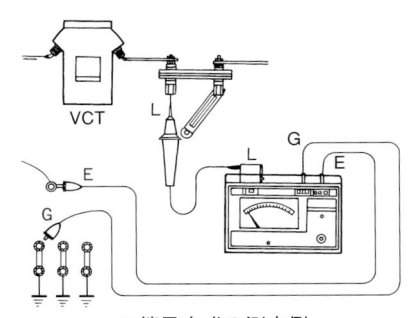

G端子方式の測定例

低圧絶縁抵抗測定

　低圧絶縁抵抗計（500Vメガ）の電池のチェックは，2本の測定コードのプローブ先端（導体部）を接触させ（PUSHスイッチは押さない），指針がBマークの中にあることを確認する．指針がBマークよりも左側（∞側）を指しているときは，電池が消耗しているので新しいものと交換する．

写真3-3-179　電池のチェック

　LINEプローブ先端とEARTHクリップを接触させ，PUSHスイッチを押したときに指針が0MΩを指すことを確認する．プローブ，クリップ，コンセント，コンセントストッパ，コードに不具合や断線がないことを確認する．

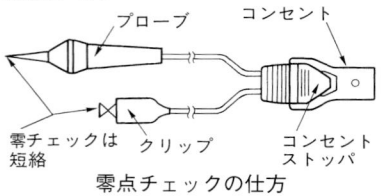

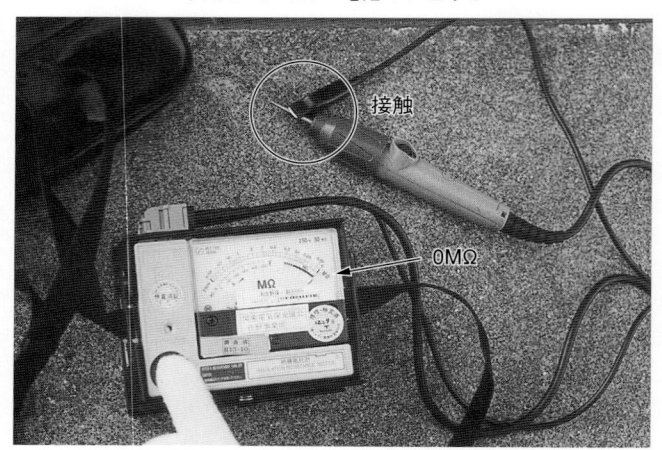

零点チェックの仕方

写真3-3-180　零点のチェック

　絶縁抵抗測定を行うときには，作業手袋を着用する．EARTHクリップを接地端子に接続し，低圧開閉器二次側の端子部にLINEプローブの先端を接触させ，電圧を印加したときの指示値を読み取る．

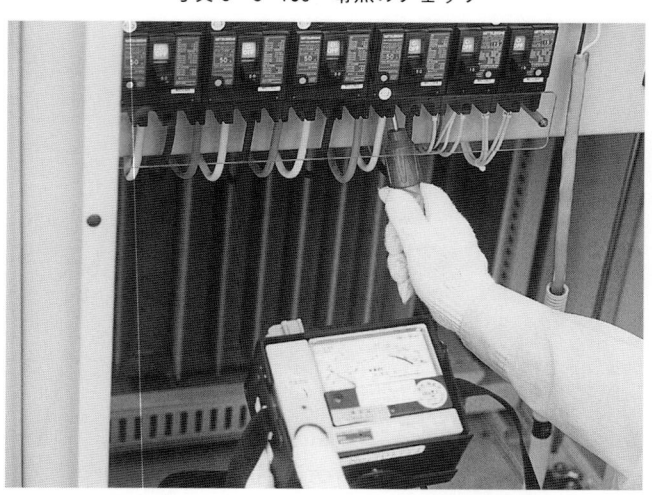

写真3-3-181　電線と大地間の絶縁抵抗測定

低圧絶縁抵抗測定

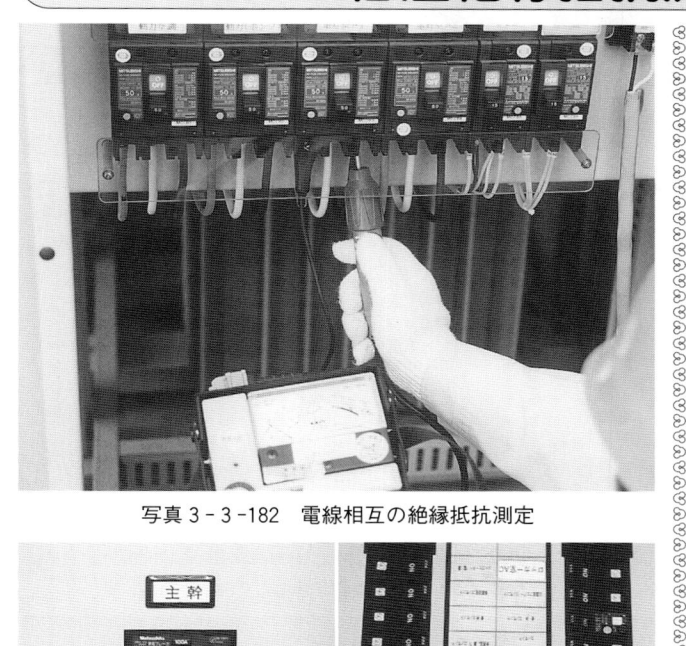

低圧開閉器から分電盤までの電路（電線相互間）の絶縁抵抗を測定する．

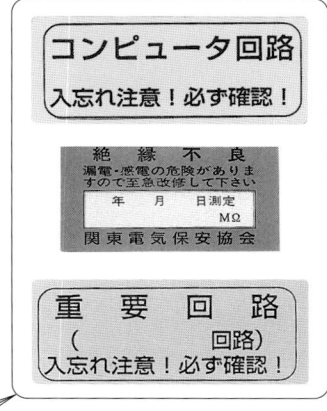

写真3-3-182　電線相互の絶縁抵抗測定

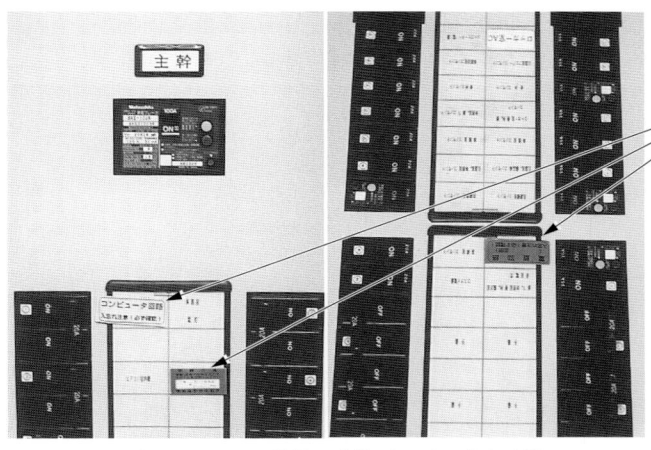

ラベルの一例

写真3-3-183　絶縁不良箇所などの表示方法

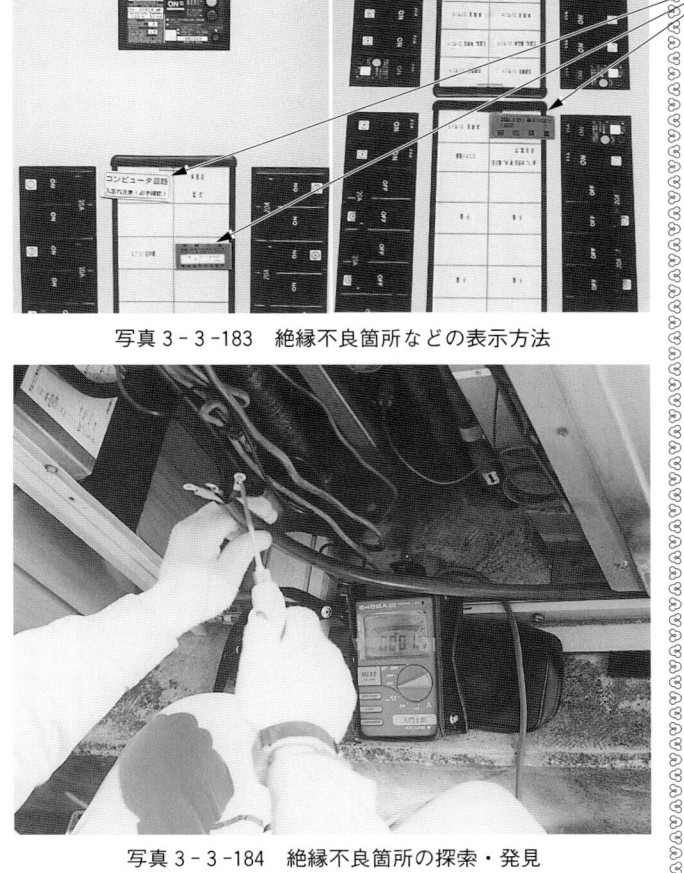

絶縁抵抗測定をした電路に絶縁不良を発見したときには，ラベルを貼るなどして表示しておき管理する．絶縁抵抗測定によって故障するおそれがあるコンピュータやNC機器などには，作業者がわかるようにラベルを貼るなどして表示しておく．

絶縁抵抗値が規定された値以下のときには，主幹回路から分岐回路までを詳細に探索し，絶縁不良箇所を発見する．

写真は，空調盤内のマグネット二次側配線を外して絶縁抵抗測定を行っているところである．

判定値については，第5章の表5-1-4を参照していただきたい．

停電が困難な場合は，当該電路の使用電圧が加わった状態における漏れ電流が1mA以下であること．

写真3-3-184　絶縁不良箇所の探索・発見

点検作業の終了確認

残材の整理

点検作業が終わったら，清掃用のウエス，碍子洗浄剤，ハケ，ほうき，はたき，ちり取りなどを片づける．

写真3-4-1　清掃用具などの後片づけ

交換した表示灯用電球，不適正な高圧カットアウトヒューズ，破損した配線器具などを整理する．

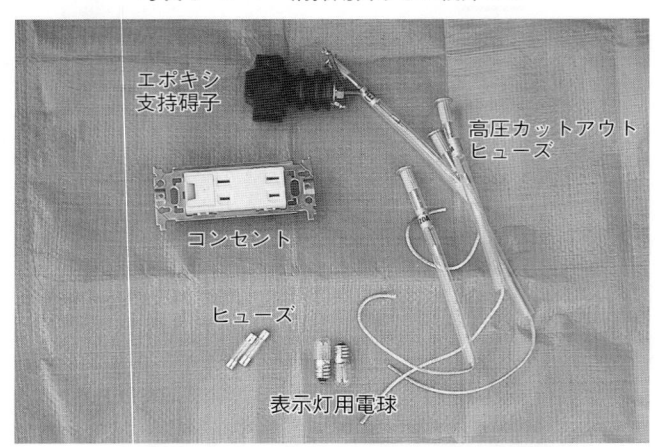

写真3-4-2　破損した配線器具などの整理

使用した手動圧着ペンチ，圧着端子，接地線などを整理する．

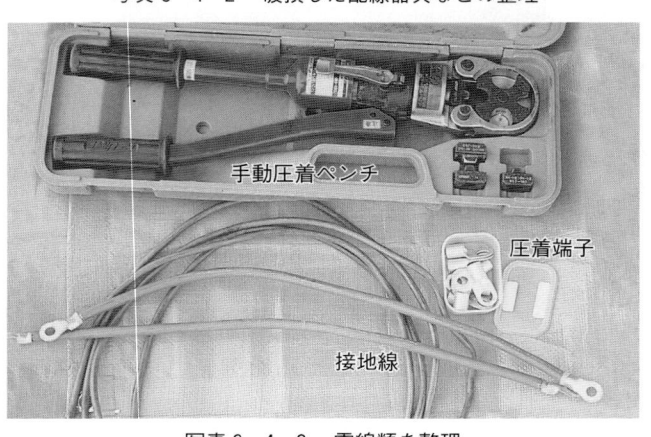

写真3-4-3　電線類を整理

人員の点呼

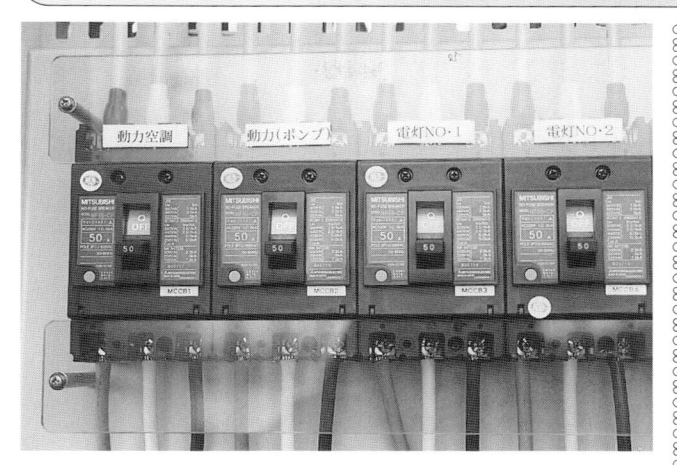

作業責任者は，各開閉器などの「入」，「切」状態が点検作業前の状態になっていることを確認する．

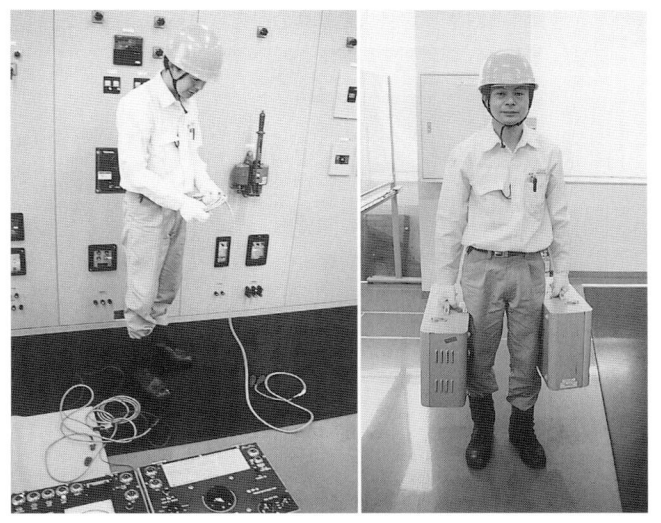

写真3-4-4　各開閉器などの原状復帰の確認

点検作業が終了した後は，必ず点検結果を確認し，試験器や絶縁用保護具・防具など，すべての機材類を片づけ，員数を確認する．

写真3-4-5　試験器や機材などの片づけ

作業責任者は，作業者全員を集めて人員の点呼を実施する．

写真3-4-6　人員の点呼

短絡接地器具の取り外し

作業責任者の指示により,作業者は短絡接地器具の取外し箇所の確認を行う.

写真3-4-7 短絡接地器具の取外し箇所の確認

充電されていないことを高圧検電器で再度検電する.

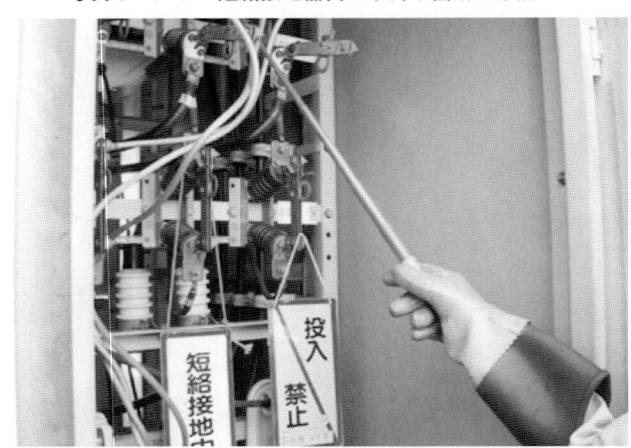

写真3-4-8 高圧検電器での無電圧の確認

各相に取り付けた短絡接地器具の短絡金具を順次外していく.外すときは,周囲の高圧機器を損傷しないように注意する.

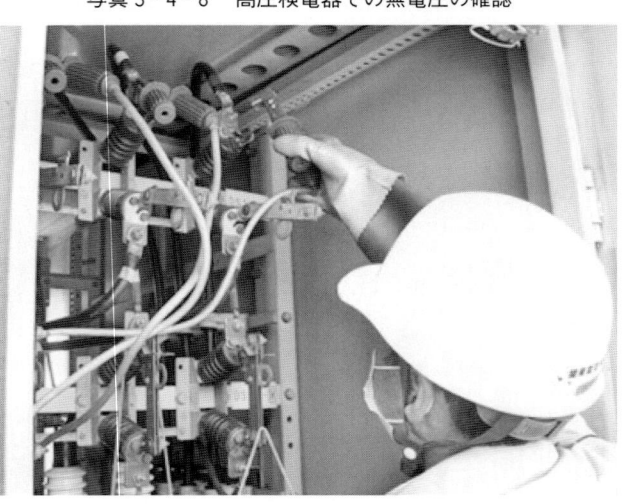

写真3-4-9 短絡接地器具の取り外し

短絡接地器具の取り外し

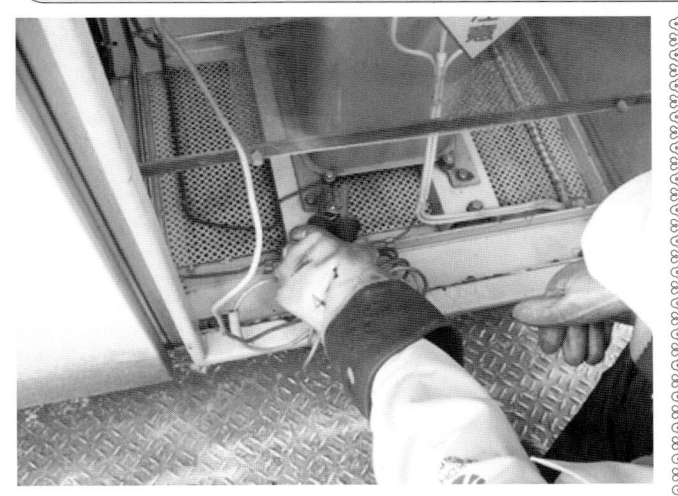

キュービクル下部に取り付けた接地金具を最後に外す．

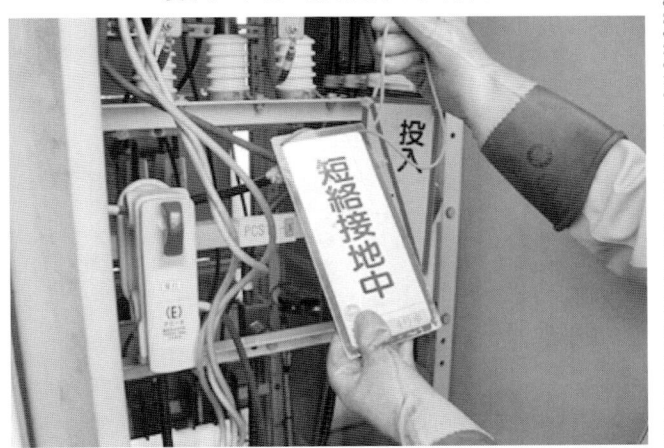

写真3-4-10　接地金具の取り外し

「短絡接地中」および「投入禁止」の標識板を外す．

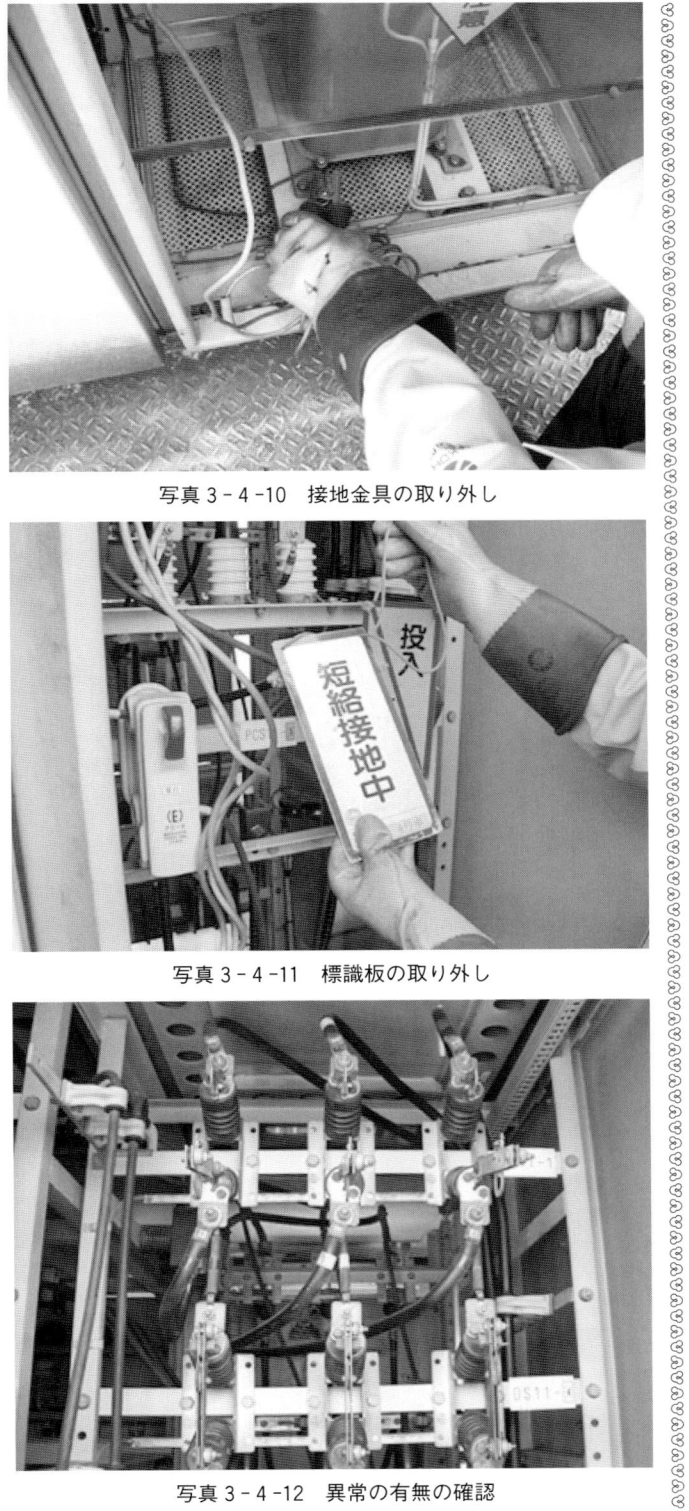

写真3-4-11　標識板の取り外し

短絡接地器具の取外し箇所に異常がないことを確認する．

写真3-4-12　異常の有無の確認

工具類の員数確認

ペンチ，ナイフ，ドライバ，スパナなどの腰工具類，工具箱に入っている端子類やビスなどの員数を確認する．

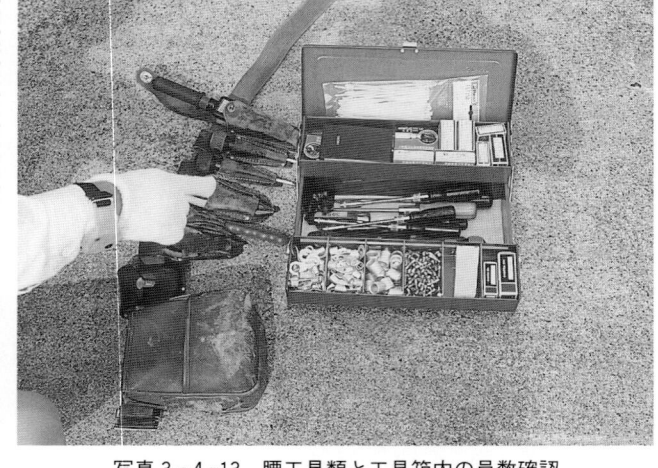

写真3-4-13　腰工具類と工具箱内の員数確認

低圧ゴム手袋，高圧ゴム手袋，保護手袋，高圧ゴム長靴，防護衣，アーク防止面などの保護具の員数を確認する．

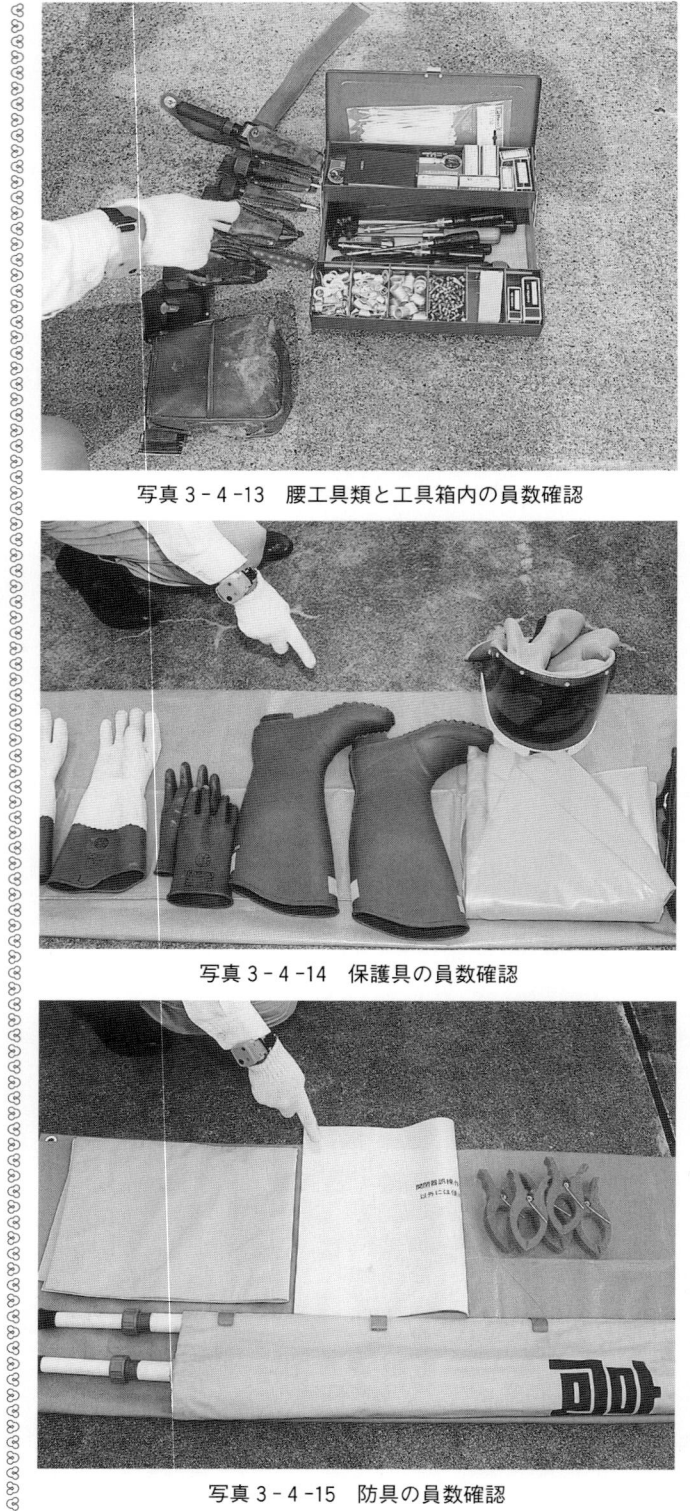

写真3-4-14　保護具の員数確認

フロシキシート，防護シート，隔離シートなどの防具の員数を確認する．

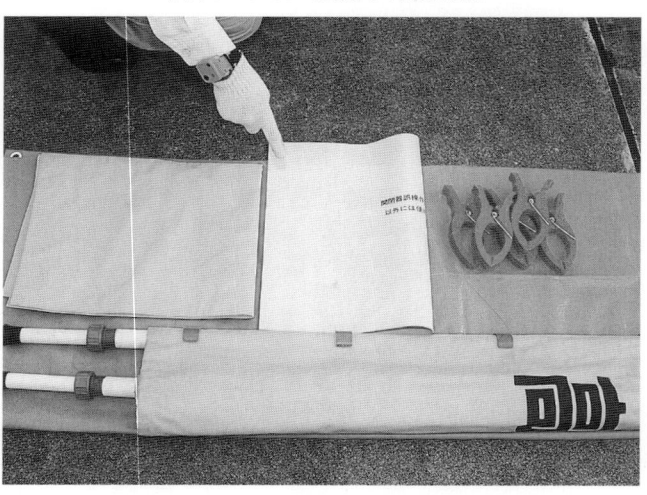

写真3-4-15　防具の員数確認

工具類の員数確認

区画ロープ，充電中，試験中，立入禁止，投入禁止，短絡接地中，電気設備点検中，安全パネルなどの標識板の員数を確認する．

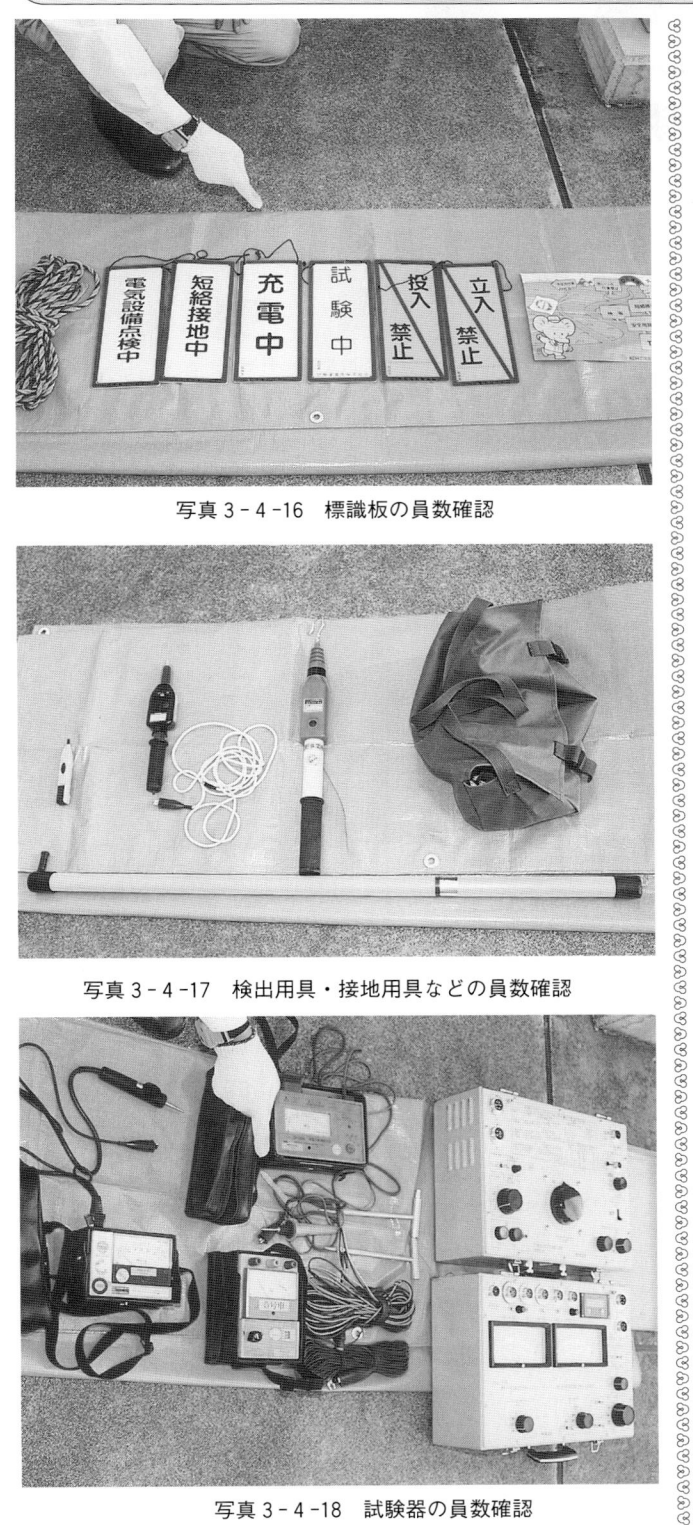

写真 3-4-16　標識板の員数確認

低圧検電器，高圧検電器，充電標示器，短絡接地器具，フック棒，安全帯などの検出用具・接地用具，その他の安全用具の員数を確認する．

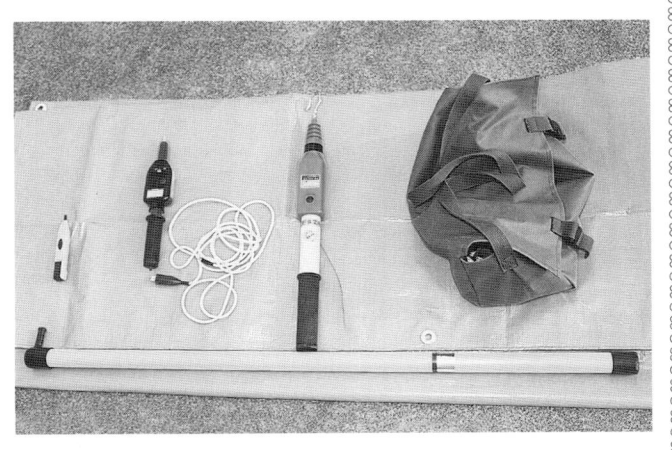

写真 3-4-17　検出用具・接地用具などの員数確認

保護継電器試験器，接地抵抗計，高圧絶縁抵抗計，低圧絶縁抵抗計などの試験器の員数を確認する．

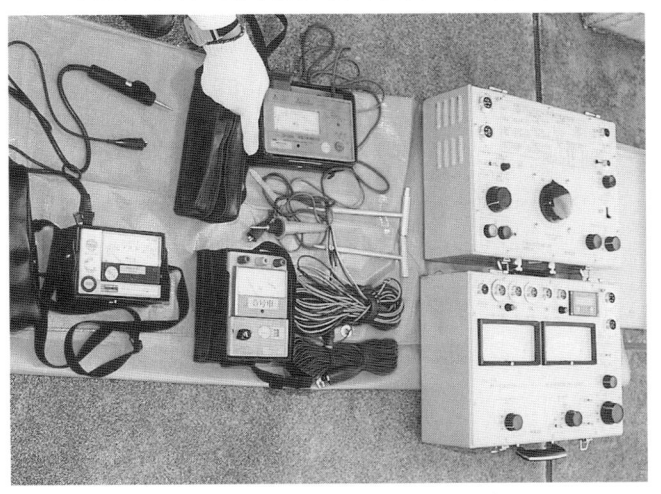

写真 3-4-18　試験器の員数確認

復電操作

区分開閉器（PAS）の投入

作業者全員が，キュービクル式高圧受電設備から安全な範囲に離れたことを確認する．

写真3-5-1
高圧受電設備からの離脱を確認

作業者は，電柱に梯子を立てかける．梯子に滑り止めがついていることを確認するとともに，支持バンドにより電柱に固定する．

写真3-5-2
電柱への梯子の立てかけ

写真3-5-3
区分開閉器の投入準備

作業責任者の指示により，作業員は呼称・復唱して区分開閉器の投入準備をする．昇柱する際には，安全帯の胴当部分を腰骨上部に確実に装着する．

安全帯ロープが電柱に確実に接触していることを確認する．

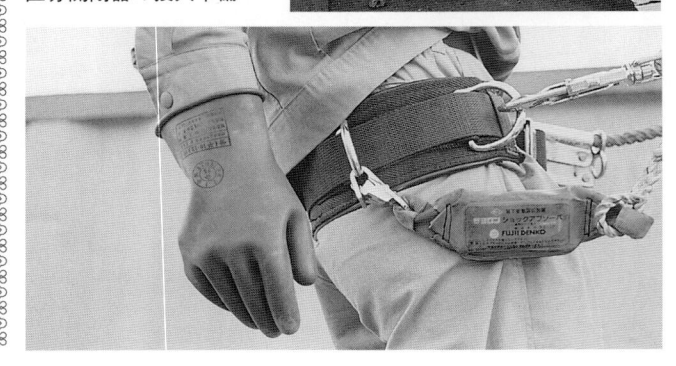

区分開閉器（PAS）の投入

区分開閉器の操作用引き紐（入り紐（赤），切り紐（緑））を両手に持ち，一気に入り紐を引いて区分開閉器を投入する．

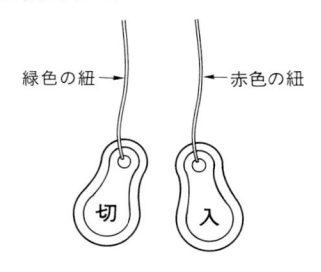

操作用引き紐には，「入」，「切」のとってがついている

写真3-5-4　入り紐（赤）による区分開閉器の投入

区分開閉器が「入」側に動作したことを確認する．

写真3-5-5　区分開閉器の動作確認

操作用引き紐は，電柱の足場ボルトに堅固に巻き付けてしばりつける．電柱にかけてあった「昇柱禁止」および「投入禁止」の標識板を外して降柱する．

写真3-5-6　足場ボルトへの操作用引き紐の巻き付け

受電用断路器の投入

受電用断路器電源側の接触子が，充電されたことを高圧検電器により確認する．断路器の電源側が充電状態にあることを作業者全員に周知・徹底する．

写真3-5-7　断路器電源側の充電状態の確認

受電用遮断器が開放していて，無負荷であることを確認する．

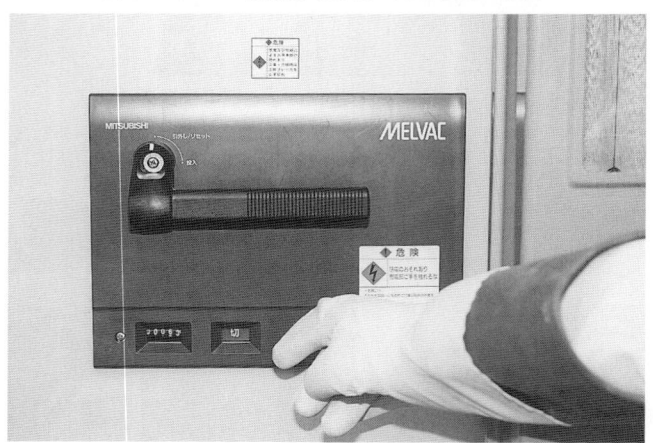

写真3-5-8　受電用遮断器の開放による無負荷確認

断路器が開放されていることを確認する．

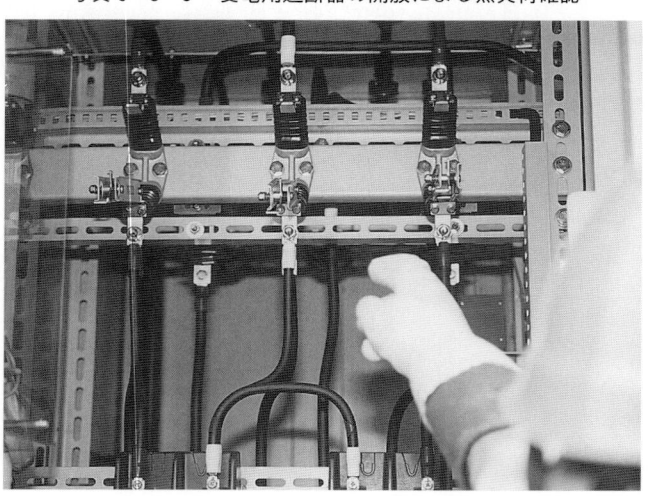

写真3-5-9　断路器の開放の確認

受電用断路器の投入

断路器を投入する際にはフック棒により投入するため、高圧ゴム手袋を着用する．

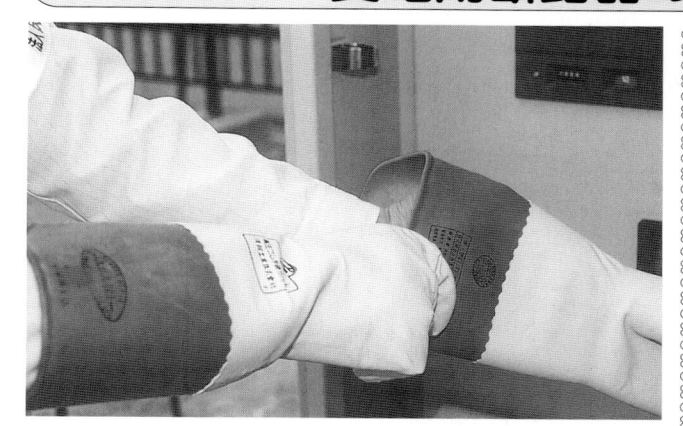

写真3-5-10　高圧ゴム手袋の着用

断路器の投入は，原則として3相のうちの端の相から順に，確実に投入していく．断路器投入の際には，周囲の状況を把握し，十分に注意する．

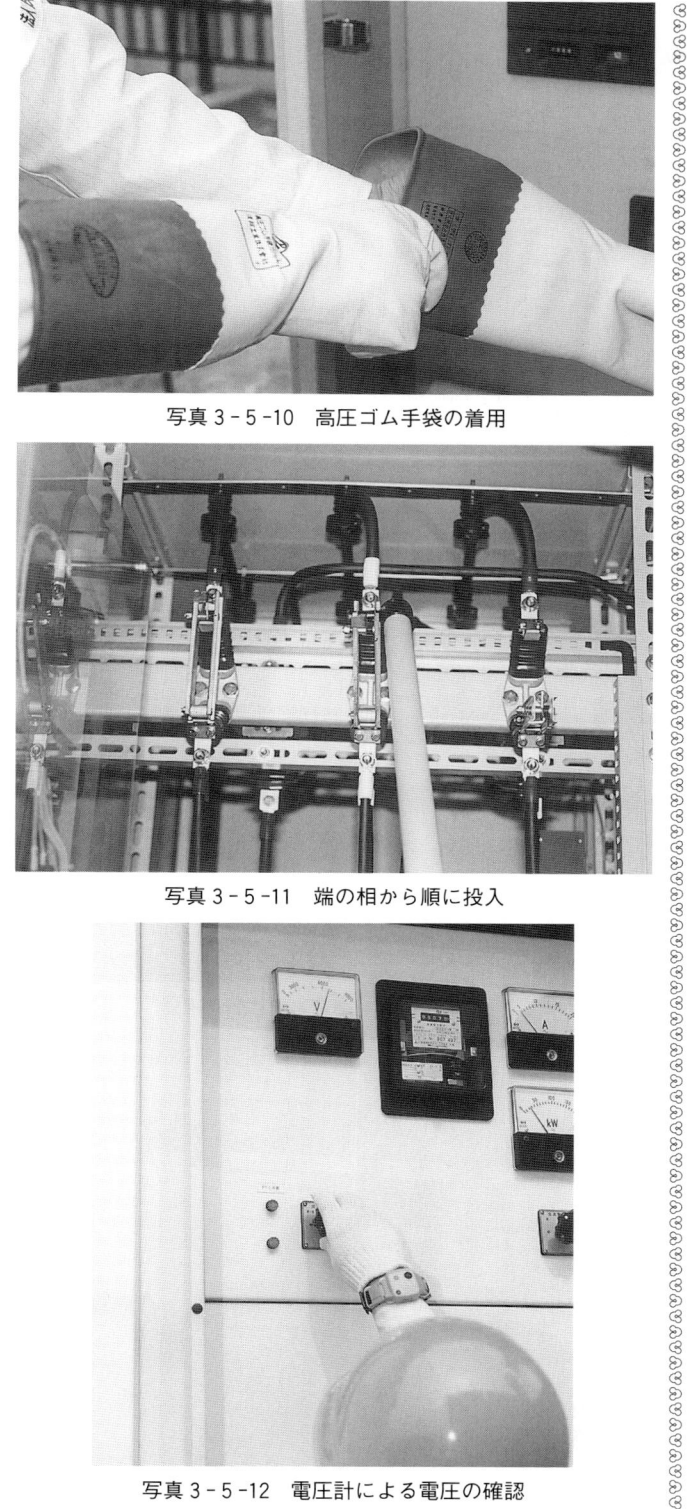

写真3-5-11　端の相から順に投入

断路器を投入した後，高圧配電盤に取り付けられている電圧計により，3相とも正常に電圧がきていることを確認するとともに，電圧のバランスについても確認する．

写真3-5-12　電圧計による電圧の確認

受電用遮断器の投入

受電用遮断器を投入する前に，負荷側の低圧開閉器が開放していることを確認する．

写真3-5-13　低圧開閉器開放の確認

変圧器，高圧進相用コンデンサ，その他の高圧機器や配線など，復電してもよい状態になっていることを確認する．

写真3-5-14　復電可能状態を確認

地絡継電器（GR）操作用の開閉器を投入する．

写真3-5-15　地絡継電器操作用開閉器の投入

受電用遮断器の投入

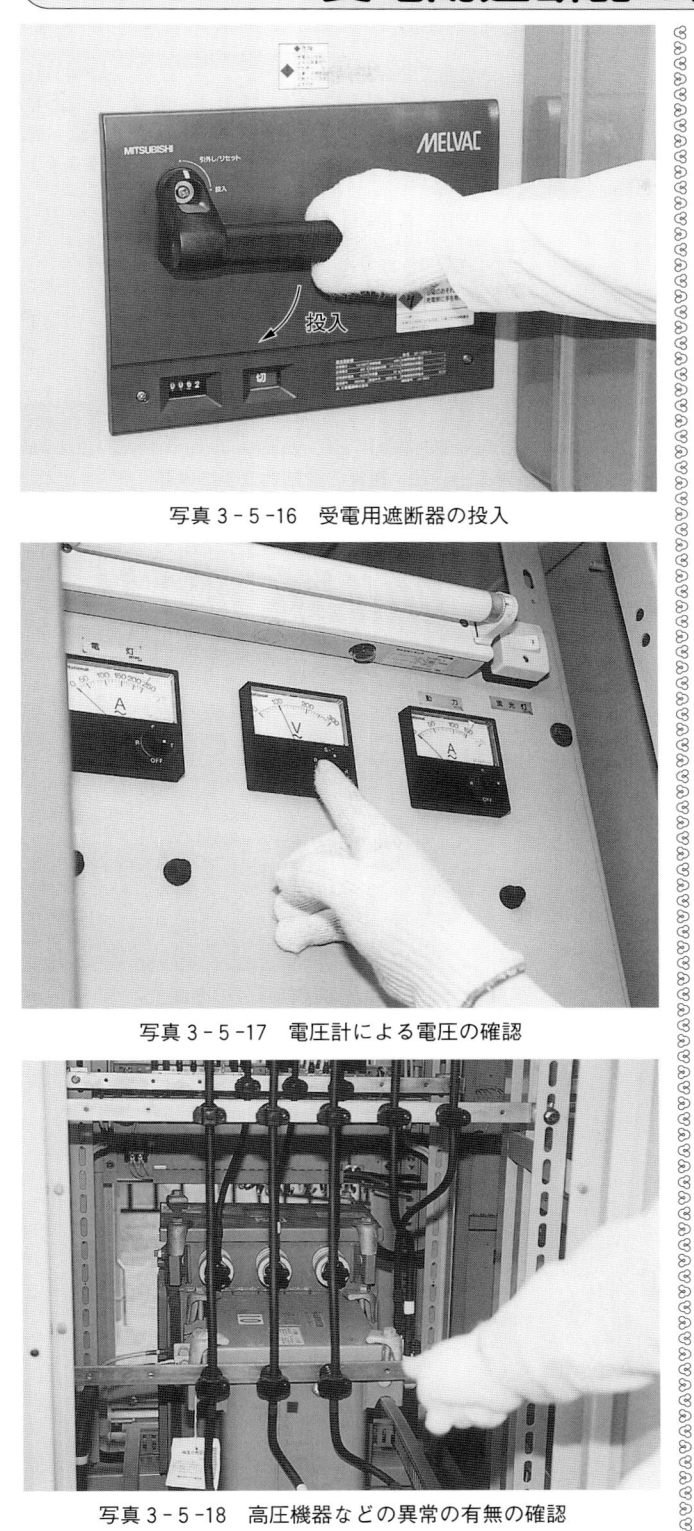

受電用遮断器の表示灯および「入」,「切」表示に注意しながら受電用遮断器の操作ハンドルを確実に投入する．

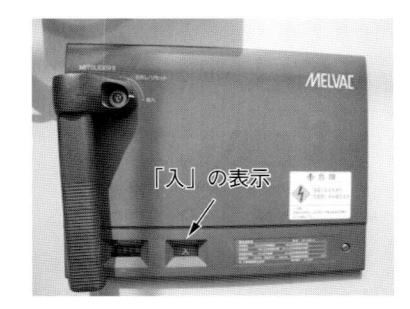

「入」の表示を確認

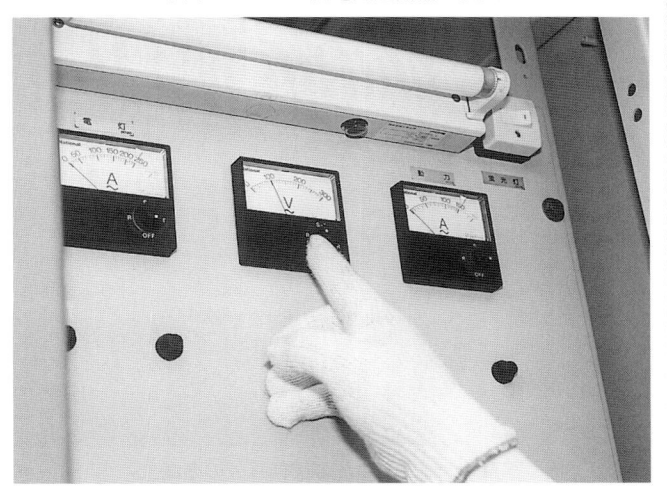

写真3-5-16 受電用遮断器の投入

低圧配電盤に取り付けられている電圧計により，正常に電圧がきていることを確認するとともに，電圧のバランスについても確認する．

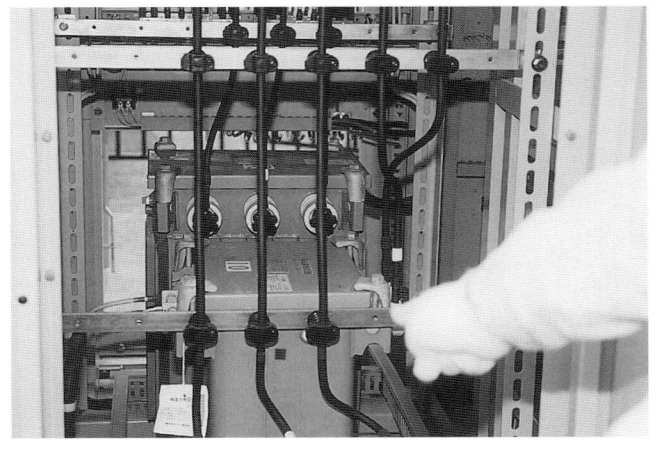

写真3-5-17 電圧計による電圧の確認

変圧器，高圧進相用コンデンサ，その他の高圧機器や配線などの異常の有無を確認する．

写真3-5-18 高圧機器などの異常の有無の確認

低圧開閉器の投入

電気主任技術者の指示により，作業責任者は復電の準備を行う．

写真3-5-19　復電の通知と安全の確認

低圧開閉器の操作に当たっては，作業手袋を着用する．低圧充電部に触れるおそれがある場合には，低圧ゴム手袋を着用する．

写真3-5-20　低圧開閉器投入の準備①

足元を確認し，低圧充電部に触れないよう十分注意する．

写真3-5-21　低圧開閉器投入の準備②

低圧開閉器の投入

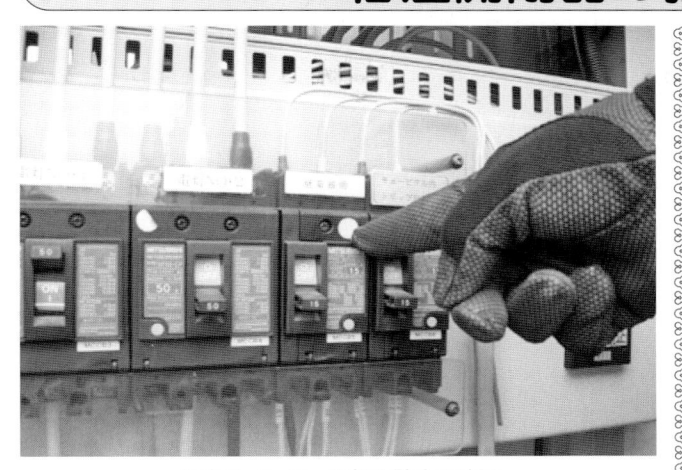

写真3-5-22　誤投入防止の確認

停電前に開放されていた低圧開閉器は，誤投入を防止するために低圧開閉器に貼り付けた「入」，「切」の表示シールを目印にして，注意しながら投入する．

写真3-5-23　電灯用開閉器の投入

電灯用開閉器を投入する．主幹開閉器がある場合には，主幹開閉器をまず投入し，次に電灯用開閉器を順次投入していく．

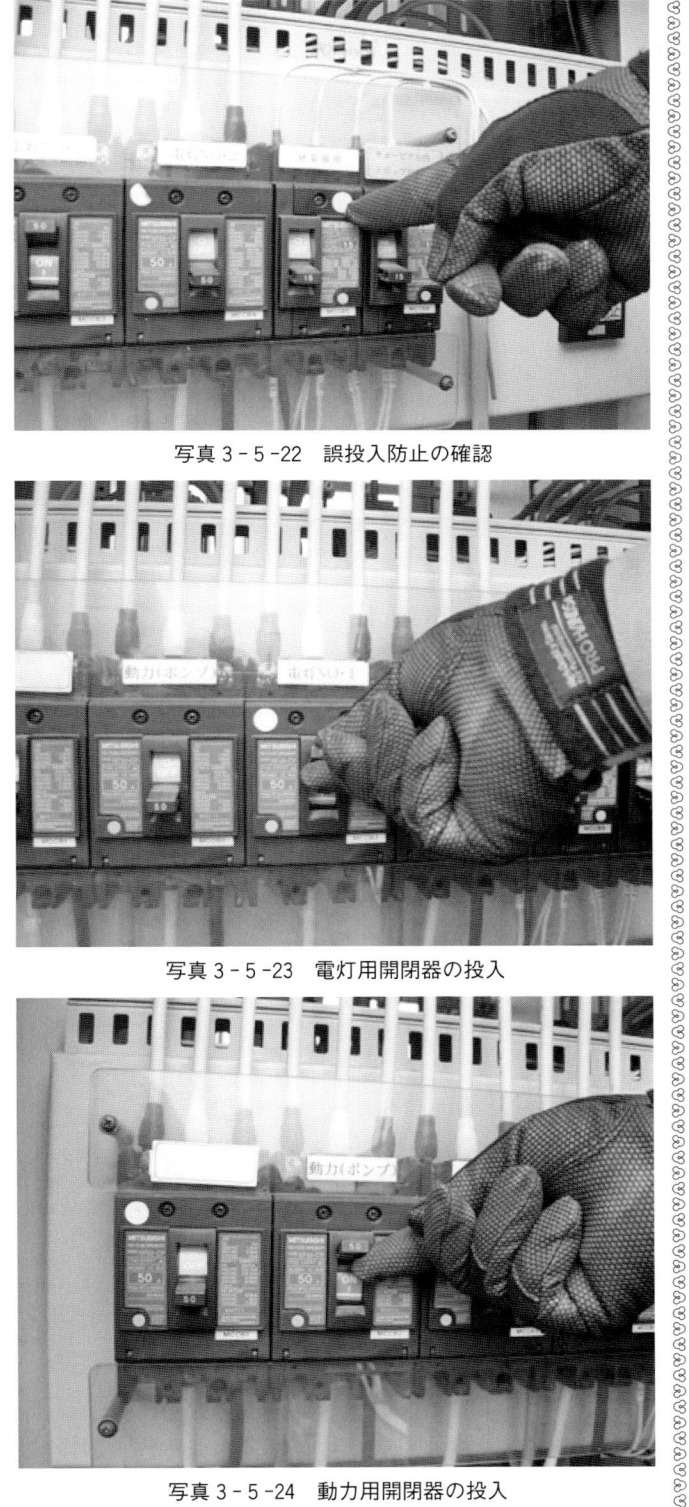

写真3-5-24　動力用開閉器の投入

動力用開閉器を投入する．主幹開閉器がある場合には，主幹開閉器をまず投入し，次に動力用開閉器を順次投入していく．

やってはならない危険な作業

高圧交流負荷開閉器（LBS）を点検しているとき，トリップレバーを手で操作すると蓄勢されたバネの力により開放されて負傷することがある．トリップレバーの手での操作は，絶対にやってはならない．ブレードと接触子の接触状態を確認するときには，必ずフック棒を使用する．

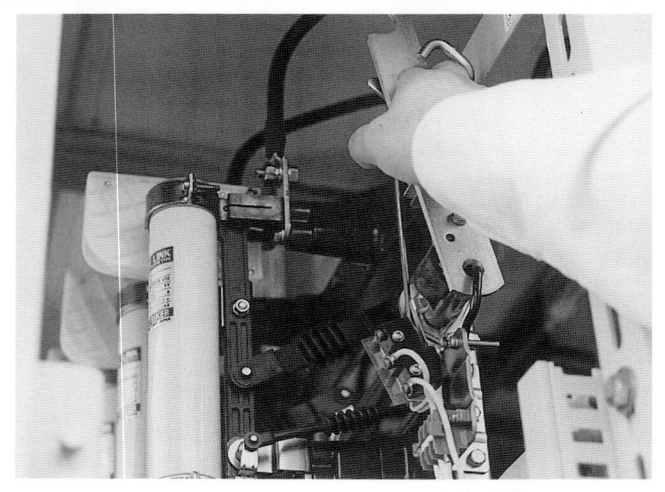

写真 3 - 5 -25　やってはならない危険な作業①

断路器のブレードと接触子の接触状態の確認を行うときには，機器内や接触子などに手を入れると負傷するおそれがあるので，絶対にやってはならない．

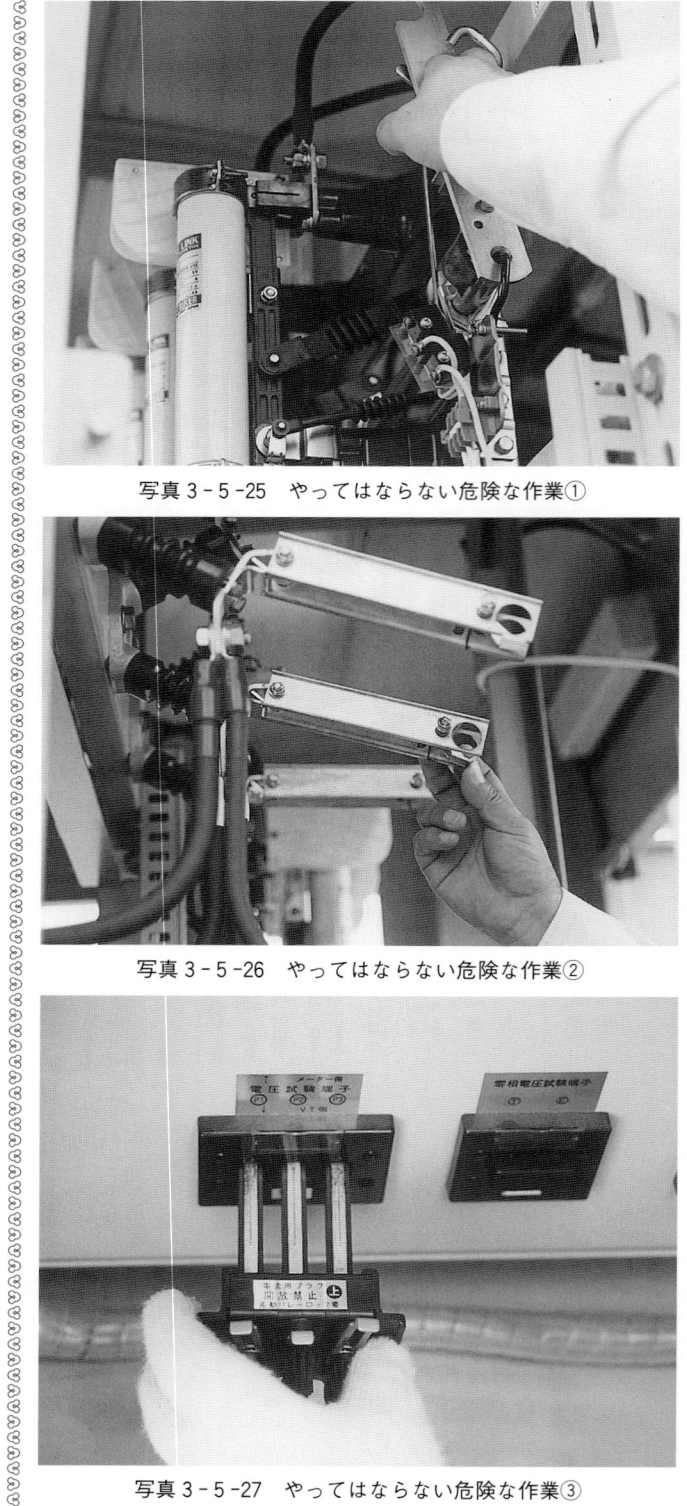

写真 3 - 5 -26　やってはならない危険な作業②

保護継電器試験の際に電圧試験端子を使用するが，電流回路と電圧回路とを間違えないよう十分に確認し，電圧が印加されないよう作業を行う．

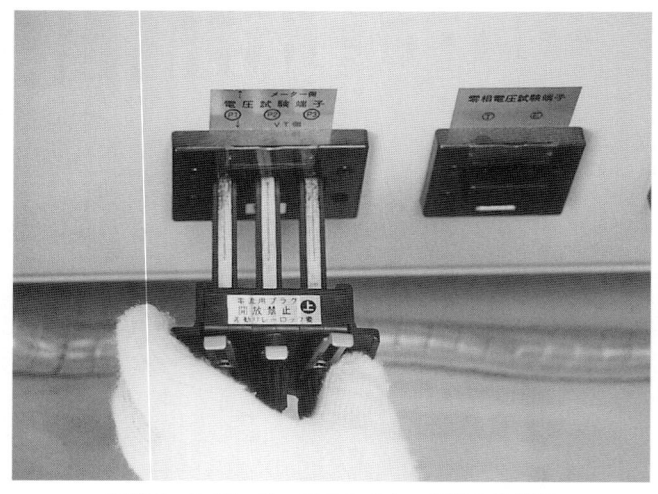

写真 3 - 5 -27　やってはならない危険な作業③

やってはならない危険な作業　（つづく）

写真 3-5-28　やってはならない危険な作業④

足元が悪い

高い場所にある機器の清掃を行うとき，足元の悪い状態のまま作業を行うと墜落や転倒などのおそれがあるので，必ず安全帯を使用して作業姿勢を確保する．

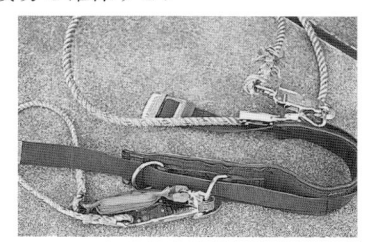

安全帯

高圧ケーブルと機器一括で高圧絶縁抵抗測定を行うときは，自分の判断で測定を行わない．他の作業者が高圧機器に触れている場合，感電するおそれがあるので，作業責任者の指示があるまで測定は行わない．

写真 3-5-29　やってはならない危険な作業⑤

素手

高圧絶縁抵抗測定を行うときは，素手で行うと感電するおそれがあるので絶対にやってはならない．高圧絶縁抵抗測定時には，必ず高圧ゴム手袋を着用する．

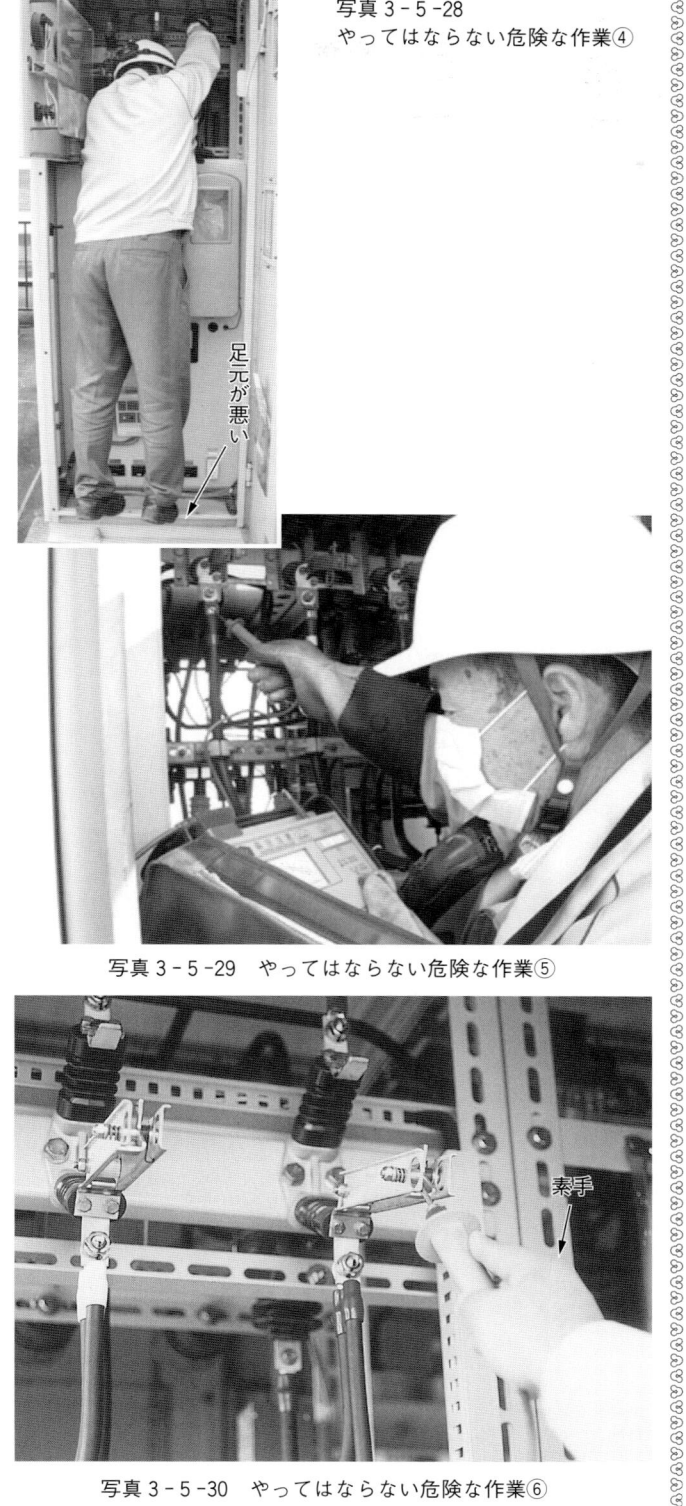

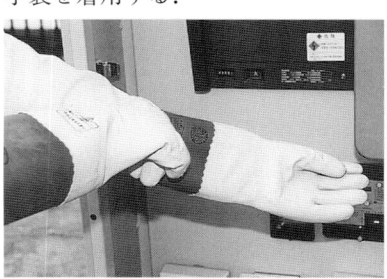

写真 3-5-30　やってはならない危険な作業⑥

（つづき）やってはならない危険な作業

低圧絶縁抵抗測定を行うときは，素手で行うと感電するおそれがあるので絶対にやってはならない．低圧絶縁抵抗測定時には，必ず低圧ゴム手袋あるいは作業手袋を着用する．

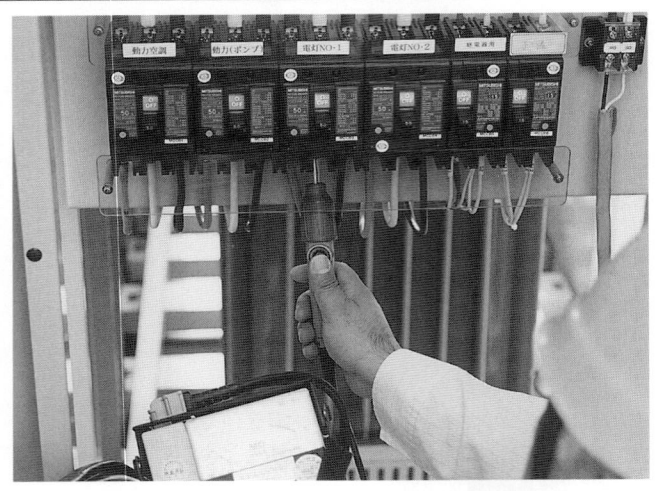

写真 3-5-31　やってはならない危険な作業⑦

変圧器内部の絶縁油を採取するときには，胸ポケットに入っている不要なものは取っておく．もし，変圧器内部に胸ポケットに入っていたボールペンが落ちた場合は，これを取り除くために大変な作業となる．

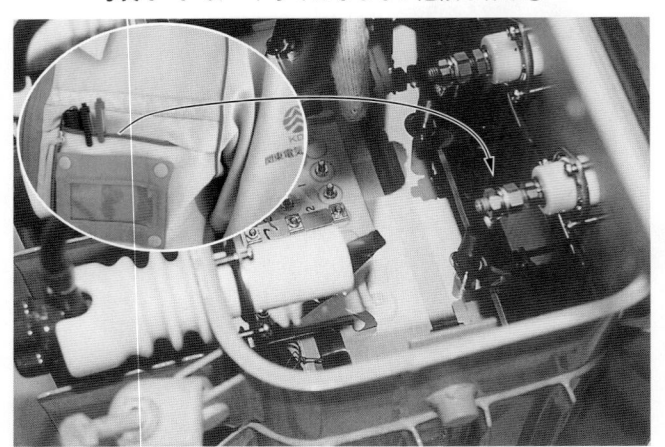

写真 3-5-32　やってはならない作業⑧

変圧器や高圧進相用コンデンサなどの端子を増し締めするときには，スパナなどの工具でブッシングなどの周囲の機器類を破損しないよう注意する．

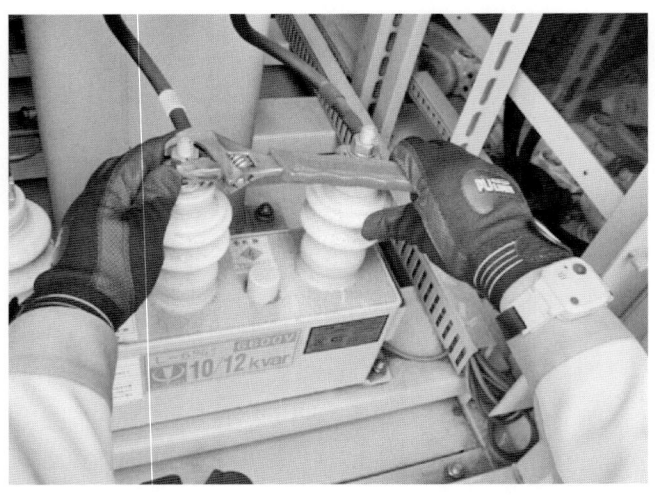

写真 3-5-33　やってはならない作業⑨

やってはならない危険な作業　（つづく）

　接地抵抗測定を行うときは，地電圧が発生していることを確認せず測定を行うと接地抵抗計を焼損するおそれがあるので，必ず地電圧を確認してから測定を行う．地電圧の確認は，接地抵抗計の測定レンジを電圧のVにして測定する．

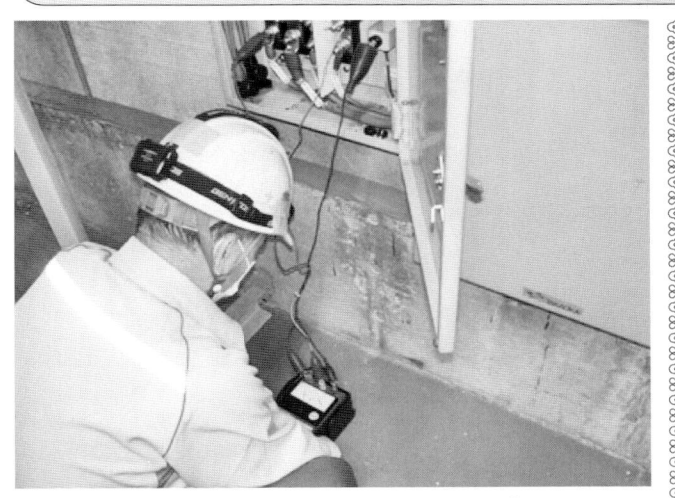

写真3-5-34　やってはならない作業⑩

　低圧側配線や低圧機器端子の増し締めを行うときは，規定以上のトルクで締めると端子やボルトなどが破損するおそれがあるので，十分注意する．

写真3-5-35　やってはならない作業⑪

　保護継電器試験が終了した後は，試験用端子を開放したままにしない．開放したままだと，変流器の二次側が開放状態となり，高電圧の発生によって変流器や過電流継電器が損傷するおそれがある．

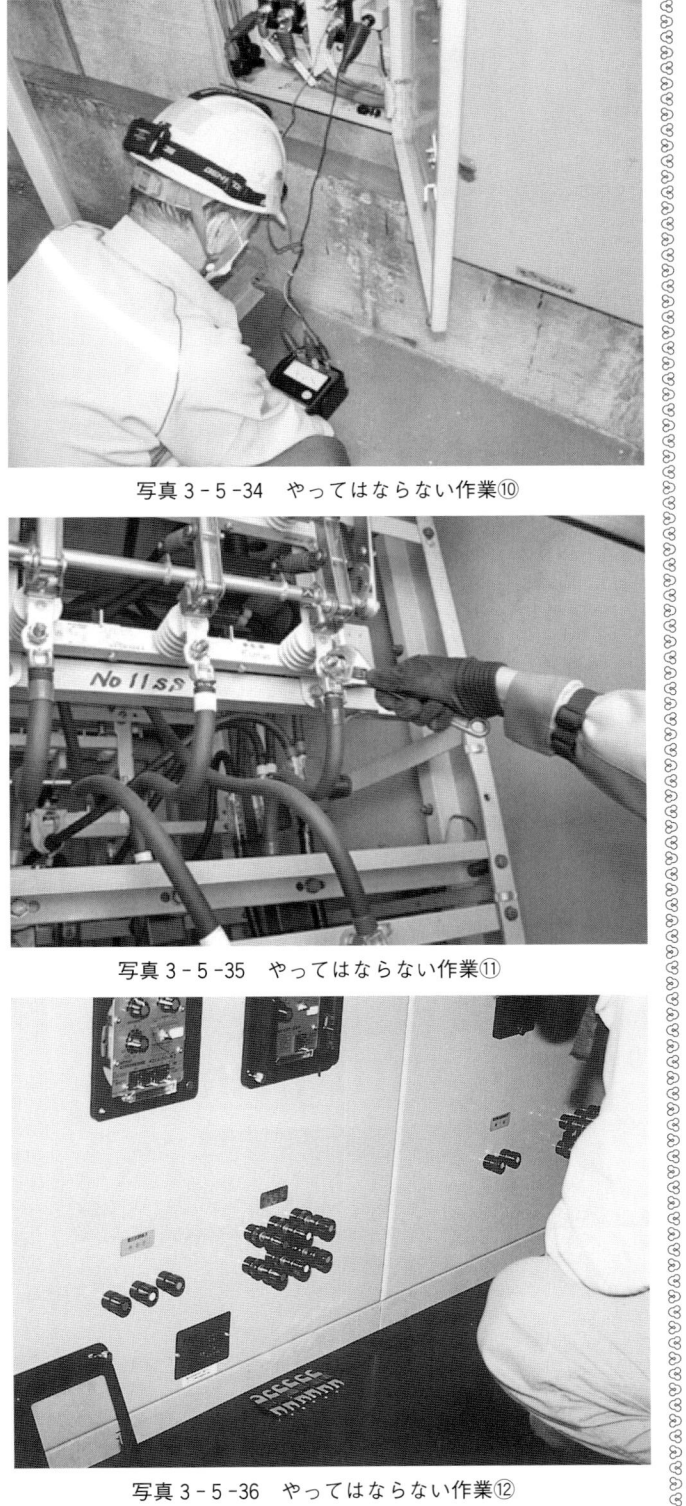

写真3-5-36　やってはならない作業⑫

（つづき）やってはならない危険な作業

短絡接地器具を取り外すときには，素手で行うと感電するおそれがあるので絶対にやってはならない．短絡接地器具を取り外すときには，必ず高圧ゴム手袋を着用する．

写真3-5-37　やってはならない危険な作業⑬

点検時に使用した工具類は，高圧機器の上に置いたままにしない．しゃがんだ状態で，作業中に工具類が落ちて負傷することがある．工具類は，員数を確認してもとに戻す．

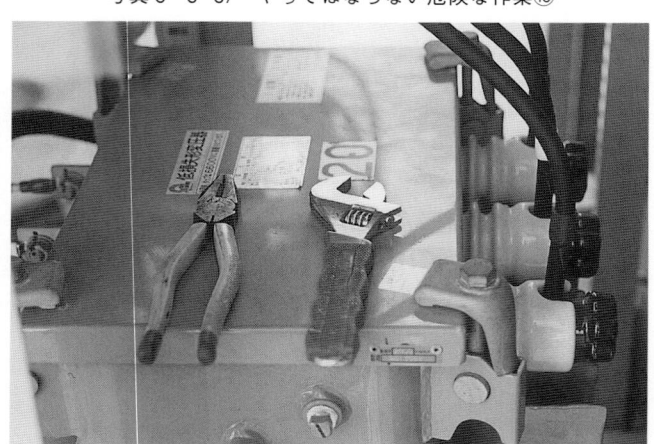

写真3-5-38　やってはならない危険な作業⑭

腰ベルトの工具類は使用の都度取り出し，使い終わったら腰ベルトに戻すよう習慣づける．写真のように放置してはならない．

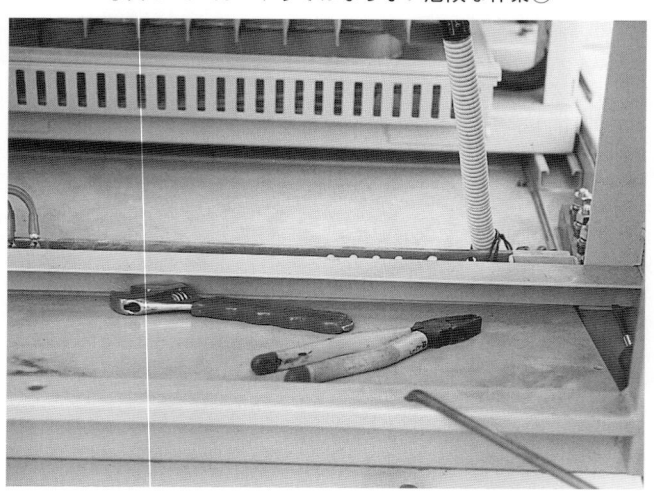

写真3-5-39　やってはならない危険な作業⑮

やってはならない危険な作業 （つづく）

作業が終了した後，当初から計画していない作業，いわゆる「思いつき作業」を行ってはならない．思わぬ事故を招くことがあるので，作業責任者の指示を受け，ツールボックスミーティング（TBM）を実施して安全を確認してから作業を行う．

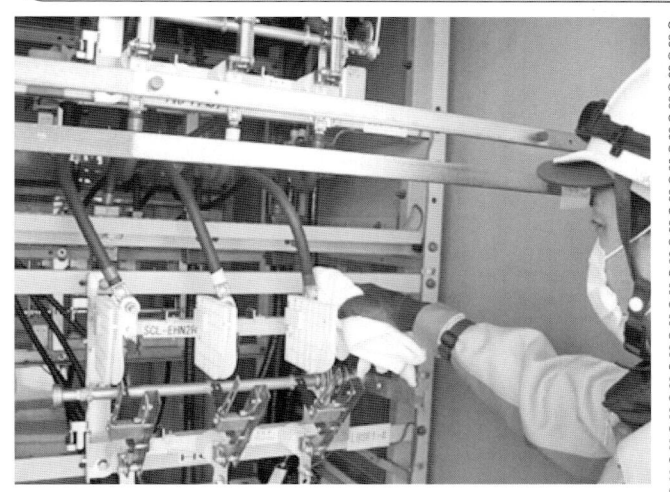

写真3-5-40　やってはならない危険な作業⑯

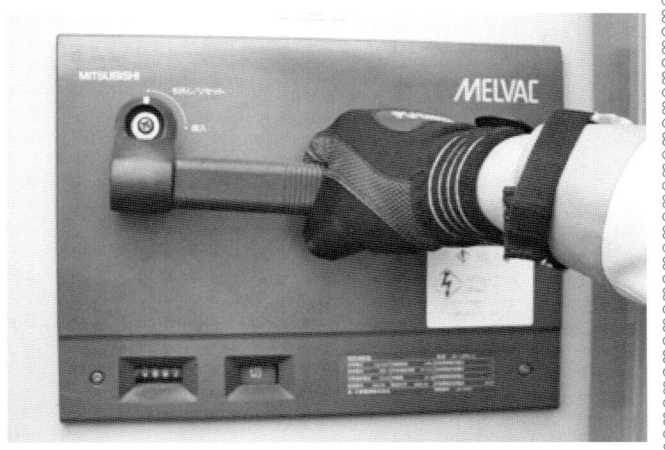

すべての点検が終了した後，開閉器などを自分の判断で投入しない．他の作業者が感電するおそれがあるので，作業責任者の指示に従う．

写真3-5-41　やってはならない危険な作業⑰

断路器を投入するときにはフック棒で操作をするが，素手での操作は絶対にやってはならない．素手での操作は感電のおそれがあるので，必ず高圧ゴム手袋を着用して操作を行う．

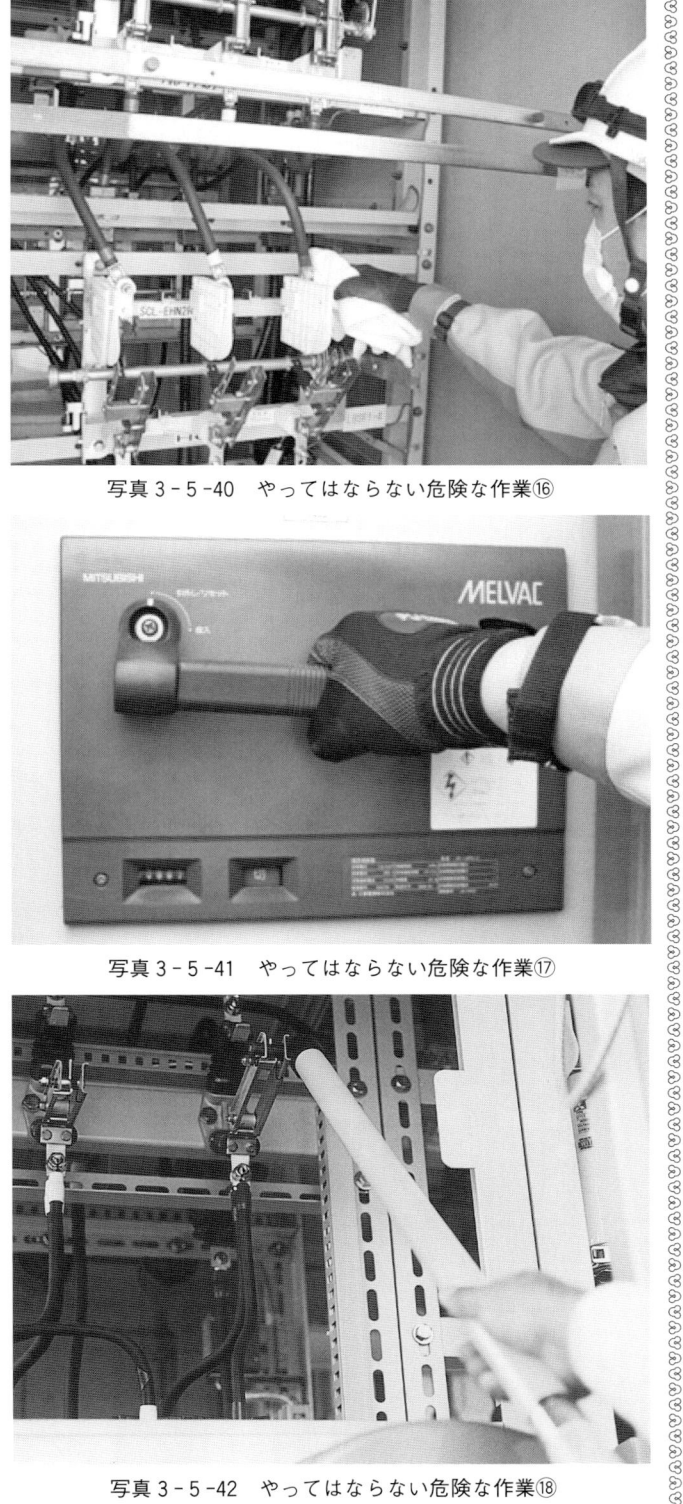

写真3-5-42　やってはならない危険な作業⑱

(つづき) やってはならない危険な作業

断路器を投入するときは，受電用遮断器を投入したまま行わない．受電用遮断器が投入されているとアークによる重大事故となるので，受電用遮断器が開放されていて無負荷であることを確認する．

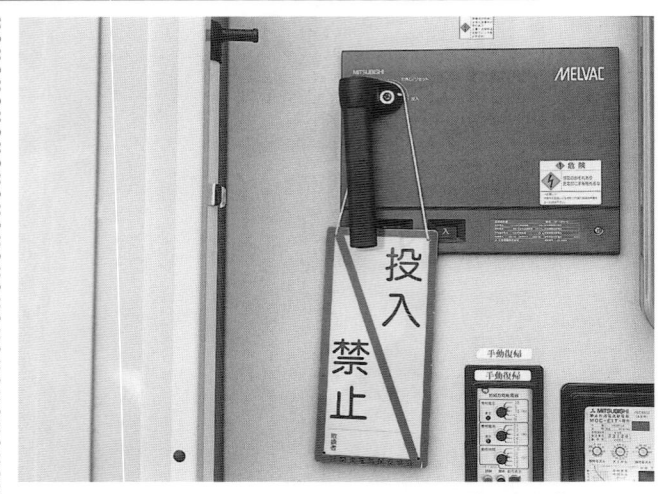

写真3-5-43　やってはならない危険な作業⑲

柱上の区分開閉器を投入するとき，安全帯ロープと補助ロープを使わずに昇降柱することは絶対にやってはならない．柱上から墜落するおそれがあるので，安全帯ロープと補助ロープを正しく使用する．

写真3-5-44　やってはならない危険な作業⑳

低圧開閉器の投入を行うときは，素手で行うと感電するおそれがあるので絶対にやってはならない．必ず低圧ゴム手袋あるいは作業手袋を着用する．

写真3-5-45　やってはならない危険な作業㉑

やってはならない危険な作業

作業責任者の指示があるまで，開放されている低圧開閉器は投入しない．低圧開閉器を投入するときは，作業責任者とともに点検前に貼っておいた表示シール（点検前に開放されていたか，投入されていたか）を確認しながら投入する．

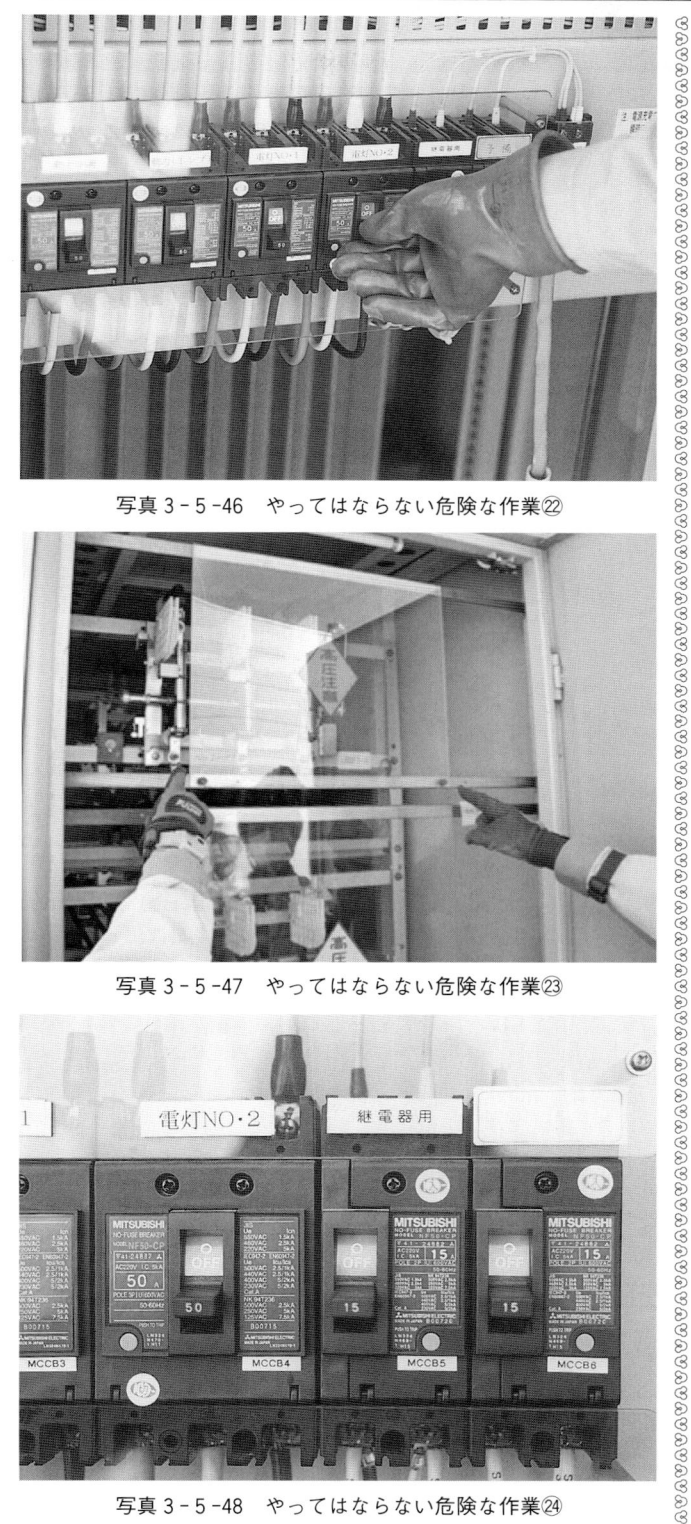

写真3-5-46　やってはならない危険な作業㉒

作業が終了した後，確認を怠ってはならない．

写真3-5-47　やってはならない危険な作業㉓

受電用遮断器を投入するときは，地絡継電器用電源の開閉器を開放したまま行わない．開放したまま投入すると，保護継電器が動作しないことがある．

写真3-5-48　やってはならない危険な作業㉔

臨時点検

地震後の点検作業

激しい地震が突如襲ったときには、キュービクルを点検し、異常の有無を確認する。キュービクル基礎部のアンカボルトに緩みやひずみ、破断などがないことを確認する。

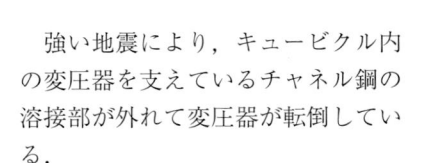

写真3-6-1　キュービクル基礎部のアンカボルトの確認

支持物のフレームパイプが傾斜していないことを確認する。傾斜しているようであれば、ストッパを取り付ける。

写真3-6-2　フレームパイプの傾斜の確認

強い地震により、キュービクル内の変圧器を支えているチャネル鋼の溶接部が外れて変圧器が転倒している。

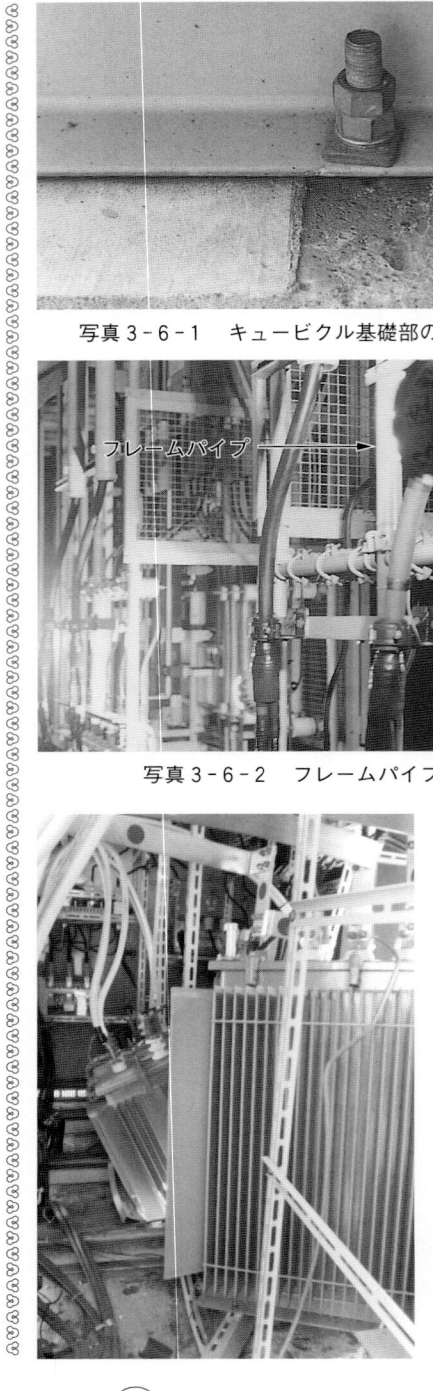

写真3-6-3
キュービクル内変圧器の転倒

地震後の点検作業

写真3-6-4
地震により変圧器の高圧ブッシングが折損

強い地震により，キュービクル内の変圧器を支えているチャネル鋼が外れて変圧器が傾き，高圧用のブッシングが折損している．

引込第1号柱（コンクリート柱）と高圧ケーブル鋼管部分が，地震により地面に亀裂が入り，隙間ができた．

写真3-6-5　キュービクルの傾斜

激しい地震により，アンカボルトが土台石から抜け，キュービクルが傾いた．

写真3-6-6　二次側銅帯などのねじれの点検

変圧器の二次側銅帯，配電盤の二次側銅バーにねじれが発生していないことを点検により確認する．また，導体相互の接触を防止するため，絶縁チューブや絶縁セパレータで堅固に支持する．

台風後の点検作業

　風雨の激しい台風が去った後，電気設備の臨時点検を実施し，異常がないことを確認する．

写真3-6-7　台風後の点検

　双眼鏡で架空引込線および高圧引込口付近を点検する．点検した結果，高圧ピン碍子のひび割れやケーブル端末部の剥離などが発見されたときは，早急に良品と交換する．

写真3-6-8　双眼鏡による点検

　受電室の内部を点検する．点検した結果，受電盤前面の床に水たまりがあったり，天井に雨漏りの形跡があったりすれば，修理の手配をする．

写真3-6-9　受電室内部の点検

台風後の点検作業

キュービクル内部のガラス窓を点検する．点検した結果，ガラスの一部が破損して雨が吹き込んだ形跡があれば，早急に修理する．

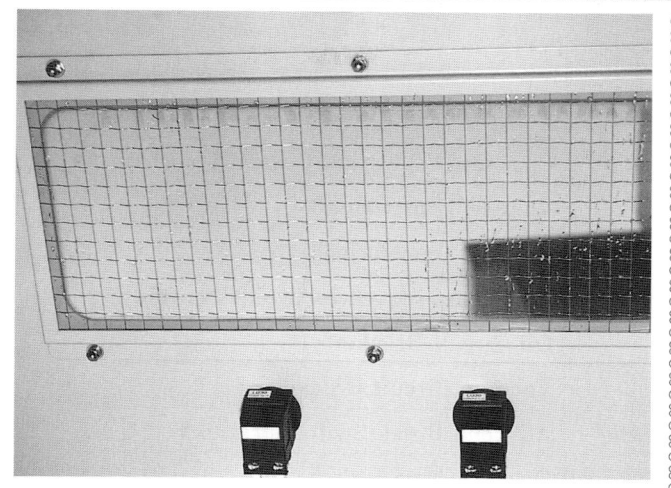

写真 3-6-10　キュービクル内部のガラス窓の点検

屋外キュービクルを点検する．点検した結果，前夜の強風で周囲の樹木の枝がキュービクルにのしかかっていたら，枝払いをすぐに行う．

写真 3-6-11　屋外キュービクルの点検

キュービクル内部の結露を点検する．点検した結果，キュービクル内部の換気扇が作動しておらず結露が発生していたら，換気扇を交換する．

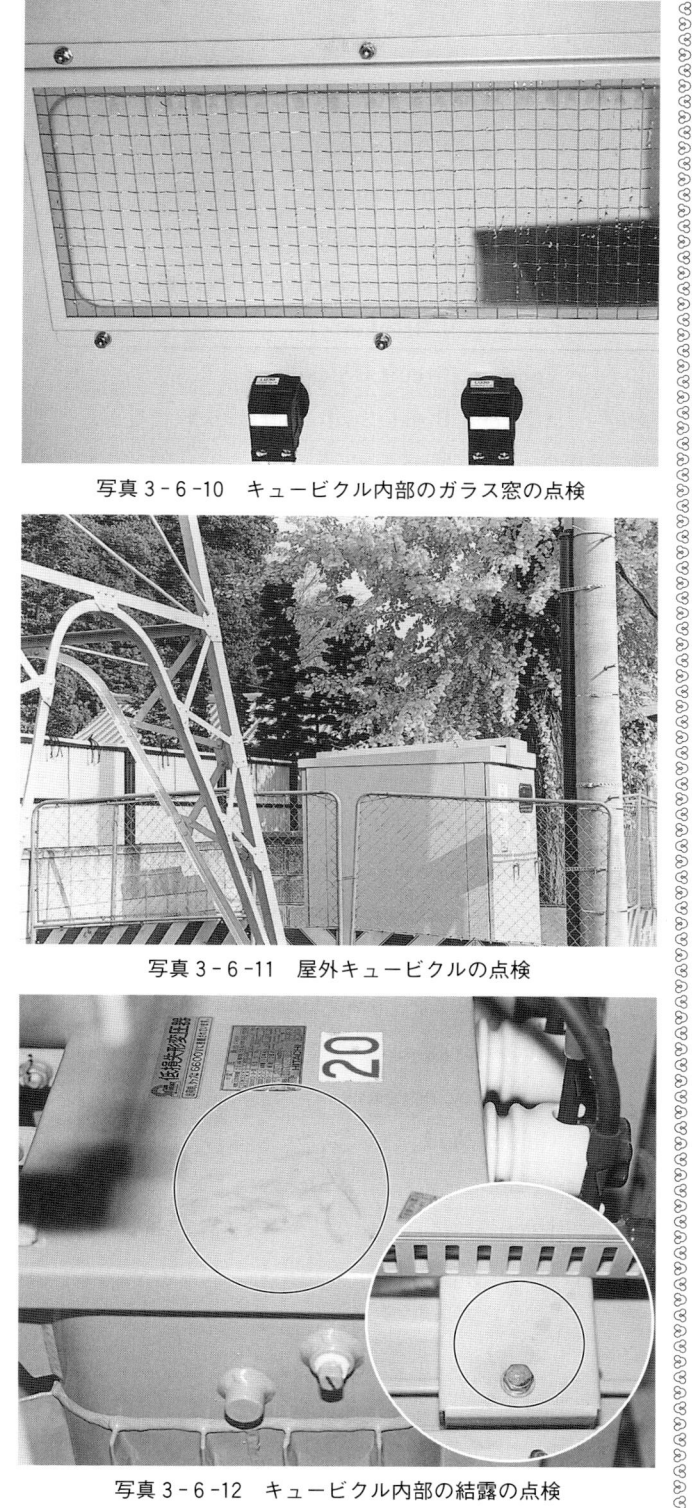

写真 3-6-12　キュービクル内部の結露の点検

[おもな機器の文字記号]

分類	文字記号	用語	文字記号に対する外国語
変圧器・計器用変成器類	T	変圧器	Transformer
	VCT*	計器用変圧変流器	Combined Voltage and Current Transformer
	VT	計器用変圧器	Voltage Transformer
	CT	変流器	Current Transformer
	ZCT	零相変流器	Zero Phase-sequence Current Transformer
開閉器・遮断器類	OCB	油遮断器	Oil Circuit Breaker
	VCB	真空遮断器	Vacuum Circuit Breaker
	LBS	屋内用高圧交流負荷開閉器	AC Load Break Switch for 6.6kV
	DS	断路器	Disconnecting Switch
	PC	高圧カットアウト	Primary Cutout Switch
	PAS	柱上高圧交流気中負荷開閉器	Pole Air Switch
	UGS	地中線用高圧ガス負荷開閉器	Underground Gas Switch
	MCCB	配線用遮断器	Molded Case Circuit Breaker
	PF	電力ヒューズ	Power Fuse
	AS	電流計切替スイッチ	Ammeter Change-over Switch
	VS	電圧計切替スイッチ	Voltmeter Change-over Switch
継電器類	OCR	過電流継電器	Over Current Relay
	GR	地絡継電器	Ground Relay
	DGR	方向性地絡継電器	Directional Ground Relay
	GSR	異相地絡継電器	Grounding Short Circuit Relay
その他	C	高圧進相用コンデンサ	High Voltage Power Capacitor
	SR	直列リアクトル	Series Reactor
	LA	避雷器	Lightning Arrester
	CH	ケーブルヘッド	Cable Head
	TC	引き外しコイル	Tripping Coil
	E	接地	Earthing

＊VCT：電力需給用計器用変成器（Instrument Transformer for Metering Service）ともいう．

第4章

非常用電源設備の点検

非常用電源設備

　非常用電源設備には，発電機を電源とする非常用予備発電設備と蓄電池を電源とする蓄電池設備とがあり，停電時に速やかな電源回復を必要とする場合には，非常用予備発電設備と蓄電池設備を併用する．

　非常用電源設備は，その用途から消防法や建築基準法によって設置が義務づけられている防災用のものと，停電によって生産活動に必要なコンピュータや病院電気設備などで使われる生命維持装置など，業務や治療に支障がないようにするための一般用のものに大別される．

非常用予備発電設備

　非常用予備発電設備は，商用電源が停電したとき，一般に写真4-1-1に示すようなディーゼル機関などの往復動の原動機を駆動し，交流同期発電機を回転させて発電する装置で，停電時には発電機が起動して電圧が確立した後，商用電源と切り替えて電力を供給する．

（1）　防災用の自家発電設備

　消防法で定める非常電源としては，非常電源専用受電設備，自家発電設備，蓄電池設備がある．自家発電設備は，消防庁長官が定める「自家発電設備の基準」に適合し，かつ日本内燃力発電設備協会の認定試験に合格して「認定証票」が貼付されていることが必要である．

（2）　防災用以外の自家発電設備

　病院電気設備やコンピュータ設備など，停電によっては人命や社会活動に多大な影響を与えるような設備では，一般用の非常用自家発電設備として設置する．

（3）　非常用自家発電設備の種類

　非常用自家発電設備は，原動機により発電機を回転させて発電させるもので，原動機には，ディーゼルエンジン，ガソリンエンジン，ガスタービンエンジン，ガスエンジンなどが使われている．このうち，ディーゼルエンジンが多く使用されていることから，ディーゼルエンジンを用いた非常用自家発電設備について解説する．

（4）　各部の名称

　非常用自家発電設備の燃料系統および潤滑油・冷却水系統の各部名称を，写真4-1-2,写真4-1-3に示す．

写真4-1-1　ディーゼルエンジンの一例

写真4-1-2　燃料系統の名称

写真4-1-3　潤滑油・冷却水系統の名称

蓄電池設備

　蓄電池設備は，消防法で設置が義務づけられている自動火災報知設備や誘導灯などの消防設備用の非常電源，建築基準法による非常照明用の電源のほか，瞬時の停電であっても社会活動に多大な影響を及ぼすコンピュータなど，停電時に発電機が起動して予備電源を供給するまでの間，負荷設備に電源を供給する役目を持っている．写真4－1－4に蓄電池設備の外観を，写真4－1－5にその内部を示す．

（1）　蓄電池設備の構成

　蓄電池設備は，直流数Vの単体の蓄電池を直並列に接続し，高電圧にしたものを交流に変換して負荷に電気を供給するものである．蓄電池への充電は，負荷に電気を供給するのとは逆に，交流電源を直流に変換して行う（写真4－1－6）．

（2）　蓄電池設備の種類

　非常用の蓄電池設備に使われる蓄電池は，据置用の電池を直並列に組み合わせたもので，鉛蓄電池，アルカリ蓄電池が一般的であり，大規模設備ではナトリウム電池が用いられることもある．また最近では，ニッケル・カドミウム電池やリチウムイオン電池を使用した蓄電池装置も利用されるようになっている．

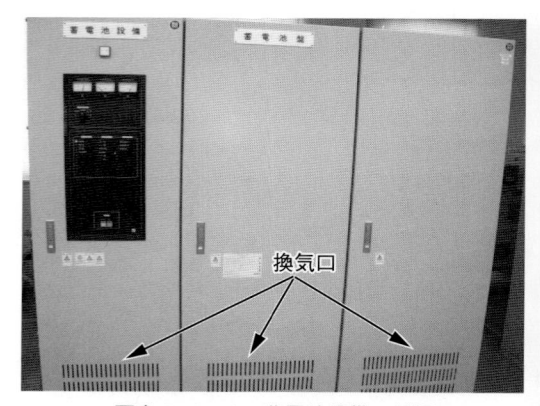

写真4－1－4　蓄電池設備の外観

写真4－1－5　蓄電池設備の内部

写真4－1－6　直流電源装置の外観

表4-1-1に据置鉛蓄電池の種類を，表4-1-2に据置アルカリ蓄電池の種類を示す．また，写真4-1-7にベント形据置鉛蓄電池の一例を，写真4-1-8に小形制御弁式鉛蓄電池の一例を，写真4-1-9に制御弁式据置鉛蓄電池の一例を，写真4-1-10に据置アルカリ蓄電池の一例を示す．

表4-1-1　据置鉛蓄電池の種類

構　造		極板構造	形　式	適用規格	期待寿命
ベント形	ベント形	クラッド式	CS-□	JIS C 8704-1 据置鉛蓄電池（ベント形）	10～14年
		ペースト式	PS-□		7～12年
			HS-□		5～7年
	触媒栓式ベント形	クラッド式	CS-□E		10～14年
		ペースト式	PS-□E		7～12年
			HS-□E		5～7年
制御弁式		ペースト式	MSE-□ HSE-□	JIS C 8704-2-1, 2-2 据置鉛蓄電池（制御弁式）	

表4-1-2　据置アルカリ蓄電池の種類

構　造		極板構造	形　式	適用規格
ベント形	ベント形	ポケット式	AM□P AMH□P AH□P	JIS C 8706 据置ニッケル・カドミウムアルカリ蓄電池
		焼結式	AH□S AHH□S	
	触媒栓式ベント形	ポケット式	AM□PE AMH□PE AH□PE	
		焼結式	AH□SE AHH□SE	
制御弁式		焼結式	AHHE□ AHHEE□	JIS C 8709 シール形ニッケル・カドミウムアルカリ蓄電池

写真4-1-7
ベント形据置鉛蓄電池

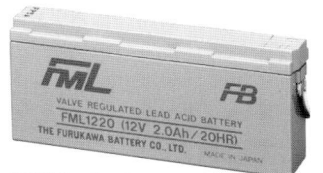

写真4-1-8
小形制御弁式鉛蓄電池

写真4-1-9
制御弁式据置鉛蓄電池

写真4-1-10
据置アルカリ蓄電池

写真提供：古河電池㈱今市事業所

非常用予備発電設備の点検

非常用予備発電設備の点検は，設備の取扱説明書に従って，目視，触手，聴覚，臭覚などにより行うほか，計測器によって測定を行う．さらに，潤滑油の漏れや冷却水タンクの損傷など，いくつかの点検が相互に関連して同時に行われる．測定を行ったときには，測定器名，製造者名，型式，製造年月日などを記録しておき，点検を実施する際は，対象機器名，項目，作業手順，内容を記載できる点検票などを使用する．

原動機がディーゼル機関の場合には，隔週1回，数分程度の無負荷運転を行って状態を確認するが，このときシリンダ内や排気管などに未燃焼ガスや潤滑油などがたまる場合がある．これらを除去するため，1年に1回程度，負荷運転を行うことが望ましい．

点検結果は，消防用設備等の非常電源として用いられるものの場合，「非常電源（自家発電設備）点検票」に結果を記入したうえ，消防用設備等点検結果報告書に添付して定期的に消防機関に報告する．なお，非常電源点検票は良否の判定，不良内容，措置内容がわかるよう簡潔に記入する．

非常用予備発電設備の関係法令による点検の基準は，**表4-1-3**に示すとおりである．

表4-1-3 関係法令による点検の基準

関係法令	対象物	点検の内容	点検				
			監督	点検者	期間	報告	基準
電気事業法	事業用電気工作物すべて	日常巡視点検 日常点検 定期点検 精密点検	選任された電気主任技術者	関係者	保安規程による	—	保安規程
建築基準法	特定行政庁が指定するもの	外観点検 機能点検など		建築士または建築設備検査資格者	特定行政庁が定める期間（おおむね6か月または1年に1回）	特定行政庁（おおむね6か月から1年に1回）	建築設備定期検査基準書（建築指導課監修）
消防法	●特定防火対象物で延べ面積が1000㎡以上のもの ●防火対象物で延べ面積が1000㎡以上の消防長または消防署長が指定するもの	機器点検 総合点検		消防設備士または消防設備点検資格者	6か月（機器点検）および1年（総合点検）	消防機関1年に1回（特定防火対象物）	点検基準（告示） 点検要領（通知）
	上記以外の防火対象物			関係者		消防機関3年に1回（上記以外の防火対象物）	

蓄電池設備の点検

　蓄電池設備の点検は，点検基準に従って行い，充放電時の蓄電池電圧の変動は電流が小さい場合，安定するまでに長時間を要する．点検を確実に実施するため，所定の点検票のほかにチェックシートなどを準備して結果を記入し，点検後，点検票に転記するとよい．蓄電池回路には，遮断器などの保護装置を設けないことが多いため，短絡すると大電流が流れて蓄電池や周辺機器を損傷することがあり，十分な注意が必要である．

　鉛蓄電池とアルカリ蓄電池とは，相反する性質の電解液を使用しているので，器具を混用するとその機能を失うばかりでなく，蓄電池に致命的な影響を与えるおそれがある．このため，温度計やスポイト，取りビンなどは，厳重に区分して混用しないようにしなければならない．

　蓄電池からは，爆発性の水素ガスが発生するので，蓄電池室およびキュービクル式蓄電池の換気には十分な注意をはらい，火気を近づけないようにする．

　蓄電池設備の点検は，消防用設備等点検要領（消防法関係）および建築設備定期検査業務基準（建築基準法関係）で定められている．消防法施行規則第31条の6第1,3,4項の規定に基づく点検報告は，非常電源（蓄電池設備）点検票の内容について点検する．

> 〔参　考〕
> **消防法施行規則第31条の6**
> 　法第17条の3の3の規定による消防用設備等の点検は，種類及び点検内容に応じて，1年以内で消防庁長官が定める期間ごとに行うものとする．
> 　2　省略
> 　3　防火対象物の関係者は，前2項の規定により点検を行った結果を，維持台帳（第31条の3第1項及び第33条の18の届出に係る書類の写し，第31条の3第4項の検査済証，次項の報告書の写し，消防用設備等又は特殊消防用設備等の工事，整備等の経過一覧表その他消防用設備等又は特殊消防用設備等の維持管理に必要な書類を編冊したものをいう）に記録するとともに，次の各号に掲げる防火対象物の区分に従い，当該各号に定める期間ごとに消防長又は消防署長に報告しなければならない．ただし，特殊消防用設備等にあっては，第31条の3の2第六号の設備等設置維持計画に定める点検の結果についての報告の期間ごとに報告するものとする．
> 　（1）　令別表第1（一）項から（四）項まで，（五）項イ，（六）項，（九）項イ，（16）項イ，（16の2）項及び（16の3）項に掲げる防火対象物　1年に1回
> 　（2）　令別表第1（五）項ロ，（七）項，（八）項，（九）項ロ，（十）項から（15）項まで，（16）項ロ，（17）項及び（18）項までに掲げる防火対象物　3年に1回
> 　4　法第17条の3の3の規定による点検の方法及び点検の結果についての報告書の様式は，消防庁長官が定める．
> 　以下，省略

非常用自家発電設備の6か月・1年点検

　非常用自家発電設備の点検は，共通台板，台上に搭載された機器類からの漏れ，変形，腐食，損傷の有無，アンカボルトやナット類の脱落，緩みがないことを確認する．防振ゴムやバネにひび割れ，変形，損傷，個々のたわみの差がないことを目視により確認する．

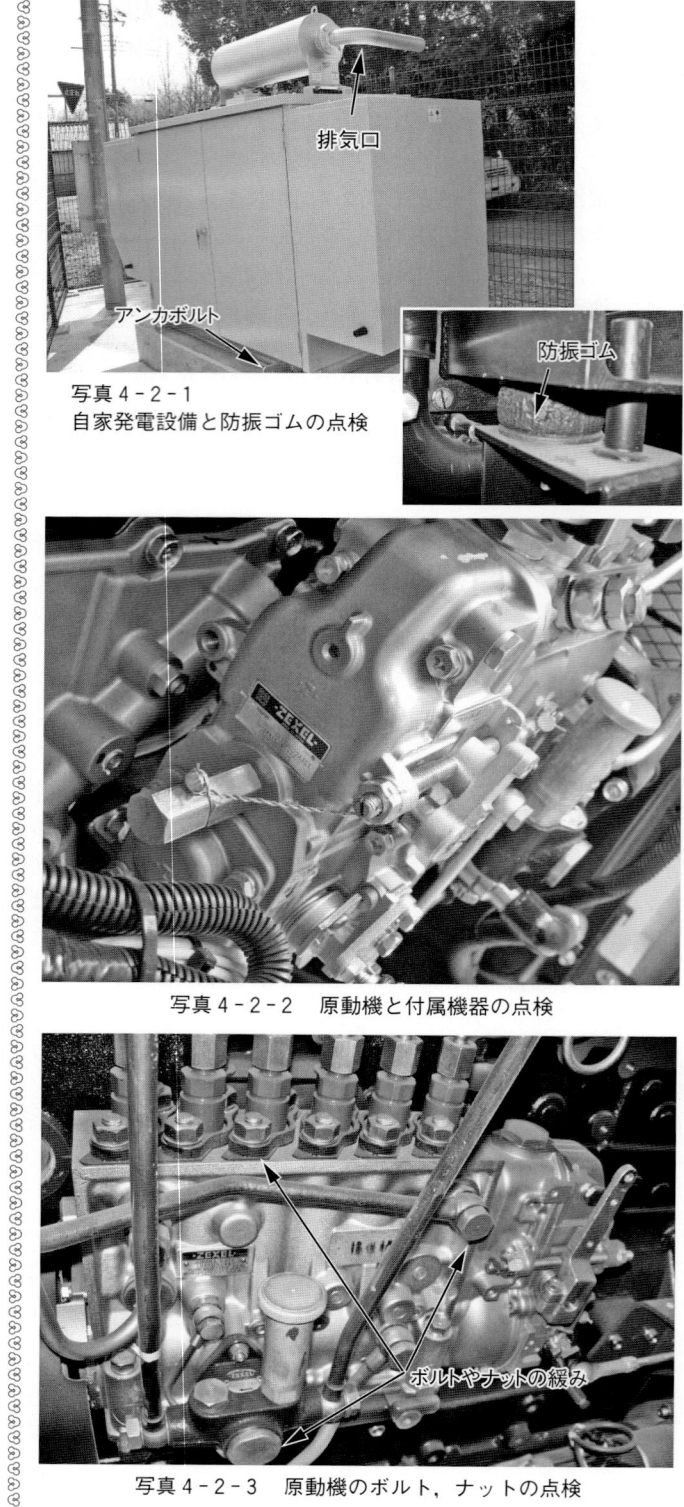

写真4-2-1　自家発電設備と防振ゴムの点検

　原動機の点検は，原動機および原動機付属機器の変形，損傷，脱落，漏れ，腐食がないこと，取付状態が良好なことを目視により確認する．汚損や錆の発生状態を点検し，汚損している場合は清掃する．

写真4-2-2　原動機と付属機器の点検

　原動機の取付状態の点検は，ボルトやナットに変形，損傷，緩みがないことを確認する．ボルトやナットに緩みがある場合は，増し締めをする．原動機と発電機の軸継手部も，同様に点検する．

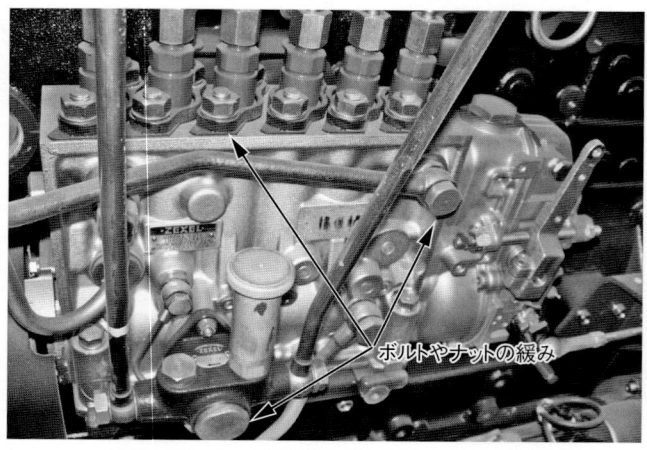

写真4-2-3　原動機のボルト，ナットの点検

非常用自家発電設備の6か月・1年点検（つづく）

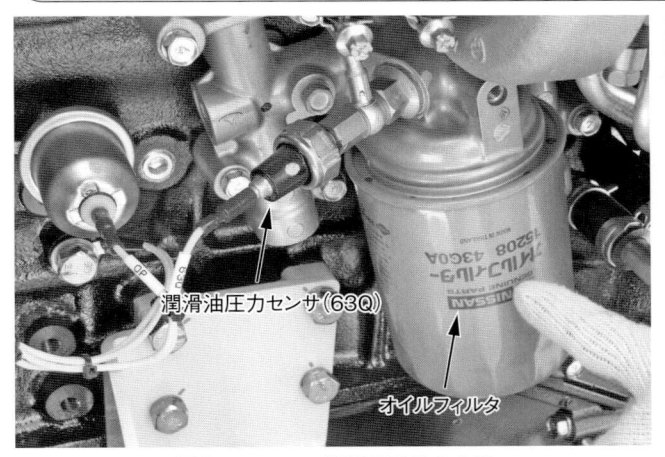

原動機の燃料油系統，冷却水系統，潤滑油系統の点検は，各系統配管からの漏れがないかを確認し，接続部に緩みがある場合は増し締めをする．

潤滑油圧力センサ(63Q)
オイルフィルタ

写真4-2-4　潤滑油系統の点検

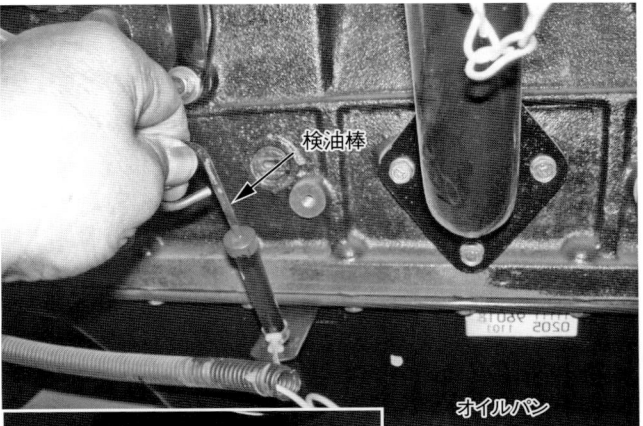

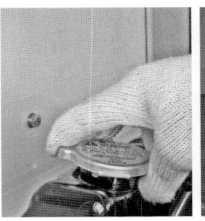

冷却水系統 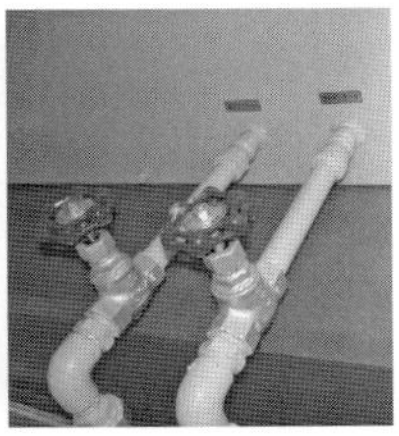　　　燃料油系統

潤滑油量の点検は，クランクケースの油量を検油棒により測定し，最高位近くまで入っていることを確認する．油量が不足している場合は，潤滑油を給油する．機関の過給機，燃料ポンプ，調速機の油量が，検油棒の目盛の最高位近くまで入っていることを確認する．

検油棒

オイルパン

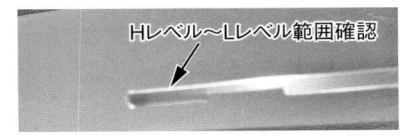

Hレベル～Lレベル範囲確認

検油棒

オイル交換時期表示キャップ

写真4-2-5　潤滑油量の点検

油圧センサ(63Q)

写真4-2-6　潤滑油給油口キャップの表示

潤滑油の圧力低下を検出する油圧センサ(63Q)がある．オイル交換時期は，目につくよう潤滑油給油口のキャップに表示しておくとよい．

発電機の点検は，発電機本体，発電機出力端子，保護カバーに変形，損傷，脱落，腐食がないことを確認する．ボルトに緩みがある場合は，増し締めをする．発電機の巻線部や導電部周辺に塵埃，油脂などによる汚損がないこと，また，乾燥状態にあることを確認する．

写真4-2-7　発電機本体の点検

（つづき）非常用自家発電設備の6か月・1年点検

　スペースヒータの点検は，回路の断線，過熱がないことを確認する．容易に接続できる箇所の断線は接続する．スペースヒータの断線は，予備品と交換する．

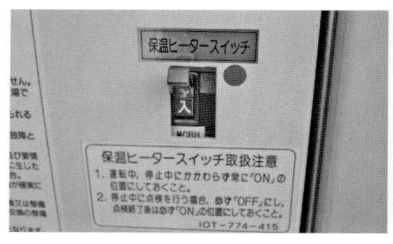

ヒータスイッチ

　接地線の断線，腐食の有無を点検する．接地線の取付状態（ボルトやナットの緩み，損傷など）を点検する．ボルトやナットに緩みがある場合は，増し締めをする．

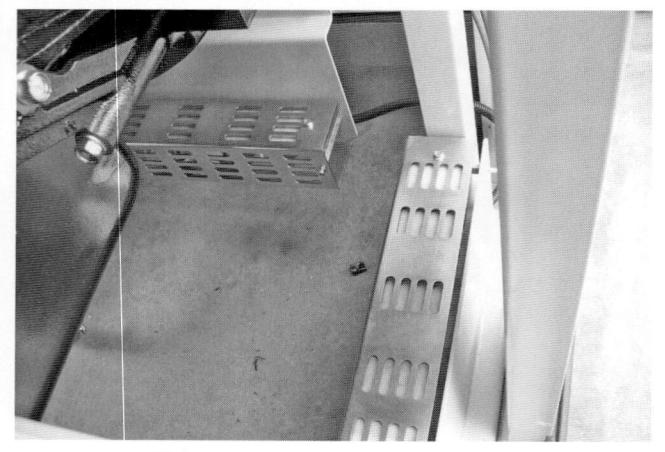

写真4-2-8　スペースヒータの点検

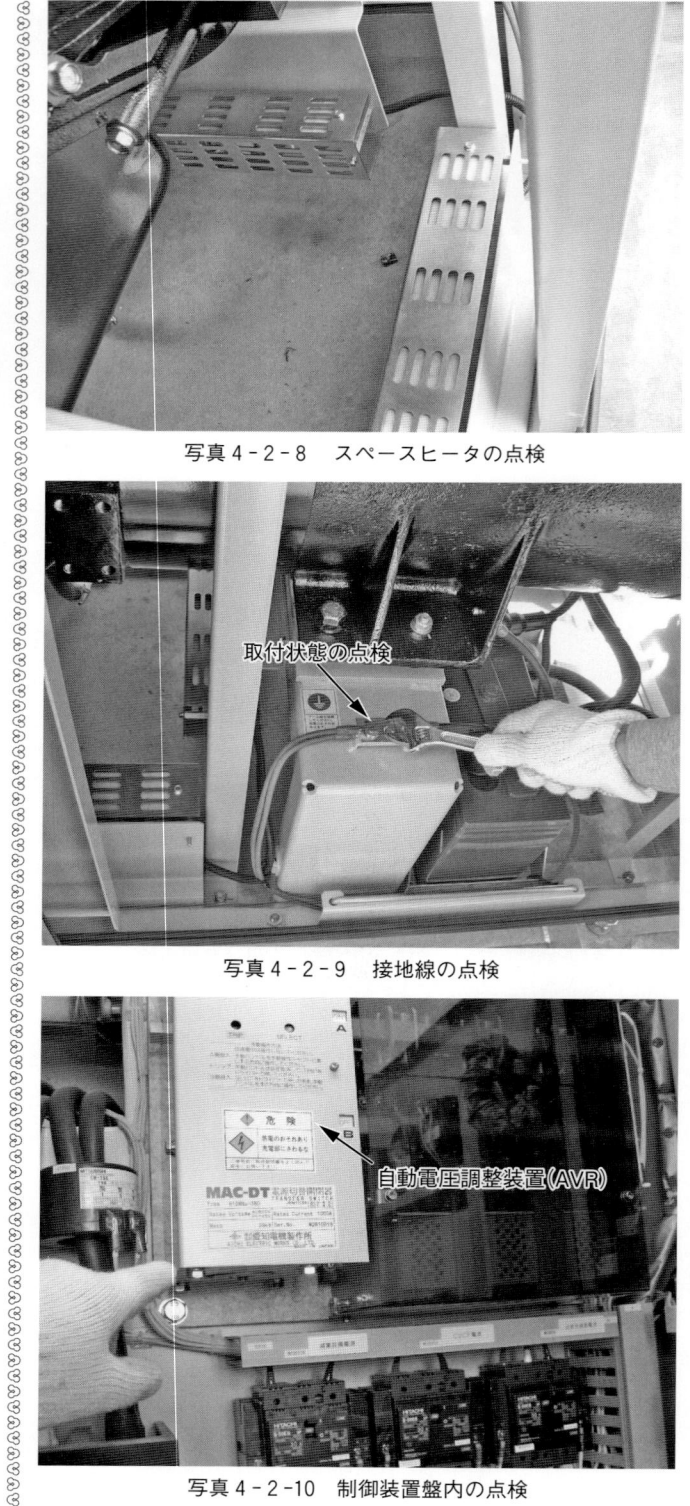

写真4-2-9　接地線の点検

　制御装置の盤本体や内部配線の点検は，盤本体，蝶番，錠，ガラス窓の損傷，錆，変色，変形，腐食の有無および扉の開閉が確実に行えることを確認する．主回路，制御・操作・補機回路などの配線に腐食，損傷，過熱による劣化，塵埃の付着，断線がないことを確認する．配線に損傷がある場合は，絶縁テープで応急措置をし，速やかに修理を計画する．

写真4-2-10　制御装置盤内の点検

非常用自家発電設備の6か月・1年点検（つづく）

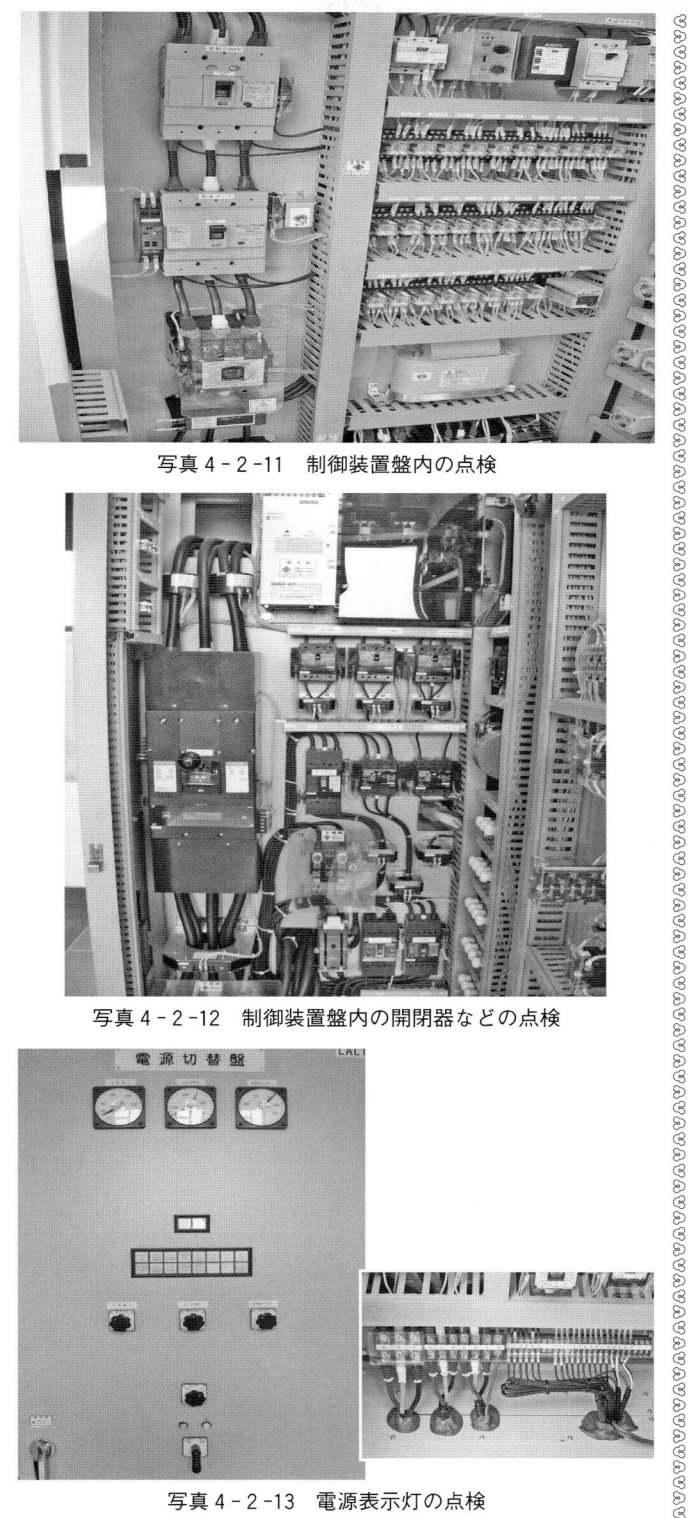

写真4-2-11 制御装置盤内の点検

写真4-2-12 制御装置盤内の開閉器などの点検

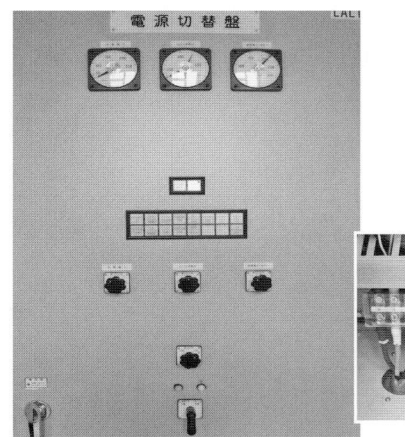

写真4-2-13 電源表示灯の点検

制御回路の点検は，電源スイッチや切替スイッチ，計器，継電器，電磁接触器など，制御機器の取付状態の良否，汚損，破損，腐食，過熱，異常音，異常振動がないことを確認する．過熱による接触不良や接点の摩耗が著しい場合は，修理を計画する．

遮断器，開閉器の点検は，変形，損傷，脱落がなく，開閉位置が自動運転待機状態となっていること，各部の端子に緩み，脱落，断線がないことを確認する．また，手動，電動による入切を行い，開閉機能が正常で回路の開閉が確実に行えることを確認する．盤面の計器の変形，損傷，著しい腐食，指針の零点に狂いがないことを確認し，零点に異常があるときは調整ネジで調整する．

電源表示灯の点検は，破損，球切れがなく，取付状態や接触状態が良好であること，正常に点灯していることを確認する．また，各動作状態における表示灯の点灯状況が，正常であることを確認する．ランプチェック回路のあるものは，球切れの確認をする．ヒューズ類は，溶断，損傷がないことを確認する．

(つづき) 非常用自家発電設備の6か月・1年点検

　始動用蓄電池の点検は，全セルについて，電槽やふたに変形，損傷，亀裂，漏れ，劣化がないことを確認し，汚損や塵埃があるときは清掃する．また，蓄電池本体の交換時期ではないことを確認する．接続部は，ボルトやナットの増し締めを行い，トルクレンチで締め付けたときに緩みがないことを確認する．

写真4-2-14　始動用蓄電池の点検

　燃料容器の点検は，燃料容器，配管の変形，損傷，漏れがないことを点検し，所定の燃料が使用されていることを確認する．また，燃料の種類，銘柄が製造者指定のものと異なる場合は，交換を計画する．定格出力における連続運転可能時間以上の運転に十分な燃料貯蔵量が確保されていることを確認する．

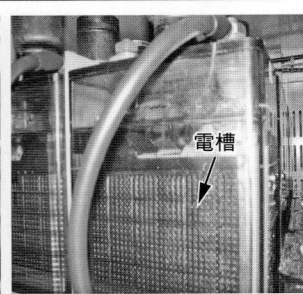

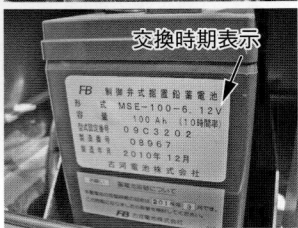

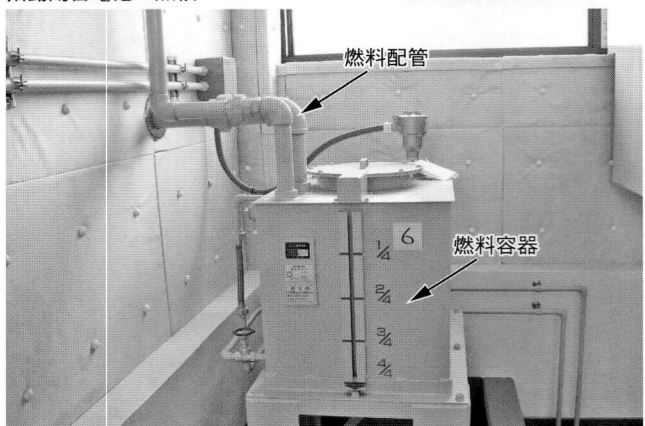

写真4-2-15　燃料容器と配管の点検

　ラジエータの点検は，本体，ファン，Ｖベルトに変形，損傷，腐食，漏水がないことを確認する．Ｖベルトに緩み，損傷がなく，円滑に駆動することを確認する．Ｖベルトの張り具合，プーリ溝の摩耗を点検し，Ｖベルトに緩みがある場合は調整する．ラジエータ内部の汚れ，詰まりがないことを確認する．内部に汚れがある場合は，洗浄剤を添加し，所定時間だけ無負荷運転を行い，排水したうえで新しい冷却水を給水する．

写真4-2-16　ラジエータの点検

非常用自家発電設備の6か月・1年点検

排気管および貫通部の点検は，排気管，断熱覆いに変形，損傷，亀裂のないこと，支持金具に緩みがないことを確認する．配管の点検は，配管取付部や接続部からの漏れがないこと，バルブ類の開閉状態が正常な位置にあることを確認する．表示札のとおりに「常時入」，「常時開」となっていることを確認する．

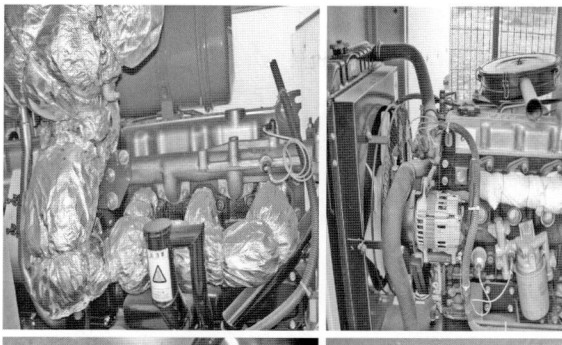

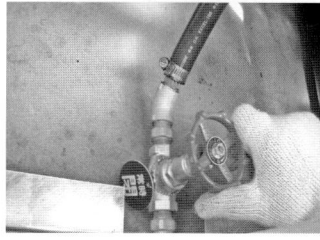

写真4-2-17　排気管およびバルブ類の点検

接地抵抗測定は，電源を確実に遮断し，さらに検電器で電源が完全に遮断されて安全であることを確認してから測定する．接地抵抗値は，A種接地抵抗値は10Ω以下，B種接地抵抗値は計算値，C種接地抵抗値は10Ω以下，D種接地抵抗値は100Ω以下とする（電技の解釈第17条）．

写真4-2-18　発電機などの接地抵抗測定

絶縁抵抗測定は，発電機，機器および配線，電動機類，高低圧電路などを測定する．絶縁抵抗値（JEM 1354-2003）は，電機子巻線および主回路(低圧)は3MΩ以上，電機子巻線および主回路(高圧)は5MΩ以上，界磁巻線は3MΩ以上，制御回路は1MΩ以上で，電技第58条により，電動機・機器などで150V以下のものは0.1MΩ以上，150Vを超え300V以下のものは0.2MΩ以上，300Vを超えるものは0.4MΩ以上である．

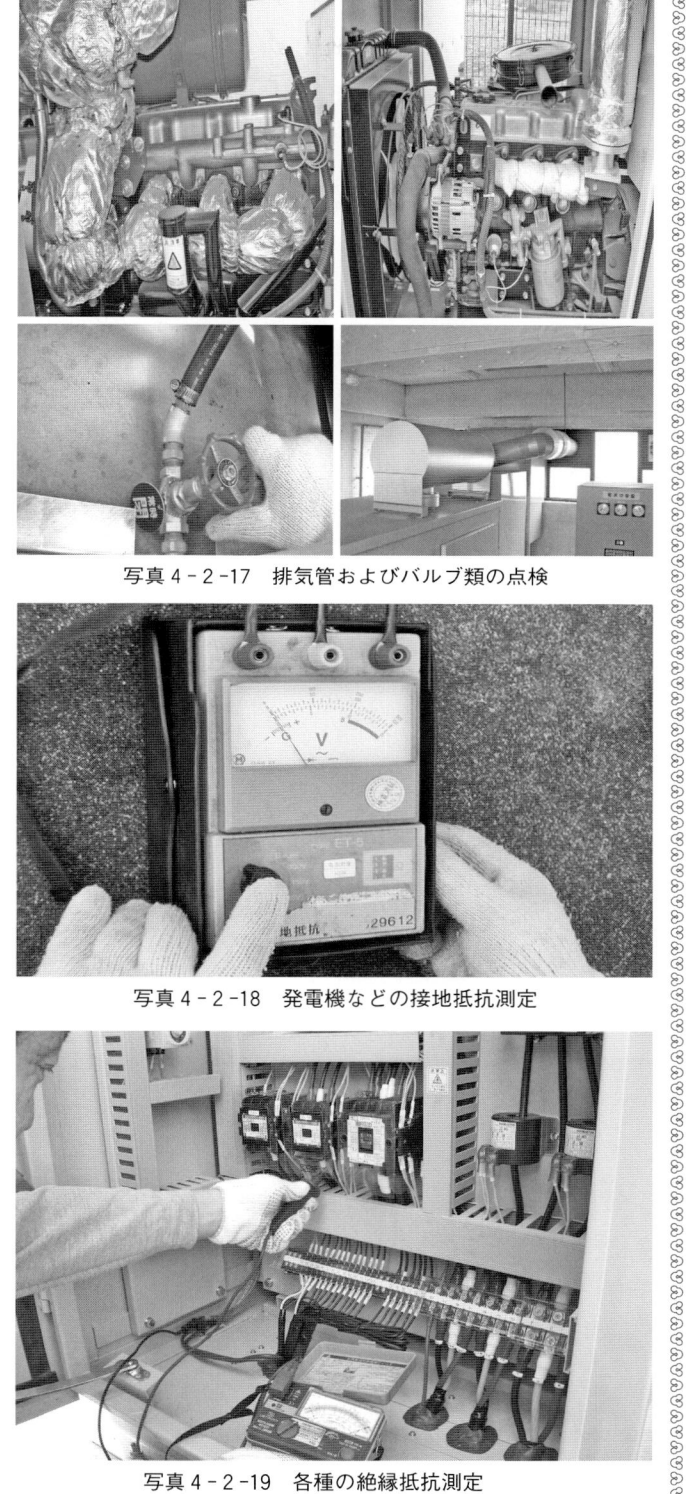

写真4-2-19　各種の絶縁抵抗測定

蓄電池設備の点検と測定

　蓄電池全セルの電解液が，規定量であることを目視により確認する．触媒栓式蓄電池についても，同様に確認する．電解液が，液面線の中間位置以下になっている場合は，浮動充電で液面が安定している状態を確認した後，精製水を最高液面線まで補水する．

　全セルの液面が，最高液面線と最低液面線の中間位置以上にあることを，また全セルの液面が，ほぼ同一レベルの位置にあることを確認する．ただし，全セルの液面レベルがほぼ同一であっても，最高液面線から最低液面線まで低下する期間が2か月以内であれば異常であるので，精密点検を行う．

　電解液の減少が著しく，極板が露出していないことを確認する．補水を正確に行い，充電電圧，充電電流，比重，液温，周期温度が正常であることを確認する．

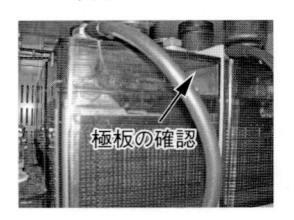

　特定のセルのみに，液面に異常がないことを確認する．異常がある場合は，管理液面以内であったとしても精密点検を行う．端子や液口栓の周囲に，湿り気や白色または緑色の粉末が付着していても漏液ではないが，液面の異常な低下や電槽，架台に上記の物質が付着している場合は漏液の可能性がある．

写真4-2-20　全セルの電解液の規定量確認

写真4-2-21　電解液の規定量確認

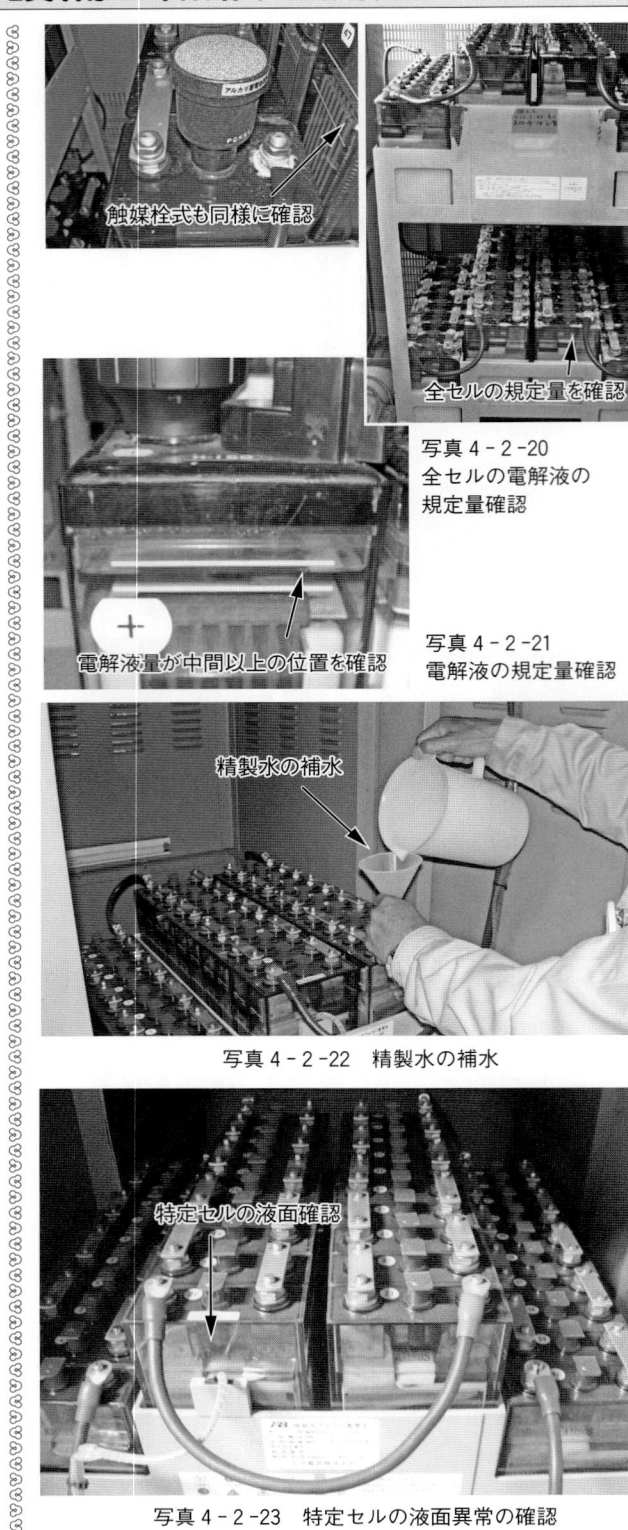

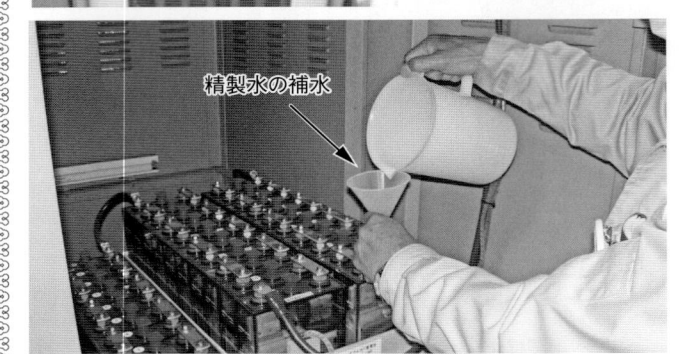

写真4-2-22　精製水の補水

写真4-2-23　特定セルの液面異常の確認

蓄電池設備の点検と測定　（つづく）

写真 4-2-24　アルカリ蓄電池の比重測定

写真 4-2-25　電解液の温度測定

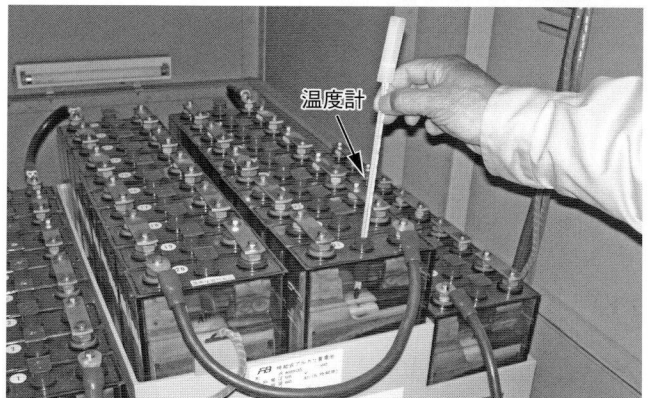

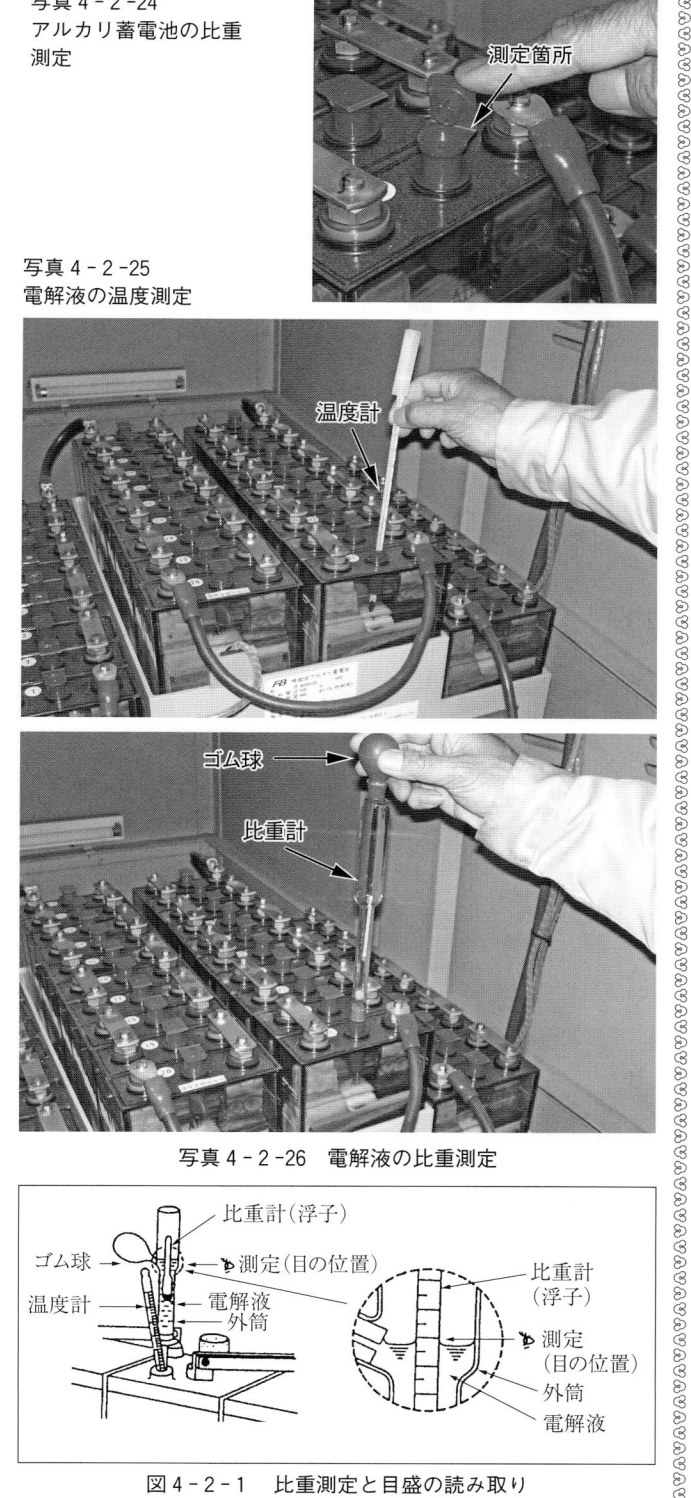

写真 4-2-26　電解液の比重測定

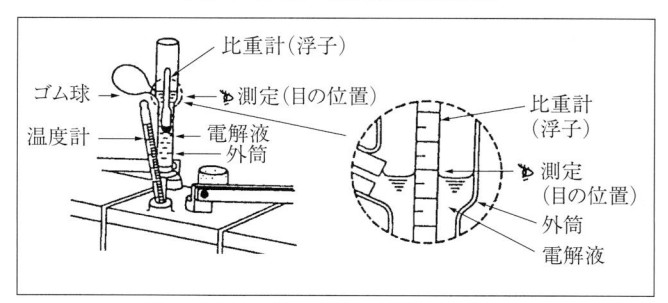

図 4-2-1　比重測定と目盛の読み取り

鉛蓄電池の電解液比重測定は全セルを対象とし，アルカリ蓄電池の場合はパイロットセルの測定を行う．

電解液比重値（20℃における値）
　CS，CS□E形：1.205以上
　HS，HS□E形：1.230以上

全セル電解液比重平均値の±0.03以内であることを確認する．

制御弁式蓄電池および液式蓄電池の表面温度，電解液温度を温度計で測定し，各セル温度が全セル平均温度の±3℃以内であることを確認する．温度（表面，電解液）が周囲温度（40℃以下）に対して著しく高い場合は，精密点検を実施する．

電解液の比重測定は，吸込式比重計で行う．比重計上部のゴム球を強く握って空気を押し出してから電槽の中に入れ，ゴム球から手を離すと電解液は比重計の中へ吸い上げられる．この動作を数回繰り返して行うと，比重計の中の浮子が浮いてくる．

測定値は，液面と目を水平の位置にし，液面の最上部に接する目盛を読み取る．同一の電解液であっても温度によって比重が変わるので，測定値は20℃における値に換算しなければならない．蓄電池内蔵の液中比重計で直読した比重は，20℃の値に換算する必要はない．

(つづき) 蓄電池設備の点検と測定

温度警報センサは，電槽の温度が上昇したときに検出するもので，変形，腐食，断線がないことを目視で確認し，異常があるときは修繕または新品と交換する．

写真4-2-27 温度警報センサによる温度検出

電極と電線の接続部，接続器(プラグ)などが断線，変形，腐食していないことを目視で確認し，異常があるときは修繕または新品と交換する．

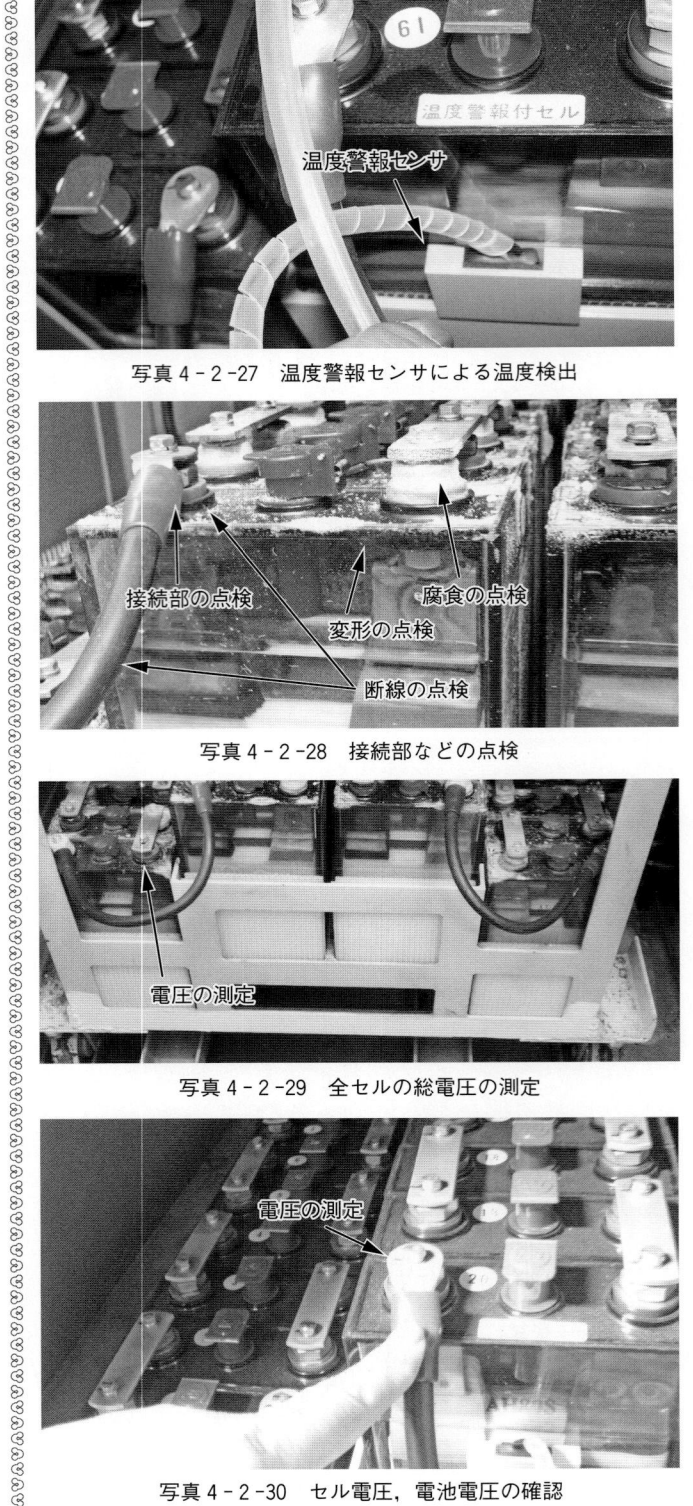

写真4-2-28 接続部などの点検

全セルの総電圧を測定する．メーカーの指定するトリクル充電電圧値または浮動充電電圧値の±1％以内であることを確認する．総電圧が指定電圧値になっていない場合は，充電器出力電圧を再調整する．測定値は，少数点1桁まで記録する．

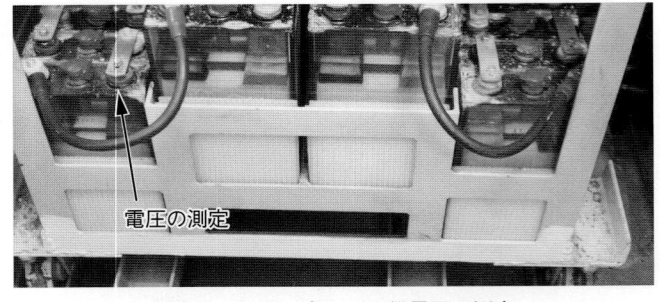

写真4-2-29 全セルの総電圧の測定

セル電圧または単位電池電圧が適正であることを確認する．セル電圧判定値は，
　　CS，CS□E：2.15 ± 0.05V
　　HS，HS□E：2.18 ± 0.05V
制御弁式鉛蓄電池の電池電圧は，
　　2V電池：2.23 ± 0.1V
　　6V電池：6.69 ± 0.2V
　　12V電池：13.38 ± 0.3V
アルカリ蓄電池は，メーカー指定電圧値の±5％以内で，各セル電圧を全数測定する．

写真4-2-30 セル電圧，電池電圧の確認

蓄電池設備の点検と測定　（つづく）

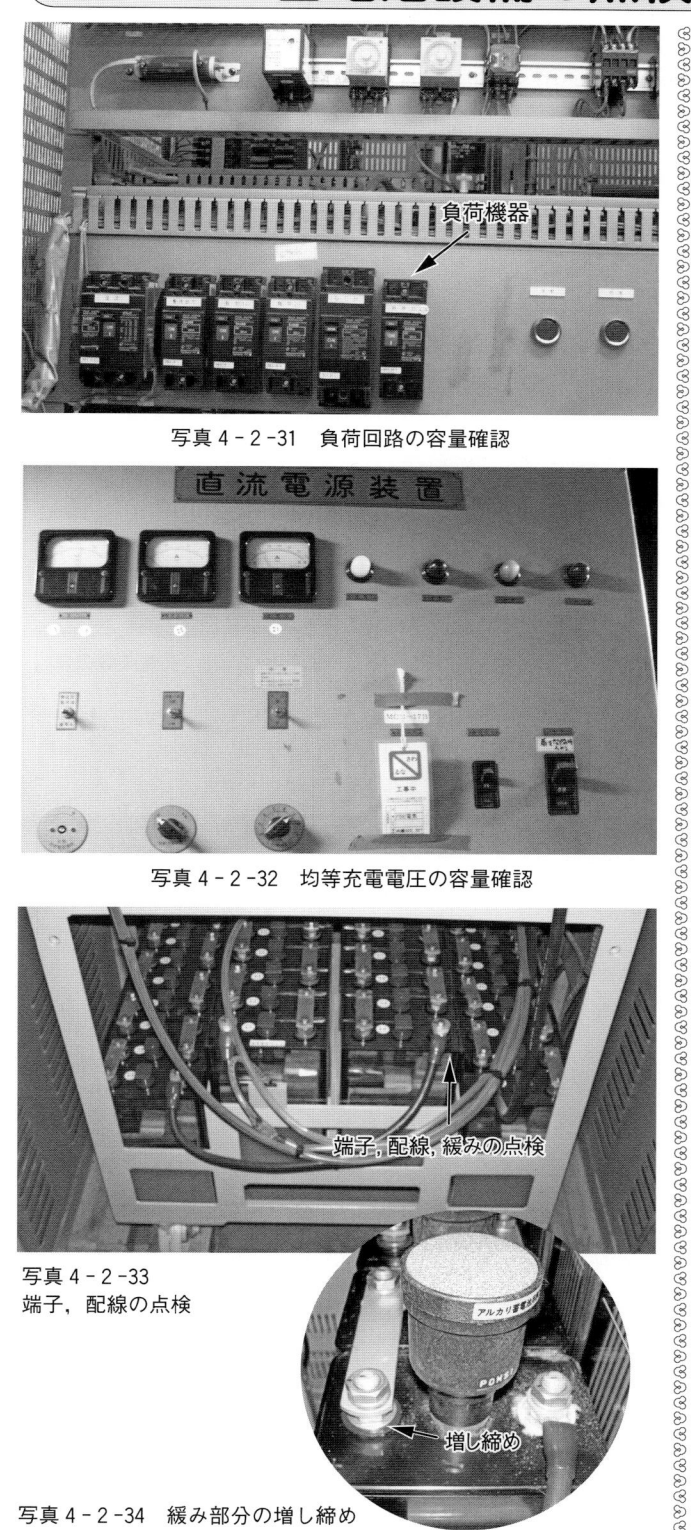

各負荷回路の容量を確認して記録する．負荷容量の合計プラス蓄電池充電電流値が，機器容量に対して余裕があることを確認する．負荷機器の定格容量（電流）値の合計を記録する．機器容量に対する負荷容量の比率の目安は，約80％とすることが望ましい．

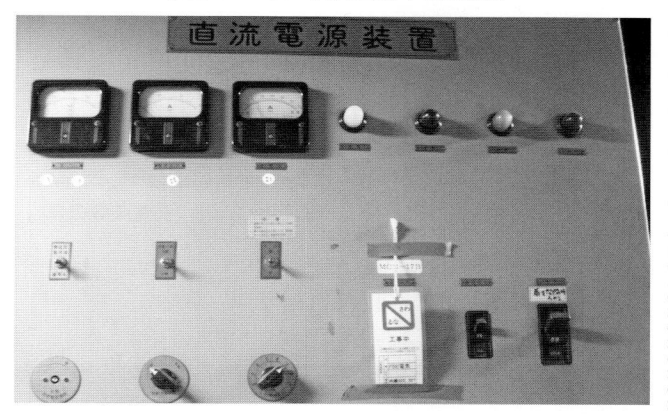

写真4-2-31　負荷回路の容量確認

均等充電電圧の容量を確認して記録する．規定値（基準値の±2.0％）の範囲外の場合は再調整する．制御弁式鉛蓄電池は，均等充電電圧の確認は不要である．

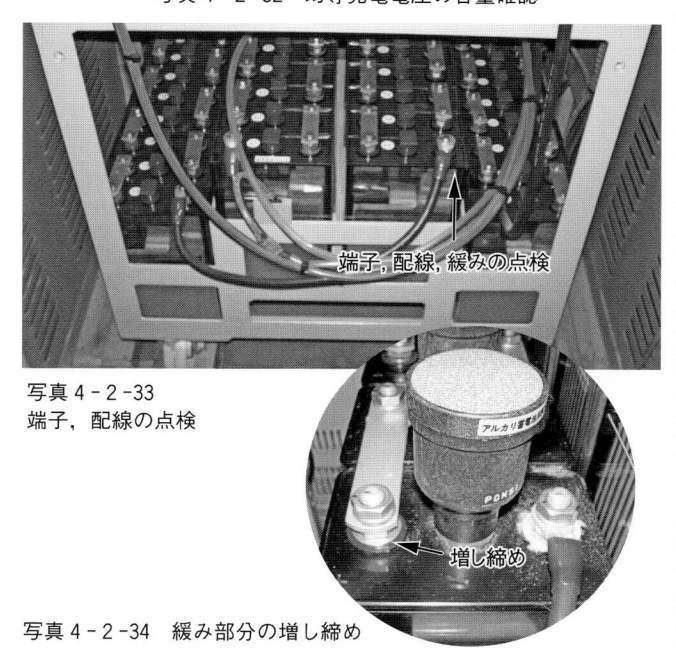

写真4-2-32　均等充電電圧の容量確認

端子や配線（接続板，接続線）に焼損や腐食，接続部に緩み，蓄電池放電時に温度の高いものがないことを確認する．

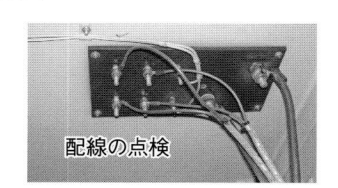

配線の点検

緩みがある場合，トルクレンチで増し締めを行う．

写真4-2-33　端子，配線の点検

締付トルクと使用工具

ボルトの呼び	締付トルク値	使用工具
M6	3.92～5.39	トルクレンチ
M10	14.71～19.61	トルクレンチ
M12	19.61～24.52	トルクレンチ

アルカリ蓄電池は，メーカー指定のトルク値とする．

写真4-2-34　緩み部分の増し締め

（つづき） 蓄電池設備の点検と測定

　増し締めを行うとき，トルクレンチで端子間を短絡しないよう注意する．点検に使用する工具は絶縁形のものを使用し，蓄電池を扱う場合は，ゴム手袋を着用する．接続部の緩み，電解液の付着や浸透による腐食は，導通不良や焼損の原因になるので，全セルを目視，触手により点検する．点検終了後，端子カバーを元に戻す．

写真4-2-35　端子間をトルクレンチで短絡させない

　充電装置は，変形，損傷，著しい腐食がないことを目視で確認する．外箱，扉，換気口，計器，表示灯，スイッチに著しい変形，汚損，損傷，腐食がないことを目視により確認する．定格出力（直流電圧，直流電流）を記録する．

写真4-2-36　充電装置の点検

写真4-2-37　各装置の部品の点検

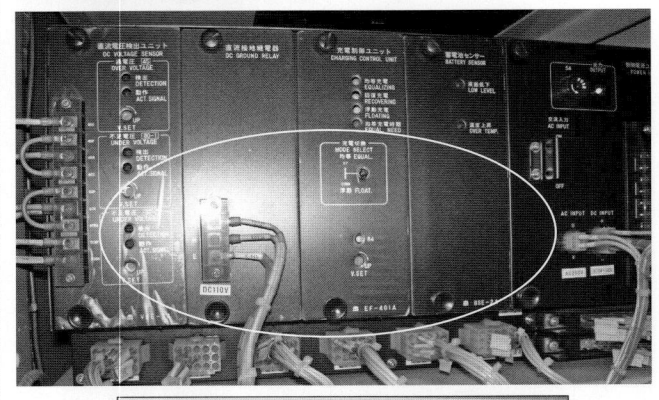

　各部品に著しい異臭，異音，変色，汚損，損傷，腐食がないことを目視により確認し，異常があるときは，修繕または新品と交換する．

　蓄電池設備の告示基準に示されている表示が適正であること，自家発始動用の表示があること，(社)日本電気協会の認定証票が貼付されていることを確認する．蓄電池設備表示内容は，容量，製造年，製造社名または商標を，また自家発始動用表示内容は，「自家発始動用」または「非常動力始動用」を確認する．

写真4-2-38　蓄電池設備表示内容の一例

蓄電池設備の点検と測定　（つづく）

写真 4-2-39　開閉器，遮断器類の点検

写真 4-2-40　交流入力電圧の測定

写真 4-2-41　充電装置出力端子(蓄電池端子)

写真 4-2-42　出力電流，負荷電流，負荷電圧の測定

開閉器，遮断器の変形，損傷，端子の緩みがなく，開閉機能および入力，出力，負荷，警報などの開閉器位置が正常であり，かつ容量は負荷に対して適正であることを目視で確認する．配線用遮断器(MCCB)，電磁接触器(MC)，スイッチ(SW)の個数を記録する．

交流入力電圧は，充電装置の交流入力端子で測定する．定格電圧の±10％の範囲にあることを確認し，範囲外のときは再調整する．

トリクル充電電圧および浮動充電電圧の測定は，充電装置出力端子(蓄電池端子)で行う．規格値は，基準値の±1.0％の範囲にあることを確認し，範囲外の場合は再調整する．均等充電電圧も同様に行うが，メーカー指定基準値の±2.0％の範囲にあることを確認し，範囲外のときは再調整する．

出力電流は，充電装置電流(蓄電池電流＋負荷電流)を測定する．負荷電流は，各負荷回路の電流値を測定した合計値を読み取る．負荷電圧は，負荷端子で測定する．出力電流，負荷電流，負荷電圧の値をそれぞれ記録する．

（つづき）蓄電池設備の点検と測定

充電装置の出力電圧の変化は，出力電圧計と表示灯により自動的に充電されていることを確認する．また，回復充電電圧が正常であることを確認する．

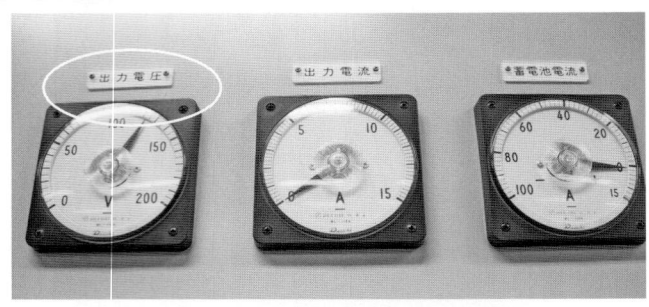

写真4-2-43　充電出力電圧の確認

入力開閉器の開閉により，自動的に充電状態に入り，充電完了後，トリクル充電または浮動充電に切り替わることを確認する．

写真4-2-44　浮動充電の確認

接地は，C種接地あるいはD種接地を行い，接地線に著しい腐食や断線がないことを確認する．点検で不良箇所を発見した場合は，補修や張り替えを行う．

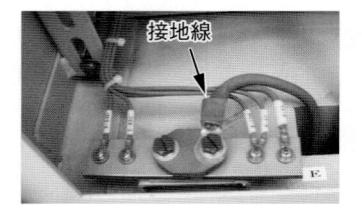

写真4-2-45　接地線の点検

結線・接続部分の点検は，各部品の取付部および接続部に緩みがないこと，破損，腐食している部品や端子がないことを確認する．さらに，異常に温度が高い部品，変色している部品がないこと，運転中に異音を発生していないことを確認する．また，入出力開閉器を開いて，接続部などの増し締めを行う．

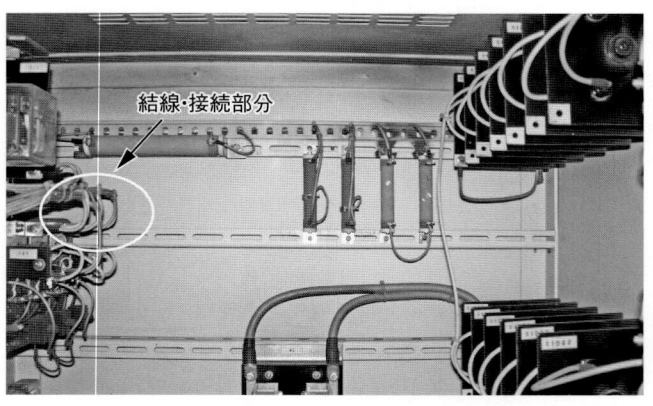

写真4-2-46　結線・接続部分の点検

蓄電池設備の点検と測定

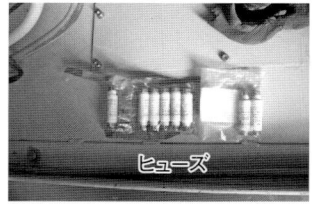

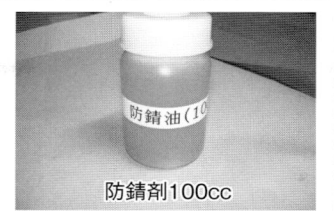

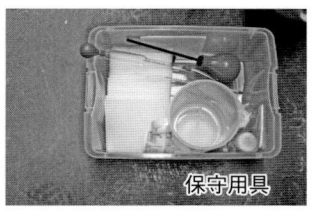

写真 4-2-47　予備品および保守用具の確認

予備品の有無や個数，保守用具の状態確認を行う．予備品が不足している場合は補充し，保守用具が損傷している場合は新品と交換する．また，取扱説明書や回路図などが備えられていることを確認する．

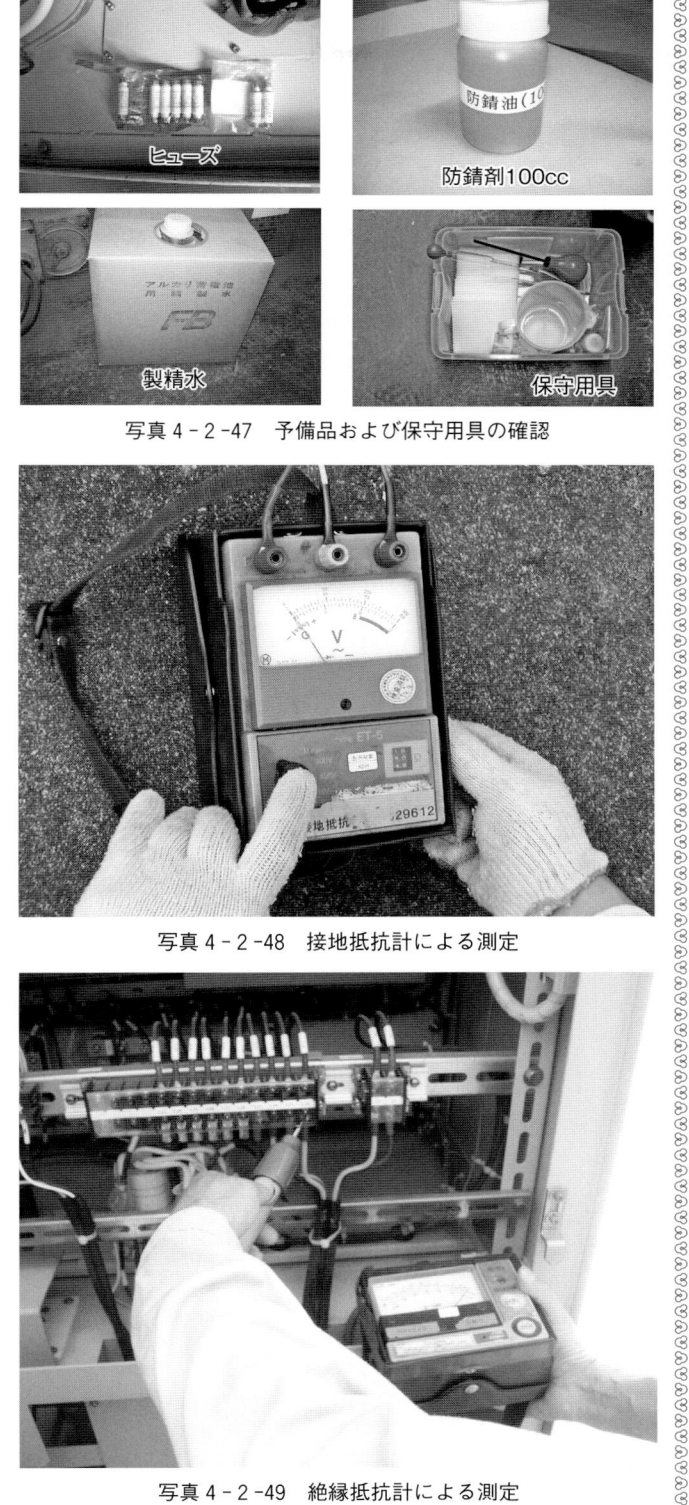

写真 4-2-48　接地抵抗計による測定

接地抵抗値が，規定値を満足していることを，接地抵抗計で測定して確認する．

写真 4-2-49　絶縁抵抗計による測定

絶縁抵抗値が，規定値を満足していることを，絶縁抵抗計で測定して確認する．充電装置などの交流側端子と大地間および直流側端子と大地間の絶縁抵抗値を500V絶縁抵抗計で測定する．

第5章

点検結果の記録

点検結果の記録

点検結果の記載内容

　日常点検や定期点検を実施した結果については，点検結果表や点検成績表などの記録用紙に記載し，保管しておかなければならない．点検の記録は，人間でいえば健康診断のカルテのようなものであり，電気設備を安全に維持・管理し，保安を確保していくためにも，記載内容をよく把握しておくことが重要である．

　電気主任技術者は，保安規程に記載されている内容を十分に理解したうえで点検結果を検討し，電気設備の補修や改修などを行うための判断資料として利用するとともに，経年劣化や異常の進行を定期的にチェックすることが必要となる．

　点検結果の記録用紙には具体的な点検内容を記載し，測定値の良否判定をするための資料として，基準や規格などの条文を記録用紙に添付しておくことにより，補修や改修をして再度測定する際に役立つものとなる．

　記録用紙には，点検結果総括表，観察点検成績表（受・配電設備），接地抵抗試験成績表，高圧関係絶縁抵抗試験成績表，低圧関係絶縁抵抗試験成績表，地絡方向継電器試験成績表，地絡継電器試験成績表，過電流継電器試験成績表，絶縁油試験成績表，指示計器校正試験成績表などがあり，これらの記載内容について述べる．

1．点検結果総括表

　点検した結果の総括として，点検場所・設備のほかに点検内容を記載する．記載内容は，電気設備や機器の異常の有無，不良箇所，補修・改修などの要望について具体的に記入する．

2．観察点検成績表（受・配電設備）

　活線状態では点検することのできない電気設備や機器の機構について，対象設備ごとにチェックリストにそって状態を観察し，その良否を判定するとともに摘要を記入する．

3．接地抵抗試験成績表

　接地抵抗を測定したときの測定値などを記載するもので，記載内容は，接地対象箇所・機器，種別，測定値［Ω］，良否判定，測定試験器名（形式，定格，製造者，製造番号）を記入する．

　接地抵抗値は，A種，B種，C種，D種接地工事の接地極ごとに測定し，規定されている接地抵抗値以下であることを確認する．

　接地工事の種類および接地抵抗の規定値を表5-1-1に示す．

4．高圧関係絶縁抵抗試験成績表

　高圧回路や高圧機器の絶縁抵抗を測定したときの測定値を記載するもので，記載内容は，回路・機器名，使用電圧[V]，大地間絶縁抵抗測定値［MΩ］（一括，R相，S相，T相），良否判定，測定試験器名（形式，定格，製造者，製造番号）を記入する．

　竣工時の絶縁抵抗測定は，ほとんどが新しい機器や電路であるため，絶縁抵抗値は数百MΩ以上あるのが普通であるが，絶縁抵抗値が低い場合は再度調査して絶縁抵抗測定を実施する．

　高圧電路の絶縁抵抗判定値を表5-1-2に，高圧ケーブルの絶縁抵抗判定値を表5-1-3に示す．

5．低圧関係絶縁抵抗試験成績表

　低圧回路の絶縁抵抗を測定したときの測定値を記載するもので，記載内容は，回路・機器名，定格電流［A］，使用電圧［V］，大地間絶縁抵抗値［MΩ］，線間絶縁抵抗値［MΩ］，良否判定，測定試験器名（形式，定格，製造者，製造番号）を記入する．

竣工時の絶縁抵抗測定は，ほとんどが新しい機器や電路であるため，絶縁抵抗値は数十MΩ以上あるのが普通であるが，絶縁抵抗値が低い場合は再度調査して絶縁抵抗測定を実施する．
低圧電路の絶縁抵抗規定値を表5-1-4に示す．

6．地絡方向継電器試験成績表（67G）

地絡方向継電器の動作特性試験を実施したときの試験結果を記載するもので，記載内容は，回路（盤）名，地絡方向継電器の仕様（製造者，製造年月，形式，定格電圧，製造番号，整定値），零相電圧[V]，動作電流値[A]，動作時間[秒]，遮断動作の良否，開閉表示灯の良否，良否判定，測定

表5-1-1　接地工事の種類（電技第10,11条，電技の解釈第17条）

接地工事の種類	接地抵抗値
A種接地工事	10Ω以下
B種接地工事	変圧器の高圧側または特別高圧側の電路の1線地絡電流のアンペア数で150（変圧器の高圧側の電路または使用電圧が35 000V以下の特別高圧側の電路と低圧側の電路との混触により低圧電路の対地電圧が150Vを超えた場合に，1秒を超え2秒以内に自動的に高圧電路または使用電圧が35 000V以下の特別高圧電路を遮断する装置を設けるときは300，1秒以内に自動的に高圧電路または使用電圧が35 000V以下の特別高圧電路を遮断する装置を設けるときは600）を除した値に等しいオーム数以下
C種接地工事	10Ω（低圧電路において，当該電路に地絡を生じた場合に0.5秒以内に自動的に電路を遮断する装置を施設するときは，500Ω）以下
D種接地工事	100Ω（低圧電路において，当該電路に地絡を生じた場合に0.5秒以内に自動的に電路を遮断する装置を施設するときは，500Ω）以下

表5-1-2　高圧電路の絶縁抵抗判定値(JEC 2100)

最大使用電圧[V]	絶縁抵抗値[MΩ]	判定
3 450	3以上	良
	3未満	不良
6 900	6以上	良
	6未満	不良

（注）1．上記の絶縁抵抗標準値は，1 000Vおよび5 000V絶縁抵抗計ともに適用する．
　　　2．高圧ケーブルは，最大使用電圧が3 450V電路では3MΩ未満，6 900V電路では6MΩ未満を不良とする．

表5-1-3　高圧ケーブル絶縁抵抗の一次判定目安(5 000Vで測定時)

ケーブル部位	測定電圧[V]	絶縁抵抗値[MΩ]	判定
絶縁体（R_C）	5 000	5 000以上	良
		500以上～5 000未満	要注意
		500未満	不良
シース（R_S）	500または250	1以上	良
		1未満	不良

〔備考〕高圧ケーブル（CV）の絶縁体（R_C）の絶縁抵抗値が500MΩ以上～5 000MΩ未満となった場合には，直流耐圧試験等ケーブル絶縁劣化試験器あるいは製造者によるケーブル絶縁劣化診断を実施し，この結果により最終的な判断を行う．

試験器名（形式，定格，製造者，製造番号）を記入する．
　地絡方向継電器試験の判定値を**表5-1-5**に示す．

7．地絡継電器試験成績表（51G）

　地絡継電器の動作特性試験を実施したときの試験結果を記載するもので，記載内容は，回路（盤）名，地絡継電器の仕様（製造者，製造年月，形式，定格電圧，製造番号，整定値），動作電流値［A］，動作時間［秒］，遮断動作の良否，開閉表示灯の良否，良否判定，測定試験器名（形式，定格，製造者，製造番号）を記入する．
　地絡継電器試験の判定値を**表5-1-6**に示す．

8．過電流継電器試験成績表（51）

　過電流継電器の動作特性試験を実施したときの試験結果を記載するもので，記載内容は，回路（盤）名，過電流継電器の仕様（製造者，製造年月，形式，定格電圧，製造番号，整定値），最小始動電流値［A］，瞬時動作電流値［A］，動作時間［秒］，遮断動作の良否，開閉表示灯の良否，良否判定，測定試験器名（形式，定格，製造者，製造番号）を記入する．
　過電流継電器試験の判定値は，以下のとおりとなる．
① 最小動作電流値は，整定値±10％以内であること(JIS C 4602)．

表5-1-4　低圧電路の絶縁抵抗規定値（電技第58条）

電路の使用電圧の区分		絶縁抵抗値［MΩ］	測定電圧［V］
300V 以下	対地電圧（接地式電路においては電線と大地との間の電圧，非接地式電路においては電線間の電圧をいう）が150V 以下の場合	0.1	100または125
	その他の場合	0.2	250
300V 超過		0.4	500

（注）電技解釈14条第1項第2号
　　　絶縁抵抗測定が困難な場合においては，当該回路の使用電圧が加わった状態における漏えい電流が，1mA 以下であること．

表5-1-5　地絡方向継電器の判定値

試験種別	判定値	摘要
動作電流値	整定値±10％以内	JIS C 4609
動作電圧値	整定値±25％以内	JIS C 4609

表5-1-6　地絡継電器の判定値

試験種別	判定値	摘要
動作電流値	整定値±10％以内	JIS C 4601

表5-1-7　絶縁破壊電圧値の判定基準

		絶縁破壊電圧［kV］	摘要
	新　　油	30kV 以上	JIS C 2320
使用中の油	良好（使用可）	20kV 以上	
	要注意（使用可）	15kV 以上20kV 未満	機会をみて，ろ過または取り替えを要請する．
	不良（使用不可）	15kV 未満	至急，取り替えを要請する．

表5-1-8　酸価測定値の判定基準

		酸　価［cc］	摘要
	新　　油	0.02 以下	JIS C 2320
使用中の油	良好（使用可）	0.2 以下	
	要注意（使用可）	0.2 超過 0.4 未満	機会をみて，取り替えを要請する．
	不良（使用不可）	0.4 以上	至急，取り替えを要請する．

② 限時動作時間は，次式による許容誤差率の範囲に入っていること（JIS C 4602）．

$$\left| \frac{t_{N3} - \frac{N}{10} T_{10.3}}{T_{10.3}} \times 100 \right| \leq 17 \ [\%]$$

ただし，N ：動作時間目盛値
　　　　$T_{10.3}$：目盛10で整定値の300%の電流を流したときの公称動作時間
　　　　t_{N3}：目盛 N で上記 $T_{10.3}$ のときの実測動作時間

（注）この判定値は，継電器単体試験時の判定値であるので，遮断器との連動試験の場合は，遮断器の遮断時間を考慮して判定すること．

[計算例]

公称動作時間10.0［秒］，実測動作時間11.75［秒］，遮断器の動作時間3サイクルの場合，上式に当てはめると，

$$\left| \frac{11.75 - \frac{10}{10} \times 10}{10} \times 100 \right| = 17.5 \ [\%]$$

となり，判定基準を超過するが，遮断器の動作時間3サイクル（0.06秒）を加味して計算すると，

$$\left| \frac{(11.75 - 0.06) - \frac{10}{10} \times 10}{10} \times 100 \right| = 16.9 \ [\%]$$

となり，判定基準内となる．

③ 瞬時要素電流値は，整定値±15%以内であること（JIS C 4602）．

9．絶縁油試験成績表

変圧器絶縁油の絶縁破壊電圧試験および酸価度測定を実施したときの測定値を記載するもので，記載内容は，機器名，容量［kVA］，用途，変圧器の仕様（製造者，製造年月，製造番号），絶縁破壊電圧値［kV］，酸価測定値，良否判定，試験器名を記入する．

絶縁破壊電圧試験は，二つに分けて採取した試料油（絶縁油）によってそれぞれ5回ずつ，合計10回測定を行い，5回ずつ行った試験のうちのそれぞれ第1回目の測定値を除いた4回分の測定値，すなわち8回分の測定値の平均値を絶縁破壊電圧値とする．

絶縁破壊電圧値の判定基準を表5-1-7に，酸価測定値の判定基準を表5-1-8に示す．

10．指示計器校正試験成績表

受電盤に取り付けられている電流計および電圧計の誤差を試験して試験値を記載するもので，記載内容は，計器（盤）名，電流計や電圧計の仕様（製造者，最大目盛，形式，級別，変成比，製造年月，製造番号），指示値（［A］，［V］），許容誤差（［A］，［V］），最大目盛時の誤差率［％］，良否判定，測定試験器名（形式，定格，製造者，製造番号）を記入する．

電流計および電圧計の許容誤差を表5-1-9に示す．

表5-1-9　計器の許容誤差

計器の階級	1級	1.5級	2.5級
許容差	±1%	±1.5%	±2.5%

（注）許容差とは，試験状態において許容される誤差率の限界値をいう．

$$誤差率 = \frac{測定値 - 標準計器の指示値}{標準計器の指示値} \times 100 \ [\%]$$

試験成績書の記入例

平成24年4月27日

試 験 成 績 書

オームビル設備株式会社様

東京都千代田区西神田5丁目3－8
関 東 電 気 商 事 株 式 会 社
関東事業本部長　木村　太郎

試験結果を別紙のとおりご報告申し上げます。

件　名	自家用電気工作物定期点検		
事業場名	オームビル設備株式会社　三郷工場		
所在地	埼玉県三郷市新田町1－35－506		
実施日	平成24年4月12日　木曜日　天候 晴れ　温度 16℃　湿度 15%		
主任技術者	増　田　嘉　久　様	立会者	鈴　木　厚　司　様
最大電力	2,000　kW	受電電圧	6,600　V
発電出力	kW	発電電圧	V
総括責任者	吉　永　久　司	作業責任者	杉　山　文　和

点検結果総括表の記入例

点検結果総括表

No.	場所・設備	内　　容
		本日、自家用電気工作物の定期点検を実施しました。
		結果は、別紙の試験成績書のとおりです。
		１．各種試験については、異常ありませんでした。
		「点検に伴い実施した内容」
		１．高圧機器および碍子などの清掃を実施しました。
		２．高圧機器などの接続部の増し締めを実施しました。

観察点検成績表（受・配電設備）の記入例

観察点検成績表（受・配電設備）

試験実施日　平成 24 年　4 月 12 日　木曜日　天候 晴れ　温度 16℃　湿度 15 %

対象設備		設備の状態	実施	判定	摘要
引込施設	1 架空電線・引込用電線	損傷, たるみ, 他物接触, 地上高	○	良	
	2 支持物	電柱, 腕金, 碍子類, 支線の状態	○	良	
	3 ケーブル本体・端末	損傷, 亀裂, テープの剥離	○	良	
	4 マンホール・ハンドホール	損傷, 浸水, ケーブル外装の損傷, ふたの破損	○	良	
	5 標識など	埋設深さ, 標石, 標柱, 埋設標識シート	○	良	
	6 接地線	腐食, 断線, 外れ, 接続部の状態	○	良	
屋外高圧負荷開閉器	1 外箱	損傷, 腐食, 亀裂, 汚損, 操作紐の異常	○	良	
	2 制御装置, 制御配線	損傷, 変形, 汚損, 外箱の施錠, 接続箇所の過熱変色	○	良	
	3 接地線	腐食, 断線, 外れ, 接続部の状態	○	良	
高圧キャビネット	1 外箱, 開閉器	損傷, 腐食, 変形, 亀裂, 汚損, 結露, 施錠, 行き先名称	○	良	
	2 制御装置	損傷, 変形, 汚損, 外箱の施錠, 接続箇所の過熱変色	○	良	
	3 接地線	腐食, 断線, 外れ, 接続部の状態	○	良	
高圧受配電設備	1 運転状況	周囲の状況, 異音, 異臭, 雨雪浸入, 小動物侵入口	○	良	
	2 受電所・キュービクル	損傷, 腐食, 亀裂, 汚損, 折損, 脱落, 他物接触	○	良	
	3 入口・柵	施錠, 柵の状況	○	良	
	4 その他	消火器, 整頓状況, 危険標識・表示の状態	○	良	
計器用変成器（VCT, VT, CT, ZCT）	1 外箱, 本体	損傷, 腐食, 亀裂, 汚損, 折損, 脱落, 他物接触	○	良	
	2 配線および接続部	緩み, 外れ, 過熱痕	○	良	
避雷器	1 本体	損傷, 亀裂, 汚損, 脱落	○	良	
	2 配線および接続部	緩み, 外れ, 過熱痕	○	良	
断路器	1 本体	損傷, 汚損, 亀裂, トラッキング痕	○	良	
	2 配線および接続部	緩み, 外れ, 過熱痕	○	良	
屋内高圧負荷開閉器	1 本体, 機構部	損傷, 汚損, 亀裂, トラッキング痕	○	良	
	2 配線および接続部	緩み, 外れ, 過熱痕	○	良	
	3 高圧ヒューズ	汚損, 損傷, 緩み, 過熱痕, 溶断の有無	○	良	
遮断器	1 本体, 機構部	油量, ガス圧力, 真空度, 損傷, 汚損, 亀裂, トラッキング痕	○	良	
	2 配線および接続部	緩み, 外れ, 過熱痕	○	良	
プライマリーカットアウト（PCS）	1 本体	損傷, 亀裂, 汚損, 折損, 脱落	○	良	
	2 配線および接続部	緩み, 外れ, 過熱痕	○	良	
	3 高圧ヒューズ	汚損, 損傷, 緩み, 過熱痕, 溶断の有無	○	良	

観察点検成績表(受・配電設備)の記入例

対象設備			設備の状態	実施	判定	摘要
変圧器	1	本体	変形,損傷,亀裂,汚損,折損,脱落,油量,油汚濁	○	良	
	2	配線および接続部	緩み,外れ,過熱痕	○	良	
コンデンサ	1	本体	変形,損傷,亀裂,汚損,折損,脱落,油量,油汚濁	○	良	
	2	配線および接続部	緩み,外れ,過熱痕	○	良	
直列リアクトル	1	本体	変形,損傷,亀裂,汚損,折損,脱落,油量,油汚濁	○	良	
	2	配線および接続部	緩み,外れ,過熱痕	○	良	
高圧母線等	1	本体	変形,損傷,亀裂,汚損,折損,脱落,油量,油汚濁	○	良	
	2	配線および接続部	緩み,外れ,過熱痕	○	良	
指示計器・表示装置	1	本体	変形,損傷,亀裂,汚損,脱落	○	良	
	2	端子部	緩み,外れ,過熱痕	○	良	
保護継電器	1	本体	異音,異臭,損傷,汚損,整定値	○	良	
	2	配線および接続部	緩み,外れ,過熱痕	○	良	
接地端子盤	1	接地線	腐食,断線,外れ,接続部の状態	○	良	
	2	端子部	緩み,外れ,過熱痕	○	良	

記事

接地抵抗試験成績表の記入例

接地抵抗試験成績表

試験実施日　平成 24 年 4 月 12 日　木曜日　天候 晴れ　温度 16 ℃　湿度 15 %

接地対象箇所・機器	種　別	測定値 [Ω]	判定	備　　考
高圧機器	A種	7.5	良	
変圧器二次	B種	11.5	良	※
避雷器	A種	6.0	良	
その他機器	D種	9.5	良	
※B種接地抵抗許容値		20Ω以下		

測定試験器	形式	定格	製造者	製造番号
自動接地抵抗計	ET-5	0～1,000Ω	○○電機	702898

高圧関係絶縁抵抗試験成績表の記入例

高圧関係絶縁抵抗試験成績表

試験実施日　平成24年4月12日　木曜日　天候 晴れ　温度 16℃　湿度 15％

回　路 機　器　名	使用電圧 [V]	大　地　間　[　MΩ　]				判定	備　考
		一括	R	S	T		
							G端子方式
高圧引込ケーブル	6,600	10,000				良	(R,S,Tともに)
							10,000MΩ
高圧機器一括	6,600	600				良	10,000MΩ

測　定　試　験　器	形　式	定　格	製　造　者	製　造　番　号
高　圧　絶　縁　抵　抗　計	ＤＩ－０５Ｎ	5000V/10000MΩ	○○電機	６０５６５１

低圧関係絶縁抵抗試験成績表の記入例

低圧関係絶縁抵抗試験成績表

試験実施日　平成24年 4月12日　木曜日　天候 晴れ　温度 16℃　湿度 15％

回　路　機　器　名	定格 [A]	使用電圧 [V]	大地間 [MΩ]	線間 [MΩ]	判定	備　考
低圧動力盤						
P-A－0	3P200	200	10.0		良	
P-A－1	3P200	200	7.0		良	
P-A－2	3P200	200	10.0		良	
空調設備	3P100	200	20.0		良	
屋内消火栓ポンプ	3P100	200	50.0		良	
低圧電灯盤						
1L-A	3P200	100/200	50.0		良	
1L-B	3P200	100/200	20.0		良	
1L-C	3P60	100/200	30.0		良	

測定試験器	形式	定格	製造者	製造番号
低圧絶縁抵抗計	DI－8	500V/100MΩ	○○電機	520175

地絡方向継電器試験成績表(67G)の記入例

地絡方向継電器試験成績表(67G)

試験実施日　平成24年 4月12日　木曜日　天候 晴れ　温度 16℃　湿度 15％

回路(盤)	製造者	△△電機		形式	LTR-L-DF		製造番号	H-40650			
	製造年月	2010		定格	AC 110V		整定値	0.2A,0.2s			
PAS常用側(西)	零相電圧[V]	電流方向	動作値[A]					判定	遮断動作	開閉表示灯	
			(0.2)	0.3	0.4	0.6	0.8				
	190V	順方向	0.205	0.310	0.410	0.610	0.800	良	良	良	
			動作時間 [秒]								
			0.190								
		位相特性	遅れ[度]		進み[度]						
			60		120						

回路(盤)	製造者	△△電機		形式	LTR-L-DF		製造番号	H-40680			
	製造年月	2010		定格	AC 110V		整定値	0.2A,0.2s			
PAS予備側(東)	零相電圧[V]	電流方向	動作値[A]					判定	遮断動作	開閉表示灯	
			(0.2)	0.3	0.4	0.6	0.8				
	185V	順方向	0.205	0.310	0.410	0.610	0.810	良	良	良	
			動作時間 [秒]								
			0.190								
		位相特性	遅れ[度]		進み[度]						
			60		115						

測定試験器	形式	定格	製造者	製造番号
位相特性試験器	RDF-2V	1200V/5A	○○電機	702273

記事　（　）内はタップ値を示す。

　　　順方向の最小動作電圧 V_0=190[V]

　　　動作時間は整定値の130％の電流にて試験実施

地絡継電器試験成績表(51G)の記入例

地絡継電器試験成績表(51G)

試験実施日　平成24年 4月12日　木曜日　天候 晴れ　温度 16℃　湿度 15 %

回路(盤)	製造者	☆☆商工		形式	LEG-171A		製造番号	282794	
	製造年月	2011		定格	AC 110V		整定値	0.2A	
受電盤	動作値　[　A　]					判定	遮断動作	開閉表示灯	備考
	0.1	(0.2)	0.4	0.6	0.8				
	0.100	0.200	0.400	0.590	0.800	良	良	良	
	動作時間　[　秒　]								
		0.200							

回路(盤)	製造者			形式			製造番号		
	製造年月			定格			整定値		
	動作値　[　A　]					判定	遮断動作	開閉表示灯	備考
	動作時間　[　秒　]								

回路(盤)	製造者			形式			製造番号		
	製造年月			定格			整定値		
	動作値　[　A　]					判定	遮断動作	開閉表示灯	備考
	動作時間　[　秒　]								

測定試験器	形式	定格	製造者	製造番号
総合試験器	IP-R2000	100V/20A	○○電機	603275

記事　(　)内はタップ値を示す。
　　　動作時間は整定値の130%の電流にて試験実施

過電流継電器試験成績表(51)の記入例

過電流継電器試験成績表(51)

試験実施日　平成24年 4月12日　木曜日　天候 晴れ　温度 16℃　湿度 15％

回路（盤）	製造者	□□電機	形式	MOC-IT-IR	製造番号	(R) 92889
	製造年月	2001	定格	5A		(S)
	整定値	T-5,L-1,I-30				(T) 92650

相の別	最小動作電流 [A]	瞬時動作電流 [A]	動作時間　[　秒　]					判定	遮断動作	開閉表示灯
			レバー　10　(MAX)			整定レバー(1)				
			200 %	300 %	500 %	300 %	500 %			
左	(5)	(30)	[4.0]	[2.5]	[1.8]	[--]	[--]	良	良	良
	5.00	28.5	4.06	2.80	1.89	0.22	0.17			
右	(5)	(30)	[4.0]	[2.5]	[1.8]	[--]	[--]	良	良	良
	5.00	29.0	3.98	2.72	1.87	0.23	0.18			

回路（盤）	製造者		形式		製造番号	(R)
	製造年月		定格			(S)
	整定値					(T)

相の別	最小動作電流 [A]	瞬時動作電流 [A]	動作時間　[　秒　]					判定	遮断動作	開閉表示灯
			レバー　　(MAX)			整定レバー(　)				
			%	%	%	%	%			
左	( )	( )	[ ]	[ ]	[ ]	[ ]	[ ]			
右	( )	( )	[ ]	[ ]	[ ]	[ ]	[ ]			

測定試験器	形式	定格	製造者	製造番号
総合試験器	IP-R2000	100V/20A	○○電機	603275

記事　MAXはレバーの最大値、(　)内は整定値を、[　]は特性カーブを示す。

絶縁油試験成績表の記入例

絶縁油試験成績表

試験実施日　平成24年 4月12日　木曜日　天候 晴れ　温度 16℃　湿度 15％

機器名	容量	用途	製造者 / 製造年月 / 製造番号	試料回数	破壊電圧[kV] 1	2	3	4	5	平均	判定	酸価試験 測定値	判定
変圧器	3Φ 75kVA	動力	高岳 / 1991 / 90013231	1	50	50	50	50	50	50.0	良	0.06	良
				2	50	50	50	50	50				
変圧器	1Φ 50kVA	電灯	大阪 / 1969.5 / 4286061	1	30	30	28	33	35	32.1	良	0.18	良
				2	35	33	33	35	30				
変圧器	1Φ 100kVA	電灯	高岳 / 1991 / 91016412	1	35	35	30	30	30	33.1	良	0.06	良
				2	33	35	32	35	38				
変圧器	1Φ 50kVA	電灯	大阪 / 1973.9 / Q5651087	1	30	31	33	32	30	31.6	良	0.10	良
				2	35	33	33	31	33				
変圧器	3Φ 200kVA	動力	高岳 / 1991 / 91016255	1	50	50	50	50	50	50.0	良	0.05	良
				2	50	50	50	50	50				
変圧器	150kVA	スコットトランス	大阪 / 1974.8 / 11843301	1	28	30	28	35	28	30.8	良	0.07	良
				2	30	30	33	30	32				
				1									
				2									

試験器　○○電機　ＩＰ－5005S型(12.5mm球,2.5mmギャップ)　◎◎工業㈱直読式

記事
・破壊電圧の平均値は、試料回数第1回および第2回の各初回の破壊電圧値を除いた8回の平均値とする。（20kV以上：良　15kV超～20kV未満：要注意　15kV未満：不良）
・酸価値　0.2以下：良　0.2超～0.4未満：要注意　0.4以上：不良
※トランスのタップはすべて6,600Vです。

指示計器校正試験成績表の記入例

指示計器校正試験成績表

試験実施日　平成24年 4月12日　木曜日　天候 晴れ　温度 16℃　湿度 15％

計器(盤)	製造者	◇◇工業	形式	LSK-12	製造年月	2002年	製造番号	002534
	最大目盛	400 [A]	級別	1.5	変成比	400/5		

受電盤電流計	指示値 [A]			許容誤差[A] (1.5%)	判定	誤差率 [％]（最大目盛時）	備考
	標準計器	被試験器	誤差				
	1.0	80	0	6.0	良	1.25	
	2.0	160	0	6.0			
	3.0	235	5	6.0			
	4.0	315	5	6.0			
	5.0	400	0	6.0			

計器(盤)	製造者	◇◇工業	形式	LSK-12	製造年月	2002年	製造番号	002539
	最大目盛	9000 [V]	級別	1.5	変成比	6600/110		

受電盤電圧計	指示値 [V]			許容誤差[V] (1.5%)	判定	誤差率 [％]（最大目盛時）	備考
	標準計器	被試験器	誤差				
	100	6000	0	135	良	0	
	105	6300	0	135			
	110	6600	0	135			
	115	6900	0	135			
	120	7200	0	135			

測定試験器	形式	定格	製造者	製造番号
総合試験器	IP-R2000	100V/20A	◇◇電機	911025

記事

経済産業省　原子力安全・保安院　産業保安監督部の所在地と連絡先

電気工作物等の保安に関する手続きについては，所轄産業保安監督部で行われている．以下に，所在地と連絡先を収録するので，参考にしていただきたい．

産業保安監督部名	所 在 地	連絡先
北海道産業保安監督部	〒060-0808 札幌市北区北8条西2-1-2 （札幌第1合同庁舎）	(011) 709-2311 内線2720 電力安全課
関東東北産業保安監督部 東北支部	〒980-0014 仙台市青葉区本町3-2-23 （仙台第2合同庁舎）	(022) 221-4947 電力安全課
関東東北産業保安監督部	〒330-9715 さいたま市中央区新都心1-1 （さいたま新都心合同庁舎1号館）	(048) 600-0386 電力安全課
中部近畿産業保安監督部	〒460-8510 名古屋市中区三の丸2-5-2 （中部経済産業局総合庁舎）	(052) 951-2817 電力安全課
中部近畿産業保安監督部 北陸産業保安監督署	〒930-0856 富山市牛島新町11-7 （富山地方合同庁舎）	(076) 432-5580 直通
中部近畿産業保安監督部 近畿支部	〒540-8535 大阪市中央区大手前1-5-44 （大阪合同庁舎第1号館）	(06) 6966-6047 電力安全課
中国四国産業保安監督部	〒730-0012 広島市中区上八丁堀6-30 （広島合同庁舎2号館）	(082) 224-5742 電力安全課
中国四国産業保安監督部 四国支部	〒760-8512 高松市サンポート3-33 （高松サンポート合同庁舎）	(087) 811-8585
九州産業保安監督部	〒812-0013 福岡市博多区博多駅東2-11-1 （福岡合同庁舎本館）	(092) 482-5519 電力安全課
那覇産業保安監督事務所	〒900-0006 那覇市おもろまち2-1-1 （那覇第2地方合同庁舎1号館）	(098) 866-6474

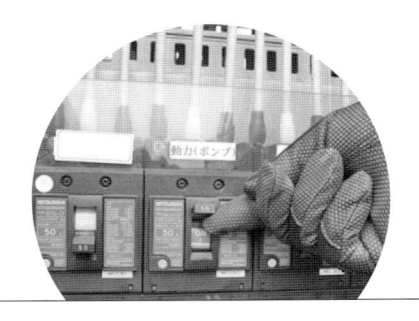

技術資料

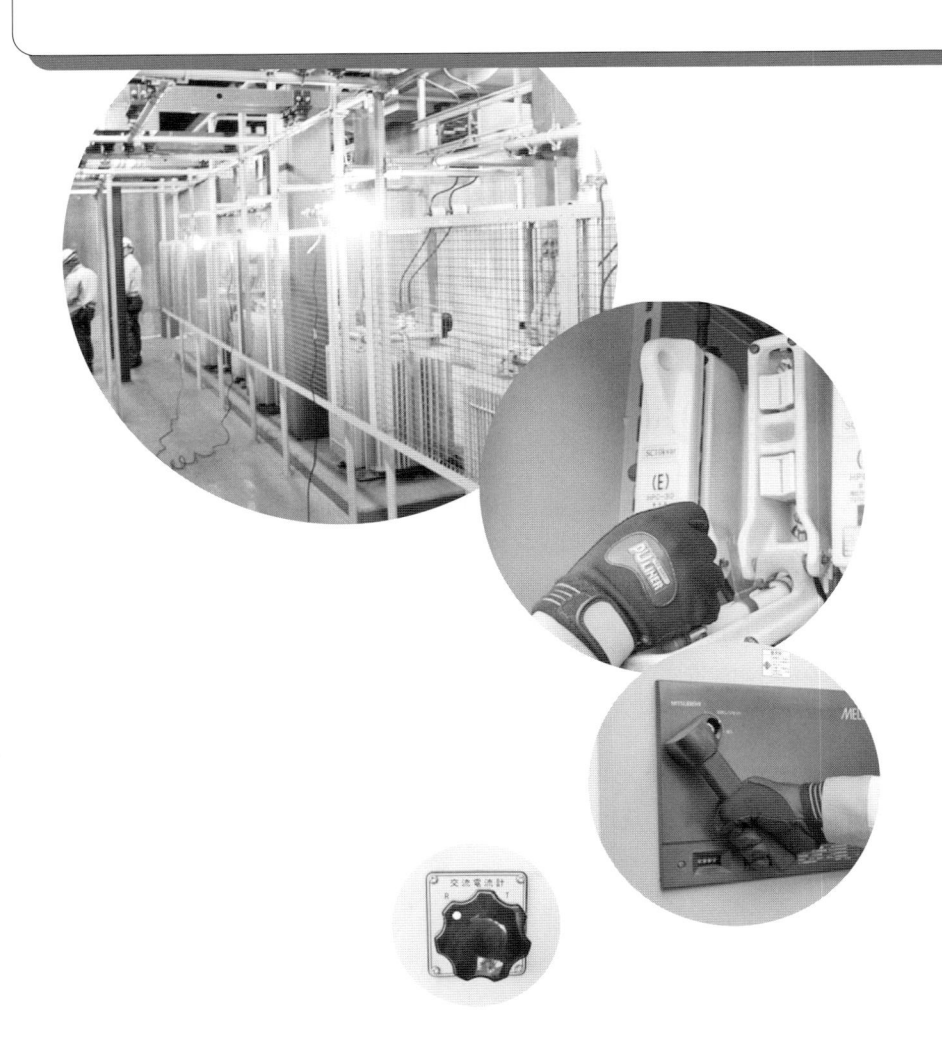

技術資料

マルチリレーテスタ IP-R シリーズ

（株）ムサシインテック　http://www.musashi-in.co.jp

●製品の特徴　全国の各電気保安協会様に採用いただいている高精度・高性能なマルチリレーテスタ．試験対象継電器の種類が，高圧から特別高圧受変電設備に用いられる OCR，GCR，OUR，UVR に加え，DGR 位相反転試験まで対応．また，別売オプションの耐電圧トランス R-1200シリーズ，耐電圧リアクトル DR-1200M シリーズとの組み合わせで耐電圧試験器としても運用可能．＊写真の製品型番は左：IP-R2000　右：R-1220

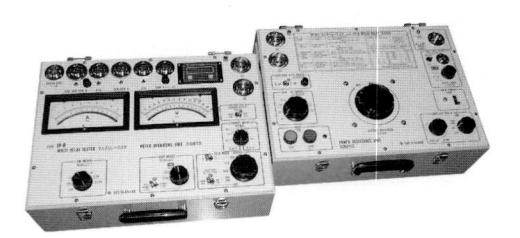

●お問合わせ先　〒358-0035　埼玉県入間市大字中神918-1
　　　　　　　　TEL　04-2934-6034　　FAX　04-2934-8588

マルチリレーテスタ ORT-50M，ORT-50MV

（株）ムサシインテック　http://www.musashi-in.co.jp

●製品の特徴　900VA クラスの小型発電機での過電流継電器試験が可能！消費電力を抑えながら電流引外し式 CB（サーキットブレーカ）との連動試験（一部除く）を可能とした小型・軽量の過電流継電器（OCR）試験，地絡過電流継電器（GCR）試験器．また，上位機種の ORT-50MV では OCR，GCR に加え，過不足電圧継電器（OVR，UVR），地絡方向継電器（DGR）位相反転試験まで幅広く対応可能．＊写真の製品型番は左：ORT-50M　右：ORT-50MV

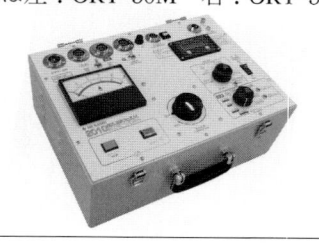

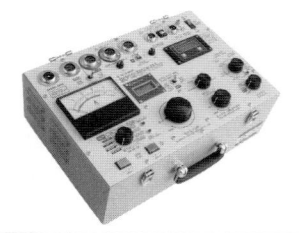

●お問合わせ先　〒358-0035　埼玉県入間市大字中神918-1
　　　　　　　　TEL　04-2934-6034　　FAX　04-2934-8588

DGR／GR テスタ RDF-2A，RDF-5A

（株）ムサシインテック　http://www.musashi-in.co.jp

●製品の特徴　PAS，UGSの試験に最適な地絡方向継電器（DGR）の位相特性・慣性特性試験を含め，全試験項目を可能にした最新鋭のRDFシリーズ．視認性のよいアナログ3連メータ（電圧，電流，位相）を見ながら簡単操作で試験可能．各端子への結線は，間違えにくいカラーコードを採用．ほかに，オプションで総合コネクタを使用することによりコード1本で配線が可能．上位機種のRDF-5Aでは特高用DGR（GPTタイプ）への対応も可能．＊写真の製品型番は左：RDF-2A　右：RDF-5A

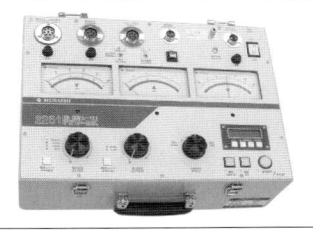

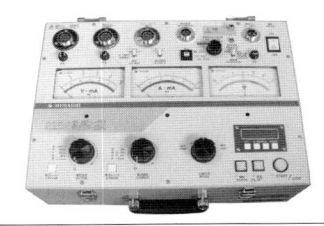

●お問合わせ先　〒358-0035　埼玉県入間市大字中神918-1
　　　　　　　TEL　04-2934-6034　　FAX　04-2934-8588

DGR／GR テスタ GCR-mini，GCR-miniVS

（株）ムサシインテック　http://www.musashi-in.co.jp

●製品の特徴　地絡方向継電器（DGR）試験を行うための試験機能をコンパクトボディに凝縮．アナログメータ搭載機と比較して重量約1/2を実現！電流，電圧，位相，時間計を一つのデジタル表示器で見やすく一括表示．試験中の誤結線や誤操作をブザーと画面表示でお知らせ．高圧設備のPAS，UGSに最適な「GCR-mini」と特高設備の，DGR試験に加え過不足電圧継電器（OVR，UVR）試験機能を追加した「GCR-miniVS」をラインナップ．＊写真の製品型番は左：GCR-mini　右：GCR-miniVS

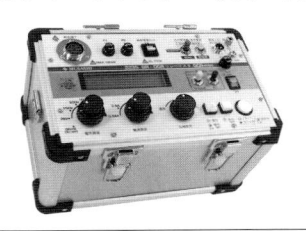

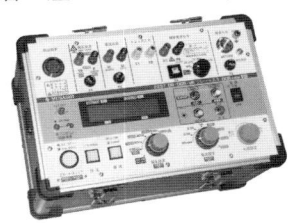

●お問合わせ先　〒358-0035　埼玉県入間市大字中神918-1
　　　　　　　TEL　04-2934-6034　　FAX　04-2934-8588

技術資料

絶縁抵抗計（低圧用）DI-8/26,（高圧用）DI-11N/05N/06

（株）ムサシインテック　http://www.musashi-in.co.jp

● 製品の特徴　低圧から高圧までの広範囲な電路機器の測定ができる絶縁抵抗計をラインナップ．「DI-8」は1レンジ，「DI-26」は3レンジで125～1000Vまで各定格で対応し，豊富なオプションをご用意．「DI-11N」は1～11kV，「DI-05N」は5000V，「DI-06」は6000Vの出力電圧で，高圧ケーブルや機器・受電設備の絶縁抵抗値を高い信頼性で測定可能．特に，ガード接地法により，高圧機器から高圧ケーブルを切り離さずに「ケーブル単体絶縁抵抗値」を測定可能．＊写真の製品型番は左：DI-26　中：DI-05N　右：DI-11N

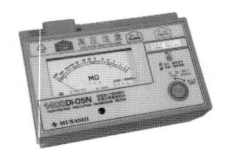

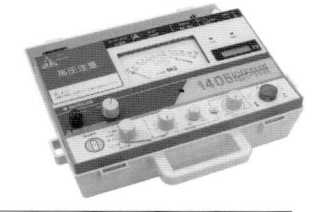

● お問合わせ先　〒358-0035　埼玉県入間市大字中神918-1
　　　　　　　　TEL　04-2934-6034　　FAX　04-2934-8588

継電器試験器 WPS-22／MVF-1

（株）ムサシインテック　http://www.musashi-in.co.jp

● 製品の特徴　単相AC100Vから三相出力が必要な継電器を対象に試験器をラインナップ！モータ保護用の2E-3Eリレーを試験するための「WPS-22」，ソーラー，風力などの新エネルギー発電用保護リレー試験に対応する「MVF-1」をはじめとして，コージェネリレー用試験器まで幅広くご用意．どの試験器も特殊リレーに対して専用設計であり，使いやすく安全性の高い構造．＊写真の製品型番は左：WPS-22　右：MVF-1

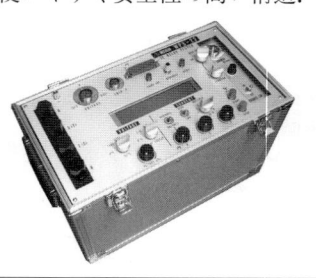

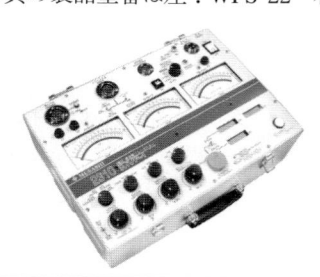

● お問合わせ先　〒358-0035　埼玉県入間市大字中神918-1
　　　　　　　　TEL　04-2934-6034　　FAX　04-2934-8588

活線防具耐電圧試験器セット IPK-25P／水槽

（株）ムサシインテック　http://www.musashi-in.co.jp

● **製品の特徴**　活線防具耐電圧試験のために専用設計された試験器と水槽セット．作業安全性に重点をおき，試験器本体の出力部を内蔵コネクタとして高感度遮断回路を採用．ステンレス製の水槽は錆びにくく，絶縁キャスタや排水コックを装備しているため使い勝手のよい仕様です．また，活線防具耐電圧以外の各種耐圧電圧試験用に「IPKシリーズ」で電圧，容量（充電電流），交流・直流をご指定の仕様で特注品製作可能．＊写真の製品型番は左：IPK-25P　右：活線防具耐圧試験用水槽

● **お問合わせ先**　〒358-0035　埼玉県入間市大字中神918-1
　　TEL　04-2934-6034　　FAX　04-2934-8588

リークマスタ Rio-21／活線絶縁抵抗計 GCT-34

（株）ムサシインテック　http://www.musashi-in.co.jp

● **製品の特徴**　停電できない設備から工場・オフィスなどの一般施設まで，あらゆる設備の絶縁管理に対応した活線絶縁抵抗計！ベクトル演算方式で Io，Ior，MΩ値を表示．小型・軽量，コンパクトサイズの「Rio-21」と三相4線電路，記録計出力（Ior値）対応の「GCT-34」をラインナップ．また，大口径クランプセンサー等の豊富なオプション群により幅広い現場対応が可能．＊写真の製品型番は左：Rio-21　右：GCT-34

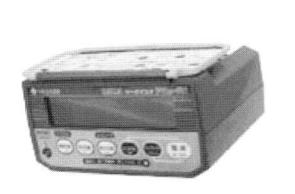

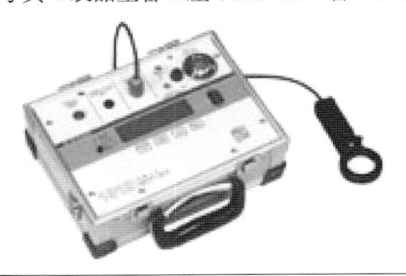

● **お問合わせ先**　〒358-0035　埼玉県入間市大字中神918-1
　　TEL　04-2934-6034　　FAX　04-2934-8588

技術資料

アナログもデジタルも現場測定器はSANWA！

三和電気計器（株）　http://www.sanwa-meter.co.jp/

●製品の特徴　電気設備の点検・測定に必要不可欠なハンディタイプ測定器を，約90機種の豊富なラインアップから選ぶことができる．クランプメータ，絶縁抵抗計，デジタルマルチメータ，アナログマルチテスタ，接地抵抗計，検電器，検相器，回転計，速度計，照度計，光パワーメータ，レーザーパワーメータ．

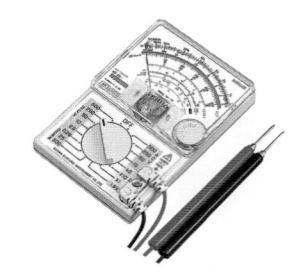

●お問合わせ先　東京営業所　〒101-0021　東京都千代田区外神田2-4-4　TEL　03-3253-4871
　　　　　　　　大阪営業所　〒556-0003　大阪市浪速区恵美須西2-7-2　TEL　06-6631-7361

現場測定に便利な小型多機能ハイブリッドマルチメータ PM33a

三和電気計器（株）　http://www.sanwa-meter.co.jp/

●製品の特徴
①DCV4レンジ／ACV4レンジ／Ω6レンジ
②電圧測定は直流・交流共に600Vまで対応
③直流および交流100AまでのCTクランプ電流測定
④ダイオード測定／導通ブザー機能
⑤最大66mFまでのコンデンサ容量測定
⑥20Hz～66kHzの周波数測定
⑦20～80％のデューティ比が測定可能
⑧最大値／最小値ホールド／データホールド機能
⑨測定中の任意の数値をゼロとして変動を見るリラティブ機能
⑩電源はどこでも入手可能な単4サイズを2本

●お問合わせ先　お客様計測相談室　フリーダイヤル0120-51-3930
　　　　　　　　（受付時間9：30～12：00　13：00～17：00　土日祭日を除く）

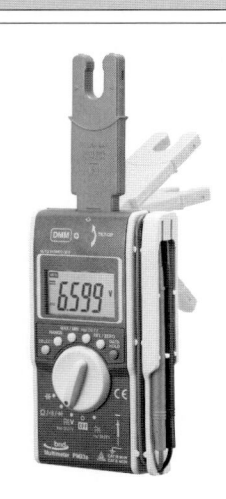

MCS-5000形デジタル時間計

デンソクテクノ（株）　　http://www.densokutechno.co.jp

●製品の特徴　本器は，インターバル，トレイン，ワンショットの3つの測定機能を持ち，各種継電器，遮断器および，電磁接触器などの動作時間，あるいは復帰時間を測定するのに最適である．①スタート・ストップは，接点（メーク・ブレーク），直流および交流電圧（印加・除去）いずれの信号でも動作する．②二つの信号間の時間測定（インターバル）に加えて，一つの信号の状態時間の測定（ステータス）もできる．③周波数（20.00～500.00Hz）測定が可能．

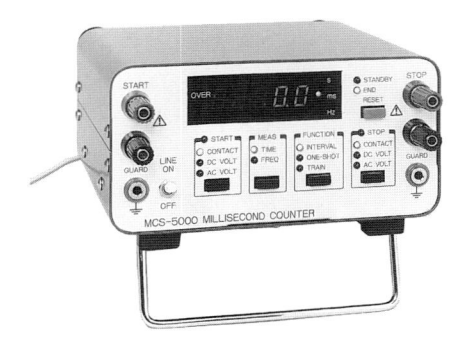

●お問合わせ先　〒144-0033　東京都大田区東糀谷6-4-17　OTAテクノCORE 301
Tel. 03-6423-8122　E-mail dtec@densokutechno.co.jp

TPR-22B形保護継電器試験器

デンソクテクノ（株）　　http://www.densokutechno.co.jp

●製品の特徴　TPR-22B形保護継電器試験器は1971年発売のロングセラー製品で，本器のみで①過電流，不足電流継電器，②過電圧，不足電圧継電器，③過電流，過電圧地絡継電器，④比率差動継電器，等の位相特性を要しない保護継電器の試験が行える．また，電圧位相調整器TPR-22PN形と組み合わせて，①方向，選択地絡継電器，②選択短絡継電器，③電力継電器等の位相特性を持つ単相継電器の試験が可能．

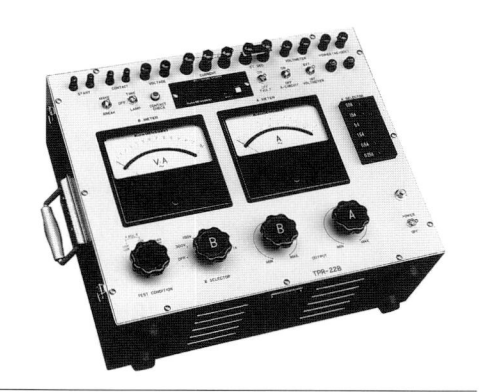

●お問合わせ先　〒144-0033　東京都大田区東糀谷6-4-17　OTAテクノCORE 301
Tel. 03-6423-8122　E-mail dtec@densokutechno.co.jp

技術資料

JIS認証品の絶縁抵抗計 IR4000シリーズ
日置電機株式会社　http://www.hioki.co.jp

●製品の特徴　①薄暗い現場でも白色LEDバックライトがメータを照らし作業を効率化．②3レンジや4レンジでも見やすいシンプルなスケール．50V～500V／100MΩまでの低圧絶縁抵抗レンジの目盛を一本化，125V, 250V, 500V, 1000Vの4レンジモデルでも2本の目盛にまとめている．③万一コンクリート上1mの高さから落としても十分耐える設定の「ドロッププルーフ」．④スイッチ付きプローブで作業効率が向上．さらに，アナログメータのLED照明と連動し，プローブ先のLEDライトで測定ポイントを照らすことができる（IR40XX-11のセット品枝番において）．＊写真の製品型番はIR4041-11．

●お問合わせ先　〒386-1192　長野県上田市小泉81　日置電機株式会社　販売企画課
　　　　　　　TEL　0268-28-0560　E-mail info@hioki.co.jp

地球温暖化防止のためのクランプ電力計3169
日置電機株式会社　http://www.hioki.co.jp

●製品の特徴　①改正省エネ法と温対法の電力管理，②クランプで誰でも安全・簡単に電力管理，③単相2線：4回路・単相3線：2回路測定，④三相3線・三相4線：2回路同時測定可能，⑤電圧（150～600V）・電流（0.5A～5000A），⑥有効電力・積算電力量・高調波測定機能，⑦30分のデマンド記録で電力負荷変動グラフ，⑧1周期（1波形）から高速データ保存，⑨PCカード対応・内部メモリ搭載高速D／A出力機能付き（3169-01），⑩ベクトル図による誤結線検出機能

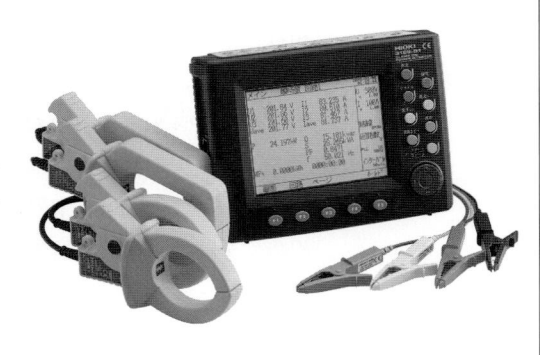

●お問合わせ先　〒386-1192　長野県上田市小泉81　日置電機株式会社　販売企画課
　　　　　　　TEL　0268-28-0560　E-mail info@hioki.co.jp

フルーク デジタル・マルチメータ

フルーク　http://ja.fluke.com/jp

●**製品の特徴**　フルークのデジタル・マルチメータは，高確度・高信頼性を誇り，堅牢で使いやすいマルチメータである．6000カウントで電流，電圧，抵抗測定ができる低価格モデル110シリーズ，汎用モデル170シリーズ，ディスプレイが取り外せるワイヤレス・リモート・デジタル・マルチメータ233，50000カウントで本体に10000件のデータをロギングでき，PC上でのデータ解析や，本体のディスプレイ上で測定値をグラフ表示できる高機能モデル280シリーズまで，お客様の用途に応じて最適な機種を選択できる．安全性も重視しており，規格適合を受けている．

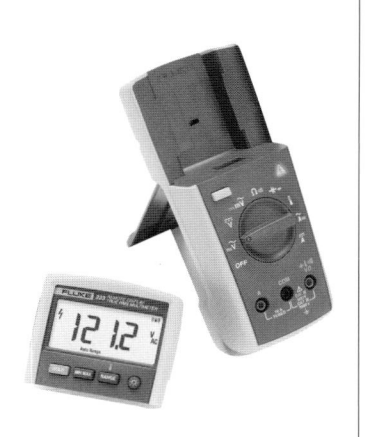

●**お問合わせ先**　〒108-6106　東京都港区港南2-15-2　品川インターシティB棟6階
　　　　　　　　TEL　03-6714-3114

4ch絶縁入力携帯型オシロスコープ 190シリーズⅡ

フルーク　http://ja.fluke.com/jp

●**製品の特徴**　フルークの190シリーズⅡオシロスコープは，4ch絶縁入力の携帯型バッテリー駆動オシロスコープで，現場でのメンテナンス，トラブルシュートなどに最適である．100/200MHz帯域幅，最大2.5GS/s，100画面の自動捕捉とリプレイ機能，ペーパーレス・レコーダ機能も搭載されている．また，CAT IV 600Vの安全規格に準拠しているので，信号測定だけではなく，動力系電力測定などのアプリケーションまで使える．7時間の連続バッテリー駆動が可能で，AC電源がなくても大半の用途・作業に対応できる．

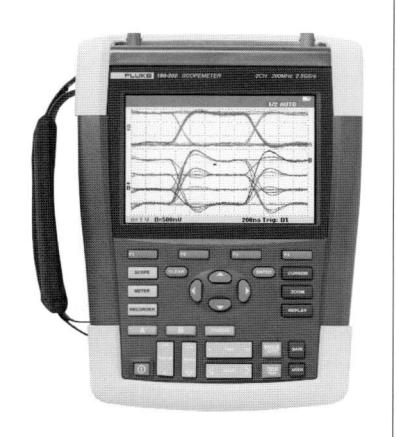

●**お問合わせ先**　〒108-6106　東京都港区港南2-15-2　品川インターシティB棟6階
　　　　　　　　TEL　03-6714-3114

技術資料

おんどとり Jr. TR-55i シリーズ
（株）ティアンドデイ　http://www.tandd.co.jp

●製品の特徴　おんどとり Jr. TR-55i シリーズは，熱電対，Pt100/Pt1000，電圧，4-20mA，パルス数に対応する5機種を用意している．熱電対およびPt100／Pt1000対応タイプは，広範囲の温度測定と記録ができ，電圧および4-20mA対応タイプは，計装信号（測定範囲：DC 0〜22V，0〜20mA）の測定と記録が可能だ．ロガー本体は，防水仕様で−40℃〜80℃までの環境下で使用でき，電池駆動のため設置場所を選ばない．記録したデータは，パソコンに収集してグラフ表示やデータ解析ができる．全機種1台につき，16000データの測定と記録が可能だ．

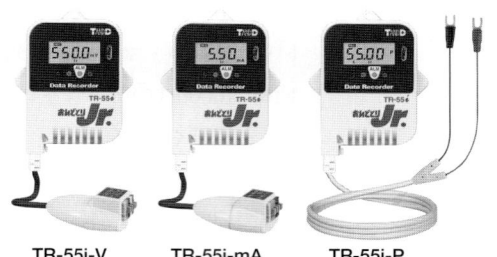

TR-55i-V（電圧）　TR-55i-mA（4-20mA）　TR-55i-P（パルス数）

●お問合わせ先　〒390-0852　長野県松本市島立817-1
営業部　TEL 0263-40-0131　FAX 0263-40-3152　E-mail : info@tandd.co.jp

ウルトラホン（超音波式放電探知器）
東栄電気工業（株）　http://www.toeidenki.co.jp

●製品の特徴　ウルトラホンSE-15形は，高電圧電気設備の接触・絶縁不良箇所から発生する，放電に伴う微弱な超音波をパラボラ集音器により収束してセラミックマイクで受信し，その大きさを音圧レベルでデジタル表示すると同時に，スピーカから出てくる音により発生箇所を確認することができ，又，40kHzの超音波を受信することにより，放電箇所を極めて狭い範囲（半値角3°以内）に特定できる，非接触で安全性を重視した取扱い操作が簡単，持ち運びに便利な小形・軽量タイプです．

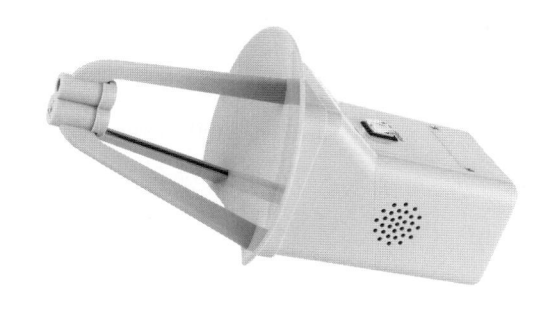

●お問合わせ先　〒350-1311　埼玉県狭山市中新田1157
狭山事業所　TEL 04-2950-0711　E-mail : iijima@toeidenki.co.jp

索 引

（あ 行）

アーク ……………………………………… 53, 68
アークシュート …………………………… 103
アーク防止面 ……………………… 53, 68, 154
アースコード ……………………………… 146
足場ボルト …………………………… 71, 157
アナログ式回路計 …………………………… 32
アナログ式絶縁抵抗計 ……………………… 22
油入変圧器 ……………………… 10, 108, 136
油カップ …………………………………… 136
油カップ洗浄 ……………………………… 136
油採取用スポイト ………………………… 109
油遮断器 …………………… 10, 67, 99, 136
油漏れ ……………………………… 90, 99, 111
アルカリ蓄電池 ……………… 180, 183, 191
アンカボルト ………………… 62, 172, 184
安全帯 ………………………………… 53, 70, 155
安全帯ロープ ………………………… 72, 170
安全パネル …………………………… 59, 155
安全用具 …………………………………… 54
安全用具の点検 …………………………… 18
位相特性試験器 …………………………… 28
位相比較継電器 …………………………… 27
印加 ………………………………………… 31
員数 ………………………………… 19, 154
員数の確認 ………………………………… 19
エポキシ樹脂製碍子 ……………………… 97
塩害 ………………………………………… 3, 95
オイル交換時期 …………………………… 185
オイルダンパ ……………………………… 99
屋外式 ……………………………………… 3
屋上設置 …………………………………… 3
屋内式 ……………………………………… 3
思いつき作業 …………………………… 19, 169
思いつき作業の禁止 ………………… 18, 60
温度警報センサ …………………………… 192

（か 行）

ガード端子 ………………………………… 147
碍子 ………………………………………… 3, 90
界磁喪失継電器 …………………………… 27
回転フック ………………………………… 73

回復充電電圧 ……………………………… 196
開閉器 ……………………………………… 9
開閉表示灯 …………………………… 92, 117
開放 ………………………………… 65, 67, 81
開放形 ……………………………………… 2
開放形高圧受電設備 ……………………… 2
開放操作 …………………………………… 67
回路計 ………………………………… 32, 123
架空引込み …………………… 5, 58, 70, 94
隔離シート …………………………… 45, 154
ガスケット部 ……………………………… 91
活線状態 …………………………………… 10
活線防具試験用水槽 ……………………… 31
過電圧継電器 ……………………………… 27
過電流継電器 ………………… 5, 9, 20, 122
過電流継電器試験成績表 ………………… 202
可動コイル形アナログ式回路計 ………… 32
かみ合わせ部 ……………………………… 84
簡易蛍光灯 ………………………………… 35
簡易接地抵抗計 …………………………… 24
換気扇 ………………………………… 62, 175
観察点検成績表 …………………………… 200
感電 ………………………………………… 10
感電事故 …………………………………… 47
感電防止 ……………………… 38, 40, 44
機器一括 ……………………………… 146, 165
危険箇所の予知 …………………………… 18
危険範囲 …………………………………… 51
危険標識 ………………………………… 18, 50
危険予知 …………………………………… 61
基礎部 ……………………………………… 62
規定値 ……………………………………… 200
機能試験 …………………………………… 19
逆相過電流継電器 ………………………… 27
逆電力継電器 ……………………………… 27
キュービクル式 …………………………… 2, 62
キュービクル式高圧受電設備 …………… 4, 62
吸湿現象 …………………………………… 90
供給用配電箱 ………………………… 8, 87
切替レンジ ………………………………… 24
金属製の箱 ………………………………… 4
均等充電電圧 ……………………………… 193
空気テスト …………………………… 39, 40
区画ロープ …………………………… 51, 86, 155
区分開閉器 ………………… 8, 75, 88, 118

組立式	2, 4, 34	誤操作	75
クランプ部	25	誤通電	46
クランプ式接地抵抗計	25	誤投入	163
計器の校正	10	ゴム可とう管	94
計器窓	62	ゴムカバー	94
計器用変圧器	107, 140	ゴムストレスコーン部	95
計器用変成器	44, 106	混触	46
経年劣化	200		
警報音	48	(さ 行)	
結露	175		
検査済証	37	最高液面線	190
限時動作時間	129, 202	最小動作電流	128
限時動作特性試験	129	最小動作電流試験	134
検出表示部	48	最小動作電流値	202
検知金具	78	最小動作特性試験	127, 128
検電	19, 88	作業者	19, 49, 61, 67, 80, 89
検電器	19, 48, 54	作業責任者	19, 60, 79, 89
検電器チェッカ	48	作業責任者用腕章	61
検電の実施	60	作業手順	59
検油棒	185	作業手袋	64, 88, 148
高圧カットアウト	104	作業内容	18, 60
高圧カットアウトヒューズ	104	作業範囲	18, 51, 60
高圧活線近接作業	19	作業分担	18, 60
高圧関係絶縁抵抗試験成績表	200	酸化亜鉛形避雷器	100
高圧キャビネット	8, 28, 58, 68	酸価度	138
高圧検電器	41, 48, 68, 88, 155	酸価度測定	138
高圧限流ヒューズ	5, 66	三叉分岐管	94
高圧交流負荷開閉器	5, 9, 66, 102	三相一括	23
高圧ゴム手袋	23, 40, 47, 52, 60, 88, 154, 159, 165	三相電力平衡継電器	27
高圧ゴム長靴	42, 154	残留電荷	19, 47, 80, 88, 146
高圧充電部	3, 10, 42, 44	シールド線	147
高圧受電設備	2, 18	示温テープ	52, 97
高圧受電盤	27	自家発電設備	178
高圧進相用コンデンサ	9, 91, 110	自家用電気工作物	2
高圧絶縁抵抗計	22, 146, 155	磁器碍管	94, 100
高圧引込ケーブル事故	8	磁器碍子	90
高圧引込線	5	試験器	18
高圧ピン碍子	174	試験中	50
高圧母線	3	試験電流	143
高圧リアクトル	29, 31	試験用電源	20
高圧リード線	49	試験用ボタン	69
工具	18, 34	支持碍子	94
工具・材料収納箱	34	支持金具	101
高所作業	53	指示計器校正試験成績表	203
校正	140	支持バンド	72, 156
鋼帯	112	自主保安体制	10
交直両用形高低圧検電器	47, 81, 84	支線	70
コージェネレーション用複合継電器	26	自動運転待機状態	187
腰工具	34	始動用蓄電池	188
呼称・指示	65	遮断器	2, 5
呼称・復唱	65, 80, 85, 156	遮断スプリング	99

遮断容量	107
遮へい層	30
充電器出力電圧	192
充電状態	78
充電中	19
充電電流	23, 30
充電電路	51
充電標示器	19, 49, 78, 155
周波数継電器	27
襲雷頻度	9
主幹開閉器	65, 163
主幹回路	149
主遮断装置	9
主遮断装置の遮断方式	5
受電室	58, 63
受電用遮断器	160, 170
受配電盤	92, 116
潤滑油系統	185
潤滑油量	185
竣工時の検査	10
瞬時要素	130
瞬時要素動作電流値	130
瞬時要素動作特性試験	130
瞬時励磁方式	132
衝撃吸収ライナ	37
消弧室	99, 103
常時励磁式遮断器	132
昇柱	71, 156
昇柱禁止	70, 157
商用電源	178
ショックアブソーバ	73
シリコンやウエス	90
試料油	136
人員配置	18, 60
真空遮断器	66, 77, 98
侵入孔	62
吸込式比重計	191
据置アルカリ蓄電池	181
据置鉛蓄電池	181
スパナ	108
スペースヒータ	186
正弦波形	21
静止形	9, 122
精製水	190
整定タップ	93, 123
整定値	129, 134
整定目盛	129
整定レバー	93, 123
静電容量	31
精密点検	10
整流器	32
責任分界点	5, 58, 118
絶縁セパレータ	173
絶縁耐力試験	10, 29
絶縁耐力試験器	29
絶縁抵抗	22
絶縁抵抗測定	10, 146, 148, 189
絶縁筒	102
絶縁破壊	137
絶縁破壊電圧	137
絶縁破壊電圧試験用電極	136
絶縁不良	149
絶縁油	166
絶縁油試験成績表	203
絶縁油耐圧試験器	136
絶縁用保護具・防具	18, 31
絶縁ロッド	99
接近限界距離	51
接触子	90, 96, 164
接地金具	46
接地側	23
接地側電線	114
接地極	24
接地線	84
接地端子	23
接地端子盤	25
接地抵抗計	24, 144, 155
接地抵抗試験成績表	200
接地抵抗測定	10, 144, 167, 189
セル	190
セル電圧	192
全セル	188, 190
層間短絡	107
操作ハンドル	98, 103
操作用引き紐	74, 157
操作部	27
送電時間	18
測定レンジ	167

（た　行）

第1支持点	5
対地間検電	81
大地間絶縁抵抗測定値	200
対地静電容量	9, 29
大地比抵抗計	24
帯電	82
耐電圧試験	37
耐電圧トランス	29
タイムラグ（遅動形）ヒューズ	105
立入禁止	19, 50, 86
タップ台	108

タップ値	109	停電範囲	18, 60, 79
タップ板	108	テスタ	32, 123
単極単投形断路器	96	テストボタン	47, 49, 78
タンクリフタ	99	電圧計	21, 140
端子バー	124	電圧計の校正試験	140
単線結線図	5, 59	電圧降下式	24
単独クリート	113	電圧試験端子	140
短絡金具	46	電圧調整継電器	27
短絡接地器具	19, 46, 51, 60, 84, 152, 155, 168	電位差計式	24
短絡接地中	19, 86	電解液	190
断路器	2, 9, 67, 96	電解液温度	191
チェック表	60	電解液比重測定	191
地際	70	電気安全帽	31, 36
蓄勢	164	電気主任技術者	10, 59
蓄電池設備	178, 180, 183, 194	電気設備技術基準	24
地上設置	3	電気設備点検中	50, 86
地中引込み	5, 58	電技の解釈	29, 30, 101, 145
地電圧	24, 145, 167	電気用消火器	62
注射式ビューレット	138	電極	192
抽出液	138	電極間ギャップ	136
柱上設置	3	点検結果総括表	200
中性線	114	点検結果表	200
中和液	138	点検成績表	200
直流高圧耐圧試験器	29	電源表示灯	187
直列リアクトル	9	電源部	27
地絡過電圧継電器	27	点検用具	18
地絡過電流継電器	27	電工ドラム	21
地絡継電器	5, 9, 20, 120	テンション（速動形）ヒューズ	105
地絡継電器試験成績表	202	電槽	192
地絡継電器付柱上高圧気中負荷開閉器	76, 87	電池式自動接地抵抗計	24
地絡継電器付地中線用高圧ガス負荷開閉器	28, 68	転倒	165
地絡方向継電器	9, 76	電灯用開閉器	65, 163
地絡方向継電器試験成績表	201	電流計	127, 140
墜落	73, 165, 170	電流計切替スイッチ	128, 132
ツールボックスミーティング	60	電流計の校正試験	142
低圧開閉器	39, 64, 162	電流試験端子	135, 142
低圧関係絶縁抵抗試験成績表	200	電流引外し方式	132
低圧検電器	48, 63, 81, 125, 132, 155	電力需給用計器用変成器	9, 49, 79
低圧ゴム手袋	38, 52, 154, 162, 166	電路	23, 30, 49
低圧充電部	39, 162	電路側	23
低圧絶縁抵抗計	22, 123, 148, 155	ドアストッパ	63
低圧配電盤	9, 81	胴当ベルト	72
定格電圧	22	動作特性試験	10, 20, 123
定格電流	114	動作表示灯	49, 78
定期自主検査	31	動作ロックボタン	129
定期点検	10, 58, 178	投入禁止	19, 86, 157
ディジタル式回路計	32	動力用開閉器	65, 163
ディジタル式絶縁抵抗計	22	特別高圧受電盤	27
ディーゼル機関	178, 182	ドライバ	101, 106
停電	18, 58	トラッキング現象	90
停電準備	59	トラッキング痕	107

トリクル充電電圧 ……………………………195
トリクル充電電圧値 …………………………192
トリップコード ………………………126,133
トリップレバー ………………………103,164
取引用計量器 ……………………………………9
トルクレンチ …………………98,102,110,188,193

（な　行）

鉛蓄電池 ………………………………180,183,191
日常点検 ………………………………………10
認定証票 ………………………………178,194
認定・推奨キュービクル ………………………4
燃料油系統 …………………………………185

（は　行）

排気管 …………………………………………189
配線用遮断器 …………………………9,22,114
配電盤 …………………………………………114
パイロン ………………………………………87
刃形開閉器 ……………………………………117
波及事故 ………………………………10,118
バックル ………………………………………73
発光 …………………………………………49,78
バッテリー充電式作業灯 ……………………34
バッテリーチェック …………………………24
発電機 …………………………………………20
判定基準値 ……………………………………23
盤表示灯 …………………………………92,117
引込第1号柱 ……………………………5,58,70
被試験物 ………………………………………31
非常電源点検票 ………………………………182
非常用電源設備 ………………………………178
非常用予備発電設備 …………………178,182
ひずみ電流波形 ………………………………20
ひずみ波形 ……………………………………21
被測定接地極 …………………………………24
被電流計 ………………………………………143
ヒューズ …………………………………105,107
ヒューズ筒 ……………………………………104
ヒューズ容量 …………………………………107
標識板 ………………………………19,50,86
表示シール ……………………………64,163,171
表示線継電器 …………………………………27
ピラーディスコンスイッチ …………41,52,68,87
避雷器 ………………………………………9,100
比率差動継電器 ………………………………27
ピンホール …………………………………38,40
復電 ……………………………………………160
不足電圧継電器 ………………………………27

フック穴 …………………………………67,96
フック棒 ……………………41,66,77,155,159
ブッシング …………………………………91,166
浮動充電電圧 …………………………………195
浮動充電電圧値 ………………………………192
ブレード ………………………………90,96,164
フレームパイプ ……………………2,112,172
プローブ ………………………………………23
フロシキシート ……………………………44,154
分岐回路 ………………………………………149
閉鎖型キュービクル ……………………………4
変圧器 ……………………………………9,108
変圧比 …………………………………………140
変流器 …………………………………9,106,132
変流比 …………………………………………142
保安規程 …………………………………10,58,200
防具 ……………………………………………54
防護衣 ……………………………………53,154
防護シート ……………………………………44,154
防災面 …………………………………………53,68
放電 ………………………………………83,88,146
放電棒 …………………………………………47,82
補機回路 ………………………………………186
保護カバー ……………………………………98
保護具 …………………………………………54
保護継電器試験器 ……………………………26
保護手袋 ……………………………………40,52
補助接地極 ……………………………………24
補助接地極端子 ………………………………145
補助接地棒 ……………………………………144
補助電源コード ………………………………118
補助ロープ …………………………………73,170
補助ロープのフック …………………………73
母線接続用端子 ………………………………104
母線保護継電器 ………………………………27
保有距離 ………………………………………3, 4

（ま　行）

増し締め ………………………………………194
無電圧 …………………………………………84
無ひずみ式試験器 ……………………………26
無ひずみ発電機 ………………………………20
無負荷 …………………………………………170
無負荷運転 ……………………………………188
メガ …………………………………………22,123
モールドディスコン …………………………69

（や　行）

油色 ……………………………………………108

誘導円板形	9, 122
油面計	91, 99
油量	99, 108
油量計	99
予防保全	10

（ら　行）

ラインコード	146
ラジエータ	188
リード線	32
リストアラーム	48
良否判定	200
臨時点検	10, 172
冷却水系	185
零位調整	32, 144
零相変流器	9, 106
零調整用ねじ	140, 144
劣化診断	10, 18
レンジ切替スイッチ	32, 145
労働安全衛生規則	31, 36
労働安全衛生法	18
ロッドメタル	99

（アルファベット・数字）

A-D変換器	33
A種接地工事	10, 101, 145
B種接地工事	10, 25, 145
C	9
CB形	5, 9, 77
CT	9, 106
CTT	142
CT側端子	123
CVTケーブル	9, 95
CVケーブル	94
CVケーブル端末処理部	95
C種接地工事	145
DGR	9
D環	73
D種接地工事	10, 25, 106, 145
DGR付PAS	118, 120
GR	9
G端子方式	147
KS	9
KY	61
LA	9, 100
LBS	77
MCCB	9
MDS	69
OCB	67, 99
OCR	9
PAS	58
PC	104
PDS	68
PF	66
PF付LBS	102
PF-S形	5, 9
RY側端子	123
SR	9
T	108
TBM	18, 60, 169
UGS	28, 58
Vベルト	188
VCB	66, 77, 98
VCT	9, 44
VT	107
VTT	140
V形断路器	96
ZCT	9, 106
ZnO	100
1線地絡電流	145

〈著者紹介〉

河野　忠男（かわの　ただお）
　1952年9月22日生まれ．1978年東京電機大学短期大学電気科卒業．元，一般財団法人 関東電気保安協会．

森田　潔（もりた　きよし）
　1949年10月11日生まれ．1973年東京電機大学工学部電気工学科卒業．一般財団法人 関東電気保安協会を経て，現在，一般社団法人 電気設備学会に勤務．

- 本書の内容に関する質問は，オーム社ホームページの「サポート」から，「お問合せ」の「書籍に関するお問合せ」をご参照いただくか，または書状にてオーム社編集局宛にお願いします．お受けできる質問は本書で紹介した内容に限らせていただきます．なお，電話での質問にはお答えできませんので，あらかじめご了承ください．
- 万一，落丁・乱丁の場合は，送料当社負担でお取替えいたします．当社販売課宛にお送りください．
- 本書の一部の複写複製を希望される場合は，本書扉裏を参照してください．

JCOPY ＜出版者著作権管理機構 委託出版物＞

写真でトライ　自家用電気設備の定期点検（改訂2版）

2002年 1月20日　　第 1 版第 1 刷発行
2012年 5月20日　　改訂2版第 1 刷発行
2025年 6月25日　　改訂2版第13刷発行

監　　修　関東電気保安協会
著　　者　河野忠男・森田　潔
発 行 者　髙田光明
発 行 所　株式会社オーム社
　　　　　郵便番号　101-8460
　　　　　東京都千代田区神田錦町3-1
　　　　　電話 03 (3233) 0641(代表)
　　　　　URL https://www.ohmsha.co.jp/

© 河野忠男・森田　潔 2012

印刷・製本　報光社
ISBN 978-4-274-50399-3　Printed in Japan

写真でトライ 自家用電気設備の測定・試験実務

- 関東電気保安協会 監修
- 河野忠男・森田潔 共著
- B5判・216頁

　自家用電気設備は，電気事故や故障を起こさないよう日常巡視点検や定期点検を行って電気設備の保安を図っています．電気は目に見えないこともあり，点検時には，測定器や試験器を使って電気設備や機器などの良否判定を行います．

　本書は，現場で実際に行われている絶縁抵抗測定や接地抵抗測定，部分放電測定，直流耐圧試験などの測定・試験方法はもとより，測定器・試験器の機能および基本的な使い方について，約450枚の写真を使ってやさしく解説しています．

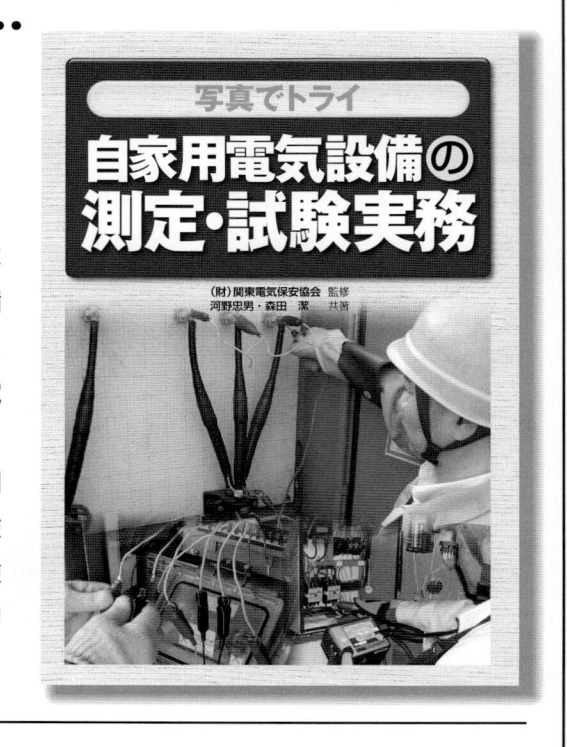

CONTENTS

第1章◎高圧受電設備の概要
電気設備の現場測定／電気設備のいろいろ／電気設備の保守・点検

第2章◎現場の測定・試験実務
現場の測定・試験の概要／高圧受電設備の測定／高圧ケーブルの測定／遮断器の測定／変圧器の測定／コンデンサの測定／避雷器の測定／PASの測定／UGSの自己診断機能／保護継電器の試験／使用設備の測定・試験

第3章◎主要測定器の使い方
主要測定器の使い方とその概要／回路計（テスタ）／検電器／検相器／クランプ式電流計／絶縁抵抗計／接地抵抗計／簡易式部分放電検出器／温度計／照度計／騒音計／振動計／高周波モニタ／技術資料

科学技術出版社 株式会社 オーム社 Ohmsha

〒101-8460　東京都千代田区神田錦町3-1
TEL 03(3233)0643　FAX 03(3233)3440
https://www.ohmsha.co.jp/